Principle and Application of *Camellia oleifera* Source and Sink

油茶源库理论与应用

陈永忠 等 ◙ 编著

中国林业出版社
CFPH China Forestry Publishing House

图书在版编目(CIP)数据

油茶源库理论与应用 / 陈永忠等编著. --北京：中国林业出版社，2019. 5

ISBN 978-7-5219-0099-6

Ⅰ. ①油… Ⅱ. ①陈… Ⅲ. ①油茶-种质资源 Ⅳ. ①S794. 404

中国版本图书馆 CIP 数据核字(2019)第 110547 号

中国林业出版社·林业分社

策划编辑：李敏

责任编辑：李敏 王越 **电话**：(010) 83143575 83143628

出版 中国林业出版社（100009 北京市西城区德胜门内大街刘海胡同 7 号）

http：//www. forestry. gov. cn/lycb. html

发行 中国林业出版社

印刷 固安县京平诚乾印刷有限公司

版次 2019 年 5 月第 1 版

印次 2019 年 5 月第 1 次

开本 787mm×1092mm 1/16

印张 18

彩插 16 面

字数 427 千字

定价 128. 00 元

《油茶源库理论与应用》

编委会

陈永忠

二级研究员，博士，博士生导师，享受国务院政府特殊津贴。现任湖南省林业科学院党委委员、科技委员会常务副主任，国家油茶工程技术研究中心主任。中共第十九次党代表。入选“国家百千万人才工程”人才和湖南省科技领军人才。兼任中国林学会经济林分会副理事长、全国经济林产品标准化技术委员会(TC557)副主任、国家林业局林木品种审定委员会委员、湖南省标准化技术首席专家等。主持完成国家和省部重大科技攻关项目50多项，带领团队筹建国家油茶工程技术研究中心、国家油茶种质资源库等研发平台，在油茶产业主要领域取得重大科技成果15项，其中获国家科技进步二等奖1项。选育新品种和良种94个，“湘林系列”良种在14个省（自治区）辐射推广400多万亩。获授权专利20项，制定标准15项。发表科技论文150多篇，出版专著7部。先后荣获“全国先进工作者”“全国五一劳动奖章”“全国生态建设突出贡献奖”“湖南省光召科技奖”和“湖南省优秀专家”等荣誉。

苏淑钗

教授，博士生导师。现任北京林业大学经济林专业负责人，中国林学会经济林分会副秘书长，国家林木良种基地技术支撑专家，国家林木良种审定委员会委员。在油茶高效栽培技术研究方面，承担国家科技支撑计划重点项目“油茶可持续丰产栽培关键技术研究”等；在油茶肥水管理、整形修剪等关键栽培机理和调控技术方面认定3项成果；在板栗、榛子等经济林种质资源调查、良种选育等方面进行了大量研究。其成果获省部级科学技术进步奖多项，获国家发明专利3项。发表论文130余篇，其中SCI论文3篇，CSCD论文6篇。

谭晓风

中南林业科技大学经济林学教授、博士生导师、经济林培育与保护教育部重点实验室主任，原国务院学科评议组成员、森林培育国家重点学科负责人；我国第一位经济林学科博士，入选原林业部首批跨世纪学术与技术带头人、湖南省“121人才工程”第一层次人才。兼任湖南省政府参事、中国林学会常务理事和经济林分会理事长、国家“十三五”重点研发计划咨询专家、国家林木品种审定委员会经济林专业委员会主任。主持国家自然科学基金重点项目、国家“十一五”科技支撑计划课题等国家级重点重大项目多项。其成果获国家科技进步二等奖1项、省自然科学一等奖1项、省部级二等奖和三等奖10余项。曾获“全国五一劳动奖章”等荣誉称号；享受国务院政府特殊津贴。

教授级高工，享受国务院政府特殊津贴。现任广西壮族自治区林业科学研究院副院长、百色分院名誉院长，国家油茶科学中心南缘种质创新和茶油加工实验室主任等。兼任中国林学会经济林分会常务理事等。长期从事油茶等名优经济林良种选育、丰产栽培及推广工作，是广西经济林领域学科带头人，带领团队完成重大科技项目（课题）20多项。制订标准13项，育成林木良种6个，获发明专利3项。发表论文30多篇，参编专著6部。获国家科技进步二等奖2项，省部级奖5项；发现新种1个。获“全国优秀林业科技工作者”等荣誉称号多项。

马锦林

研究员。1983年毕业于江西农业大学。现任江西省林业科学院党委副书记，长期从事油茶等经济林育种与栽培工作；作为江西省科技厅“油茶等经济林资源培育与利用创新团队”领军人物，带领团队先后主持或参与完成国家科技攻关、国家“948”项目、省部级重点项目30余项，均获得重要成果；作为主持人或主要完成人获科技进步奖10项；获发明专利5项。特别是“油茶良种创新与应用”等系列成果在生产实际中得到广泛应用，为推动江西省及至全国油茶产业健康快速发展作出了重要贡献。发表论文40多篇，参编出版著作7部。曾获得“全国林业产业突出贡献奖”等荣誉称号多项。

徐林初

湖南省林业科学院副研究员。主要从事油茶的高效栽培技术研究工作。主持国家重点研发计划专题“油茶园区适应性防护体系构建”、湖南省自然基金项目“油茶果壳基材料对林地土壤磷素活化效应研究”、中央财政林业科技推广项目“油茶高效施肥关键技术示范推广”等近10项。取得油茶科技成果8项；参与制定行业和地方标准9项，参与选育出油茶新品种4个。发表论文20多篇，参编《油茶树体培育技术》等专著3部。荣获“梁希林业科学技术二等奖”等省部级奖4项。

陈隆升

中国林业科学研究院亚热带林业研究所研究员。主要从事油茶的杂交育种、新品种繁殖和高效栽培技术研究。主持“十一五”科技支撑专题、重点推广项目、林科院重点基金项目等20多项。参与选育出油茶新品种17个，其中16个通过国家及省级林木良种审定委员会审定。取得油茶成果8项，其中“油茶高产品种选育与丰产栽培技术及推广”获国家科技进步二等奖。发表论文20多篇，参编《中国油茶》等专著5部。曾获“林业产业突出贡献奖”等荣誉称号多项。

王开良

F O R E W O R D

序

经济林和果树的主要效益是来自果实的产量和质量，而保证果实产量与质量的是叶片光合产物的供给能力，果实是贮存营养的库，叶片是供应营养的源，二者关系就是库源关系。源库理论自从20世纪初叶被提出来后，通过广大科技工作者的深入科学研究和栽培修剪实践使其发展完善，现在已成为了研究作物、果树等产量和品质形成，研发育种、水肥调控、修剪栽培等技术重要的基本理论。

传统油茶仅是在野外粗放种植，房前屋后零星分布，既缺乏良种，也无修剪等精细栽培，更缺乏对油茶叶与果的库源关系的揭示，因此，品质差、产量低。大规模的油茶集约经营是从国家油茶工作会以来，特别是科技部国家油茶工程技术研究中心成立后，形成了以陈永忠为领军的科研团队，广泛地将湖南省林业科学院、北京林业大学、中南林业科技大学、中国林业科学研究院亚热带林业研究所、江西省林业科学院、广西壮族自治区林业科学院等单位联合攻关，共同承担了国家林业和草原局“油茶高含油种质创制与源库调控技术研究”的行业公益性重大专项，成果丰硕，编著出《油茶源库理论与应用》专著。

《油茶源库理论与应用》是作物源库理论在油茶科学研究创新的重要成果。它利用植物形态解剖学、分子生物学、生理生化、同位素示踪和植物激素等方面的先进方法和技术深入系统全面地揭示了油茶源、库、流的本质特征和相互关系，初步探明了油茶源库关系及其对相关生态因子的响应机制，研究源库调控技术对油茶产量和品质的影响，构建了油茶源库理论和源库调控技术基本体系，为油茶良种选育和高效栽培提供了新的理论和技术支撑。

油茶源库理论研究油茶光合作用、物质合成、转运和贮藏的过程来揭示油茶产量和品质的形成过程及作用机理，通过有针对性地对油茶生长发育过程的源、库、流等重要环节进行科学合理的技术干预和调控，最终实现高产高效的培育目标。油茶产量和品质的形成与油茶源、库、流协调发展，相互作用、相互制约，与营养生长和生殖生长达到相对平衡高度相关，其中哪一方因素失调或失衡都不利于产量的形成，更不可能高产优质。在这一领域开展科学研究，进行理论和技术创新，意义重大、影响深远。

该书编著思路清晰，内容新颖，学术创新性、前瞻性和可读性强，是一部理论研究和实践应用相结合的油茶专著，在油茶科研、教学、生产上具有重要参考价值。

我一直关注油茶科技创新与产业发展，知悉陈永忠博士三十余年，从事油茶科研，带领团队攻坚克难、创新发展、服务生产，为我国油茶科技进步和产业发展做出了重要贡献。受陈永忠博士邀请，为该书作序，我非常高兴，便欣然命笔，以表祝贺。

谨为序。

中国工程院院士

2019 年 3 月 6 日于北京

P R E F A C E

前 言

油茶（*Camellia oleifera*）是山茶科（Theaceae）山茶属（*Camellia*）植物，与油橄榄、油棕、椰子并称为世界四大木本油料植物。油茶是我国特有的木本食用油料树种，但生产上的广义油茶泛指山茶属植物中种子含油量较高、具有经济栽培价值的一大类物种的总称。油茶能在瘠薄山地种植，具有一年种植、多年收益、不与主要粮油作物争地的特点；油茶种子榨取的茶油色味香醇，脂肪酸组成合理，其中的单价不饱和脂肪酸油酸和必需脂肪酸亚油酸含量达90%，还有维生素E、角鲨烯等活性功能，这些指标优于橄榄油，茶油已被联合国粮农组织（FAO）于2004年列为重点推广的健康型高级食用植物油。大力发展油茶产业，对提高我国食用植物油自给水平、保障国家粮油安全，改善食用油消费结构、提升居民生活质量，增加林农收入、助力精准脱贫，优化农村经济结构、促进乡村振兴，缓解耕地压力、改善生态环境等方面都具有十分重要的意义。

国家对食用油发展极为重视，国务院相继颁布了《国务院办公厅促进油料生产发展的意见》《国务院关于促进食用植物油产业健康发展保障供给安全的意见》和《关于加快木本油料产业发展的意见》，明确提出要大力发展油茶等木本油料产业。为了推动油茶产业发展，国家林业局颁布了《国家林业局关于发展油茶产业发展的意见》，编制了《全国油茶产业发展规划（2009—2020年）》；2008年以来，连续10年召开全国油茶现场会，油茶产业迎来前所未有的巨大发展机遇。

油茶产业的快速发展得益于良种与技术的创新和应用，不断提高油茶的产量和品质是油茶科研的根本方向与目标，更是油茶生产经营的现实梦想和期待。针对油茶产量、品质和效益提升的总体目标，运用作物源库理论来揭示油茶生长发育过程中油茶源库流的基本功能、相互关系及其对产量和品质的作用是油茶源库理论的核心价值，进一步拓展油茶育种与栽培技术的新路径，为油茶良种选育和高效栽培提供新思路和新方法。

努力开展油茶科学技术创新，及时把握油茶产业发展的有利时机，倾力服务油茶产业建设的大局是我们投身油茶科研事业的初心和目的，也是我们编写《油茶源库理论与应用》一书的初心和目的。为此，我们以湖南省林业科学院、北京林业大学、中南林业科技大学、中国林业科学研究院亚热带林业研究所、江西省林业科学院、广西壮族自治区林业科学研究院等单位共同承担的原国家林业局林业公益性行业科研专项“油茶高含油种质创制与源库调控技术研究”等项目为依托，在以项目单位自身科研成果为主的基础上，通过充分吸收当代油茶相关领域最新科研成果和相关学科的精华编写了本书。

《油茶源库理论与应用》论述了油茶源库理论的基本内涵，揭示了油茶源、库、流的本质特征和相互关系，深入挖掘了源库及其调控在油茶育种和高效栽培技术上的应用，探讨了相关生态因子与调控技术对油茶源库及产量和品质的影响，初步构建了油茶源库理论和源库调控技术体系的基本框架，使油茶源库理论及其应用能够落地、生根和开花结果。

全书共分为九章，结构紧凑，系统完整。内容包括油茶源库基本理论、油茶源特性、油茶库特性、油茶流特性、油茶源库流协同与产能、油茶源库与育种、油茶树体源库调控管理、生态因子与油茶源库调控、植物生长调节剂与油茶源库调控等九个方面，是一部理论与实践结合较好的技术专著，在科研、教学和生产实践上具有重要的参考价值，发展前景和应用空间广阔。

本书承蒙中国工程院院士、生物学家、森林培育学家尹伟伦教授审阅。尹伟伦院士受邀担任国家油茶工程技术研究中心技术委员会主任，一直以来十分关注、关心和支持油茶科研和产业发展，他的治学精神对我们的启迪和在学术上的无私指导，都是激励我们在油茶科技道路上奋力攀登和持续创新的不竭动力。同时，中国林业出版社、湖南省林业科学院、北京林业大学、中南林业科技大学、中国林业科学研究院亚热带林业研究所、江西省林业科学院、广西壮族自治区林业科学研究院等单位在本书的出版过程中给予的精心策划和指导，使本书得以高质量地出版，在此一并表示感谢。

自从 2011 年国家科技部批复筹建国家油茶工程技术研究中心以来，我们在上级部门和兄弟单位的亲切关怀和大力支持下，依托中心，积极团结国内外相关科技力量，致力于建设油茶种质创制、研发创新、试验示范、支撑服务和人才培养“五大平台”，实现支撑和引领油茶产业的健康有序发展。本书是我们拟定编写的著作之一，在编写过程中，虽经多次修改，但错误仍在所难免，敬请广大读者批评指正。

编　者

2018 年 8 月

CONTENTS

目录

第二章　油茶源特性

第三章　油茶库特性

第四章　油茶流特性

第一章

油茶源库基本理论

第一节　源库理论研究历史、内容和意义

一、源库理论的提出与发展

长期以来，人们围绕着作物产量的形成，从多角度、多层次开展了研究探讨，形成了多种理论体系，其中以作物产量构成、光合性能及源库理论三者影响最大、应用最广，三个理论从不同角度探讨了作物产量的形成，但三者又都以源库理论作为核心主体。

1923 年，英国育种专家 Engledow 将作物的产量分解为穗数、单穗粒数、单粒重量三者之间的乘积，称之为产量构成三因素。该方法涉及收获产量的三个组成性状，便于直观准确地了解产量构成因子的生长发育过程和分析产量结果，易于观测，至今仍是作物产量研究中常用的基本方法（赵明等，1995a）。

光合性能理论是以 Backman 提出的生长分析法为基础发展而成（赵明等，1995b）。1966 年，我国学者归纳出了光合性能的五因素（郑广华，1980），并将其与经济产量的关系定义为：

经济产量=（光合面积×光合时间×光合能力-呼吸消耗）×经济系数　　（1-1）

光合作用是植物物质积累最重要的基础，产量是群体光合与物质分配比例两者综合作用的结果，但光合性能理论却忽视了物质的去向和分配。从这一观点来看，光合性能只是产量形成的若干构成因素之一，这也是作物光合速率与产量关系产生认识上分歧及高光效育种面临困惑之原因所在（赵明等，1995b）。

1928 年，Mason 和 Maskill 通过研究棉花光合作用及植株体内碳水化合物的分配方式与特点，从物质运输分配的角度分析，提出用源库理论来描述作物产量的形成过程。作物源库理论由此产生。之后，人们就常用源、库、流三者之间的关系来阐明经济作物产量的形成规律，探索实现高产的途径，进一步挖掘植物产量潜力（梁棋政等，2009）。越来越多的研究表明，探明源、库、流三者关系及光合产物在源-库之间的分配方式，对挖掘作物产量潜力、提升作物经济产量有着很重要的应用价值。但大量的关于作物源库对籽粒产量作用的研究成果是自 20 世纪 60 年代以后，在植物生理学物质运输机理研究的基

础上不断地涌现出来的。毫无疑问，源库理论具有明显的生理学基础与特征，经过长期研究与应用实践，现已成为研究作物产量和品质形成、指导作物育种和栽培研究的重要基本理论。

二、源库理论主要研究内容

源库理论与叶龄模式理论、群体质量理论和化学调控理论并称为作物栽培学四大理论。其中叶龄模式是以水稻等单子叶作物为对象，针对作物主茎生长发育的同伸性过程来研究相应的栽培技术措施，以达到增产目标。群体质量理论是针对作物个体和群体的形态、生理和生态学指标综合考虑作物群体结构与产量构成的技术指标体系。化学调控理论指应用植物生长调节剂来影响植物内源激素系统而调节作物的生长发育过程，从而达到预期栽培目标的技术体系。源库理论则是对作物物质合成、转运和贮藏过程来揭示作物产量形成过程，针对相关环节调控来实现高产高效栽培的目标。源库理论通常把生产和输出光合产物的部位称为源，把接受和贮藏光合产物的部位称作库。1972 年 Wilson 用源活性和库容量（库大小）的乘积表示库强度，源活性是源大小（叶面积）与源活力（光合速率）的乘积，库容量是库大小与库活力的乘积（曹卫星，2011）。

关于作物源库理论的研究内容，概括起来主要有源、库、流对作物产量的限制机理，群体、个体水平上源库关系的比值分析，源库端的生理特性和装入与卸出的机理，激素等对源、库及两者关系的调控等四个方面的主要内容。

（一）源、库、流对作物产量的限制机理

源、库、流都是作物产量形成的重要限制因素。最初研究产量增加时，首先是通过种植密度、改善肥水条件促进作物生长来增大叶面积指数，其次是通过生长调节剂和树体改变来提高受光面积，再次是提高单叶光合速率来提高能量转换率增大源强。库容的大小是限制产量的主要因素，而且库容对源的生产具有反馈作用。库容也可称为作物籽粒产量性能，包括作物建库能力和库容强度等。源强指源器官生产（制造）和输出同化物的能力，常以叶面积、叶面积指数、绿叶面积持续期及光合速率来衡量。库强是指库器官接收（储藏）同化物的能力。常以球茎体积大小和根状茎数量表示库的大小；以根状茎和球茎的重量表示库的质量。库源比也是源库关系研究中经常提及的，是源库协调的综合指标，可用单位叶面积生产的作物产品重表示，通常高产的作物其库源比例也较合理。流影响着光合产物从源端向库端输送的状况，流包括连接源端和库端的输导组织的结构及其性能，如维管束的数目、大小、连接方式等发育状况和流转能力等，当维管束的通道能力达到饱和时，是可以限制籽粒生长速度的。

（二）群体、个体水平上源库关系的比值分析

作物源库可以从个体植株上开展研究，但最终形成产量离不开作物品种和群体结构，在群体结构中表现出个体特征的最优化是实现增产的依据。根据作物品种特性、叶面积、分枝角度和伸长特性等，研究其单位面积内密度设计、栽培管理模式、涉及生产过程中进

行密度调整和树体修整技术等。

（三）源库端的生理特性和装入与卸出的机理

源、库都是作物产量限制因素，深入研究作物源库器官的典型特征，探索其对产量形成的影响，包括源器官类型、生长特性、光合特性、影响因素等，库器官种类、生长特性、建库能力和库容大小等。同时包括同化物从源器官向韧皮部的装载、经筛管中运输后再从韧皮部卸出，在库器官中对同化物的重新吸收等过程的特点和机理。

（四）激素等对源、库及两者关系的调控

外源激素调控植物生长对提高产量有直接作用，因此需深入研究针对源库调控的激素种类、浓度、施用方式和施用季节等；同时还需研究激素调控对作物品质和环境的影响。

显然关于源库理论研究面对的一个重点问题就是何者是限制产量的主要因子，有人认为是源，有人认为是库，也有人认为流有时也是产量的限制因素（赵明 b 等，1995）。其实，源、库与流之间是相互联系、相互协调、相互统一的。源是流的起点，对流起着“推力”的作用，库是流的终点，对流起着“拉力”的作用。源是产量形成的重要物质基础，决定着库的潜力，源强库自然就大；库对源的影响，特别是对源的光合活性具有明显的反馈抑制作用，库小不利于同化产物的储存，多余的同化产物又反馈抑制源的功能。源、库只有在达到平衡时，二者才能够协调发展，有利于产量的形成，即只有光合产物在源库器官间的均衡分配，才能保证植物具有较高的经济产量（张雯雯，2011）。赵明等（2005）指出以源联系光合性能，以库联系产量构成因素是源库性能的“三合构造”，植物要高产，源要足、流要畅、库要大，三者协调发展。

三、源库理论在作物育种栽培中的实践意义

（一）了解源库对产量的影响

源库理论能使人们很好理解作物不同生长时期的产量关系。在生殖生长期，源对产量的影响大于对营养生长的影响。增加源的供应能力可以增加产量。库是作物高产的主要限制因子，增大作物库容是增产的主要目标和方向。协调的源库关系是高产栽培管理的重要任务之一。而且，叶片同化物的运转分配也受源库关系改变的影响，改变源库平衡可以调节叶片同化物运转分配的量和方向。因此，充分考虑建立合理的群体结构和个体发育模式，以改善冠层内部光照环境和有机状况，从而确保充足的源端供应实现高产的目标。

（二）明确资源投入与经济效率的量化关系

20 世纪中叶的第一次绿色革命走的是“高投入、高产出”的集约化经营道路，肥水资源的高投入促进了粮食高产，也带来了严重的生态环境问题。随着对环境问题的关注，减施增效等新的绿色革命正在开展。作物栽培重新提出轻简和生态化栽培理念，从资源供给、获取、转化和经济利用过程角度分析产量形成，将产量与资源利用效率相联系。

（三）拓展育种与栽培技术路径

作物栽培主要包括品种的个体特征和栽培技术的群体特性的有机结合。主要包括功能

叶的光合活力及其功能期的长短、库容量大小及其活性、根系活力及其功能等方面。因此，在育种方面应培育具有高光合效率和理想株型的品种，形成高光效的群体，即具有“源强、库大、流畅”的光合性能；在栽培角度应尽量以形成合理冠层，提高群体冠层的光合效率为目的；同时还能系统推进标准化栽培、高效复合经营、设施栽培、逆境栽培和生物高新技术等栽培技术的发展。

（四）科学协调作物与环境的关系

除了高产优质能提高效益外，持续经营也是作物种植发展的大趋势。通过源库理论的运用，能科学应对各种土壤、气候等逆境胁迫，为作物生长创造和谐的生产环境；在生产过程中尽可能做好肥料、农药等投入品的管理，确保促进作物增产增效和地力平衡，以及保护生物多样性；同时还要做好产地环境管理，有效控制污染物向外漫延，实现无公害栽培模式。

第二节　源库基本概念

源、库、流的概念可根据其同化物输出与输入的特点来描述。即源是指产生或输出同化物的组织或器官；库是指消耗或贮藏同化物的组织、器官或部位；流是指源器官产生和形成的同化物向库器官转移的过程，是源与库之间同化物的运输渠道。

一、源

（一）源的概念

源是指产生或输出同化物的组织或器官（曹卫星，2011）。源器官包括经济林木的绿色的叶、茎等，其中功能叶是主要的源；根也属于源的一部分，因为地上部分所需的矿质养分都需通过根系来提供。除此之外，其他器官或部位也能提供部分同化物，如绿色的果皮或种皮，种子萌发期间的胚乳或子叶，春季萌发时 2 年生或多年生植物的块根、块茎等。源通常在树体的不同生长发育阶段会发生变化（李合生，2006；曹卫星，2011）。经济林木的幼叶和茎尖是同化物的输入者，是库而不是源，成熟叶片是主要的源器官，老化之后的叶片又变成库器官。

从生产和输出同化物的部位来讲，源包括两个方面内容：一是光合源，包括叶片、叶鞘等器官，经济林木的绿色果实等也是光合器官，但叶片是光合产物的主要供源；二是暂存源，即光合产物先储藏在暂存库中，然后再由暂存库中输入到库中。如禾谷类作物开花前，光合作用生产的营养物质主要供给穗、小穗和小花等器官形成的需要，并在茎、叶、叶鞘中有一定量的贮备，开花后的光合产物直接供给产品器官（胡立勇，2008）。

（二）源的衡量指标

经济林木在其生殖生长阶段，其功能叶是同化产物的主要制造者，源叶制造同化物的能力由源强度决定。源强度指源器官同化物形成和输出的能力，1971 年 Wilson 用源大小和源活性的乘积表示源强度（曹卫星，2011；彭丽丽等，2012）。

源的大小通常以叶面积指数来衡量。叶面积指数是指植株所有叶片总面积与植株所占的土地面积的比值，其大小较直观地反映光合源的大小和变化情况。植物叶面积指数较小的情况下，随着叶面积指数的增加，光合产物也随之增加，但超过一定范围后，继续增加叶面积指数反而会减少光合产物的形成。也就是说，植物高产栽培要有最适宜的叶面积指数，这样植物群体能保持良好的通风透光条件，保持基部叶片有高于光补偿点的受光量，同时保持群体最大限度地截获光能。一般经济果树的叶面积指数在3~5范围内比较合适。但此方法常受叶片厚度、发育时期及营养状况等因素的影响。此外，源的大小也可以用叶面积×比叶重（叶片重）、比叶面积、叶片含氮百分率等指标来衡量（杨建昌，1993；洪植蕃，1992）。

源活性一般以光合速率来衡量。光合速率是指单位时间、单位叶面积的CO_2吸收量或O_2的释放量，也可用单位时间、单位叶面积上的干物质积累量来表示。光合速率的高低是衡量源活性最直观的一个指标，植株在叶面积指数接近的情况下，叶片光合速率越高，其合成与输出同化物的能力就越强。

（三）影响源强的内部因素

影响经济林木源强的内部因素主要有品种间的差异和叶片性状等。

1. 品种

品种间的差异较明显地影响经济林木的源强。张舟等（2014）发现5个枣品种的净光合速率为43.78~48.85μmol/(m^2·s)，品种间差异显著，对源强影响呈现极显著相关。油茶不同品种的光合特性也存在显著差异，净光合速率日变化规律显现“单峰”或“双峰”曲线，品种间光合午休现象明显等（王瑞、陈永忠，2013；吴方园等，2018；吴方园、谭晓风等，2018）。

2. 叶片特性

随着叶龄的增加，叶片中的叶绿素含量逐步增大，叶片净光合速率也逐步升高。叶片形状如叶龄、叶位也影响源的强度，邬华松（1999）对胡椒光合作用特性的研究表明随叶龄的增长，叶绿素含量不断增加，光合机构功能不断完善，因而净光合速率递增，至稳定叶时达最大值，但到衰老叶期，由于叶绿素含量下降，光合机能减弱，净光合速率随之下降；路丙社等（1999）研究阿月浑子叶片随叶序变化规律认为，整个枝条自基部至顶部不同叶位叶片的Pn呈抛物线形变化，中部叶片最高，两端叶片渐低，中部以下的叶片随展叶时间延长Pn逐渐降低，这是由于叶片趋于衰老的结果，中部以上叶片随展叶时间缩短而Pn降低，是由于叶片尚未达到生理成熟的结果。

油茶新梢不同叶龄叶片的长、宽、叶面积及比叶面积之间均存在极显著差异（表1-1），因此，油茶叶龄与净光合速率间存在极显著正相关，相关系数为0.954。研究证明，油茶叶片从新梢萌发后，需经过50~60d的生长后基本成熟，成为主要功能叶（图1-1）。

表 1-1　油茶新梢不同叶片生理特征指标测定值的差异比较

生理指标	第 1 叶（叶龄 1~10d）	第 2 叶（叶龄 10~20d）	第 3 叶（叶龄 20~30d）	第 4 叶（叶龄 30~40d）	第 5 叶（叶龄 40~50d）	第 6 叶（叶龄 50~60d）	第 7 叶（老叶）
叶绿素含量（mg/g）	0.245±0.028 dC	0.348±0.039 cdC	0.389±0.041 cC	0.419±0.050 cC	0.685±0.101 bB	0.856±0.093 aA	0.882±0.094 aA
叶片鲜质量（g）	0.259±0.006 dC	0.603±0.064 bB	0.818±0.083 aA	0.792±0.081 aA	0.568±0.062 bcB	0.468±0.040 cB	0.462±0.047 cB
干物质含量比值	0.234	0.242	0.246	0.241	0.317	0.333	0.340
比叶面积	7.540±0.006 aA	6.531±0.015 bB	6.490±0.021 cC	6.400±0.020 dD	5.661±0.019 gG	6.340±0.011 eE	5.859±0.016 fF

注：不同小写字母表示差异达到显著水平（$P=0.05$），不同大写字母表示差异达到极显著水平（$P=0.01$）。

（吴泽龙等，2016）

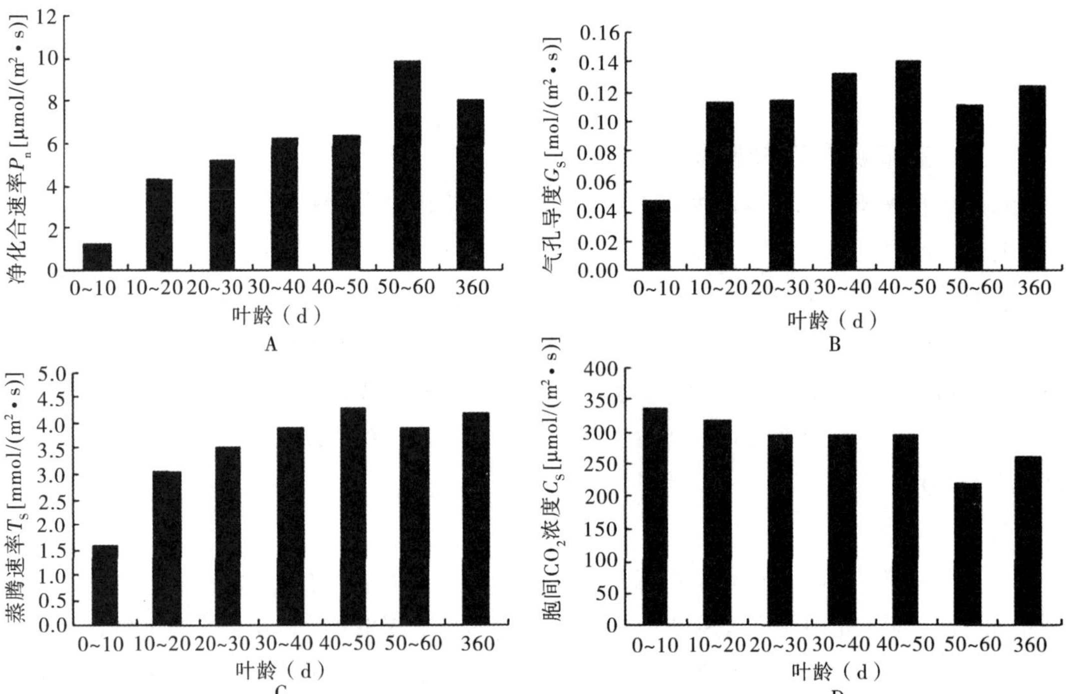

图 1-1　油茶新梢不同叶龄叶片主要光合特性参数的测定结果（吴泽龙等，2016）

注：A. 不同叶龄下的净光合速率；B. 不同叶龄下的气孔导度；C. 不同叶龄下的蒸腾速率；D. 不同叶龄下的胞间 CO_2 浓度。

油茶光合特性优良的品种叶片常具有较强的适应能力、较高的光合作用速率、较低的光合产物消耗等。较高的适应能力表现在低光合有效辐射条件下有较高的表观量子效率、较低的光补偿点，低 CO_2浓度环境下有较高的羧化效率、较低的 CO_2补偿点。

（四）影响源强的外部因素

1. 栽植密度

栽植密度对植物叶面积的形成影响较大。前期，植物群体分枝数增长快，叶面积扩展也迅速，叶源器官的数量提高的也越快，但到后期，密度过高会因为群体的密度效应，导致植株个体中下部叶片遮阴或早衰，反而减少了有效光合叶面积（曹卫星，2011）。何一明等（2008）通过对166株/667m^2、郁闭度0.9和75株/667m^2、郁闭度0.42两种密度油茶林光合作用研究发现，光合物质性显著差异，净光合速率分别为2.69和0.72μmol/(m^2·s)。核桃（*Juglans regia*）的栽植密度为5m×3m时，叶面积指数值超过合理限值，枝叶相互遮挡，冠层内部、中下部叶片受光不足，CO_2饱和点、光补偿点、光饱和点均低于5m×6m密度模式。5m×3m栽植模式在生育后期会出现叶片早衰的现象，群体光合能力随之下降，产量、单果重、出仁率在后期也不能持续保持，树势早衰、残次果率较高（张强等，2016）。不同的树形结构也直接影响油茶的光合特性（段伟华等，2013；曹永庆等，2014），段伟华等发现油茶自然结构的中层内膛叶片的光合速率呈现双峰型，而开心形结构的则呈现单峰型，没有午休现象，有效光合作用时间长，表现较高的生长优势。

2. 光照

充足的光照有利于植物的光合作用，从而促进植物的生长，也有利于叶面积的扩大，同时，叶片吸收光能，进行光化学反应，形成同化力腺苷三磷酸及还原型辅酶Ⅱ，推动CO_2的同化（任昌福，2001）。植物对光的利用能力可用光饱和点和光补偿点来反映。不同植物之间光能利用率不尽相同，苹果（*Malus pumila*）光能利用率可达2%~4%，而柑橘（*Citrus reticulata*）的光能利用率只有0.2%。光饱和点在不同植物之间也存在显著差异，大三岛脐橙（*Citrus sinensis*）光饱和点为1024.7~1077.3μmol/(m^2·s)，Fallago橘光饱和点只有409.0~472.4μmol/(m^2·s)（胡美君等，2006），油茶（*Camellia oleifera*）长林166号和53号光饱和点为1600μmol/(m^2·s)，长林4号的可以达到1800μmol/(m^2·s)。此外，光补偿点也有一定的差异，罗什福特脐橙光补偿点为66.5μmol/(m^2·s)，梦脐橙光补偿点为10.3μmol/(m^2·s)。普通油茶的光补偿点为15.50μmol/(m^2·s)，利用弱光的能力最强；香花油茶的光饱和点为499.7μmol/(m^2·s)，利用强光的能力最强。赣无-1、粤韶76-4、岑软3号和赣石84-3号光补偿点为8.20~13.82μmol/(m^2·s)之间（林玮等，2013）。植物出现光饱和现象是由于叶片在强光下光反应超过了暗反应，从而限制了叶片光合速率随着光强度的增强而增加。

当光照过强时，容易引起光抑制现象，导致光合速率下降。冬枣（*Ziziphus jujuba* ‘Dongzao’）（姚立新，2010）、猕猴桃（*Actinidia chinensis*）（龚弘娟，2014）叶片在光合有效辐射400μmol/(m^2·s)以内，净光合速率随着光合有效辐射的增大而增大，光合有效辐射超过400μmol/(m^2·s)以后，净光合速率增加的趋势变缓。赞皇大枣光合有效辐射超过1000μmol/(m^2·s)，净光合速率有下降的趋势（王庆江等，2002）。核桃叶片也是在1610μmol/(m^2·s)达到最大值，之后随着光合有效辐射的增加而降低（王红霞等，

2007)。光合有效辐射过高引起光能过剩，则会导致净光合速率下降，出现光合作用的光抑制现象，其主要表现是光系统Ⅱ的光化学效率和光合碳同化的表观量子效率降低，高光强下会引起叶片光系统Ⅱ反应中心破坏，但不同植物光抑制作用机理不完全相同，在强光下，豌豆（*Pisum sativum*）叶片 PSⅡ反应中心破坏，并随着 D_1 蛋白的降解，而大豆叶片中 PSⅡ反应中心可逆失活，并不伴随着 D_1 蛋白降解，而是 PSⅡ复合体中的光系统Ⅱ捕光蛋白的裂解（胡美君等，2008）。

当光照较弱时，植物叶片形成的光合同化物不足，会限制光合碳同化的进行。苦槠在15%自然光强下其最大净光合速率为 13.08μmol/(m^2·s)，显著低于对照处理的最大净光合速率 19.47μmol/(m^2·s)，在弱光条件下光系统Ⅱ反应中心的集光色素复合蛋白的适应能力增加，可以对光系统Ⅱ活性起到补偿和稳定的作用（方江宝等，2010)。20%的轻度遮光能避免桃树叶片光照过强或光照不足引起净光合速率下降，可保证光合作用正常进行，而40%及以上的遮光处理减弱了光强，引起净光合速率的下降，显著降低了叶片可溶性糖含量（郝建博，2015)。可见，适度的遮阴可以提高光合速率，这是由于遮阴降低了强光对植株的直接辐射，有效地保证了电子传递和能量利用，进而减弱了光抑制及因活性氧的积累造成的 PSII 反应中心光破坏（刘颖娇，2014)。

3. 温度

C_3植物光合作用的最适温度一般在 25℃，C_4植物的最适温度在 35℃左右。植物光合作用对温度的响应曲线一般为钟罩形，较低温度下的上升段表明温度增加能够提高光合作用，而较高温度下的下降段则表明温度的增加，反而会降低光合作用，叶片光合作用的最适温度范围为曲线的顶点周围所对应的温度（呼和牧仁等，2009)。猕猴桃在 5~25℃范围内，随着温度的升高，光合速率急剧升高，在 25~35℃范围内，温度升高但光合速率增加不明显，当温度超过 35℃时，光合速率呈下降趋势（甘长飞等，1988)；杨梅在 2℃时，其净光合速率比对照（25℃）降低了 17.8%~37.8%，温度为 10℃时，净光合速率比对照降低了 15.2%~28.2%，温度为 35℃时，净光合速率比对照降低了 23.3%~51.4%，温度为 40℃时，净光合速率比对照降低了 27.2%~66.2%（邵毅等，2009)。这是由于低温情况下，叶片光合作用的限制因素不是气孔导度，而是无机磷的再生，同时低温降低了酶的活性，也加剧了光抑制作用；高温条件下，叶片的稳态 RuBP 浓度下降、叶绿体中水裂解复合体受到破坏、光合作用的电子传递速率和光化学效率显著降低（呼和牧仁等，2009)。

4. 水分

土壤水分含量不足或过多都会影响植物的光合作用。植物对土壤缺水或水分过多有一定的适应性和抵抗性，植物的光合作用并非在土壤水分充足时最活跃，而是在适度的水分范围内最活跃，这一范围因植物种类不同而各异。傅墹等（1984）研究了小果油茶和普通油茶的生理特性，得出油茶叶片含水量在 55%~60% 的范围内，叶片能够进行光合作用，当叶片含水率低于这个范围时，叶片光合速率明显降低。因此，油茶叶片的含水量、水势的高低等显著影响光合作用，合理的灌溉可以促进油茶光合作用，增加积累，提高产量。山杏（*Armeniaca sibirica*）光合作用最适宜的土壤相对含水量在 44.7%~81.9%，核桃的为

41%~60%、刺槐（*Robinia pseudoacacia*）的为 48%~64%、侧柏（*Platycladus orientalis*）的为 41%~52%、丁香（*Syzygium aromaticum*）的为 59%~76%（吴芹等，2013；郎莹等，2011）。土壤相对含水量在此范围内净光合速率最高，而土壤相对含水量高于或低于此范围，净光合速率、羧化效率、CO_2饱和点等光合效能参数均显著下降。虽然 H_2O 是植物光合作用的重要原料，但是植物从土壤中吸收的水分主要用于蒸腾作用，只要一小部分就可以满足植物光合作用所需，因此，土壤水分缺失时导致的光合速率下降，这是由于水分缺失引起的气孔或非气孔因素的限制，而不是 H_2O 原料供应不足。轻度水分胁迫时，光合速率下降主要是由气孔受到限制引起的，而当水分严重胁迫时，光合作用下降的主要原因是非气孔限制，此时的核酮糖-1，5-二磷酸羧化/加氧酶（Rubisco）活性和可溶性蛋白含量均下降。而当土壤水分过多时，会引起土壤通气状况不良，造成根系活力下降，对光合作用产生影响（呼和牧仁等，2009）。

5. CO_2

短期内供给植物高浓度 CO_2，可以使叶片净光合速率提高 10%~50%（赵天宏等，2006）。紫星凤梨（*Ananas comosus*）叶片在 CO_2浓度 600±40μmol/mol 时，其净光合速率为 8.24μmol/(m^2·s)，CO_2浓度 900±40μmol/mol 时，其净光合速率为 9.37μmol/(m^2·s)，分别为对照净光合速率 6.53μmol/(m^2·s) 高 26.18%、43.49%（惠俊爱等，2006）。CO_2浓度升高可以增加 CO_2对 Rubisco 酶结合位点的竞争，从而提高羧化效率，抑制光呼吸，同时也使光系统结构发生改变，提高 CO_2同化速率。若植物长期生长在高 CO_2分压下，叶片光合速率会受到部分抑制。生长在 77±5Pa CO_2分压下的荔枝，叶片最大光合速率为 4.0±1.2μmol/(m^2·s)，较对照处理低 23%（孙谷畴等，2003），这可能是由以下原因引起的：气孔导度降低；Rubisco 酶含量及活性降低；叶片过多的碳水化合物积累产生的反馈抑制或叶绿体损伤（江军等，2013）。

6. 矿质元素

氮素直接或间接地参与植物的光合作用，对叶片叶绿素、光反应和暗反应的酶活性均有明显的影响。施用氮肥可以促进叶片叶绿素的合成，提高叶片的光合速率，而且氮肥也可以延缓 Rubisco 活性的下降。磷素是核酸、还原型辅酶Ⅱ、ATP 等的组成元素，缺少磷素，容易导致 Rubisco 活性、RuBP 再生能力下降及光系统Ⅱ反应中心可逆失活。油茶幼苗磷浓度在 0.1~1.0mmol/L 之间，净光合速率随着磷浓度的增加而增加（张雪洁等，2013）。适量施钾肥可以使叶片叶绿体基粒数增多，提高光合电子传递链活性及光合磷酸化活力。铁不足会引起光系统Ⅱ反应中心数量减少、天线色素向反应中心传递的激发能减少及光系统Ⅱ光化学效率降低。

7. 植物生长调节剂

植物生长调节剂等对油茶光合作用的影响在油茶不同生长期体外喷施生长调节剂，可以提高油茶叶片的光合性能。梁根桃等（1987）通过观测发现，普通油茶 2 年生叶在幼果迅速生长阶段，叶绿素含量下降，叶片功能衰退，使用硫代硫酸银、三十烷醇、硫酸铵、完全营养液 4 种试剂喷施于油茶叶面，都起到了延缓叶片衰老，增加叶绿素含量，提高光合速率的作用，其中以三十烷醇效果最好。胡哲森等（2001）以不同浓度 $NaHSO_3$对油茶进行叶面喷施。结果表明：150~250mg/L $NaHSO_3$可以明显抑制叶片的光呼吸，提高光合速率，增加经济产量。李铁柱等（2008）对秋水仙素处理的油茶苗光合作用进行了初步研究，筛选出了叶绿素、净光合速率、光饱和点均比对照高的无性系 8 号新品种。

8. 施肥

施肥对油茶光合作用的影响通过合理施肥，促进油茶生长，使树体营养元素浓度保持适当的水平与比例，是实现油茶稳产、高产的关键栽培措施之一。赵中华等（2007）研究了不同施肥处理下的中龄油茶的光合生理指标，指出平衡施肥对油茶光合性能具有很好的改善作用。其中施肥量为 N∶P∶K =0.61∶0.58∶0.47 的净光合速率最高。

这些内部因素和外部因素并不是孤立存在的，而是相互联系的，是许多因素综合作用的结果。

二、库

（一）库的概念

库是指消耗或贮藏同化物的组织、器官或部位。例如，植物的幼叶、根、茎、花、果实、发育的种子等。

库器官可分为代谢库和储藏库两类。代谢库是活跃生长的“库”，指大部分输入的同化物用于细胞结构的构建和呼吸消耗，如生长中的根尖和幼叶等；储藏库是指大部分输入的同化物储藏在组织或器官，如种子、果实等。在这些组织或器官中，同化物以不同的形式进行储藏，如马铃薯的块茎中以淀粉的形式，油茶籽粒中以脂肪形式进行储藏。在经济林源库流理论中，人们主要关注的构成收获器官的储藏库（曹卫星，2011）。

植物的源库关系是相对的、动态的，其会随着植物的生育期而变动。如，植物的叶片在幼叶展开时，必须依靠成熟叶片同化物的输出，此时幼叶只有输入而没有输出，是一个代谢库。当叶生长到最终叶面积的 1/3 时，叶尖部分同化物除了满足自身外，还可以向外输出，但是叶基部分还需要输入同化物，此时，同一叶片的叶尖部分是代谢源，而叶基部分是代谢库。当叶片生长达到最终叶面积的 1/2 时，叶尖、叶基部分都能输出同化物，整个叶片才是源器官（曹卫星，2011）。

有些组织或器官同时具有源和库的双重特点，如绿色的茎、果实等，这些器官或部位既需要从其他器官输入养分，同时本身又可通过光合作用形成同化物，之后再输出到需要的部位。尽管器官的源库地位随着生育期的不同而变化，但就植株整体而言，在一个生育期内总有一些器官是以输出养分为主，而另一些器官则是以输入养分为主，具有较强输出同化物能力的器官为源，具有较强输入同化物能力的器官为库，成为当时的生长中心（曹卫星，2011）。

（二）库的衡量指标

库器官或组织接受同化物的能力即库强度，1972 年 Wilson 用库容量（库大小）和源活性的乘积表示库强度（闵义，2010）。库容量是指能积累光合同化物的最大空间，是决定植物产量的关键因素。可以用库器官的相对生长速率来测定，即测定单位库在单位时间内光合同化物的积累量或干重的增加量。相对生长速率受库组织的代谢活性调节，这些代谢活性涉及韧皮部卸出、细胞壁内的代谢活动、同化物的重新吸收、器官的生长潜势和储藏功能等许多因素（曹卫星，2011）。近年来的研究结果表明，催化库器官中蔗糖和淀粉代谢的酶活性，尤其是蔗糖合成酶和腺苷二磷酸焦磷酸化酶的活性与库器官同化物的积累速率密切相关（MacRae，1990；Moiguchi，1990），成熟香蕉和猕猴桃果实中磷酸蔗糖合成酶活性的升高与蔗糖的积累密切相关（郭雪峰，2004）；蔗糖合成酶在桃果实发育后期的蔗糖积累中可能起重要作用，Komatsuv（1999）研究发现，兴津温州蜜柑和葡萄柚2种果实中蔗糖合成酶活性的差异是导致糖积累特点不同的主要原因，据此提出用酶活性的高低来度量库活力。

（三）影响库强的主要因素

1. 遗传因素

果实大小的遗传变异为上位性且其遗传力相当高。苹果大果品种的果实细胞数量多且体积大。鳄梨（*Butyrospermum parkii*）果实在采摘前一直进行细胞分裂，其果实大小与细胞数量有显著的关系。同一品种果实大小与细胞数量、细胞大小密切相关，已在梨树（*Pyrus* spp.）、杏（*Armeniaca vulgaris*）、番茄（*Lycopersicon esculentum*）等果实上得到证实（宋志海等，2002）。

2. 环境条件

细胞分裂和细胞膨大均会受到水分的影响，尤其是细胞膨大受水分的影响更大。当水分不足时易导致果实生长缓慢，果实变小。油茶果实体积在中度干旱胁迫时为18.4cm^3、重度干旱胁迫时为16.6cm^3，均低于自然状态下果实体积19.7cm^3。而土壤水分一直保持最大持水量，也会造成果实体积下降，此时油茶果实体积为18.2cm^3（王瑞辉等，2014）。

温度也会对果实大小产生影响。草莓形成大果的平均气温是8.0~12.0℃；苹果在盛花后42d，此时低温易形成小果，高温易形成大果，这可能是高温促进了皮层细胞的分裂（宋志海等，2002）。

3. 矿质营养

果实大小与矿质元素有着直接的联系。缺氮会导致苹果、樱桃（*Cerasus pseudocerasus*）、梨等果实变小；缺磷会使果肉细胞数量减少；果实的大小与钾含量呈正相关；缺钙、铁会使果实变小（宋志海等，2002）。

4. 生长调节剂

杨少燕等（2016）研究湘林系列高产油茶在喷施0.04~0.10mg/L浓度的芸苔素内酯后，均可提高油茶光合速率，正午时光合速率值最大，比于对照提高52.63%。其中，喷施0.08mg/L浓度时能显著提高各类叶绿素含量30%，种仁出油率比于对照分别提高

15.19%~54.82%，可以显著影响茶油的脂肪酸组分，油酸含量相比于对照分别提高4.74%~7.04%。

三、流

（一）流的概念

流是指源和库之间同化物的运输能力。流也是指源器官产生和形成的同化物向库器官转移的过程，是源与库之间同化物的运输渠道，包括韧皮部的装载、筛管中的运输和库细胞中的卸出，其主要的载体是源与库之间的维管系统。流的状况影响经济林源器官中同化物的运输和分配，进而影响经济林的产量和经济系数。

（二）流的衡量指标

1. 同化物通量

源库之间的膨压差驱动光合同化物通过韧皮部从源器官向库器官运输，由 Hagen Poissieuille 方程可知，蔗糖的通量（*Js*）与其浓度（*C*）等参数间的关系可用下式表示（曹卫星，2011）：

$$Js=C\cdot\triangle P\cdot A\cdot r^2/(8\eta\cdot L) \tag{1-2}$$

式中：$\triangle P$ 为源库之间的膨压差；A 为韧皮部的横截面积；r 为筛孔的半径；η 为筛管中溶质的黏度；L 为韧皮部的长度。

同化物的运输与分配由源库内的蔗糖浓度直接调节。短期内提高源叶内蔗糖浓度，可以提高同化物从源叶的输出速率，如在短期内增加光照强度可使源叶内蔗糖的浓度升高，进而提高这些源叶内的同化物输出速率。但时间过长时，源叶内高浓度蔗糖则会抑制光合作用和蔗糖的合成（曹卫星，2011）。对柑橘的研究表明，糖分积累水平的升高落后于光合速率的下降，所以淀粉转化为蔗糖的过程可能对调控光合作用起了关键的作用，淀粉在转化的过程中产生信号，从而调控蔗糖合成与转运的基因，进而调控光合基因的表达，最终造成抑制光合作用的效果（程杰山等，2014）。高浓度的蔗糖也会抑制韧皮部装载的形成，所以，要想长期维持高的源强，就需要库器官不断吸收和消耗蔗糖，即增大库容量和提高库活性。

2. 同化物的运输速率

同化物的运输速率是指单位时间内被运输的物质分子移动的距离。利用放射性同位素示踪技术，测得同化物的运输速率一般为30~150cm/h，平均为100cm/h。不同植物同化物运输速率存在差异，如柳树（*Salix matsudana*）为100cm/h，水杉（*Metasequoia glyptostroboides*）为48~60cm/h，洋梨（*Pyrus*）为10cm/h。不同生育期内，运输速率也不相同，如南瓜（*Cucurbita moschata*）幼苗时为72cm/h，较老时为30~50cm/h。运输速率还与环境条件有关，如白天温度高，运输速率快，夜间温度低，运输速率慢。同化物成分不同，运输速率也有差异，如丙氨酸、丝氨酸、天冬氨酸的运输速率较甘氨酸、谷氨酰胺、天冬酰胺的更快（李合生，2006）。

3. 同化物的装载

同化物的装载是指同化物从合成部位通过共质体和质外体进行胞间运输，最终进入筛管的过程（李合生，2006）。韧皮部装载由 3 个区域组成，即光合产物生产区、累积区和输出区。光合产物生产区为叶肉细胞中的叶绿体，通过光合作用形成磷酸丙糖，磷酸丙糖在叶绿体内部的磷酸转运器的作用下进入细胞质，在细胞质中一系列酶的作用下将其合成蔗糖，再通过胞间运输进入累积区，累积区的主要组成部分为小叶脉末端的韧皮部薄壁细胞，输出区主要指叶脉中筛管分子-伴胞复合体，累积区和输出区是一个难以分割的连续体。同化物可通过两种装载途径从生产区的叶肉细胞最终进入输出区的韧皮部筛管分子-伴胞复合体，即质外体途径和共质体途径（张继澍，2006）。

（1）质外体途径

质外体装载是指叶肉细胞将同化物输出，进入质外体，通过质膜进入筛管分子-伴胞复合体的过程。蔗糖是质外体装载的主要运输形式。

（2）共质体途径

共质体装载是指光合细胞输出的蔗糖通过胞间连丝，顺着浓度梯度进入伴胞或中间细胞，最后进入筛管的过程。在进行共质体装载的植物中，筛管中糖的主要运输形式是蔗糖和寡聚糖，其中寡聚糖包括水苏糖、棉子糖和毛蕊花糖等。

（三）同化物的运输

1. 运输方式

同化物运输不仅包括器官之间的运输，还包括细胞内和细胞间的运输。按照距离的长短，可分为长距离运输和短距离运输。长距离运输指器官之间的运输，需要特化的组织，主要是韧皮部；短距离运输主要是指胞内与胞间运输，距离只有几微米，主要靠扩散和原生质的吸收与分泌来完成（李合生，2006）。

（1）长距离运输

同化物通过树皮的韧皮部进行长距离运输，大部分植物的韧皮部是由筛管、伴胞与韧皮薄壁细胞组成，其中筛管是同化物运输的主要通道。伴胞与筛管细胞之间有胞间连丝连接，伴胞有核，细胞质浓厚，具有全套的细胞器，与筛管细胞并列配对存在。筛管通常与伴胞配对组成筛管分子-伴胞复合体，并在筛管吸收与分泌同化物以及推动筛管物质运输等方面起重要作用。

成熟的筛管细胞含有细胞质，但在发育过程中核及一些细胞器相继退化，出现了韧皮蛋白质（P-蛋白），呈管状、线状或丝状，能使筛管扩大，有利于长距离运输。

（2）短距离运输

①胞内运输。胞内运输指细胞内、细胞器之间的物质交换。主要形式有原生质环流、分子扩散、细胞器膜内外的物质交换以及囊泡内含物的释放等。

②胞间运输。胞间运输有共质体运输、质外体运输及共质体-质外体之间的交替运输。

共质体运输：胞间连丝在共质体运输途径中起着重要作用。无机离子、糖类、氨基酸、蛋白质、内源激素及核酸等均可通过胞间连丝进行转移。胞间连丝是细胞间物质与信息交流的通道。

质外体运输：质外体是一个连续的自由空间，是一个开放系统。同化物在质外体的运输完全是自由扩散的被动过程，速度很快。

共质体-质外体交替运输：植物组织内物质的运输可选择多种途径进行，如共质体内的物质可有选择地穿过质膜而进入质外体运输；质外体内的物质在适当的场所也可通过质膜重新进入共质体运输。这种物质在共质体与质外体交替进行的运输称共质体-质外体交替运输。

2. 运输形式

利用蚜虫吻刺法和同位素示踪法测知，大多数木本植物韧皮部汁液中糖类是最主要的溶质，在被运输的糖类中以蔗糖最为普遍，浓度可达 0.3~9mol/L，占筛管汁液干重的73%以上，是输导系统中的主要有机物质，也是同化物运输的主要形式。蔗糖属于非还原性糖，稳定性强，水解其糖苷键需要很高的能量；同时蔗糖的溶解度很高，在 100℃时100ml 水中可溶解蔗糖 487g；蔗糖具有较高的运输速率，以上的特点决定了蔗糖适合于长距离运输（李合生，2006；张继澍，2006）。

少数植物韧皮部汁液除蔗糖外，还含有棉子糖、水苏糖、毛蕊花糖等寡聚糖。它们都是蔗糖的衍生物，是由 1 个蔗糖分子与若干个半乳糖分子结合形成。有些植物韧皮部汁液还含有糖醇，如山梨醇、甘露醇等，例如樱桃、枇杷、苹果、桃等木本蔷薇科果树，叶片同化物是主要以山梨醇进行运输。除糖类外，筛管汁液中还有少量其他物质，有机物质主要是氨基酸、酰胺、含磷化合物（核苷酸、糖磷脂）、植物激素、有机酸等，无机离子为钾、磷、镁、锌等，其中钾离子含量最多，钙、铁和硝酸盐相对含量较少。

3. 运输方向

同化物运输的方向是由源到库，库的位置不同，运输的方向也各不相同。同化物进入茎内韧皮部以后，可向下运输到根部或地下贮藏器官，也可向上运输到幼嫩部位，如幼茎顶端、幼叶或果实（李合生，2006）。

在天竺葵（*Pelargonium hortorum*）茎两端不同的叶片上施用放射性 $KH_2{}^{32}PO_4$ 及 $^{14}CO_2$。$KH_2{}^{32}PO_4$ 施于下端叶片，$^{14}CO_2$ 施于上端叶片，两叶片中间茎部的一段树皮与木质部用蜡纸隔开，当叶片经过 12~19h 光合作用后，测定各段的 ^{32}P 和 ^{14}C 的放射性，测定结果显示韧皮部中各部位均含有一定数量的 ^{32}P 和 ^{14}C。由此可见韧皮部中同化物可同时双向运输。但对某一个筛管而言，通常认为同化物在其中的运输是单向的（张继澍，2006）。

4. 同化物的卸出

同化物的卸出是指同化物从筛管分子-伴胞复合体进入库细胞的过程。同化物的卸出途径有两条：共质体途径和质外体途径。

（1）共质体途径

共质体卸出途径一般发生在细胞溶质或液泡中，是指同化物通过胞间连丝到达库细胞。一般来说，卸出到营养库如幼根幼叶就是通过这一途径。此卸出途径可通过扩散作用和集流方式进行。

当蔗糖通过共质体途径，筛管分子与库细胞之间的糖浓度差，将同化物被动卸出。

（2）质外体途径

质外体卸出途径是指库细胞与筛管分子-伴胞复合体之间在某些部分不存在胞间连丝，而是同化物从筛管分子-伴胞复合体通过扩散或是在运输载体的作用下，先将同化物运输到质外体，再由质外体运输到库细胞的过程。

根据蔗糖通过质外体时是否水解，可将此途径分为两条子途径：

①蔗糖通过质外体时没有发生水解，而是直接进入库细胞。

②蔗糖通过质外体时，细胞壁上面的蔗糖酶将其水解为葡萄糖和果糖，之后扩散到库细胞再合成蔗糖。

5. 同化物的分配规律

植物体内同化物的分配总的方向是由源到库（张继澍，2006）。同化物分配主要有以下特点：

（1）优先分配生长中心

生长中心是指在一定时期内正在生长的主要器官或部位，是最强的库。其特点为年龄幼小，呼吸速率较高，合成核酸、蛋白质能力强，这些生长中心不仅是光合产物的分配中心，也是矿质元素的输入中心。不同生育期各经济林有不同的生长中心，如果树营养生长期的根系和新叶，生殖生长期的果实，都是各时期的生长中心。

（2）就近供应

就近供应是指源叶产生的光合产物主要运送至邻近的生长部位或器官，同化物的分配与源库之间距离呈反比，即距离增加而同化物分配减少。一般而言，植物上部成熟叶的同化物向茎尖和幼叶分配，中部叶片的同化物可以向上、向下分配，下部叶片的同化物向根系分配。

在果树上，果实附近的叶片是同化物的主要来源，靠近油茶果实的中间枝叶标记处理，其果实获得的^{13}C量比标记果实上部枝叶和下部枝叶分别提高了34.43%和137.75%（石斌，2015），

（3）同侧运输

同侧运输是指源叶中的同化物向与它有直接维管束联系的库运输。一般情况下，同一方位叶片中的同化物供应相同位的幼叶、花序和根系，这些幼叶、花序等器官需要的水和无机盐也是由同一方位的根系供应。

（4）功能叶之间无同化物供应关系

就同一棵植物上不同叶龄来说，顶部幼叶的光合机构先发育成熟，但产生的光合产物往往较少，不仅不向外运输，还需要输入光合产物供自身生长；一旦叶片成熟，合成大量

的光合产物，就向外运输，此后不再接受外来的同化产物。即已成为源的叶片之间没有同化物的分配关系，直到叶片衰老掉落。即使给成熟的叶片遮黑处理，成熟的叶片也不会输入同化产物。

6. 影响流内同化物运输与分配的因素

（1）影响同化物运输的因素

①温度。温度影响同化物的运输方向。当气温比地温高时，有利于同化物向顶端运输；当气温低于地温时，有利于同化物向根部运输。

昼夜温差大小对同化物的运输也有影响。在昼夜恒温（20℃）条件下，燕麦（*Avena sativa*）的呼吸消耗率高达58%，当夜温降低至10℃（日温保持20℃）时，呼吸消耗率降低到44%（杨悦，1995）。10℃温差可显著提高番茄LA1781品种的产量和果实品质，使果实数增加34.7%，单株产量增加92.1%，平均单果质量增加40.0%，果实可溶性糖含量增加16.3%，番茄红素含量增加95.6%（李莉等，2015）。

②光照。光照对同化物的运输与分配产生不同的影响。马铃薯、谷子和罂粟等植物在缺乏光照时能大量输出同化物，而另一类型植物如向日葵、玉米、甘蔗、棉花等，光照对其同化物输出有积极的影响（种培芳等，2008）。

不同光照强度会影响叶片光合产物的形成和同化物的运输及分配。弱光条件下，辣椒（*Capsicum annuum*）叶片的光合速率降低，减少了光合产物的合成数量，同时也减缓了同化物的输出速率（别之龙等，1998）；黄瓜（*Cucumis sativus*）在弱光条件下，光合产物的输出及其向果实中的分配比例明显减少（马国成等，1995）。

同化物的运输也受光波长的影响，在红光作用下小萝卜（*Raphanus sativus*）的同化物更多的运输到茎和叶柄，而蓝光使同化物更多地运输到下胚轴（龚月桦，1999）。

③水分。水分胁迫使光合速率降低，减少了同化物的输出量，增加了叶片中的滞留量。从轻度水分胁迫到严重水分胁迫，可可树（*Theobroma cacao*）叶片的同化物的输出量明显下降；水分胁迫期间（Deng等，1990），桃树幼苗及苹果树上叶片中^{14}C-同化物滞留量比对照处理分布增加60%~64%、20%（柴成林等，2001；徐迎春等，2001）。

水分也影响同化物的输出速率。在对可可树的研究中，同化物的输出速率受叶片净光合速率的影响，且呈显著相关，水分胁迫条件下叶片净光合速率下降，^{14}C-同化物的输出速率随之下降；苹果在不同水分胁迫程度下，^{14}C-同化物的输出过程存在不同的高峰期：苹果苗在正常供水条件下，同化物外运高峰期有两个，分别在同化物固定后1h及4~12h，中度水分胁迫条件下仅在同化物固定后1~4h有一个同化物外运高峰期（徐迎春等，2003）。

同化物的运输方向与水分状况明显相关。在水分胁迫条件下，同化物向根、茎方向运输增加，而向新梢、幼叶、花、果实等器官的方向减少。桃幼树光合产物的运输方向受水分胁迫影响显著，光合产物量分配给幼叶的显著减少，^{14}C-同化物在新梢各段的分配量从大到小依次为：饲喂梢段>饲喂下梢段（饲喂梢段以下的新梢段）>饲喂上梢段（饲喂梢段以上的新梢段），茎干韧皮部及细根获得的^{14}C-同化物相对增多（柴成林等，2004）。

④矿质元素。植物通过新陈代谢将外界环境中的离子带入植物体内，并迅速地加入细胞的总代谢中，有些离子参与到重要化合物的结构中（氮、磷、硫、镁），有些作为氧化-还原反应中的电子传递体（铁、铜、锰），或者起到维持膜两侧的电位差的作用（钾、钠），可见，矿质营养条件显著地影响植株体内同化物的运输（龚月桦等，1999）。

⑤CO_2浓度。光合作用期间，较高的CO_2浓度，不仅可以增强光合作用，还可使同化物从叶片中的输出量增加，并且两者增加幅度大致相同。另外，高浓度CO_2可使同化物更多地向根的部位分配。CO_2浓度为650μmol/mol，水稻在生长前期对分蘖、地上及地下生物量都有显著促进作用，在生长后期较大促进了根系的生长（林伟宏等，1998）。利用^{14}C-蔗糖饲喂方法并结合放射自显影及放射性同位素检测技术发现，高浓度处理使源叶片韧皮部汁液中蔗糖含量增加，源叶片吸收^{14}C-蔗糖的总量和分配到库叶片的量均显著提高，说明CO_2浓度升高促进了源叶片对蔗糖的吸收和转运，同时库叶片接受蔗糖的量也相应得到提高。这可能是由于CO_2浓度升高调节了源叶片质外体装载过程和库叶片共质体卸载过程而影响蔗糖的转运（李军营，2006）。

⑥植物激素。植物激素对同化物的运输有着重要的影响，除乙烯外，生长素、赤霉素、分裂素、脱落酸等激素都有促进同化物运输的效应（Kara，1997；于明祥，2009）。生长素可通过影响质膜ATP酶的活性，来调控韧皮部内部K^+离子的浓度，最终影响膨压与蔗糖在韧皮部的运输，使光合产物向库端运输。乙烯可促进胼胝体的合成和沉积，这与筛孔的大小直接相关。

（2）影响同化物分配的因素

同化物的分配是源、库、流三者协同调控的结果，受源的供应能力、库的竞争能力和流的运输能力的影响（张继澍，2006）。

①源的供应能力。源的供应能力是指源生产制造的光合产物能被有效输出供应植物生长的能力。若源产生的同化物较少，则只能供自身需要，此时源叶基本上不输出同化物；当源叶制造的同化物除满足自身需求外还有多余，则多余同化物才有可能输出，因此，源叶供应的同化物越多，输出同化物的潜力越大。而源生产的同化物超过自身需求的多余部分即为源的供应能力。

②流的运输能力。流的运输能力是由源库之间输导系统的联系、畅通程度及距离远近三个因素组成。高等植物同化物运输受韧皮部维管束发育状况影响较大，有时会限制产量，但也有研究发现维管束的输送功能较强（茎生物学上端分生组织除外），对同化物的运输分配无限制。维管束的长度也称同化物的运输距离，只有在某些情况下会对同化物分配有影响，一般认为维管束长度对同化物的分配影响不大，甚至在同化物供应充足的条件下，维管束的阻力不影响同化物分配。

③库的竞争能力。库的竞争能力是指库对同化物的吸收能力。对于像根尖、茎尖等幼嫩部位，生长速率快、代谢旺盛，对同化物竞争的能力强，分配给此类型器官的同化物就多，占同化物总量的比例也就越大。

同化物分配到何种器官，分配量是多少，与上述的三因素有关，但最主要还取决于库的竞争能力，即库强度。

（四）源库内同化物的代谢途径

1. 源内同化物的代谢途径

（1）碳同化途径

叶片内同化物是通过叶片光合作用固定空气中 CO_2，利用光反应中形成的同化力 ATP 和还原型辅酶Ⅱ（NADPH），将 CO_2转化为糖类，该过程称为碳同化过程，在叶绿体的基质中进行。

20 世纪 40 年代中期，M. Calvin 和 A. Benso 以单细胞藻类为试验材料，采用放射性同位素示踪和双向纸层析方法，期间试验材料用$^{14}CO_2$饲喂，照光时间从数秒到几十分钟不等，采用在沸腾的酒精中杀死材料以终止生化反应的方式，在试验过程中用纸层析技术分离同位素标记物，根据标记物出现的先后顺序即可确定 CO_2同化的每一步骤，最终在 20 世纪 50 年代提出了 CO_2同化的循环途径，称为卡尔文循环，也称为还原戊糖磷酸途径或 C_3途径（李合生，2006）。

C_3途径的化学过程大致可分为 3 个阶段，即羧化阶段、还原阶段和再生阶段（图 1-2）。

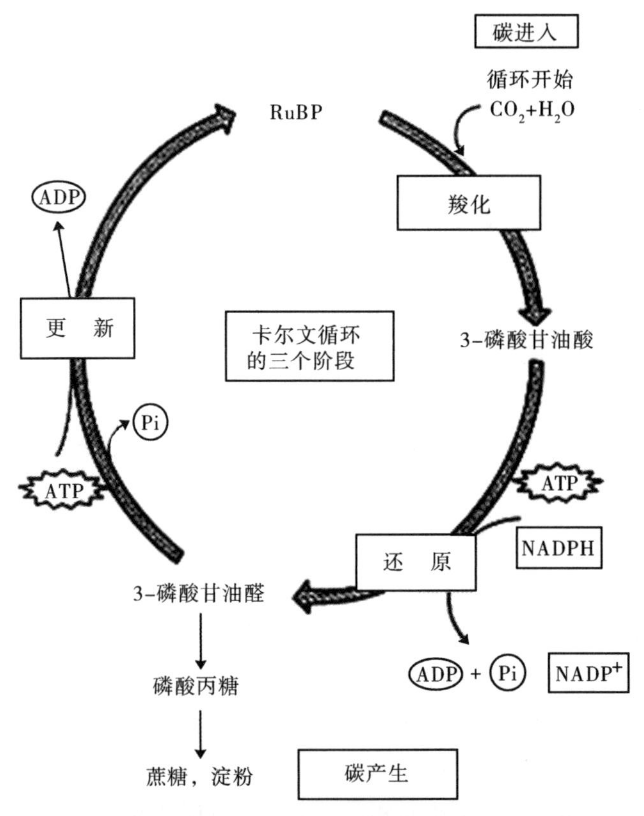

图 1-2　光合作用 C_3 途径——卡尔文循环的 CO_2 同化过程

①羧化阶段。核酮糖-1，5-二磷酸羧化酶/加氧酶（Rubisco）催化核酮糖-1，5-二磷酸（RuBP）与 CO_2结合，水解为 2 分子 3-磷酸甘油酸。

②还原阶段。3-磷酸甘油酸在3-磷酸甘油酸激酶催化下形成1，3-二磷酸甘油酸，然后被还原型辅酶Ⅱ还原变为甘油醛-3-磷酸，该过程中甘油醛磷酸脱氢酶的存在促使了该反应的完成。在羧化阶段产生的磷酸甘油酸（一种有机酸，不能称之为糖），需利用光反应中产生的同化力把磷酸甘油酸转化为糖。在磷酸甘油酸转化为糖的过程中，ATP提供能量，还原型辅酶Ⅱ提供还原力，将磷酸甘油酸的羧基转变成甘油醛-3-磷酸的醛基。从CO_2被还原为甘油醛-3-磷酸的整个过程即为光合作用的贮能过程。

③再生阶段。即由甘油醛-3-磷酸经过一系列的转变，包括形成磷酸化的3-、4-、5-、6-、7-碳糖的一系列反应，最后由核酮糖-5-磷酸激酶催化，消耗1分子ATP，重新形成CO_2受体RuBP的过程。

（2）蔗糖合成与降解代谢途径

①蔗糖的合成途径。高等植物光合作用的主要产物是蔗糖，是同化物在植物体内主要的运输方式，也是植物体内同化物贮藏和积累重要形式，因此蔗糖在植物体内代谢中占有重要地位。叶绿体内经过C_3途径形成的部分磷酸丙糖，可通过膜上的Pi运转器与Pi对等交换进入细胞质，经过1，6-双磷酸果糖、果糖-6-磷酸、葡萄糖-1-磷酸，在尿苷二磷酸葡萄糖焦磷酸化酶作用下，使葡萄糖-1-磷酸与尿苷二磷酸作用生成，形成尿苷二磷酸葡萄糖。植物体内以尿苷二磷酸葡萄糖作为葡萄糖供体合成蔗糖，蔗糖的合成有以下两条途径（刘卫群，2000；郭蔼光，2001；王镜岩，2002）。

其一是磷酸蔗糖合成酶途径。在磷酸蔗糖合成酶的催化下，以尿苷二磷酸葡萄糖作为葡萄糖供体，与6-磷酸果糖反应，生产磷酸蔗糖。磷酸蔗糖在专一性磷酸酯酶作用下，水解为蔗糖和无机磷酸。该蔗糖的生产途径是不可逆的，即使细胞内蔗糖浓度很高，反应仍可朝着合成蔗糖的方向进行。

$$\text{UDPG} + 6-\text{磷酸果糖} \xleftrightarrow{\text{磷酸蔗糖合成酶}} \text{磷酸蔗糖} + \text{UDP} \tag{1-3}$$

$$\text{磷酸蔗糖} + H_2O \xrightarrow{\text{磷酸蔗糖酯酶}} \text{蔗糖} + \text{Pi} \tag{1-4}$$

磷酸蔗糖合成酶是一种可溶性酶，广泛存在于细胞质中，其含量较低，不到可溶性蛋白的0.1%，且不稳定，磷酸蔗糖合成酶活性最适pH值约为7.0。

其二是蔗糖合成酶途径。在蔗糖合成酶的催化下，利用尿苷二磷酸葡萄糖作为葡萄糖基的供体，与游离的果糖反应，直接生产蔗糖。当细胞内蔗糖浓度超过10mol/L时，该蔗糖的生产途径是可逆的，因而认为这个酶的主要是催化蔗糖的降解。

$$\text{UDPG} + \text{果糖} \xleftrightarrow{\text{蔗糖合成酶}} \text{蔗糖} + \text{UDP} \tag{1-5}$$

蔗糖合成酶是由分子量为83~100 kD的亚基构成的四聚体，在植物组织中以两种以上的同工酶形式存在。

Delmer等人用绿豆作材料研究结果证明，磷酸蔗糖合成酶在光合组织中活性较高，而蔗糖合成酶在非光合组织中活性较高。因此，普遍认为，磷酸蔗糖合成酶是光合组织中蔗糖合成的途径，而蔗糖合成酶主要是在非光合组织中降解蔗糖的作用，从而为其他反应提供核苷酸糖。

②蔗糖的降解途径。蔗糖的降解可以通过两条不同的途径进行。一条是蔗糖酶催化的水解途径。蔗糖酶又称转化酶，催化蔗糖水解为葡萄糖和果糖，该酶在植物体内广泛存在。转化酶包括酸性转化酶和中性转化酶。酸性转化酶主要存在于液泡（称为可溶性酸性转化酶）或束缚于细胞壁（称为不溶性酸性转化酶）上，其最适 pH 值在 3.0~5.0 之间；中性转化酶位于细胞质中，最适 pH 值在 7.0 左右。另一条途径是蔗糖合成酶途径，即通过蔗糖合成酶催化的逆反应，使蔗糖降解为核苷酸糖和果糖。产生的核苷酸糖可用于细胞壁或淀粉的合成。

降解蔗糖的转化酶和蔗糖合成酶系，在不同的发育时期可能起着不同的作用。Tasi 等研究指出，玉米中蔗糖的降解，在胚乳发育早期，主要是转化酶催化的水解；到生长后期则主要通过蔗糖合成酶降解（刘卫群，2000）。

（3）淀粉合成与降解代谢途径

光合产物淀粉是在叶绿体内合成的，在叶绿体内 CO_2经过 C_3途径形成的三磷酸、果糖二磷酸酶、果糖-6-磷酸经过一系列反应转变成为葡萄糖-6-磷酸、葡萄糖-1-磷酸，在腺苷二磷酸葡萄糖焦磷酸化酶作用下，葡萄糖-1-磷酸与 ATP 作用生成腺苷二磷酸葡萄糖，以腺苷二磷酸葡萄糖为葡萄糖基供体合成淀粉。淀粉的合成分为直链淀粉的合成和支链淀粉的合成（刘卫群，2000）。

①直链淀粉的合成。直链淀粉的生物合成有两条途径：

其一是淀粉合成酶途径。淀粉合成酶是一种葡萄糖基转移酶，在“引物”存在的条件下，催化以腺苷二磷酸葡萄糖作为葡萄糖基供体，合成直链淀粉的反应。

$$\text{ADPG} + (\text{葡萄糖残基})_n \xrightarrow{\text{淀粉合成酶}} \text{UDP} + (\text{葡萄糖残基})_{n+1} \tag{1-6}$$

葡萄糖残基的反应重复进行，使链逐渐延长，最后形成直链淀粉分子。

“引物”主要是通过 α-1，4-糖苷键连接起来的多聚葡萄糖，引起反应的最小分子是麦芽四糖。“引物”的功能是作为葡萄糖基的受体，转移来的葡萄糖残基以 α-1，4-糖苷键连接在“引物”的 C_4非还原性末端上。

其二是 D-酶途径。D-酶能将一个麦芽糖残基从麦芽多糖转移到麦芽糖或其他 α-1，4 键的多糖上，是一种糖苷键转移酶，起着加成的作用，故又称加成酶。如，当作用于两个麦芽三糖分子时，一个麦芽糖残基可以从一分子麦芽三糖中转移出来，加到另一分子的麦芽三糖上去。前者作为麦芽糖残基的供体，后者作为受体，其产物为麦芽五糖和葡萄糖。

$$\underset{\text{麦芽三糖（供体）}}{G'—G'—G'} + \underset{\text{麦芽三糖（受体）}}{G—G—G} \xrightarrow{\text{D - 酶}} \underset{\text{麦芽五糖}}{G'—G'—G—G—G} + \underset{\text{葡萄糖}}{G'} \tag{1-7}$$

直链淀粉约有 250~300 个葡萄糖残基，分子量在 1.0×10^4~2.0×10^4之间，葡萄糖分子之间以 a-1，4 糖苷键缩合而成；直链淀粉通常卷曲呈螺旋形，每 6 个葡萄糖分子形成一圈。直链淀粉可以和碘形成螺旋形复合物，呈蓝紫色，最大光吸收值在波长 620~680nm 之间。

②支链淀粉的合成。淀粉合成酶途径和 D-酶途径只能合成由 α-1，4 键连接的直链淀

粉，支链淀粉中 α-1，6 键的形成则需另外一种酶-Q 酶的催化。Q 酶可以从直链淀粉的非还原性末端切下若干个糖残基碎片，并将碎片催化转移到直链淀粉的任一个葡萄糖残基的 6-羟基处，从而形成了 α-1，6 键，便有了一个分支。该过程在 Q 酶的作用下多次重复，形成的分支就越来越多，这样，支链淀粉在淀粉合成酶和 Q 酶的共同作用下便合成了。

支链淀粉的骨架分子与直链淀粉的骨架分子类似，骨架分子上是由 a-1，6 糖苷键（约占糖苷键的 5%）形成的分支，分子量在 $5.0\times10^4 \sim 4.0\times10^8$之间，相当于 6000 个或更多的葡萄糖残基所组成。支链淀粉含有 α-1，6 糖苷键 5%~6%，各分支平均为 24~30 个葡萄糖残基长度，遇碘呈紫红色，最大光吸收值在波长 530~550nm 之间。

从对模式生物进行观察研究的结果发现，支链淀粉分子的糖链最终形成簇的形式结构，而这种结构在达到一定长度时就可能会形成晶体片层。这种簇状结构中各类分枝的分布模式决定了淀粉的性质。淀粉粒内由晶体和非晶体片层构成，呈同心排布，且晶体区域和非晶体区域交替出现，在结构的整体中非晶体片层作为链的分支位点，起连接作用。片层重复的周期基本固定，各不同器官的淀粉的重复单元长度都为 9nm。

③淀粉的降解。植物同化物形成过程中，白天的光合作用使之产生淀粉，淀粉以过渡型形式储存，当夜晚光合作用终止，过渡型淀粉在一系列酶的作用下分解为麦芽糖和葡萄糖，经过运输途径将其从叶绿体中运出，用于合成蔗糖、维持叶片呼吸以及植物代谢等。淀粉可以通过两条不同的途径降解，一是淀粉的水解，二是磷酸解途径（刘卫群，2000）。

a）淀粉的水解。淀粉的水解是淀粉酶催化的，根据水解淀粉的方式不同，淀粉酶可分为 α-淀粉酶、β-淀粉酶和 R 酶。

α-淀粉酶是一种内淀粉酶，能以无规则的方式水解淀粉内部任何部位的 α-1，4 键，若作用底物是直链淀粉，则产生约 90%的麦芽糖，少量的葡萄糖和麦芽三糖。如果底物是支链淀粉，生成麦芽糖和少量的葡萄糖基麦芽三糖，还生成一些包含支链的片段，5~10 个葡萄糖残基，称 α-糊精。所有水解产物还原型末端 C_1 为 α-型。α-淀粉酶耐高温，在 70℃加热 15min 仍保持生物活性，但对 pH 敏感，当 pH 为 3.5 时，酶即失去活性。

β-淀粉酶是一种外淀粉酶，它作用于多糖的非还原性末端，生成麦芽糖。所以当 β-淀粉酶作用于直链淀粉时，生成定量的麦芽糖。当底物为支链淀粉时，约 55%的支链淀粉被分解为麦芽糖，剩下不能水解的部分称极限糊精。生成的麦芽糖由 α-型转变为 β-型。β-淀粉酶也称为糖化酶，与 α-淀粉酶相反，β-淀粉酶对温度敏感，在 70℃下易破坏，但在 pH3.5 时仍保持稳定。

α-淀粉酶和 β-淀粉酶都不能使支链淀粉彻底水解为单糖。水解支链淀粉中的 α-1，6 键需要 R 酶参与，R 酶也称为脱枝酶，脱枝酶只切下外围分枝，却不能分解内部分枝。在 α-淀粉酶、β-淀粉酶和 R 酶的协同作用下，可将支链淀粉彻底水解为麦芽糖和少量的异麦芽糖。麦芽糖在植物体内很少积累，经麦芽糖酶催化，分解为易被利用的葡萄糖。异麦芽糖在异麦芽糖酶的作用下分解为葡萄糖。

b）淀粉的磷酸解途径。在细胞内，淀粉在淀粉磷酸酶催化下磷酸解生成 4-磷酸葡萄糖。该酶有两种类型：磷酸化酶 a 和磷酸化酶 b，这两种类型的酶可以相互转化，在磷酸酯酶的作用下，磷酸化酶 a 可以转化为磷酸化酶 b，在磷酸化酶激酶的作用下，磷酸化酶 b 可以转化为磷酸化酶 a，其中，磷酸化酶 a 是有活性的酶。

淀粉磷酸化酶作用于淀粉的非还原性末端，可连续释放 1-磷酸葡萄糖，直到分支点以前还有 4 个葡萄糖残基为止。该酶降解产生的极限糊精在转移酶催化下，将支链上除分支点上以 α-1，6 键与主链相连的葡萄糖残基以外的三聚糖基转移到主链非还原性末端，以 α-1，4 键相连。剩下的一个葡萄糖残基侧链被脱枝酶水解脱去，剩下的直链被磷酸化酶继续降解。

2. 影响源内同化物合成与降解的主要因素

（1）代谢物可调节酶的活性

在蔗糖的合成过程中，果糖-6-磷酸是细胞质中蔗糖合成的前体，在 PPi-F6P 激酶催化下，果糖-6-磷酸可合成 2，6-二磷酸果糖。Pi 具有促进尿苷二磷酸葡萄糖焦磷酸化酶-果糖-6-磷酸激酶而抑制 1，6-二磷酸果糖磷酸（酯）酶活性的作用，而 TP 对尿苷二磷酸葡萄糖焦磷酸化酶、果糖-6-磷酸激酶起抑制作用。所以，当细胞质中 TP<Pi 时，则 Pi 促进了 2，6-二磷酸果糖的合成从而抑制了 1，6-二磷酸果糖的水解，则果糖-6-磷酸含量降低，从而抑制了蔗糖的合成。当细胞质合成的蔗糖磷酸发生水解并装入筛管运向其他器官时，Pi 的浓度升高，使叶绿体内的部分 TP 输出到细胞质中，从而使细胞质中 TP>Pi，叶绿体中 TP<Pi，这样便促进了细胞质中的蔗糖合成，从而抑制了叶绿体中淀粉的合成。

（2）光对酶活性的调节

光对酶活性的调节，主要体现在对叶绿体内淀粉的合成的影响，当光照时，作为葡萄糖供体腺苷二磷酸葡萄糖的关键酶腺苷二磷酸葡萄糖焦磷酸化酶，随着光合磷酸化的进行，Pi 浓度降低，则腺苷二磷酸葡萄糖焦磷酸化酶活性增大，从而促进同化物的合成；而在黑暗中，Pi 浓度升高，酶活性下降。此外，在光照期间 C_3 途径运转，其中间产物磷酸甘油酸、磷酸烯醇式丙酮酸、果糖-6-磷酸、果糖二磷酸酶及 TP 都对腺苷二磷酸葡萄糖焦磷酸化酶有促进作用，有利于淀粉的合成。同时光照可以激活磷酸蔗糖合成酶，促进蔗糖的合成。

3. 库内同化物的转化途径

（1）糖类的转化

蔗糖等同化物通过韧皮部的质外体或共质体途径，将同化物运输并卸载到库细胞内，源库之间糖的浓度梯度在运输卸载的过程中起着重要作用。因此，蔗糖进入果实后被迅速转化为化合物，如蔗糖转化为葡萄糖、果糖、淀粉或参与代谢过程，还可通过在细胞内进行区隔化贮藏等方式调节糖的浓度。

按照果实中糖代谢的产物来分，可将其大致分为 2 种方式：蔗糖代谢和己糖代谢，这 2 种代谢相互关联，密不可分。

①蔗糖代谢。蔗糖是植物碳水化合物的一种重要形式，可以不经代谢而被运输和积

累，并且在果实发育过程中糖代谢和糖积累起着重要的作用。磷酸蔗糖合成酶、磷蔗糖合成酶、转化酶是蔗糖代谢所需的关键酶（郭燕，2012）。

对日本梨果实糖代谢研究时发现，在果实发育的整个过程中，会产生两种不同形式的磷蔗糖合成酶，一种是磷蔗糖合成酶Ⅰ，另一种是磷蔗糖合成酶Ⅱ（Suzuki，1996）。当果实还未成熟时磷蔗糖合成酶Ⅰ催化蔗糖分解，而在成熟果实达到生理成熟程度时磷蔗糖合成酶Ⅱ催化蔗糖合成。在果实发育早期，酸性转化酶和磷蔗糖合成酶Ⅰ具有高活性，能将蔗糖迅速催化分解生成单糖和鸟苷二磷酸葡萄糖，以供合成生理活动所需的淀粉、纤维素、半纤维素及各种细胞器和细胞液成分。而在果实发育中后期，酸性转化酶和磷蔗糖合成酶Ⅰ活性降低，磷蔗糖合成酶Ⅱ合成酶的活性升高，从而催化再次合成蔗糖（郭燕，2012）。

在果实的发育过程中，蔗糖分解和再合成同时存在，起到调节淀粉、己糖和蔗糖之间的分配作用，而且蔗糖的分解实质上是果实积累蔗糖的限速步骤。蔗糖在产生后，通常转化为葡萄糖-1-磷酸进入造粉体中，成为合成淀粉的主要底物，而果糖则直接进入液泡贮藏起来（陈俊伟等，2000）。从"Honeycrisp"苹果的研究结果中可以得出，果实的发育过程中蔗糖的积累主要基于两方面：一方面是叶片中生产的蔗糖通过韧皮部运到果实中；另一方面是在果实生理代谢过程中磷酸蔗糖合成酶和磷蔗糖合成酶的作用下合成蔗糖（Zhang et al，2010）。然而，在另外一个研究中发现，蔗糖积累过程表现为蔗糖含量增长，却不是通过韧皮部从叶片运来的蔗糖，而是淀粉降解导致蔗糖含量增加，试验中通过环剥切断韧皮部运送蔗糖后，果实中的蔗糖含量仍明显地增加，而此时蔗糖磷酸合成酶的活性也开始增加，虽然活性并不高，但是磷蔗糖合成酶可能参与了蔗糖的合成，使蔗糖含量增加（吕英民等，2000）。Beruter（2004）发现，果实中果糖在采收前就停止积累，而蔗糖含量仍然继续增加，可见采收前所积累的蔗糖中有一部分是在磷蔗糖合成酶的催化下由果糖转化而来。在对红富士苹果果实生长发育过程中糖积累和糖代谢相关酶活性的关系的研究中发现：红富士苹果果实蔗糖代谢主要受酸性转化酶及磷蔗糖合成酶的调控。在整个发育周期中，果实内蔗糖的积累与磷蔗糖合成酶显著相关，而与糖代谢相关酶如磷酸蔗糖合成酶、可溶性酸性转化酶和可溶性中性转化酶均无显著的相关性，果糖、葡萄糖的积累主要与可溶性酸性转化酶有关（王永章等，2001）。

②己糖代谢。己糖是蔗糖代谢的主要产物之一，还要通过进一步代谢，以用于合成其他成分或成为代谢呼吸底物。己糖激酶有两种，一种是果糖激酶，另一种葡萄糖激酶，都是在催化己糖进入糖降解反应的第一步起作用，且该反应不可逆，它能催化果糖和葡萄糖的磷酸化。果糖激酶和葡萄糖激酶分别对果糖和葡萄糖有较高专一性（秦巧平等，2004）。己糖激酶主要在线粒体膜、细胞质和叶绿体膜上发挥作用。在对葡萄的研究报告中显示己糖代谢状况影响植物生长发育的进程和果实糖含量及组成比例：已进入浆果期的葡萄在还未转熟前，果实内用于代谢的己糖主要由液泡内的酸性转化酶生产，随着葡萄果实逐渐转熟，糖酵解速度下降，己糖代谢量大大减少，该阶段转化酶生产的己糖主要用于贮藏积累（Jacobs，1997）。在对苹果果实的研究结果中，苹果果实中的葡萄糖会使己糖激酶激活从

而有利于糖酵解的发生，而糖酵解酶与果糖较难亲和，这使得苹果果实中的果糖在可溶性糖中占有较高比例（Beruter，2004）。

③库中糖组分及累积类型。库中积累的糖分一般有三类：蔗糖、淀粉和还原性糖，有些果实中会有少许糖醇。大多数果实中以蔗糖、果糖和葡萄糖为主（姚宝花，2014；程建徽，2005）。果糖最甜，甜度是蔗糖的 2 倍，是葡萄糖的 1.8 倍，山梨醇甜度最低，仅为果糖的 30%左右，但风味则以葡萄糖的最好。果实甜度由果实中总糖含量和各糖组分的比例决定，因此，不同树种、品种的果实中糖含量和种类各不相同，使得各果实拥有各自不同的口味。

根据果实成熟过程中糖积累特点和类型，可将果实分成 3 个类型，分别为糖直接积累型、淀粉转化型及中间型（姚宝花，2014；程建徽，2005）。

a）糖直接积累型。利用细胞液泡将果实内光合产物直接以可溶性糖的形式贮藏，如草莓、葡萄、柑橘、荔枝等。如对温州蜜柑的研究中发现，在蜜柑果皮组织中糖积累的形式以蔗糖、葡萄糖、果糖为主，且各自含量比较接近；在汁囊中以蔗糖形式积累为主，成熟时蔗糖、果糖、葡萄糖，分别占可溶性糖的 65%、20%和 14%。

b）淀粉转化型。对于一些有生理后熟现象的果实，如香蕉、杧果、猕猴桃，在果实成熟前光合产物的贮藏形式主要是淀粉，采后经后熟过程后淀粉水解转化为可溶性糖，以达到一定的风味，如在对香蕉果实观察测定后发现，在香蕉未成熟之前生长发育过程中的碳水化合物主要以淀粉为主，其含量可达到 20%~25%，在其整个后熟过程中淀粉逐渐降解分为两个阶段，初期淀粉主要水解为可溶性蔗糖，后期则主要水解为可溶性已糖。

c）中间类型。该类型光合产物的运输形态不同于前两种以蔗糖的形式，而以棉子糖（石榴）或山梨醇（苹果）形式运输。在果实发育早期输入的光合产物以淀粉形式积累，至果实发育后期积累可溶性糖，淀粉水解，含糖量上升。在苹果果实发育过程中，淀粉、蔗糖含量随着发育期逐渐增加，但到后期和成熟时期淀粉发生降解，最后几乎完全消失，此时葡萄糖和果糖含量高于蔗糖含量，果糖在整个发育时期一直增加，发育前期高于葡萄糖，发育中期其含量和葡萄糖含量相差不大，成熟时期其含量是葡萄糖的 2~3 倍。

（2）油脂的转化

高等植物种子中能量和碳源的主要贮存形式就是脂类，脂类是单位质量能量最多的化合物。脂肪酸具有高的还原性，比其他碳水化合物产能更高，每单位质量（g）的脂质贮存的能量可高达 38kJ，所以高等植物采用它们来贮存能量。在植物贮存的各种能量形式中，脂类物质可达植物体干重的 5%~10%，占储藏组织干重的 80%左右（陈四龙，2012）。

植物油脂以脂肪酸为主要成分，脂肪酸在植物代谢中具有重要作用，是大部分代谢过程中重要生化物质的合成前体。在植物种子中，脂肪酸在细胞中通常不以游离的形式存在，主要以三酰甘油的形式存在，并且其羧基常以酯酰化的形式修饰，脂肪酸的成分和含量最终决定油脂的品质和用途。植物的三酰甘油生物合成是从甘油磷酸开始，依次酰基化形成磷脂酸，然后在磷脂酸磷酸（酯）酶作用下形成二酰甘油，最后被进一步酰化形成三酰甘油（陈四龙，2012）。

C_{16}和C_{18}脂肪酸是植物中含量最为丰富的脂肪酸，其总量占总乙酰化脂肪酸的90%。主要的脂肪酸有油酸（C_{18}：1）、亚油酸（C_{18}：2）、亚麻酸（C_{18}：3）、硬脂酸（C_{18}：0）和棕榈酸（软脂酸、C_{16}：0）等5种。高等植物种子储藏性油脂相对于膜脂而言，有较多种脂肪酸，且结构与物理性质各不相同（陈四龙，2012）。

在种子（库）发育中，植物叶片（源）通过光合作用合成蔗糖等物质，通过韧皮部输入到种子细胞质中，通过磷蔗糖合成酶作用形成葡萄糖-6-磷酸，再经糖酵解途径将葡萄糖-6-磷酸转变为已糖，经过氧化或者质体内的淀粉经过进一步转化合成乙酰-CoA。乙酰-CoA为脂肪酸的合成和碳链延伸提供起始的2个碳原子，是生物合成脂肪酸必需的前体物质。植物质体中，在乙酰-CoA经乙酰-CoA羧化酶催化下产生丙二酸单酰-CoA（丙二酰-CoA），脂肪酸合成酶复合体催化丙二酰-CoA，用丙二酰-CoA和乙酰-CoA为作用底物，通过连续的多个聚（缩）合反应，使其由最初的2个碳原子对一个“引物”进行延长，形成新的C-C键以合成酰基碳链（陈四龙，2012）。

①饱和脂肪酸的生物合成。这一过程是以乙酰-CoA为引物，由丙二酸单酰CoA在羧基端逐步添加二碳单位，合成不超过16碳的脂酰基，最后脂酰基从脂酰基载体蛋白转移至CoA或被水解成游离的脂肪酸（刘卫群，2000；郭蔼光，2001；王镜岩，2002）。

a）转酰反应。首先乙酰-CoA在乙酰转酰酶催化下，乙酰基转移至脂酰基载体蛋白，随即乙酰基又转移至β-酮酯酰脂酰基载体蛋白缩合酶的半胱氨酸残基上，游离出的脂酰基载体蛋白再经丙二酸单酰转酰酶催化，与丙二酸单酰CoA反应，形成丙二酸单酰脂酰基载体蛋白，以后将其作为脂肪酸碳链延长过程中的供体。

b）缩合反应。在β-酮酯酰脂酰基载体蛋白合成酶催化下，乙酰基与丙二酸单酰基发生缩合反应，生成β-酮酯酰脂酰基载体蛋白，同时放出CO_2。

c）还原反应。在还原型辅酶Ⅱ+H^+参与下，由β-酮酯酰脂酰基载体蛋白还原酶进行催化，β-酮酯酰脂酰基载体蛋白生产β-羟基丁酰脂酰基载体蛋白。

d）脱水反应。β-羟基丁酰脂酰基载体蛋白由β-羟基丁酰脂酰基载体蛋白脱水酶进行催化，在其α和β位碳原子之间脱水生成2，3-反式丁烯酰脂酰基载体蛋白。

e）再还原反应。在还原型辅酶Ⅱ+H^+或还原型辅酶Ⅰ+H^+参与下，2，3-反式丁烯酰脂酰基载体蛋白被β烯酯酰脂酰基载体蛋白还原酶催化，转化生产相应的饱和丁酰脂酰基载体蛋白。

从乙酰CoA开始，经过转酰、缩合、还原、脱水、再还原几步反应，生成含4个碳原子的丁酰脂酰基载体蛋白。丁酰脂酰基载体蛋白可再与β-酮酯酰脂酰基载体蛋白合成酶结合，并与丙二酸单酰-脂酰基载体蛋白缩合形成β-酮酯酰脂酰基载体蛋白，以后经过还原、脱水、再还原，即可生成己酰脂酰基载体蛋白。如此经过多次重复，反应每循环一次，碳链便可延长2个碳原子，直至形成含16个碳原子的棕榈酰-脂酰基载体蛋白。由于β-酮酯酰脂酰基载体蛋白合成酶对棕榈酰-脂酰基载体蛋白无活性，所以碳链不再继续延长。

在细胞质中，由脂肪酸合成酶系合成的软脂酸（C_{16}：0），可由线粒体酶系和微粒体酶系将链延长。

在线粒体中可进行与脂肪酸β-氧化相似的逆过程，使碳链延长。软酯酰 CoA 与乙酰 CoA 缩合形成β-酮酯酰 CoA，然后被 NADH 还原为β-羟基酰 CoA，再脱水形成α、β-烯酯酰 CoA，再由还原型辅酶Ⅱ还原为硬脂酰 CoA，后者经类似过程使碳链延长至 C_{24}，但以硬脂酸（C_{18}）最多。

脂肪酸的延长以丙二酸单酰 CoA 为 2C 的来源，以还原型辅酶Ⅱ+H^+为还原剂，中间过程与软脂酸合成系统相似，只是微粒体系统以乙酰辅酶 A 作为酰基载体。即软酯酰 CoA 与丙二酸单酰 CoA 经缩合、还原、脱水、再还原生成硬脂酰 CoA。

在质体中，脂酰基-脂酰基载体蛋白硫脂酶将脂酰基载体蛋白上的酰基部分（脂肪酸）通过水解反应释放，成为游离脂肪酸，并释放一个硫基-脂酰基载体蛋白即为脂肪酸合成终止反应。游离的酰基在酰基转移酶的作用下将酰基从脂酰基载体蛋白直接转移到甘油脂，或在酰基-脂酰基载体蛋白脱饱和酶的催化下使酰基形成双键。由于油料植物的种子中存在大量 C_{16}和 C_{18}特异性高的脂酰基-脂酰基载体蛋白硫脂酶，导致油料植物大部分脂肪酸为 C_{16}或 C_{18}脂肪酸。

②不饱和脂肪酸的生物合成。不饱和脂肪酸是通过氧化脱氢途径生成的，催化这个反应的酶叫脱饱和酶，在 O_2和还原型辅酶Ⅱ+H^+参与下，脱饱和酶将长链饱和脂肪酸转化为相应的顺式不饱和脂肪酸。脱饱和反应发生在质体中，是在饱和脂肪酸的 C_9和 C_{10}位上生成单不饱和脂肪酸（C_{16}：1、C_{18}：1 等），且此时的脂肪酸仍与脂酰基载体蛋白相连（陈四龙，2012）。

饱和脂肪酸在△9 硬脂酰基脱饱和酶的作用下，生成含一个顺式不饱和双键的酰基-脂酰基载体蛋白，脂酰-脂酰基载体蛋白在乙酰-CoA 合成酶转化作用下成脂酰-CoA，脂酰-CoA 经转运在内质网上与甘油结合形成甘油酯。此时结合在甘油骨架上的脂肪酸在脱饱和酶的催化下，继续脱饱和反应，生成具有多个双键的多不饱和脂肪酸。在内质网中，油酸脱饱和酶和亚油酸脱饱和酶分别催化 C_{18}：1 和 C_{18}：2 的脱饱和反应，生产亚油酸 C_{18}：2 和亚麻酸 C_{18}：3。油酸脱饱和酶为△12 脂肪酸脱饱和酶，负责在碳链中引入第二个双键，属于ω-6 型脱饱和酶；亚油酸脱饱和酶在碳链中引入第三个双键，催化 C_{16}：$2^{\triangle 7,11}$或 C_{18}：$2^{\triangle 9,12}$转化为 C_{16}：$3^{\triangle 7,11,13}$或 C_{18}：$3^{\triangle 9,11,15}$，属于ω-6 型脱饱和酶（即亚油酸脱饱和酶）。多数高等植物仅能合成α-亚麻酸，只有少数植物产生γ-亚麻酸（陈四龙，2012）。

③C_{16}和 C_{18}脂肪酸链延长过程。油料植物种子中主要含有 C_{16}和 C_{18}脂肪酸，但某些油料植物种子除了含有 C_{16}和 C_{18}脂肪酸外，还含有大量超过 C_{18}的超长链脂肪酸，如池花科的荷包蛋花（*Limnanthes douglasii*）、旱金莲（*Tropaeolum majus*）等。在内质网上，脂酰-CoA 延长酶复合体负责催化超长链脂肪酸的合成，饱和超长链脂肪酸以硬脂酰-CoA 和丙二酰-CoA 为底物，而不饱和超长链脂肪酸以油酰-CoA 为底物。超长链脂肪酸碳链经 4 步循环反应延长（陈四龙，2012）。

a）由β-酮酯酰-CoA 合成酶催化丙二酸单酰-CoA 和长链脂酰-CoA 发生缩合，产生

2 个碳的 β-酮酯酰-CoA，同时放出 CO_2；

b）β-酮酯酰-CoA 由 β-酮酯酰-CoA 还原酶将其还原为 β-羟酯酰-CoA；

c）β-羟酯酰-CoA 脱水酶催化 β-羟酯酰-CoA 生产烯酰酰-CoA；

d）反式生产烯酰酰-CoA 还原酶催化生产烯酰酰-CoA 还原，最终成为延长了 2 个碳的脂酰-CoA。

④三酰甘油的生物合成。在内质网上，三酰甘油通过 Kennedy 途径完成组装（陈四龙，2012）。

a）在质体或内质网上，甘油-脂酰基转移酶将脂肪酸活化为脂酰-CoA 形式；

b）磷酸甘油脂酰转移酶以脂酰-CoA 和 3-磷酸甘油为底物，在甘油 sn-1 上发生酯化反应，生产 1-单酰甘油-3-磷酸；

c）在 1-单酰甘油-3-磷酸酰基转移酶催化下，第 2 个脂酰-CoA 与甘油的 sn-2 位发生酯化反应，生成磷酸甘油二酯；

d）通过水解去磷酸生成二酰甘油；

e）在二酰甘油脂酰转移酶作用下，第 3 个脂酰-CoA 加入到甘油的 sn-3 位上，生成三酰甘油，即为油料种子中的油脂。

三酰甘油所含的 3 个脂肪酸可以是一样的或不一样的，既可为饱和脂肪酸，也可为不饱和脂肪酸。

在一些油料植物的种子中，质体中产生的脂肪酸先被用于合成磷脂酰胆碱或磷脂酰乙醇胺，之后再参与三酰甘油的合成，在这个过程中脂肪酸或被脱饱和，或者进行其他修饰。磷脂酰胆碱中的脂肪酸合成三酰甘油有以下两种途径：

a）乙酰 CoA：磷脂酰胆碱上的脂肪酸分子与一个带 CoA 的脂肪酸分子发生交换，形成酰基 CoA，且该反应是可逆反应，酰基 CoA 作为酰基供体合成三酰甘油。该交换反应使质体新产生并转运出的油酸（$C_{18}:1$）进入磷脂酰胆碱分子并可解离出原来磷脂酰胆碱分子中的已经去饱和或修饰后的脂肪酸，最终合成三酰甘油或脂类。

b）在很多植物中，磷脂酰胆碱提供的二酰甘油只有部分用于三酰甘油的合成中，由二酰甘油和胞苷二磷酸-胆碱合成磷脂酰胆碱是由胞苷二磷酸-胆碱转移酶催化的一个快速可逆反应，这个可逆反应使磷脂酰胆碱中的二酰甘油部分可用于三酰甘油的合成。

在红花（*Carthamus tinctorius*）未成熟种子中具有逆脂酰转移酶，二酰甘油在逆脂酰转移酶的作用下，将一个脂酰基转移到另一个二酰甘油上，使其生成三酰甘油和一酰甘油，并且该反应可逆。另外一种方法是磷脂：将磷脂作为脂酰基供体，二酰甘油作为脂酰基受体，合成三酰甘油和单酰甘油磷酸，该种途径在植物拟南芥、蓖麻、向日葵、还阳参属（*Crepis*）等中发现。

⑤油脂在种子中的贮存形式。TAG 在内质网合成后，以油体的形式释放到胞质中，供种子萌发和幼苗生长之需。油体是成熟种子中油存在的主要形式，它内部为液态三酰甘油，外层由磷脂单分子层包被，而其表面附着油质体和油体钙蛋白等多种蛋白，其中，油质体是油体中含量最丰富的结果蛋白。植物细胞中最小的细胞器就是油体，在电子显微镜

下观察发现，油体内部为不透明的基质，外部由包围着一层电子致密的膜，大小因植物种类而异，直径范围从 0.5~2.5μm 不等，且受营养条件和环境状况的影响。油体结构非常稳定，无论在细胞中还是在离体状态下，或在干燥种子细胞内或在体外离心分离的悬浮液中，油体之间都不会发生融合或聚合，甚至经过长时间的贮存也能保持稳定（戚薇聪，2008；陈四龙，2012）。

4. 影响库内同化物转化的主要因素

（1）影响库内糖类代谢的主要因素

①激素。生长素、赤霉素、脱落酸、乙烯可在一定程度上或在不同发育阶段促进果实内糖的积累（刘静等，2011）。生长素可以影响蔗糖的运输，促进果实对蔗糖的吸收，生长素可以促进葡萄果实对蔗糖的输入，也可以促进苹果原生质对山梨醇的主动吸收（罗霄等，2008）。经赤霉素处理后的葡萄，在整个生长期糖分积累速率均高于对照，在生长后期对糖分累积作用更加明显（吴俊等，2001）。乙烯处理后可以显著增加苹果果实中淀粉的降解，同时显著增加蔗糖含量，而对果实中的果糖、葡萄糖含量无显著性影响（王贵元等，2007），乙烯也可以促进香蕉果实中淀粉到糖的转化，这可能是乙烯处理后显著提高了淀粉酶、淀粉磷酸化酶、蔗糖合酶、蔗糖磷酸合酶的活性，从而显著提高果实中蔗糖的含量（罗霄等，2008）。

②光照。光照状况对果实糖积累有一定的影响。苹果套袋后，果实内蔗糖、果糖、葡萄糖含量均低于对照处理，鸭梨套袋后，果实内糖积累速率均低于未套袋处理，在采收时套袋果实糖含量仍低于未套袋果实，这可能是由于套袋改变了果实内部磷酸蔗糖合成酶和磷蔗糖合成酶的活性，从而影响了果实内糖的代谢（王少敏等，2002；赵志磊等，2003；陈敬宜，2003；辛贺明，2003）。而对葡萄套袋研究发现，果实成熟后，套袋果实的可溶性总糖含量明显高于对照，在果实发育前期，套袋果实蔗糖约占总糖的 22.34%~48.82%，比对照高 6%~16%，此时套袋酸性转化酶的活性也较未套袋的高，这表明套袋可能主要是通过影响果实发育早期转化酶活性来影响果实糖分积累（周兴本等，2005）。

③温度。甜橙在日均温≥10℃的活动积温<8000℃时，随年积温增加，果实含糖量升高，比温室内自然温度增加 3~5℃（约 27±2℃）(邱文伟，2005)，番茄果实整体果糖含量极显著高于其他温度处理（白鹏威等，2010）；水稻在成熟期温度从 25℃降到 15℃时，其胚乳内直链淀粉的含量增多，蔗糖合成酶的活性在 10℃比在 25℃低，在低温下，糖积累的比例超过了磷蔗糖合成酶的活性，但低于磷酸蔗糖合成酶的活性（Umemoto，1995），表明在低温条件下糖积累被磷酸蔗糖合成酶调控并不归因于任何酶的最大接触反应活性的变化，而是在一定程度上归因于糖分解关键酶对温度的易感性。

④水分。适度的水分胁迫可以提高果实含糖量，一定时期内，适度的水分亏缺可以使果实汁液中可溶性固形物和糖含量有所增加，果实中糖的积累不是由于脱水造成的，而是由于水分胁迫造成的活跃渗透调节所致。亏缺灌溉可以提高番茄果实果肉中的糖含量，同时也提高了果实内部合成酶类的活性，降低了转化酶类的活性，使得果实中蔗糖的分解受阻（罗霄等，2008）。在水分胁迫时，甜橙果实磷蔗糖合成酶活力升高，从而增加了果实

库强，促进果实同化物的积累（Hockema 等，2001），水分胁迫也诱导了果实中脱落酸含量的增加，激活山梨醇代谢，促进糖的积累。

⑤矿质元素。在缺氮的条件下，适量施氮肥可以提高柑橘果实的糖含量，若过多施氮肥则会降低果实糖含量。对温州蜜柑增施氮肥，果实发育后期汁囊中糖积累速率明显减慢，此时增施氮肥使汁囊中的蔗糖代谢相关酶活性明显高于对照，特别是蔗糖分解酶类的活性，使得己糖的消耗明显大于对照，因此，增施氮肥提高了汁囊中糖的代谢消耗，不利于糖的积累（赵智中等，2003）。硼元素可以提高柑橘果实成熟前还原糖的含量，而降低收获期还原糖的含量，并提高了果实成熟期总体含量，增强了柑橘果实发育初期酸性转化酶活性和果实发育后期中性转化酶的活性（肖家欣，2005）。

（2）影响库内油脂代谢的主要因素

①光照。光照可以促进发育中油料种子脂肪酸的积累，这是由于种子中光合作用的光反应可以为脂肪酸合成提供还原型辅酶Ⅱ和 ATP。在拟南芥种子发育期间，与光合作用相关的基因，如聚光色素复合体Ⅱ、光系统Ⅱ放氧复合体、Rubisco 和磷酸核酮糖激酶，在种子发育前期表达增加，花后 8~11d 达到高峰，之后的时间表达减少，而拟南芥种子在花后 5~13d 是积累脂肪的主要时期，与光合作用相关基因的表达与脂肪酸合成相关基因的表达模式相似。离体培养的油菜胚在光强度 50μmol/(m^2·s) 和 150μmol/(m^2·s) 时，油脂含量分别为总生物量的 57%和 66%，这表明光照改变了贮藏物质的比例，当光照条件下加入光合作用抑制物时，油脂含量减少（赵翠格，2010）。

②温度。温度对油料植物种子发育过程中的含油量和脂肪酸组分含量有显著影响，许多油料植物通过降低膜脂不饱和脂肪酸的比率来适应高温，而通过积累更多的膜脂不饱和脂肪酸来响应低温。油菜和亚麻种子发育期温度越高，种子含油量越低，不饱和脂肪酸的含量也越低，而其中油酸的含量反而升高，发育期温度对红花和蓖麻种子含油量及脂肪酸组成没有显著影响（朱亚娜，2011）。大豆在 14.6~28.7℃的生长范围内，其种子含油量随着温度的升高而升高，在 28℃时含油量最高（朱亚娜，2011）。

③矿质元素。氮胁迫能促进微藻细胞中油脂的积累，当施氮量为 175~225kg/hm^2 时，玉米籽粒含油量、不饱和脂肪酸、亚油酸和油酸含量比对照分布增加了 7.0%~7.5%、7.4%~8.3%、7.0%~8.5%和 8.1%~8.4%，而过量的施氮，降低了玉米籽粒含油量、不饱和脂肪酸、亚油酸和油酸含量（黄绍文等，2004）；磷参与油脂的合成，施磷降低了油茶籽中芥酸的含量，提高了油酸和亚油酸的含量；钾的施用量增加，大豆的含油量也增加，核桃果实成熟期种仁中脂肪的积累与钾元素呈显著正相关（都婷等，2010）；锰元素可以提高微藻细胞 10%以上的油脂含量。

第三节　源库关系的研究方法

源库关系改变可通过影响卡尔文循环、PS Ⅱ 反应中心光化学效率、叶片气孔闭合等过程调节作物的光合作用及其产物的运输和分配。研究表明，减源增库可提高作物光合能力，增加碳代谢能力。生产中，摘叶、疏花疏果等措施都会影响源库关系，改变光合同化产物在源库间的分配，从而影响作物产量和品质。因此，采用不同的方法开展植物源库关系的研究，对经济林木的生长发育具有重要的理论和实践意义。

一、减源疏库

减源疏库是研究源库关系最常用的一种手段，即通过减源（剪叶）或疏库（疏去部分花、果实或种子），或同时改变源库的大小，以研究源库之间的相互关系，研究的内容主要包括源叶的光合速率、同化物的生产同化物在源器官和库器官之间的分配以及同化物代谢相关的酶活性和产量形状等（唐繁，2015）。由于这一处理人为改变了原有植株的源库比例，一些生理指标发生了较大的变化，便于与对照处理进程比较，这一方法研究源库关系直观且简便。大豆去除叶片后，存留的叶片光合速率提高，且去叶处理的比例越大，存留叶片的光合速率增加越多，同时去叶处理的光合同化物向库中分配的比例也增加（魏建军等，2004）；砂糖橘去果后，明显降低了叶片的净光合速率日变化值，其中上午、下午影响最大，与对照相比，净光合速率下降了 20.1%（黄永敬等，2009），桃树在迅速生长期（5 月 8 日）、果核硬化期（6 月 10 日）、果实最后迅速生长期（7 月 16 日）进行去果处理，测定了 7 月 18 日、21 日和 24 日的净光合速率日变化，不同时期去果处理其净光合速率均低于留果对照处理（李卫东等，2005）。梨树在开花后的 30d 进行疏果处理，在花后 80d，疏果处理的叶片净光合速率低于留果对照，且重度处理显著低于对照处理，在花后 110d，疏果处理的叶片净光合速率均显著高于留果对照（伍涛等，2011）。前期去果后叶片净光合速率降低是由于库力的降低，减少了同化物从源向库的输出，引起淀粉和可溶性糖在源叶里的积累，高的淀粉和可溶性糖含量反抑制叶片相关光合酶的活性，降低了光合速率；后期对照处理叶片光合速率下降可能是由于树体果实负载量过大，其叶片过高的净光合速率对源器官（叶片）也是一种胁迫伤害，最终会导致叶绿体结构破坏。但也有很多研究者认为，减源疏库处理产生的差异多为诱导性的，未必能揭示植物源库关系的内在规律，因为它除了改变源和库的容量外，还可能会引起其他功能或成分的变化（张雯雯，2011）。在经济林果树上可以采用非人为去果的处理，研究不同库源比对叶（源）及果实（库）特性的变化，在脐橙和锦橙上选择自然生长的无果枝、单果枝和两果枝，结果表明库源比显著影响柑橘的光合作用，两品种有果枝的第 2、4 片叶片净光合速率均显著或极显著低于无果枝的同位叶片，且第 2、4 和 6 叶的平均净光合速率也显著或极显著低于无果枝，其中，单果枝略高于两果枝（张雯雯，2012）。高负载枝的叶片净光合速率降低可能与叶片含氮有关，还与高负载枝的叶片生长发育状况较差导致的叶片形态参数降低有密切关系（李卓阳等，2011；李泰山等，2017）。在经济林木和果树上，选择自然生长且不同库源比的枝条，去除顶端的花芽，并对留果枝上下部进行环剥处理，该种研究方法能更好地揭示植物源库关系的内在规律。

二、同位素示踪

同位素示踪法又称核素示踪法，指的是用同位素示踪剂研究被追踪物质的运动转化规律的方法。同位素示踪一般用于研究源库器官光合产物在植株各部位的分配或植株不同部位光合^{14}C的固定能力。与单果枣吊相比，双果枣吊果实的放射比活性下降，但其标记叶片的光合产物输出量增加了4.42%，果实获得的^{14}C-光合产物量增加了6.86%，试验认为：果枣吊中果实获得的光合产物量的增加并非由于其库活性增加引起的，而是库容增大所导致（刘平等，2002；2003）。枣吊去叶处理（均匀去掉一半叶片）后，剩余叶片的光合产物输出率增加了17.06%，果实获得的标记光合产物增加了15.26%，果实获得的光合产物占叶片光合产物输出量的百分比由74.36%增加到81.65%。可见在标记剂量相同的条件下，去叶处理使剩余叶片的光合产物输出率增加，果实库活性得以加强。由于去叶处理减少了叶片合成的光合产物量，尽管光合产物输出率增加，果实获得的光合产物绝对量却是减少的。故此认为保护源叶尤为重要。

同位素示踪法可以保持自然生活的状态，处理后可以在很短时间内测定各叶同化物流转的方向及各个器官的获得量，可以很好的解释同化物的分配、运转，并可测定形态上表现不出的较微小的变化。但该方法需要特定的设备，且一次处理大量植株较为困难，重复次数太少。

三、植物激素

植物激素作为植物体内的信号分子，植物生长发育调控的每一过程几乎都有激素的参与，既包括调控植物自身的生长发育，又通过与植物所处外部环境的相互作用来调节其对环境的适应能力，对作物产量的形成和果实品质的保持起着至关重要的作用。对赞皇大枣多年生二次枝喷50mg/L赤霉素，标记叶片光合产物输出量较对照增加5.64%，花（果实）获得的^{14}C-光合产物量增加了4.48%；50mg/L赤霉素涂抹冬枣果实同节位叶片，可阻止该叶片的^{14}C-光合产物外运，果实获得的光合产物减少；赤霉素涂抹冬枣果实，可提高果实的库活性，其中20mg/L赤霉素涂果效果明显小于50mg/L赤霉素涂果效果，20mg/L赤霉素涂果后，叶片光合产物输出增加了0.89%，果实获得的光合产物占叶片光合产物总输出量的10.6%；而50mg/L赤霉素涂果后，果实获得的光合产物量较对照增加了18.15%，占总输出量的86.8%（刘平等，2002）。用20mg/L苯脲类细胞分裂素水溶液浸蘸猕猴桃幼果，采收时果实干、鲜重分布是对照的174.28%、167.31%，这说明处理后果实调运光合产物的能力显著增强，且果实库力的变化对叶片净光合速率没有显著影响（方金豹等，2000）。

四、生物化学

生物化学技术主要用于源库相关酶的活性和一些代谢产物含量的测定。植物体内经输导组织运输的蔗糖到达生长器官，通过转化酶水解生成葡萄糖和果糖，参加器官建成的代谢循环。猕猴桃果实碳水化合物积累以淀粉为主，其中腺苷二磷酸葡萄糖焦磷酸化酶是影响淀粉积累的关键酶，而中性转化酶、酸性转化酶和磷酸蔗糖合成酶活性的差异可能是造成果实淀粉积累高低、干物质多少、可溶性糖组分及含量不同的重要原因（张慧琴等，

2014)。桃树子房发育初期子房和叶片中淀粉含量不断升高，韧皮部中则呈下降趋势，花瓣中含量先降低后升高（孟海玲等，2008)。酸性转化酶、中性转化酶、比活力变化对糖的积累作用不明显，磷蔗糖合成酶合成方向、磷酸蔗糖合成酶比活力变化与蔗糖的积累量变化一致，磷蔗糖合成酶分解方向、比活力变化对两品种桃树糖的积累和转化作用较为突出。

五、栽培管理技术

植物品种的源库特征与产量形成关系是在一定生态环境与栽培条件下的反映，栽培管理技术对源库的调节主要包括光照、肥料、水分等。适量施氮肥可以提高丰水梨叶片净光合速率，从而提高果实可溶性总糖含量和单果重，但是过量施氮肥会降低果实可溶性总糖含量和单果重（陈磊等，2010)。土壤含水量 80%~85%时，能提高红富士苹果果实大小并增加果实重量，也增加了果实中可溶性总糖、果糖、葡萄糖及有机酸的含量，土壤含水量 50%~55%时，降低了果实大小及果实重量，同时也降低了果实中可溶性总糖、果糖、葡萄糖及有机酸的含量（高冬华，2009)。

修剪也是常用的栽培管理技术之一，修剪可以改变树体的通风透光条件，改善树体周围的温度、湿度计光照条件，从而影响树体叶片生理特性，如叶绿素含量、矿质元素含量及光合作用等，进一步影响果实的产量。对锥栗进行不同强度的修剪，中度修剪（30%修剪量）净光合速率为 12.85μmol/(m^2 · s)，较对照提高了 20.3%，单株产量最高为 10.25kg，分别较重修剪（45%修剪量)、轻修剪（15%修剪量）与对照提高了 9.58%、10.96%和 21.61%（王刚等，2017)。

环剥也是一种研究源库关系的常用方法，环剥是指通过阻断韧皮部进而阻断叶片制造的光合产物的运转。环剥阻止了环剥口上方叶片的光合产物向环剥口下方的运输，不同环剥与环割处理单芽开花数、单芽坐果数、果实千粒重、单株产果量、单株产胶量超过对照 32.35%~72.06%、35.59%~69.49%、3.33%~8.08%、28.4%~56.2%、33.2%~59.7%，不同的环剥与环割处理均可以显著提高单株产果量和产胶量（温陟良等，1997；杜兰英，2013)。

六、作物模拟技术

作为一门迅速崛起的新技术，作物计算机模拟不仅摒弃了传统农业科研中定性的描述，而且在很大程度上克服了经验方法所固有的缺陷。它以系统科学的观点，引入了大量植物生理学和生态学机制，并运用数学方法在计算机上实现快速动态分析，为了解植物同化物分配与运转的规律及提高植物产量或改善其观赏特性提供了理论依据。利用 Génard and Souty 提出的 SUGAR 模型（Dai，2009；Genard，1996)，并结合着碳平衡和果实水分变化，来模拟果实中果肉糖含量的变化，预测结果表明糖含量与低的叶果比呈负相关，与水分的不足呈正相关，即是减少叶果比，减少了果肉的糖输入、糖代谢及水分平衡，减少糖输入最高，导致糖含量的净减少，但是水分的不足降低了糖输入、糖代谢及水分平衡，糖输入减少的最低，导致糖含量的净增加。采用“三层模型”法（汤亮等，2007），即通过对花、角果、叶三层分别计算光能截获和光合作用，利用高斯积分法计算每层的光合量而得出每日的冠层总同化量，构建了油菜光合作用与干物质积累的模拟模型，模型量化了生理年龄、温度、氮素和水分等不同因子对油菜光合作用的影响，同时考虑了维持呼吸和生长呼吸的消耗，模拟值与观测值吻合度较好，模型具有较强的理论性和预测性。

第四节　油茶源库理论的生物学基础

一、油茶的生物学特性

（一）油茶的生命周期与发育阶段

油茶是常绿小乔木，寿命长达几十年，甚至数百年。油茶的个体发育过程是从种子萌发开始至植株开花、结实、衰老死亡为止，此过程也是它的生命周期，在整个发育过程中要经过几个性质不同的发育阶段，各个阶段都表现出它的固有形态特征和生理特点，既包括新结构的形成和增长，又包括准备产生新结构的生理变化。因此，把油茶的个体发育过程划分为幼龄、成年、衰老三个阶段。

1. 幼龄阶段

油茶的幼龄期阶段，指种子播种后，从胚芽萌动开始至植株进入开花结实这一阶段。包括胚芽期、幼苗期和幼年期（贺桂先等，2007）。

油茶幼龄阶段的存在，限制了结果年龄的提早。但童年阶段是成年阶段的基础，如果不能在童年阶段进行一定程度旺盛的营养生长，使成年阶段具有良好的骨架，容易导致树势衰弱，提早进入衰老期，所以要培育油茶良好的树体结构，须从幼龄阶段开始。

幼龄阶段的长短因物种、品种而有所差异。山茶属不同物种的幼龄阶段，所经历的时间各不相同，攸县油茶最短，仅 1~2 年，广宁红花油茶、南山茶童年阶段长达 7~9 年。普通油茶不同品种（类型）在同一区域试验点，也表现出不同品种幼龄阶段有长短差异。

油茶通过扦插和嫁接培育苗木上山定植后，也需要一定的时间才能开花结实，在外观上往往难以和实生苗的幼年阶段相区别，扦插和嫁接苗一般多用成年阶段的枝条作插（接）穗，虽然有诱导开花的能力，但在定植初期，因为旺盛的营养生长不能形成花芽，或因环境条件的影响使花芽的形成受到阻碍。但经过一个时期就能形成花芽并开花结实，这与实生苗的成熟，即从幼年阶段向成年阶段转变有本质上不同。

（1）胚芽期

油茶从种子萌发到上胚轴伸长形成真叶的阶段称为胚芽期。油茶种子分种皮和种胚两部分，种胚由胚根、胚茎、胚芽和子叶四部分组成。播种后，种子在满足发芽条件的环境中吸水膨胀，种胚开始萌动生长，种皮胀破，胚根从种脐珠孔处伸出，子叶柄伸长，把胚轴推出种子外侧，便于胚根往下伸长，胚茎直立，失去了种子的形态，成为直立于土中的个体，但胚芽尚未出土形成绿叶，此时的营养物质完全靠子叶供应，过着胚性生活方式，形态上的变化和发展只是为过渡到自营光合作用建立基础。上胚轴继续伸长，凸出地面，标志着胚芽期结束，幼苗期开始。

油茶发育完全的胚苗，如图 1-3 所示，可分上胚轴与下胚轴，上胚轴顶端具幼芽，下胚轴末顶有根尖，上、下胚轴的连接处有节，两侧着生子叶，子叶柄宽扁，长 6~8mm，宽 3mm 左右，黄白色，基部有腋芽。

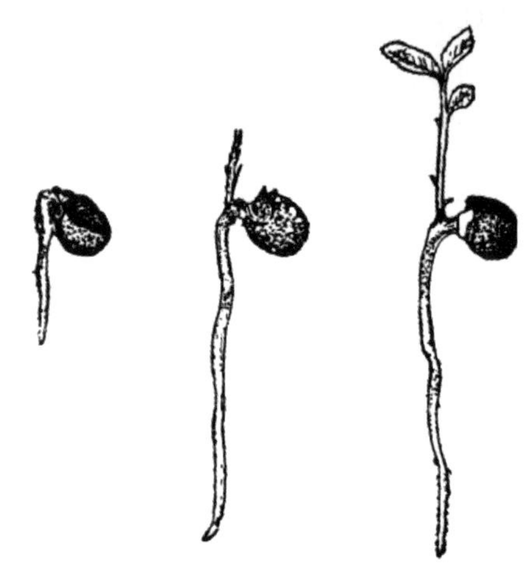

图 1-3　油茶种子萌发过程

12 月将油茶种子撒播在苗圃地土壤中，翌年 3 月观察到种子开始萌动，胚根突破种壳形成出生根，10d 后土表出现隆起的辐射状裂缝，此时的实生根平均长度为 6cm，根茎粗 1.5mm，萌动后第 15d 幼苗开始陆续出土，幼苗出土时间先后不一，最早和最迟出土相隔两个多月（王杏钱等，1992）。

油茶种子通过不同水温、不同覆沙厚度、覆盖薄膜、覆盖不同密度遮阴网等调控措施处理后，发芽 90%的时间为 115~132d，不同处理也可以使油茶种子发芽时间提前或延迟，增加沙层厚度、覆盖高密度遮阴网可以延迟种子发芽；种子用温水浸泡和覆盖薄膜则可以促进种子提前发芽。种子 45℃温水处理比 8℃冷水处理发芽 90%的时间平均提早了 12d；种子覆盖薄膜比覆盖高密度遮阴网发芽 90%的时间平均提早了 13d（周雁等，2013）。

（2）幼苗期

当胚苗的上胚轴不断伸长突出地面，长出茎叶形成正常油茶植株起至当年生长停止，这一阶段称为幼苗期。油茶幼苗期主要特点是由胚芽期的胚性生活方式逐渐过渡到独立生活方式的阶段，在形态上建立营养器官，特别是绿叶的形成、芽叶的原始性状明显。这个时期幼苗生长依靠子叶储藏的养料，同时又要靠幼叶进行光合作用制造养分，有着双重营养方式。胚芽出土时红色，幼茎淡绿色后变紫褐色，密被淡黄色粗毛，具初生不育叶 3~5 片，互生、披针形长 4~6mm，背淡红色且边缘有细锯齿，这种发育不全的小叶是胚芽期形成的叶原基发育成的鳞片。幼苗的绿叶是由胚苗出土后重新分化出的叶原茎发育而成的，当幼茎长至 4~5cm 处生长育叶——第一片真叶，常为卵圆形或广圆形、较小，接着又形成第二、三片叶，一般幼苗具 3~4 片叶后形成顶芽，展叶即自行停止。在展叶期间幼苗的主干也相应生长，因而形成两叶之间有一定距离，称为节间。随着顶芽展叶的自行停止，主茎生长也自行停止，这时出现了油茶幼苗期的第一次休眠。油茶幼苗的生长是有节奏性的，一年内有 3~4

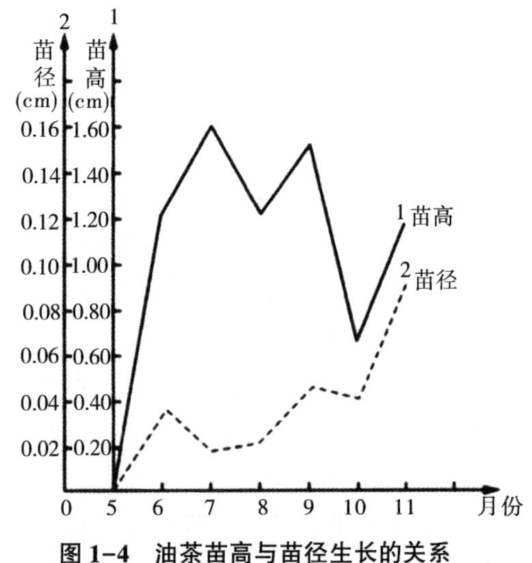

图 1-4　油茶苗高与苗径生长的关系

次生长与休眠的交替期。由图 1-4 看出，5 月至 11 月间苗高与苗径各出现三次生长高峰期，一个高峰期过后即出现一个生长缓慢的休眠期，所以休眠是幼苗生长一阶段后发生的。生长与休眠是幼苗生长过程中的必然现象，休眠是生长的准备阶段，生长又是休眠的基础。

（3）幼年期

油茶幼苗于翌年初春结束生命周期中的第一次冬眠后，即进入了幼年期。幼年期是童年阶段向成年阶段过渡，为植株开花、结实进行生殖生长积累物质基础的重要阶段。

油茶幼年期的主要特点是：①在营养方式上子叶已脱落，幼树已完全脱离胚性的营养方式，靠光合作用进行独立的营养生活；②在形态上，根系由直根系类型发展为枝根系类型的阶段，主干不断分枝，树冠由单轴分枝发展到合轴分枝；③油茶幼年期主要是营养生长，不能进行生殖作用。

2. 成年阶段

油茶实生苗经过旺盛的营养生长的幼年（童期）阶段，地上和地下部分达到一定大小之后，才能转变为有开花能力的成年阶段，这并不意味幼年阶段一结束就立刻转入成年阶段，中间还存在一定时间的过渡阶段，因为随着实生苗的生长从幼苗阶段向成年阶段发展是顺着树干逐渐发生的，是从顶端分裂最旺盛的部分开始的，所以有一段时间幼年阶段和成年阶段是同在一棵树体内混合存在的。因此，可把成年阶段划分为生长结果期和盛果期两个时期（贺桂先等，2007）。

（1）生长结果期

油茶从童年阶段进入成年阶段即由初果至盛果期，中间存在过渡阶段，这一时期树体结构基本构成，从营养生长占优势逐渐转变至营养生长与生殖生长趋于平衡的阶段，即树龄 6~10 年这一阶段，这个时期容易产生“梢-果”矛盾，也即新梢生长与果实长间对养分的竞争，产量不稳定容易导致“大小年”。此时树体生长旺盛，大量分枝，树冠迅速扩大，开花结实量逐年增加，产量处于持续上升阶段（表 1-2）（庄瑞林，2008）。油茶幼林进入结实阶段（成年阶段）以后，随着年龄增大，产量逐年提高，表现为产量与年龄呈显著正相关。

表 1-2　6~13 龄油茶历年产量

kg/亩

年龄	栽植 1 区		栽植 2 区		直播区	
	平均亩产果	折油	平均亩产果	折油	平均亩产果	折油
6	29.5	2.07	25.92	1.81	16.25	1.14
7	43.1	3.01	32.27	2.26	29.92	2.09
8	56.4	3.95	33.44	2.34	15.46	1.08
9	69.6	4.87	40.70	2.85	128.11	8.97
10	216.0	15.12	133.75	9.36	143.56	10.05
11	76.7	5.37	54.62	3.83	59.32	4.15

（续）

年龄	栽植 1 区		栽植 2 区		直播区	
	平均亩产果	折油	平均亩产果	折油	平均亩产果	折油
12	160.6	11.24	233.03	16.31	210.40	14.73
13	218.0	15.26	177.75	12.44	191.70	13.42
总产（$\sum X$）		60.89		51.21		55.63
平均（X）		7.61		6.4		6.95
标准差（S）		10.90		11.00		11.10
变动系数（C）		0.716		0.858		0.799

（2）盛果期

盛果期是油茶大量结果时期，也是获得最大经济效益的时期，油茶果产量逐渐增加并趋于稳定。对3个油茶良种丰产林示范林连续6年的产量测定（表1-3），油茶良种林结合丰产栽培技术，平均产果达到了9757.5kg/hm^2，按5%出油率折算产油量为487.5kg/hm^2（陈隆升等，2016）。

表 1-3 油茶良种丰产林产量调查

年份	不同样地产果量（kg/hm^2）			
	1998 年营造良种林	1998 年营造良种林	2002 年营造良种林	平均值
2009	11553	11734.5	8670	11644.5
2010	3799.5	4555.5	4129.5	4161
2011	16549.5	15199.5	17080.5	16276.5
2012	11829	14113.5	9337.5	11760
2013	8805	6150	5451	6802.5
2014	11242.5	8790	6810	8947.5
2015	8656.5	8205	9300	8721
平均值	10348.5	9820.5	8677.5	9757.5

油茶进入盛果期后，生殖生长占优势，对光温、水肥的需求也多，如管理不当，每年的产量波动很大，形成结实的大小年，有时情况非常突出，还会出现早衰现象。对以下5个于1988—2001年营建的油茶粗放经营林分样地进行产量调查（表1-4），这些林地已进入盛产期，虽在造林时使用了良种，但后期只进行了简单的抚育管理，甚至基本荒芜。5个林地平均产果量3121.5kg/hm^2，产油量213kg/hm^2，产量远低于丰产示范林，有的甚至退化成为了低产林，如第一个样地1988年良种林平均产果量只有1659kg/hm^2（陈隆升等，2016）。

油茶种植是为了在较短的时间内获得较高的产量和经济效益，因此，防止大小年结果现象，延长盛果期的年限以达到稳产高产，是该阶段栽培管理的主要任务。油茶盛果期的长短与立地条件、经营管理水平和栽培物种、品种有关，在正常情况下，普通油茶10年后开始进入盛果期，可以延续 40~50 年，博白大果油茶、高州油茶、广宁红花油茶、宛田红花油茶的盛果期比普通油茶晚，一般在 15 年以后，但它们的盛果期要比普通油茶长10~20 年。

表 1-4　油茶粗放经营林分产量调查

年份	不同样地产果量（kg/hm²）					
	1988 年造林	1988 年造林	1999 年造林	2001 年造林	1988 年造林	平均值
2009		4750. 5	8448	5193	2188. 5	5145
2010	390	574. 5	177	1210. 5	153	501
2011	1779	2284. 5	6016. 5	4396. 5	2131. 5	3321
2012	1656. 9	10260	882	5845. 5	5640	4857
2013	2007	2424	267	2538	960	1639. 5
2014	2250	7635	660	2220	2175	2988
2015	1875	10080	1369. 5	975	2713. 5	3402
平均值	1659	5428. 5	2545. 5	3196. 5	2280	3121. 5

3. 衰老阶段

衰老是指油茶组织走向死亡过程的自然变化，是与生命终结有关的老化过程。油茶进入衰老阶段最突出的一个标志是骨干枝衰老或干枯，吸收根大量死亡并逐渐波及骨干根，根幅变小，根颈处出现大量的不定根（贺桂先等，2007）。衰老的另一方面表现周期性的花果负荷繁重，大小年非常明显，落蕾落花现象严重。开花结实之后引起末梢的衰亡，树冠出现大量枯枝，萌芽力显著衰退，芽小而少。值得注意的是油茶骨干枝的衰老，不是在同一时期发生的，在同一植株中有先后之分，这就使树冠的衰老期可以延长很多年，这也是衰老油茶林中为什么还有一定的产量的原因。对这种衰老的油茶林尽管加强抚育管理，但仍不能挽回产量下降的趋势，在实际生产中对这种老残林的改造很难获得较好的经济效果。

（二）油茶的年生长周期

油茶的年生长发育周期是指一年中随着季节的变化，油茶根、茎、叶、花、果实等器官的生长发育与休止相对不变，具有一定的规律性（贺桂先等，2007）。它是在长期的系统发育过程中形成的遗传适应性与环境条件互相作用的结果，表现出有年周期节奏的形态和生理机能的变化。认识油茶的年发育周期，掌握年生育规律，是正确制定各项抚育管理措施的基础。

油茶每年生长发育的形态和生理机能的变化都与外界环境条件相适应，这种与季节性气候变化相适应的器官动态时期，称为油茶的物候期。

油茶是一种生长相对较慢的长寿树种，生命周期长，其花芽和果实生长发育历时 1 周年，秋花秋实，往往果期尚未结束，花期又至，所以民间称之为“抱子怀胎”，这是油茶植物异于其他果树的一大特征。花芽分化和花期是直接影响果实产量最关键的时期，而花芽分化伴随着果实生长发育，果实生长发育又伴随着抽梢的生长，因此抽梢、果实生长、花芽分化以及花期都是紧密联系并相互影响的。营养生长和生殖生长相互交错，期间的生境气候和管理措施直接影响到植物的生长、开花、受精和坐果，也直接影响到油茶的产量和质量。

油茶是广生态幅树种，分布于全国18个省（区），从北纬18°30′~34°40′，含多种类型的气候生态区，但其各个器官的发育顺序是一致的，只是因为当地气候因素的影响，使物候期的发生时间存在差异（表1-5）。

1. 新梢物候期

油茶的新梢通常根据萌发季节分为春梢、夏梢、秋梢和冬梢4种。油茶当年的新梢，主要发生在骨干枝和侧枝末梢的冬眠芽，这种冬眠芽，孕育着新梢的一切组织器官，经过冬季的低温休眠，到翌年春季首先萌发为春梢，春梢的每片叶腋都着生有腋芽，是夏梢的原始体，夏梢的每片叶腋也有腋芽，是秋梢的原始体，但春、夏、秋梢的腋芽不一定都能萌发，有一部分为潜伏芽。冬梢常见于生长旺盛的幼龄植株。

在江西南昌地区，春梢从3月下旬开始萌发，到5月初生长基本结束，历时45~50d。油茶春梢生长速度前期比较慢，抽梢12d后，生长达到高峰，连续6d的生长量占总生长量的43.1%，到4月下旬生长趋于缓慢，5月初新梢逐渐增粗，颜色由淡绿转为红褐色，腋芽逐渐充实，枝条日趋木质化。夏梢一般于春梢停止生长后1个月左右（5月下旬或6月初）开始萌发，历时30~35d。夏梢多数由春梢顶端抽生，部分由春梢侧芽抽生，也常见春梢折断或被茶梢蛾危害后，由侧芽抽出，还有1%~5%的夏梢是由2年生枝条侧芽抽生的。正常抽长的夏梢，前10d和后10d生长较慢，中期生长迅速，10d的生长量是总生长量的45%。同时，由顶芽抽长的春梢长度要比侧芽萌发的长2倍多，比2年生枝侧芽萌发的春梢长4倍左右。秋梢一般于9月上旬开始萌发，10月中旬基本停止生长，秋梢数量少，多为营养枝。

在广西南宁油茶春梢从3月上旬开始萌发，4月上旬开始木质化，4月中旬或下旬停止生长。在广东韶关油茶春梢从3月中旬开始萌发到4月中旬或下旬生长基本停止。整个生长期30~40d，其中在开始抽梢以后的10~15d内生长最快，占总生长量70%左右。生长快的每天平均增长1cm，一般到4月下旬停止生长，春梢侧枝的生长期较短，15~20d左右。抽叶是与春梢生长同时进行的。夏梢6月中旬萌发，生长期较短，为20~30d。秋梢8月中旬萌发，生长期更短，约20d。冬梢出现在10月初，生长期仅10d左右，到中旬即封顶。

2. 花芽物候期

油茶的芽属于混合芽，顶芽和腋芽均能分化出花芽。花芽于5月下旬当气温≥18℃时开始分化，以气温23~28℃分化最快，一直延续到8月上旬，但分化盛期在6月，过迟分化及丛生的花芽发育不健全，易落花落果，花芽分化的活动积温为2211.2℃（何汉杏等，2002）。各地因气候条件不同，云南广南从5月上旬开始，江西、浙江是在5月下旬起至8月底基本结束，但也有少数花芽于9、10月分化，这种晚发育的花芽大部分发育不健全，容易落芽落花。花芽分化最盛时期，在云南广南是6月中旬至7月上旬，约占70%以上，

表 1–5　不同经纬度油茶混杂群体的物候期

地点		经纬度		芽萌动期	展叶抽梢期		花芽分化期	花期			果实生长期	果熟期
省份	地名	经度	纬度		初期	盛期		初花	盛花	末花		
广东	阳春	117°47′	22°10′	1 月下	2 月中	4 月中	5 月上	10 月中	11 月上	12 月下		10 月中
广西	南宁	108°20′	22°50′	2 月下	3 月上	3 月中	5 月下~6 月上	10 月下	11 月中	12 月上		10 月下
云南	广南	105°02′	24°02′	2 月下	3 月上		5 月下~8 月上	9 月中	10 月	12 月上	3 月上~8 月下	9 月上~10 月下
广东	韶关	113°35′	24°48′	3 月上	3 月中		5 月中~10 月上	10 月下	11 月下	12 月下	3 月下~8 月中	10 月中、下
福建	闽侯	119°18′	26°08′	2 月下	3 月上	3 月中	5 月下~7 月下	11 月上	12 月上	12 月下	3 月下~9 月中	10 月下
贵州	贵阳	106°42′	26°35′	3 月上	3 月中		5 月下	10 月上	10 月下	12 月上		10 月下
江西	宜春	114°23′	27°48′		3 月中	4 月上	6 月上	10 月上	10 月中	12 月下	2 月下~7 月下	10 月中 *
湖南	长沙	113°0′	28°12′	3 月上	3 月下	4 月上	6 月上	10 月下	11 月中	12 月下	2 月下~9 月上	10 月下
江西	南昌	115°58′	28°40′	3 月上	3 月下	4 月上	6 月上	10 月下	11 月上	12 月下	2 月下~9 月下	10 月中
浙江	巨县	118°53′	28°58′		3 月下	4 月上	6 月下~8 月下	10 月下	11 月中	12 月下	3 月中~9 月上	10 月下
安徽	歙县	118°20′	29°45′	3 月上	3 月中	3 月下	6 月上	10 月上	10 月下	11 月下		10 月下
浙江	富阳	119°58′	30°05′		3 月中	3 月下	6 月~8 月	10 月上	10 月中下	12 月下	3 月~8 月下	10 月下
湖北	武汉	114°04′	30°38′	3 月上	3 月下	4 月上	5 月下	10 月上	11 月中	11 月下		10 月中、下
江苏	南京	118°45′	32°03′	3 月下	4 月上	5 月下		10 月中		1 月下	3 月中~9 月上	10 月下
陕西	南郑	106°58′	33°04′		3 月下	4 月中		9 月下		12 月上	3 月中~9 月中	10 月中

注：* 为宜春白皮中子。

（庄瑞林等，1984）

江西南昌是 7 月初至 7 月底占 67.7%，浙江巨县是 6 月下旬至 7 月上旬占 74.1%，其余 25.9%分散在 7 中旬至 10 月初陆续分化。

油茶花芽形态发育可分前分化期、萼片形成期、花瓣形成期、雌雄蕊形成期、子房与花药形成期和雌雄蕊成熟期共六个时期（图 1-5）。

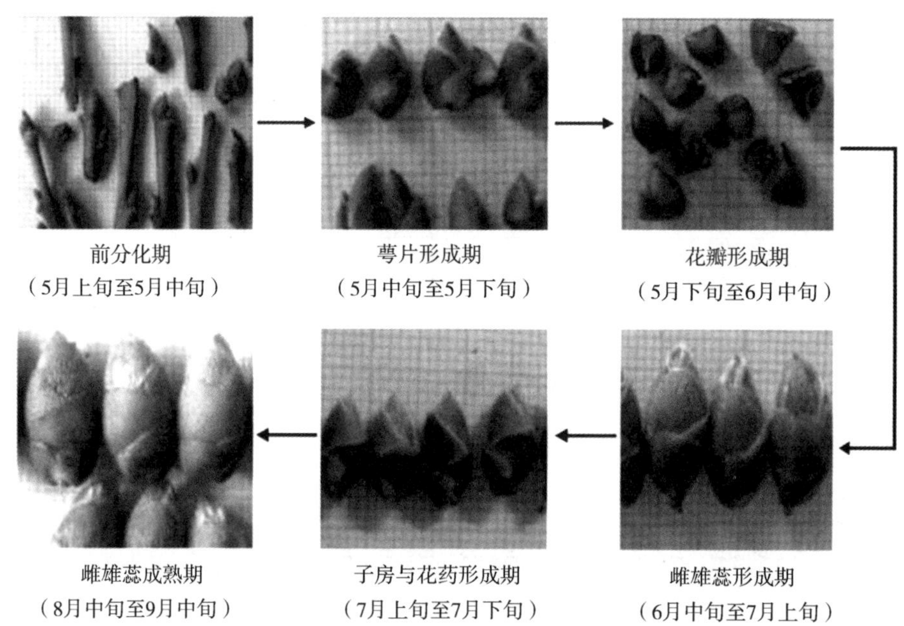

图 1-5　油茶花芽分化外观形态表观图（王湘南等，2011）

3. 果实物候期

当花粉粒落到柱头上后，几个小时便能萌发长出花粉管，沿着花柱内腔伸入胚珠，油茶的精细胞是在花粉管内形成的。由一个生殖核分裂为两个精子，一个精子与胚囊内前端的卵细胞合并；一个精子与胚囊中央的次级细胞合并，完成受精过程。受精次级细胞与反足细胞经过反复分裂，形成胚乳母细胞，胚乳母细胞继续分裂成为胚乳，供给幼胚营养，在进一步的发育中受精卵形成种胚。

油茶受精卵的分化多在翌年 3~5 月进行，受精卵首先横裂成两个细胞，靠近珠孔的一个细胞再进行连续分裂，形成胚柄，使其上端一个细胞伸入胚囊中部，然后这两个细胞反复分裂，形成原胚，此时胚乳细胞迅速分裂，外胚珠向外种皮分化，内胚珠向内种皮分化，子房壁向果皮分化。6~7 月胚乳陆续吸入子叶，因而使子叶体积膨大，内种皮为适应这种变化，亦迅速延展并出现输导组织。通过胚柄输送母体管养，外种皮的细胞壁逐渐石质化，使种皮硬度加强，向固有的种子形态过渡。这时果皮生长也很迅速，8~9 月子叶吸收所有的胚乳，种子内部再无游离胚乳存在，外种皮变为黄褐色，10 月外种皮转为黑褐色，子叶脆硬，幼胚具有发芽能力，果实成熟。

油茶果实生长与发育过程可划分为四个阶段：

（1）幼果形成期

3 月初以前子房膨大幼果形成，生长缓慢，从受精开始约 4 个月的时间果实纵横径生长量占总量的24%左右。

（2）果实生长期

自3月起至8月下旬，生长逐渐加快，这一时期主要是体积增长，约6个月的生长量占总生长量76%左右，在该阶段出现三次生长高峰。

（3）油脂转化积累期

8月下旬至10月果熟前，体积不再增加，而油脂积累直线上升（表1-6）。油茶果实油脂的形成与积累主要是8~10月，8月6日油茶种仁含油率为7.93%，含水量84.94%，11月21日种仁含油率增至40.35%，而含水量降至55.37%（段卓等，2015）。据湖南省林业科学院测定，油茶种仁含油率、鲜籽含油率和鲜果含油率均随果实生长逐渐增加，按趋势线均拟合于3次方的二项式。种仁含油量、鲜籽含油率和鲜果含油率在年周期内均分别存在两个增长高峰期，第一个在8月中下旬至9月上旬，第二个在9月下旬至10月下旬采收前。其中，种仁含油率在8月15日至8月30日，9月27日至10月20日两个阶段中增幅分别达种仁含油率的29.2%和39.0%；鲜籽含油率在8月23日至9月6日，9月20日至10月20日两个阶段中增幅分别达鲜籽总含油量的28.3%和50.1%；鲜果含油率在8月23日至9月6日，9月20日至10月20日两个阶段中增幅分别达鲜果总含油量的27.2%和68.9%（表1-7）。

表1-6　不同采收时间岑溪软枝2号果实性状的变化

采果日期（月-日）	果高（cm）	果径（cm）	单果重（g）	仁含油率（%）	仁含水率（%）
08-28	3.352	3.672	26.430	7.93	84.94
09-09	3.340	3.780	28.240	14.27	84.48
09-19	3.360	3.800	27.650	17.04	80.36
09-29	3.391	3.826	30.610	25.01	76.75
10-08	3.396	3.851	30.750	30.07	75.95
10-16	3.388	3.812	30.450	33.43	66.63
10-23	3.382	3.813	29.740	36.60	65.09
10-30	3.390	3.994	31.400	37.92	58.83
11-04	3.391	3.957	32.707	40.30	56.28
11-15				43.05	56.80
11-21				40.35	55.37

（段卓等，2015）

表1-7　油茶果实含油量主要经济指标

日期（月-日）	干仁含油率（%）	鲜籽含油率（%）	鲜出籽率（%）	鲜果含油率（%）
08-05	2.82	1.58	38.3	0.6
08-15	9.42	3.77	36.4	1.4
08-23	14.252	5.94	36.7	2.2
08-30	30.65	12.93	37.6	4.9
09-06	33.41	15.67	40.2	6.3
09-13	33.07	16.04	39.7	6.4

（续）

日期（月-日）	干仁含油率（%）	鲜籽含油率（%）	鲜出籽率（%）	鲜果含油率（%）
09-20	35.00	16.18	37.4	6.1
08-27	38.91	23.32	40.4	9.4
10-08	45.35	27.76	42.1	11.7
10-20	56.26	34.44	43.8	15.1

（陈永忠，2006）

（4）果熟期

种子由生理成熟转入形态成熟，果皮上的茸毛大量脱落，变得光滑明亮，树上少数茶果微裂，容易剥开，种子充实饱满，种壳乌黑，有光泽或古铜色，油脂的积累达到高峰。油茶果成熟应及时采收，不同品种的茶果先熟先采、后熟后采、随熟随采；同一品种的成熟油茶果，也应在近 7d 内采完。一定要避免过早采摘，采摘过早易导致出油率低，而且油的品质差。据试验发现，如果未成熟提前采收 2 周，出油率只有充分成熟时采收的 50%~60%（陈永忠，2018）。

二、油茶的生态学特性

油茶适生于低山丘陵地带，主要分布在亚洲地区，我国为其自然分布中心。从云贵高原到华南、华中、华东的山地、丘陵，都有山茶属的物种分布，特别是普通油茶不仅分布广泛，而且栽培历史悠久。油茶在长期的自然选择和人工栽培过程中，受周围环境的影响，演化成大量的物种和品种类型。它们在特定的环境条件下，形成了各自的适应能力和生态特性。庄瑞林等（2008）将油茶栽培区划分为“三带九区”，包括了中国南方 15 个省（自治区、直辖市）的油茶适生区。

（一）油茶的水平分布

油茶分布范围，包括亚热带的南、中、北三个地带。自然条件差异很大，年均气温为 14~21℃，极端最低气温达-17℃，≥10℃的年积温为 4250~7000℃，降水量为 800~2000mm，无霜期 200~360d。在这范围内，一般都能生长，开花结果，但产量高低有所不同。该地区内地势由西南向东逐渐降低，直到海滨，境内有伏牛山、雪峰山、庐山、武功山、南岭和黄山等 14 座大山冈峦起伏，气候、地形、地貌类型复杂，差异较大，冬季受北方寒潮影响大，有的地方会出现-24℃的低温。降雨的季节分配，愈向内陆季节差异愈大，西部气温较低，降水量偏少，干湿季交替明显，气温年较差从南向北加大，从沿海向内陆增加，地理环境对气温年变幅、降雨量影响显著。因此，油茶的分布常常受到气候、立地条件和油茶本身的生物学特性等因子的制约。油茶分布的北带边缘，由于冬季低温在-3℃左右的天数较长，花期日均温在 12℃以下，果实生长期降雨少，所以开花结果较差。

油茶分布北带的西部，如四川部分地区，由于光照不足和温度偏低的关系，油茶虽能生长，但不能正常开花结果。油茶分布南带西部，由于气温高、湿度大，普通油茶生长和结果都受到一定的影响。油茶分布区中部为普通油茶的中心产区，但由于东部、中部和西部在地形、地貌和气候条件的差异较大，因此，生产力有所不同。一般在低纬度，中海拔的山地丘陵，土层深厚的地方，产量较高，增产潜力大。

油茶林自然分布区内的地形，多为低山丘陵，亦有部分中山和高山。土壤为酸性红壤和黄壤，油茶在中性土壤中生长不良，这主要是因为树液缓冲力在 pH 值为 5 时最好，以后逐渐降低，当 pH 值达 5.7 以上，缓冲力就非常小。因此，油茶在中性土壤和碱性土壤中较难生长。实践表明，表里均一的黏性重的黄壤和红壤，如死黄土，含石砾太多的“漏风土”和“黑土”，均不适宜栽培油茶。土壤母岩为酸性基岩，则土壤中的磷会被淋溶，常发生缺磷现象。而一般土层深厚，排水良好，肥力中等的地区适合栽培油茶。

（二）油茶的垂直分布

油茶的垂直分布变化随海拔的升高，气候的变化和不同的土壤层和植被而变化。油茶垂直分布上限和下限由东向西逐渐增高，东部地区一般在海拔 200~600m 低山丘陵，但亦有达 1000m 左右的山区，如浙江宁海望海岗海拔 970m，中部地区大部分在 800m 以下，个别地方达 1000m 以上，如湖南溆浦龙潭镇海拔 1100m；西部的云南、贵州等地油茶多在 1200m 以上，贵州毕节为 2000m，云南省德宏州梁河县芒东镇翁冷村海拔为 1200~1400m。尽管由于各种条件，油茶垂直分布各地互有差异，但由东向西，上限和下限逐渐增高的趋势是很明显的。

海拔每升高 100m，气温的垂直递减率为 0.4~0.6℃，有的甚至为 1.0℃。空气湿度一般随海拔升高而上升，土壤湿度随海拔增加而下降，风速增大，光照增强。由于气温随海拔增高而下降，油茶的物候期也会改变。因此不同海拔高度使油茶生长和结实存在差异，一般来讲低海拔地区油茶的产量普遍是较高的，而高海拔地区油茶的产量则有高有低，这是在不同海拔高度上温度、湿度和光照对油茶生长和结实综合影响的结果。海拔在 300m 左右，油茶产量可以发挥最大增产潜力。郭俊红等（2018）研究不同海拔高度的长林系列油茶品种栽培试验时发现不同海拔高度栽培对 5 年生油茶的树高、地径、冠径生长量及花芽分化率均有一定的影响，在海拔高度 280~730m 时的油茶树高、地径、冠径的生长量较大，而海拔高度在 820m 时，其生长量略差；海拔高度在 280m、560m 的花芽分化率最优。

不同海拔高度对油茶果实性状是有一定影响的，果实性状在不同海拔高度存在一定的差异，一般丘陵果实大，出籽率高；山地丘陵果实大小和平均出籽率比丘陵低，而山区含油量较山地丘陵为高。单果平均重、单果籽量、出籽率、出仁率、从低海拔到中海拔相应有所减低。

（三）油茶生态分布主要物种

我国有一定栽培面积和栽培历史的油茶物种有：普通油茶（*Camellia oleifera*）、小果油茶（*C. meiocarpa*）、越南油茶（*C. vietnamensis*）、攸县油茶（*C. yuhsienensis*）、浙江红花油茶（*C. chekiangoleosa*）、广宁红花油茶（*C. simiserrata*）、腾冲红花油茶（*C. reticulata*）、宛田红花油茶（*C. polyodonta*）、短柱茶（*C. brevistyla*）、茶梨（*Anneslea fragrans*）、博白大果油茶（*C. gigantocarpa*）、白花南山茶（*C. semiserrata* var. *albiflora*）、南荣油茶

(*C. nanyongensis*)、西南山茶（*C. pitardii*）和溆浦大花红山茶（*C. grandiflora*）等十多个种。各油茶物种因其分布区域的自然环境不同，其生态特性也各有差异。按各物种的适应范围和生态习性，可划分为宽生态幅、窄生态幅和局限性生态幅 3 种生态类型。

1. 宽生态幅物种

主要有普通油茶、小果油茶、攸县油茶等。

普通油茶是分布面积最广，栽培历史最久，占油茶总产量最多的一个宽生态幅物种（图 1-6）。分布于北纬 18°28′~34°34′，东经 100°0′~122°0′的广阔范围内，东起浙江舟山、江苏连云港市的云台山、我国台湾等地区，西至云南丽江、大理、沅江，甘肃的文县、武都，南至福建的福州，广东、海南等地区，广西的宁明、合浦，北至陕西秦岭南坡的洛南、镇安，湖北的郧西、均县，河南的平顶山、固始的广大地区，南北跨 16 个纬度，东西横过 22 个经度，包括福建、广东、广西、云南、贵州、台湾、浙江、江苏、江西、湖南、湖北、四川、重庆、海南、甘肃、陕西、河南和安徽等 18 个省（自治区、直辖市）1100 多个县，现在栽培面积和范围仍在不断扩大。

图 1-6　普通油茶挂果枝

小果油茶喜冬季温暖，夏季凉爽的气候条件，适宜在中亚热带和北亚热带南缘背风向阳地带栽培，在南亚热带年均温 21℃以上生长不良（图 1-7）。主要在北纬 28°以南，福建、江西、湖南等地中南部，两广北部，其中以湘、赣两省为多。桂北、黔东南、浙东、苏南有栽培。其中在江西宜春栽培最为集中，面积约 70 余万亩。据《袁州府志》记载，明代正德年间（公元 1514 年），已有大面积小果油茶栽培。大都栽于海拔 100~300m 之间。

攸县油茶自然分布区属中亚热带季风湿润气候，适宜在年均温 15~18℃，极端最低气温-10℃，≥10℃的年积温在 4500~5200℃之间，年降水量在 1000mm 左右，生长期在

图 1-7 小果油茶林

260d 左右，春季温暖晴朗，地势开阔的低山下部和丘陵地带，土层深厚的红壤、黄壤上生长。在湖南生长于开阔的低丘缓坡地带，海拔 200m 左右，南部可达 500m。自然分布大致有两大片，一片在北纬 26°～27°30′，东经 109°31′～113°41′，包括湖南株洲、衡阳、湘潭地区，江西黎川和湖北恩施地区来风县等，另一片在北纬 32°30′～33°，东经 108°30′～109°10′，包括陕西安康、汉阴一带。经各县地近年引种栽培试验，本种在云南广南县、河南新县、广东韶关、陕西南郑县、安徽歙县都能生长结实。唯在南亚热带年均温在 21℃以上生长不良。

2. 窄生态幅物种

主要有越南油茶、广宁红花油茶、博白大果油茶、宛田红花油茶、香花油茶（*C. osmantha*）等。

越南油茶主要分布在广东的阳春、高州以南包括海南北部，广西的陆川、容县、玉林、宁明以南的丘陵地带，是我国油茶物种中分布最南，海拔最低的一种（图 1-8）。本种性喜高温湿，夏热冬暖，热带季风湿润的气候条件。广西主要产区的陆川为较北的分布区，其适生生态条件：北纬 22°19′，海拔 90m。年平均气温 21℃、7 月平均气温 27℃、11 月平均气温 13.5℃，年降水量 1500mm。酸性红壤，pH 值 5.9，有机质含量 3.269%，土层深度 180cm 以下。适宜在北回归线以南的沿海丘陵一带栽培，在沿海地区忌台风袭击，以避风生长为好。

图 1-8　越南油茶林

广宁红花油茶分布区位于两广接壤的绥江，西江流域一带的广宁、怀集、高要、郁南、封开、苍梧、贺县、滕县一带。居北纬 23°～25°，东经 115°～125°之间低山丘陵。本种虽果较大、耐寒，但喜夏热冬暖气候（图 1-9）。一般年平均气温 20～22℃，1 月平均气温 10℃上下，极端最低气温 0℃以上，年降水量 1600mm 左右，只宜在南亚热带和中亚热带南缘。即北纬 26°以南低山丘陵，阳光充足山腰下部生长较好，向北或向高海拔均不适宜。

图 1-9　广宁红花油茶花枝

博白大果油茶属最忌寒的物种，冬季各月平均气温要求在15℃左右，其生态幅极其狭窄，仅在广西博白、陆川和东兴等地分布（图1-10）。适宜冬暖夏热，高温高湿多雨的低山丘陵生长。要求年平均气温21℃，冬季月均气温15℃，极端最低气温不小于-2.4℃，年降水量1400~2000mm。南宁、桂林等地栽培，结实性较差。

图1-10　博白大果油茶林

图1-11　宛田红花油茶

图1-12　香花油茶植株

宛田红花油茶局限分布于桂北灵川、龙胜、荔浦、资源等县（图 1-11）。性喜高温高湿，夏热冬暖，较越南油茶及广宁红花油茶稍耐寒。一般平均气温在 17～20℃之间，能耐极端最低气温-7℃左右，浙江富阳县开花结果尚好。适宜在中亚热带南端，南亚热带北缘低山丘陵栽培。

香花油茶可栽培于海南、广东、广西南部及右江河谷地区，引种至云南表现良好（图 1-12）。南宁地区 1 月、7 月测定低温、高温半致死温度分别为-8.2℃和 51.4℃，耐热抗旱，适宜冬暖夏热，高温高湿多雨的低山丘陵生长。

3. 局限性生态幅物种

主要有腾冲红花油茶、威宁短柱油茶（*C. weiningensis*）等。

腾冲红花油茶分布于滇西高原的腾冲县一带高寒地区，位于东经 98°5′～98°45′，北纬 24°28′～25°50′。海拔 1100～2700m 地带均能生长结实，但以海拔 1700～2300m 最为适宜，过高或过低均生长较差，开花结实也少。其适生范围的年平均气温 15℃左右，极端最高气温 30℃，极端最低气温-7～-5℃，≥10℃的年积温 5000℃左右，年降水量 1500mm 左右。幼林阶段喜适当庇荫，在郁闭度 0.3～0.4 的荫蔽条件下生长的好，结实期间则需要一定光照条件，故宜在开阔的半阴或阳坡，土层深厚肥沃，排水良好的微酸性红壤或黄壤上生长。

腾冲红花油茶的花期很长，早花类型在 10 月中旬即开花，至翌年 2 月终花，晚花类型于 2 月始花，4 月下旬终花。该种的适生栽培区域内因有高黎贡山做屏障，冬春花期无北方寒潮侵袭，气候温暖天气晴朗，授粉孕果十分有利，夏季阴凉湿润，利于幼果生长发育，7 月气温升高，果实生长最快。腾冲红花油茶在这样的气候条件下，生长良好，产量也高。腾冲县云华乡的一棵 200 年生的植株，单株年产籽达 100kg 左右（折油 30kg），而引种到云南南部的广南县海拔 1300m 左右地带栽培，则很少结实。

威宁短柱油茶也是高原地带的局限性生态幅物种，具有耐寒、抗旱、抗风、耐瘠薄土壤的生态习性。仅分布于贵州高原威宁县的高寒地带，北纬 26°41′～27°31′，东经 103°51′～104°41′，垂直分布在海拔 1800～2700m。该物种其适生区的年平均气温 10.5℃，1 月平均气温 1.6℃，7 月平均气温 17.8℃，极端最低气温-13.8℃，极端最高气温 30.6℃，年降水量 960mm 左右，5～10 月降水集中，1～4 月为旱季。霜期 10 月下旬至翌年 4 月上旬，全年无霜期 206d，最大风力 7～8 级。分布区的土壤为山地黄棕壤，质地较黏重，油茶林地成片分布在干燥瘠薄海拔较高的梁子上。

实践证明，不仅油茶各个物种间的生态特性具有明显的差异，即使是普通油茶这一宽生态幅的物种，由于长期受到各个地理区域的生态环境作用和人工栽培的影响，已经演化出许多自然类型和农家栽培品种。如秋分籽、寒露籽、霜降籽、立冬籽等四个农家品种群的花期，果熟期，抗性以及对生态环境的适应性都有差异，特别是对北缘栽培地区的花期气候反应十分明显。秋分籽、寒露籽花期较早，少受早期寒潮霜冻的危害；霜降籽，特别是立冬籽花期很迟，往往含苞待放即遭到寒潮的摧残。

三、油茶生长发育及其对环境的响应

（一）新梢生长特性及其对环境的响应

油茶春梢长度一般为5～15cm，粗0.2～0.3cm，幼龄期和林地土壤肥力水平较高的壮年油茶的春梢可达25cm，利用大砧嫁接的采穗圃，抽长的春梢长且粗壮。春梢生长与气象因素关系密切，气温和降水量对春梢生长发育的影响较明显，在春梢抽长前，必须有温度和降水量的积累阶段，特别是气温的积累尤其重要，当年均气温稳定在10℃以上时，春梢才开始萌动。春梢的生长不仅关系到当年花芽的分化，而且还关系翌年油茶产量(图1-13)。春梢又是嫁接和扦插繁殖的主要材料，插（接）穗的粗壮程度和芽的饱满与否，直接影响着扦插和嫁接的成活率。

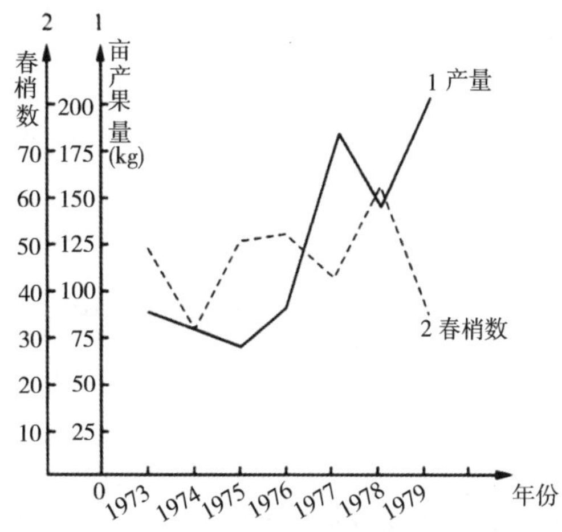

图1-13　春梢数量与历年产量的关系

春梢的长度与土壤肥力条件有密切关系，土壤肥力充足，可以普遍生长到15cm，粗度也相应地增加，据我们对不同施肥条件的油茶调查，春梢生长情况如表1-8。

春梢生长与气象因素有密切的关系。气温和雨量影响春梢生长发育较明显，在春梢生长以前，必须有气温和雨量的累积阶段，特别是气温的累积尤其重要，当3月上旬和中旬平均气温达11℃以上，春梢开始萌动。雨量充足能够促进春梢生长。

如所观测结果：在3月1日至10日平均气温已达到18.3℃，春梢并不开始生长，但是到3月21日气温下降到13.5℃时春梢开始生长，这就是气温累积过程，也就是从3月21日开始，油茶进入到阶段发育。

表1-8　不同土壤肥力条件与春梢生长的关系

施肥情况	新枝上的新梢数	春梢粗（mm）			平均春梢长（cm）
		最粗	最细	平均	
土肥250kg	14	2.8	1.5	2.07	16.2
土肥500kg	16	2.8	1.5	2.07	17.4
不施肥	12	2.5	1.5	2.00	6.9

在春梢生长过程中与雨量基本上保持一致的关系。从图1-14可以看出雨量多则春梢增长快，但在春梢萌发初期对雨量需求比较迟钝，中期以后十分敏感，这也可能是初期同样需有雨量的累积过程。

春梢数量与翌年产果量成正相关，油茶当年的产量是在上一年春梢生长基础上产生的，若头年春梢抽长不但数量多而且枝粗芽壮，当年花芽分化良好，花量多，一般在正常

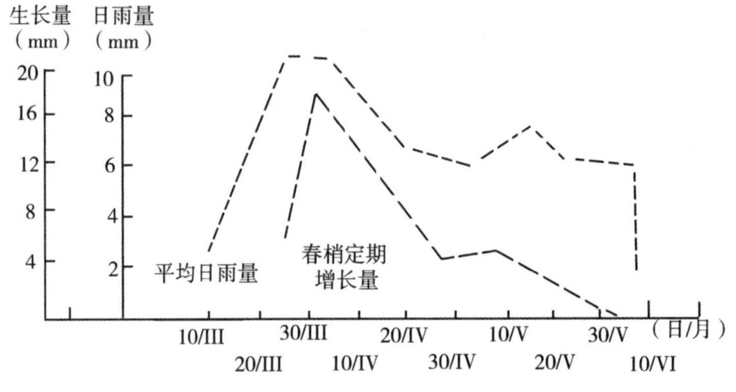

图 1-14　春梢增长与雨量的关系

情况下翌年的产果量也相应提高。因此，掌握春梢的抽长规律，采取相适应的农业技术措施，促进春梢生长，是提高油茶产量的重要途径。

树龄不同夏梢所占的比率也不同，幼年树夏梢比率较高，成年树次之，老年树最低，仅占 0.5%左右。幼龄树的夏梢长而粗，这对形成树冠有较大的作用。在一年中抽发较早的夏梢，大部分当年能分化花芽，成为翌年的果枝。

（二）花芽分化特性及其对环境的响应

花芽在春梢上的分布量与林龄、经营水平、树冠和枝条的不同部位有关，顶芽和腋芽分化为花芽的比率，随立地条件不同，有显著的变化。据调查，在林龄相同的条件下，经营水平较高的丰产林，顶芽和腋芽分化为花芽的比率高达 33.2%，对照者 17.1%，而且分化时期比对照早 5~10d。施肥能显著的提高花芽分化率，高氮、中钾处理花芽分化率最高，为 47.20%，中氮、低钾处理花芽分化率较低为 34.29%，对照组花芽分化率最低，只有 18.84%（罗帅等，2019）。

花芽分化与气温等关系密切（表 1-9）。花芽的分化最盛时期为 6 月下旬至 7 月中旬，但并不取决于最高气温。当阶段平均气温升高到 27.4℃时，花芽分化率为 24.7%，28.9℃时为 49.4%，说明花芽分化最适气温为 27~29℃，平均气温继续上升或转向低温时，花芽分化率却急剧下降。

表 1-9　花芽分化与气温的关系

日期（日/月）	12/6	26/6	12/7	27/7	10/8	25/8	8/9	25/9	14/10
花芽分化数	0	18	72	7	5	3	3	2	1
分化率（%）	0	24.7	49.4	8.2	5.9	3.5	3.5	2.4	24
阶段平均气温（℃）	25.8	27.4	28.9	31.6	31.5	31.5	30.4	25	24
阶段最高气温（℃）	39	39.5	36.5	42	43	41.5	41.5	36	30.5

（三）开花特性及其对环境的响应

油茶为自花不孕植物，在花期将开放的花套袋（同花授粉）或同株异花授粉后套袋均不能正常结实（表 1-10）。人工辅助授粉坐果率普遍高于自然授粉，越到开花后期坐果率越低，两者差距越大，说明授粉受精受气候条件和传粉媒介双重影响。不同株间双列交配，发现一些平均坐果率高的母本、父本植株和坐果率高的特殊交配组合。在今后的选种中应注意雄株的搭配（曾燕如等，2009）。

表 1-10　不同时期、地点自花授粉的坐果率

地点	授粉时间（年-月-日）	授粉方式	株数	花数	翌年 3 月中旬		翌年 5 月下旬		翌年 10 月上旬	
					幼果数	幼果率（%）	幼果数	幼果率（%）	幼果数	幼果率（%）
临安果园	1980-11-15	同花	2	37	3	8.11	1	2.70	0	0
龙游林场	1980-11-13	同株	1	42	4	9.50	0	0	0	0
		同花	3	77	5	6.49	1	1.29	0	0
	1982-11-09~11	同株	7	217	9	4.15	2	0.92	1	0.46
		同花	18	473	33	6.97	5	1.06	3*	0.63

注：* 为 3 个果中 2 个果无籽。

油茶花期较长，整个花期从 10 月中旬至翌年 1 月上旬达 80d 之久，但全林盛花期仅 30~40d。油茶落花从花后 5~10d 开始，集中期 10~30d 内。中早花类型开花时气温高，花期集中，落花也集中。晚花类开花时受低温霜冻影响，花期长，落花时间分散，翌年 3 月前未受精的花基本落光，坐果率低。3~10 月为落果期，其中 3~8 月落果缓慢，早期落果主要是由于受精不良，胚珠发育停滞；8~10 月为落果高峰期，一些地区此期落果的百分率可达 50%以上，对产量影响极大，主要是病害引起，红土丘陵地区病害普遍高于低山地区。

油茶花期变异受遗传因子和气候条件控制。前者指油茶自然群体中存在早、中、晚花类型，是相当稳定的性状，后者是指不同类型以至整个油茶花期常因气候影响而有早迟之别（曾燕如等，2009）。气候条件中，9 月平均气温对花期影响最大，9 月平均气温高花期推迟，反之则花期提早，进而影响开花授粉条件和次年产量。油茶开花授粉对气温适应性较强。无霜无雨，日平均气温 5.0℃以上，人工授粉可以坐果；日平均气温 8.0℃以上可以保证自然授粉的进行。另外，严重霜冻可使霜前 3d 开的花坐果率下降，霜前 1d 开的花坐果率严重下降，对霜后开的花影响更大。降雨影响昆虫活动，雨水淋洗柱头液和花粉，使授粉受精不能进行。但雨水只对降雨当日和雨期开的花有影响，对雨前授粉超过 6h 的花和雨止后开的花影响很小，整个花期中能有几次短暂降雨对开花反而有利。

花期在气温较低的高海拔、高纬度地区比低海拔、低纬度地区早，且盛花期持续的时间也较长（宛志泸等，1984）。浙西北临安潘母岗林场（30°30′N，119°50′E）与浙中龙游林场（29°2′N，119°14′E）1977—1984 年 8 年的花期对比（盛花期）如表 1-11，其中临安年平均气温 15.6℃，龙游年平均气温 17.3℃。潘母岗的年均气温比龙游低 1.7℃，不同年度油茶盛花期起始时间比龙游林场提前 4~16d，平均提早 8.6d。而整个盛花期前者平均 28.0d，后者 25.9d。一年中 9 月份的平均气温高低对油茶花期影响最大，气温越高，入秋越迟，花期越迟（章光旭等，1982），可授期（适宜授粉天气）越短，次年产量越低。在

表 1-11　不同立地条件和林分状况对油茶花期的影响

地点	调查时间（年-月-日）	林分类型	调查总株数	不同花期类型株数及其占总株数百分比（%）									
				末花株数	百分比	始-初花株数	百分比	盛花期株数	百分比	末花期株数	百分比	无花株数	百分比
龙游林场	1980-11-08	丰产林	209	18	8.61	36	17.22	137	65.55	17	8.13	1	0.48
		三油地	226	22	9.73	42	18.58	140	61.95	9	3.98	3	1.33
		普通林	205	79	38.54	41	20.00	70	34.15	5	2.44	40	4.88
		荒瘠油茶	108	39	36.11	22	20.37	35	32.41	4	3.70	8	7.41
	1981-11-07	丰产林	170	39	22.94	45	26.47	75	44.12	7	4.12	4	2.35
		三油地	254	56	22.05	79	31.10	100	39.37	12	4.72	6	2.36
		普通林	88	35	39.77	21	23.86	19	21.59	1	1.14	12	13.64
		荒瘠油茶	105	60	57.14	21	20.00	20	19.05	0	0	4	3.81
潘母岗林场	1980-10-30	林缘	25	0	0	2	8.00	15	60.00	8	32.00		
		林中	375	0	0	125	33.33	213	56.80	37	9.86		
	1981-10-28	林缘	24	3	12.50	9	37.50	12	50.00	0	0		
		林中	266	129	48.49	85	31.95	52	19.55	0	0		
	1982-10-28	林缘	23	2	8.69	8	34.78	13	56.52	0	0		
		林中	254	61	24.02	103	40.55	88	34.62	2	0.79		

天气晴暖的情况下，无论人工辅助授粉或自然授粉坐果率都比较高，前者平均坐果率达67.55%~83.05%，后者为41.47%~57.60%，人工辅助授粉坐果率普遍高于自然授粉坐果率，而且在花期后期或授粉天气不良的情况下，两者差距更大，说明授粉受精受天气和授粉媒介双重影响，天气不良既影响花粉管萌发，又影响昆虫传粉活动。另外，不论人工辅助授粉或自然授粉，其坐果率的株间变化都很大，可能是不同植株树体营养和花芽发育状况不同所致，这也是油茶单株产量变异大的原因之一。

除气温外，立地条件、树体营养状况也会影响花芽发育进而影响花期，立地条件和树体发育好的花期提早，林缘和树冠上部、外围枝条花的先开（表1-11）。此外，7~9月长期干旱或结果太多影响花芽发育，也会推迟花期。

（四）果实、种子生长特性及其对环境的响应

油茶果实生长期为190d，从3月中旬到9月上旬，其生长速度在前期和后期生长缓慢，中期生长快，6月下旬以前平均每10d果径增长1mm，7、8两个月平均每10d增长2mm，8月中旬到9月上旬平均每10d增长1~1.2mm，9月中旬以后基本停止生长（表1-12）。

表1-12　油茶果实生长进程

日期（日/月）	27/3	28/4	29/5	3/7	1/8	30/8	15/9	13/10
果长（mm）	6.00	12.50	16.42	19.51	25.22	31.01	32.61	32.95
果宽（mm）	6.50	13.00	15.82	18.27	24.35	31.13	33.18	33.29

果宽和果长的生长速度，各个时期不完全一致（浙江天目林学院等，1962）。在生长初期5月上旬以前基本相同，中期5月上旬到8月上旬果宽比果长生长缓慢，8月中旬到9月上旬果宽超过果长，9月中旬以后又趋于平衡。9月下旬则同时处于停滞状态。因此，在果实的生长期中，果实形状产生二次不同的变化，4月下旬和8月下旬是二次变化的转折点：4月下旬以后由于果宽增长速度逐渐缓慢，圆形的果实变成为长圆形，而8月下旬以后，由于果实生长迅速加快，所以果形又从长圆形变为圆形，因而果实的形状仍然与幼果时期的形状基本相同。

在一定范围内，温度愈高，果实生长愈快，当平均气温达到30℃时，果实生长最快，但是气温过高，超过40℃时会引起落果（表1-13、表1-14）。在适宜的气温条件下，雨量充足能够促进果实的生长，1959年5~7月，雨量比1960年同期多，所以1959年的果实生长也比1960年快，因此油茶的果实生长适宜在夏季多雨时期，但是大雨和暴雨都会使油茶落果。

表1-13　两年果实生长速度比较

mm

地点	组别	1959年						1960年					
		5月19日		7月21日		8月28日		5月19日		7月21日		8月28日	
		长	宽	长	宽	长	宽	长	宽	长	宽	长	宽
小茶坪	2	12.4	14.5	22.0	23.1	29.5	34.0	10.5	9.7	17.3	17.0	27.7	28.4
小茶坪	9	17.6	15.7	20.5	20.9	34.5	31.5	17.3	15.6	20.0	20.3	31.0	30.0
小茶坪	16	14.1	14.4	22.4	22.5	32.3	34.5	13.8	12.7	20.6	20.0	27.0	24.8

表 1-14　两年气象因子比较

项目	年份	月份			
		5 月	6 月	7 月	8 月
最高温（℃）	1956		39.5	43	41
	1960	35	37.5	43	39
最低温（℃）	1956		18.5	23.5	23.5
	1960	11	19.0	24	24
平均气温（℃）	1956		27.7	31	31.4
	1960	21.3	27.1	31.7	28.7
降雨量（mm）	1956	400	365	163	64
	1960	230	239	109	176
蒸发量（mm）	1956				
	1960	112	170	249	171

在不同栽培区域，油茶果实的表型经济性状也会出现一定差异（黄开顺等，2011）。在广西北部的三江、东部的岑溪和南部的南宁 3 个栽培区，研究了岑软 2 号、岑软 3 号 2 个软枝油茶无性系果实表型性状的地理差异，试验地的地理位置及气候特征见表 1-15。结果表明：2 个无性系果实的单果质量、果径、果高、果形指数、果皮厚度、鲜籽数、鲜籽质量、鲜出籽率或千克籽数存在一定差异，其中岑软 2 号的果径、鲜籽质量、鲜出籽率、千克籽数及岑软 3 号的果高、果皮厚度、果形指数、千克籽数的差异达到了极显著（表 1-16、表 1-17）。总体上南宁与岑溪栽培区之间的差异较小，而三江与其他 2 个栽培

表 1-15　试验地地理位置及气候特征

栽培区	经度	纬度	海拔（m）	平均温度（℃）	≥10℃活动积温（℃）	年日照时数（h）	无霜期（d）	年均降水量（mm）	年均相对湿度（%）
三江县	109.65°E	25.95°N	250	18.1	5500	1264.2	320	1574.6	80
岑溪市	109.65°E	25.95°N	150	21.3	7000	1812.7	327	1441.8	81
南宁市	109.65°E	25.95°N	110	21.8	7000	1797.9	360	1350	80

表 1-16　不同栽培区岑溪软枝油茶无性系果实外部形态多重比较

无性系	栽培区	果色	果高（mm）	果径（mm）	果皮厚度（mm）	果形指数
岑软 2 号	三江县	青褐色	35.18±2.54aA	36.24±2.89bB	4.05±0.40aA	0.97±0.08aA
	岑溪市	青色	36.18±2.76aA	38.63±3.32aAB	4.21±0.68aA	0.94±0.07abA
	南宁市	青绿色	37.01±2.90aA	40.57±3.14aA	3.76±1.02aA	0.92±0.08bA
岑软 3 号	三江县	青黄色	29.39±2.16bB	37.09±1.99aA	3.89±0.90bAB	0.79±0.05bB
	岑溪市	青色	34.46±4.72aA	36.25±6.82aA	4.59±0.90aA	0.96±0.08aA
	南宁市	青褐色	33.11±2.37aA	34.31±3.25aA	3.61±0.58aA	0.97±0.08aA

注：同列不同小写字母表示差异显著，不同大写字母表示差异极显著。

区之间的差异较显著。不同栽培区之间果实颜色也存在差异，呈现出青色、青绿色、青黄色和青褐色 4 种不同的颜色。

表 1-17　不同栽培区岑溪软枝油茶无性系单果质量及茶籽性状的多重比较

无性系	栽培区	单果质量（g）	鲜籽数（个）	鲜籽质量（g）	鲜出籽率（%）	千克籽数（个）
岑软 2 号	三江县	26. 48±5. 74bA	6. 60±1. 76aA	8. 81±2. 76bB	32. 65±4. 81bB	797. 96±263. 32aA
	岑溪市	32. 23±7. 01aA	6. 87±1. 73aA	12. 41±3. 63aAB	38. 82±7. 88aAB	567. 46±114. 42bB
	南宁市	31. 18±5. 73aA	5. 47±2. 90aA	12. 93±4. 56aA	40. 78±7. 95aA	424. 94±160. 72cB
岑软 3 号	三江县	22. 89±3. 69aA	6. 47±2. 10aA	9. 80±2. 07aA	43. 32±8. 86aA	652. 44±128. 65aA
	岑溪市	27. 39±12. 66aA	3. 93±2. 15bB	9. 50±4. 87aA	34. 02±4. 95bA	415. 61±108. 66bB
	南宁市	21. 15±5. 96aA	4. 93±2. 63abAB	8. 30±2. 53aA	40. 75±12. 12aA	603. 99±291. 10aAB

注：同列不同小写字母表示差异显著，不同大写字母表示差异极显著。

果实和种子发育过程中形态、生理代谢及基因调控变化是植物的重要物种特征。对多种经济林树种、园艺植物、农作物的果实和种子发育特征虽然进行了较为广泛的研究，但目前有关油茶果实和种子的成熟过程中形态、生理及遗传变化的研究报道较少。当前对油茶研究普遍关注于产量及成熟果实的特性，如油茶成熟果实形状和颜色的分类及油茶成熟果实脂肪酸、游离氨基酸的分析等。

周长富等（2013）以油茶长林 4 号、40 号和 166 号为材料对果实生理变化进行了研究，结果表明（表 1-18）：7~8 月是油茶果实横向的生长高峰，8 月是纵向生长高峰，8 月后，果实大小基本保持不变。果皮厚度 5~7 月有较小的增厚，此后逐步慢慢变薄。因此，可将油茶果实生长划分为 4 个阶段，其中 5、6 月为第一阶段，7 月为第二阶段，8、9 月为第三阶段，10 月为第四阶段。

表 1-18　各月份油茶果实形态生长动态　mm

月份	横径 1	横径 1 生长量	横径 2	横径 2 生长量	纵径	纵径生长量	果皮厚	果皮生长量
5	14. 67±1. 52A	—	14. 05±1. 68A	—	18. 58±1. 77A	—	1. 98±0. 52A	—
6	15. 11±2. 18A	0. 44	15. 02±1. 96A	0. 97	20. 85±2. 88B	2. 27	2. 84±0. 81B	0. 86
7	21. 81±2. 66B	6. 70	20. 91±2. 59B	5. 89	30. 64±5. 13C	9. 79	3. 35±0. 54B	0. 51
8	28. 22±3. 71C	6. 41	26. 64±3. 59C	5. 73	34. 48±3. 69D	3. 84	3. 28±1. 78B	-0. 07
9	29. 31±3. 45C	1. 09	27. 00±3. 73C	0. 36	35. 75±4. 49DE	1. 27	3. 16±1. 89B	-0. 12
10	31. 22±3. 73C	1. 91	28. 52±3. 70C	1. 52	36. 90±3. 58E	1. 15	2. 83±0. 44B	-0. 33

注：同列不同大写字母数值间差异极显著（$P<0.01$）。

油茶果实的体积在 8 月以后变化不大，果皮厚度 6 月以后达到稳定，果实质量在 8 月以后基本不产生变化，果皮含水率则从 6 月开始就基本不变，此后 2 个月变化较大的为种子内含物，其中种仁含水率极度下降，含油率明显上升。因为种子中水分增加主要在 5~7 月，因此在栽培生产中应及时灌溉，而 8~10 月为有机物积累及油脂转化期（表 1-19、表 1-20）。

表 1-19　各月份果实重量生长变化

月份	单果鲜重	单果生长量	单果皮重	皮重生长量	单果籽重	籽重生长量
5	3.06±0.81A		1.86±0.49A	—	0.12±0.04A	—
6	4.62±0.46A	1.56	2.44±0.87A	0.58	0.21±0.11A	0.09
7	7.33±2.61B	2.71	5.51±1.67B	3.07	1.82±1.11B	1.61
8	14.22±4.79C	6.89	7.83±2.21C	2.32	6.10±2.63C	4.28
9	14.40±4.71C	0.18	8.12±2.51C	0.29	6.57±2.84C	0.47
10	16.93±5.34D	2.53	9.35±2.25D	1.23	7.58±2.98D	1.01

注：同列不同大写字母数值间差异极显著（$P<0.01$）。

表 1-20　各月份果油率的变化结果

月份	鲜果出籽率	鲜果出籽率月增加	籽含水率	鲜籽含水率月增加	干籽出仁率	干籽出仁率月增加	种仁含油率	种仁含油率月增加	果油率	果油率月增加
5	3.87±1.04A		96.30±3.66A		—		—		—	
6	7.04±3.21B	3.17	92.14±2.45B	-4.16	—		—		—	
7	23.43±7.46C	16.39	86.67±2.86C	-4.47	15.00±2.45A		1.03±0.21A		0.01	
8	41.76±8.17D	18.33	80.06±2.46D	-7.61	40.09±6.27B	25.09	4.77±1.99B	3.74	0.16	0.15
9	43.82±6.56DE	2.06	61.06±4.05E	-19.00	52.17±6.32C	12.08	30.69±5.84C	25.92	2.77	2.61
10	44.58±5.61E	0.76	45.49±0.95F	-15.57	67.59±5.66D	15.42	45.70±2.25D	15.01	7.54	4.77

注：同列不同大写字母数值间差异极显著（$P<0.01$）。

周长富等（2013）研究表明，7 月份为油茶种子最大生长转折期（表 1-20），7 月之前种子小于 0.01g，7 月达到 0.5g，以后每月增长 0.59g 左右，10 月成熟时达到 2g 左右。7 月种皮逐步由白色变成黄色，之后逐渐变硬，种仁从液态逐渐变为固态。不同品种油茶生长速度及大小存在一定的差异。油茶种子主要由水分和有机物组成，随着种子成熟，水分相对含量越来越低，7 月水分相对含量接近 90%，而到成熟时仅为 45%左右；有机物组分中淀粉、蛋白质、茶皂素和脂类的相对含量都随着种子成熟而提高，其中脂类增长最快，其次为茶皂素，可溶性糖含量在各时期变化不大。

对油茶种仁蛋白质组成分析表明：组成蛋白质的氨基酸含量间有较大的差异，含量最高的为谷氨酸（Glu）、精氨酸（Arg）和亮氨酸（Leu）；含量最小的为甲硫氨酸（Met）、组氨酸（His）和半胱氨酸（Cys）。7～10 月，氨基酸含量一直递增，递增最快为 9 月，各氨基酸的平均含量为 8 月的 1.96 倍。不同氨基酸的增长速度也不完全一致，增加最快的为 Arg，最慢的为 Met。不同游离氨基酸含量不一样，最高为 Arg，最低为 Cys。总体来说，7～10 月是逐月增加的，但不是所有游离氨基酸都随着种子成熟而增加（图 1-15）。

不同时期种子脂肪酸组成存在较大的差异。油酸含量最高，且随着种子成熟，含量迅速增加，到种子成熟时，油酸含量达到 80%以上；其次为亚油酸，7 月含量较高，但随着种子成熟迅速减少，最后仅占总量的 6.80%；然后是亚麻酸、硬脂酸和棕榈酸，另外，棕榈烯酸和顺-11-二十碳烯酸各时期相对含量都低于 1%（表 1-21）。

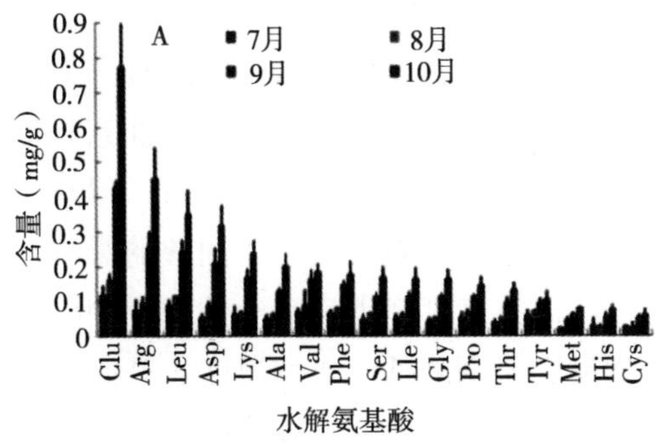

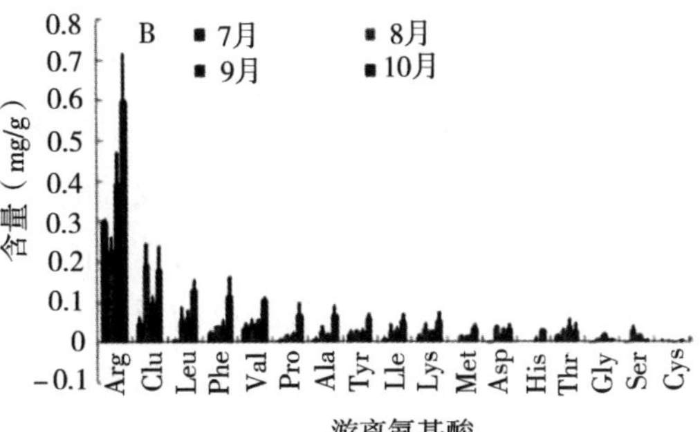

图 1-15　7~10 月氨基酸含量变化

表 1-21　各月份油茶种子脂肪酸组成变化

脂肪酸组成	相对含量（%）			
	7 月	8 月	9 月	10 月
油酸 C_{18}：1	37.43	57.67	74.90	81.53
亚油酸 C_{18}：2	40.62	24.13	11.77	6.80
亚麻酸 C_{18}：3	4.52	2.20	0.57	0.30
硬脂酸 C_{18}：0	1.17	1.43	1.50	2.27
棕榈酸 C_{16}：0	14.37	12.97	10.20	8.17
棕榈烯酸 C_{16}：1	0.98	0.53	0.20	0.10
顺-11-二十碳烯酸 C_{20}：1	0.66	0.70	0.57	0.53
其他	0.25	0.37	0.30	0.30

在油茶油脂形成过程中，受多种外界因素的影响，其中温度和湿度尤为重要。油脂的合成不是单一的生理过程，而是与油茶的生理、生态条件有关。了解油脂形成与外界环境条件的关系，可以人为制订出合理技术措施来提高种子产量和含油量。

表 1-22　试验点地理位置及自然概况

采样地点	纬度	经度	海拔（m）	平均温度（℃）	≥10℃年积温（℃）	年均降水量（mm）	地貌、土类
广西壮族自治区林业科学研究院（南宁市）	22.93°N	108.35°E	110	21.8	7000	1350	低丘，赤红壤
那坡县平孟镇	23.05°N	105.90°E	260	18.7	5647	1420	山地，红壤
岑溪市软枝油茶种子园	23.20°N	110.72°E	150	21.3	7000	1440	低丘，红壤
巴马县坡腾镇	24.18°N	107.15°E	583	20.5	7092	1530	山地，红壤
三门江林场（柳州市）	24.43°N	109.75°E	180	20.0	6720	1300	低丘，红壤
八步区大宁镇	24.48°N	111.88°E	272	19.9	6350	1535	丘陵，红壤
桂林市林科所（桂林市）	25.48°N	110.48°E	175	18.6	5000	1680	丘陵，红壤
三江县丹州镇	25.60°N	109.55°E	215	18.1	5500	1548	丘陵，红壤
龙胜县泗水乡	25.87°N	110.05°E	690	18.1	5650	1800	山地，黄壤
三江县林溪乡	25.95°N	109.65°E	250	18.1	5500	1548	丘陵，红壤

张乃燕等（2013）以广西的南宁、岑溪、柳州、龙胜等10处采样点（表1-22）的岑溪软枝油茶种质为材料，研究了经度、纬度、海拔、年均温度、年均降水量等地理气候因子对岑溪软枝油茶籽油脂肪酸组成的影响。结果表明：不同栽培区域的岑溪软枝油茶籽油脂肪酸组成除棕榈酸外，油酸、亚油酸、硬脂酸的含量均有显著差异（表1-23）。但总体上，相关地理条件和气候条件对棕榈酸和硬脂酸的影响较小，而对油酸和亚油酸的影响较大。其中，经度对脂肪酸组成的影响不明显，而纬度、海拔高度显著影响油酸和亚油酸的含量，随着纬度和海拔的增加，油酸含量增高，亚油酸含量则降低。年均温度的升高会导致油酸含量的下降，年均降水量的增加有利于油酸含量的积累，而低温或降雨量的增加则会导致亚油酸含量的降低（表1-24）。

表1-23　不同栽培地岑溪软枝油茶脂肪酸组成的方差分析

脂肪酸	变异来源	平方和	自由度	均方	*F*
棕榈酸	组间	10.461	9	1.162	1.213
	组内	51.761	54	0.959	
硬脂酸	组间	11.258	9	1.251	3.516*
	组内	19.214	54	0.356	
油酸	组间	254.974	9	28.330	4.959*
	组内	308.511	54	5.712	
亚油酸	组间	295.533	9	32.837	11.459*
	组内	154.742	54	2.866	

注：*表示差异显著。

表1-24　不同栽培地岑溪软枝油茶脂肪酸组成的多重比较

采样地点	棕榈酸（%）	硬脂酸（%）	油酸（%）	亚油酸（%）
三江县林溪乡	8.25ab	3.10a	86.04a	1.98d
龙胜县泗水乡	8.51ab	2.02bc	84.94ab	2.81d
三江县丹州镇	7.80b	2.24bc	83.57abc	4.97c
巴马县坡腾镇	8.37ab	1.67c	82.97abc	6.88bc
那坡县平孟镇	8.52ab	2.04bc	82.92abc	6.36bc
八步区大宁镇	8.98ab	2.68ab	82.49bc	5.33c
桂林市林科所（桂林市）	8.96ab	1.61c	81.20cd	8.11ab
三门江林场（柳州市）	8.92ab	2.20bc	80.80cd	7.61ab
广西林科院（南宁市）	9.34a	1.47c	79.36d	9.68a
岑溪市软枝油茶种子园	8.87ab	2.01bc	79.07d	9.05a

注：表中同列不同字母表示进行Duncan多重比较时在0.05水平差异显著。

参考文献

白鹏威，邹志荣，杨振超，等. 2010. 不同温度和光照处理对番茄果实不同部位糖含量的影响［J］. 西北农业学报，19（03）：184-187.

别之龙，刘佩瑛，万兆良，等. 1998. 弱光对辣椒落花和光合作用的影响［J］. 核农学报，(05)：59-61.

曹卫星. 2011. 作物栽培学总论（第二版）［M］. 北京：科学出版社.

曾燕如，周秦，王琳星，等. 2009. 转基因（PaChi4）拟南芥抗病反应的初步研究［C］// 中国林业学术大会.

柴成林，李绍华，徐迎春，等. 2004. 水分胁迫期间及胁迫解除后幼年桃树光合产物的分配［J］. 园艺学报，(05)：574-578.

柴成林，李绍华，徐迎春. 2001. 水分胁迫期间及胁迫解除后桃树叶片中的碳水化合物代谢［J］. 植物生理学通讯，(06)：495-498.

陈敬宜，辛贺明，王彦敏. 2000. 梨果实袋光温特性及鸭梨套袋研究［J］. 中国果树，(03)：9-12.

陈俊伟，张良诚，张上隆. 2000. 果实中的糖分积累机理［J］. 植物生理学通讯，(06)：497-503.

陈隆升，陈永忠，彭邵锋，等. 2016. 湖南省油茶林产量调查研究［J］. 湖南林业科技，43（05）：67-70,76.

陈四龙. 2012. 花生油脂合成相关基因的鉴定与功能研究［D］. 北京：中国农业科学院.

陈永忠. 2018. 油茶果进入收获季，采收有方法［N］. 湖南科技报，10-09（004）.

程建徽. 2005. 杨梅果实糖积累特性与机制的研究［D］. 合肥：安徽农业大学.

程杰山，王利军，蒋爱丽，等. 2014. 果树库源关系改变对源叶光合作用的影响机制研究进展［J］. 中国农学通报，30（19）：75-80.

都婷，张强. 2010. 基于山西省农户核桃树种植管理调查研究［J］. 山西农业科学，38（04）：80-83.

段卓，吴雪辉，郑艳艳. 2015. 油茶果成熟过程中各加工性状的变化研究［J］. 广东农业科学，42（09）：11-15.

方江保，殷秀敏，余树全，等. 2010. 光照强度对苦槠幼苗生长与光合作用的影响［J］. 浙江林学院学报，27（04）：538-544.

傅坩，叶青. 1984. 油茶某些生理活动的昼夜变化［J］. 林业科技通讯，(8)：11-14.

甘长飞，牧田好高. 1988. 温度对猕猴桃光合作用速度的影响［J］. 果树科学，(03)：122-123.

龚弘娟，叶开玉，蒋桥生，等. 2014. 4 种砧木嫁接的红阳猕猴桃光合特性比较［J］. 南方农业学报，45（10）：1825-1830.

龚月桦，高俊凤. 1999. 高等植物光合同化物的运输与分配［J］. 西北植物学报，(03)：564-570.

苟振华. 2009. 一种 harpin 基因在转基因拟南芥中表达及体外使用 harpin 蛋白诱导植物防卫反应的研究［D］. 南京：南京农业大学.

郭蔼光. 2001. 基础生物化学［M］. 北京：高等教育出版社.

郭雪峰，李绍华，刘国杰，等. 2004. 桃果实和叶片中糖分的季节变化及其与碳代谢酶活性的关系研究［J］. 果树学报，21（3）：196-200.

郭燕. 2012. 几个苹果品种果实糖酸积累及糖代谢相关酶活性变化研究［D］. 咸阳：西北农林科技大学.

郝建博. 2015. 遮光对桃树光合特性及果实品质的影响［D］. 保定：河北农业大学.

何汉杏，康文星，何秀春. 2002. 普通油茶及其优树生殖生态研究［J］. 经济林研究，(04)：10-13.

何学友，蔡守平，谢一青，等. 2013. 不同叶面积损失对油茶产量及品质的影响［J］. 林业科学，49（05）：85-91.

贺桂先，李林松，徐林初，等. 2007. 油茶的生长特性及其功能价值［J］. 江西林业科技，(04)：39-42.

洪植蕃，林菲，庄宝华，等. 1992. 两系杂交稻栽培生理生态特性 Ⅲ. 结实特性与库源特征［J］. 福建农学院学报，(03)：251-258.

呼和牧仁，周梅，翟洪波，等. 2009. 影响树木光合作用因素的研究进展［J］. 内蒙古农业大学学报（自然科学版），30（02）：287-291.

胡立勇，丁艳锋. 2008. 作物栽培学［M］. 北京：高等教育出版社.

胡美君，郭延平，沈允钢，等. 2006. 柑橘属光合作用的环境调节［J］. 应用生态学报，(03)：3535-3540.

胡美君. 2008. 高温强光对温州蜜柑（*Citrus unshiu* Marc.）光合作用的影响及其机理研究［D］. 杭州：浙江大学.

胡哲森，时忠杰，许长钦. 2001. 亚硫酸氢钠对油茶光合机构的生理效应研究［J］. 林业科学，37（1）：68-71.

黄开顺，陈江平，侯立英，等. 2011. 不同栽培区岑溪软枝油茶无性系果实表型性状的差异［J］. 广西林业科学，40（4）：251-254.

黄绍文，孙桂芳，金继运，等. 2004. 不同氮水平对高油玉米吉油一号籽粒产量及其营养品质的影响［J］. 中国农业科学，(02)：250-255.

黄义松，牛德奎，赵中华，等. 2007. 3 个油茶优良无性系光合作用及生理特性研究［J］. 江西农业大学学报，(02)：209-214.

惠俊爱，李永华，李卓，等. 2006. 高浓度 CO_2 对紫星凤梨光合作用和生长发育的影响［J］. 园艺学报，(05)：1027-1032.

江军，谢锦升，杨燕华，等. 2013. CO_2 浓度升高对森林碳平衡及碳氮耦合的影响［J］. 江西农业大学学报，35（01）：117-123.

镜岩. 2002. 生物化学（第三版）［M］. 北京：高等教育出版社.

康乐. 2012. 油茶幼苗根系生长特性研究［D］. 重庆：西南大学.

郎莹，张光灿，张征坤，等. 2011. 不同土壤水分下山杏光合作用光响应过程及其模拟［J］. 生态学报，31（16）：4499-4508.

李合生. 2006. 现代植物生理学（第二版）［M］. 北京：高等教育出版社.

李军营. 2006. 二氧化碳浓度升高对水稻幼苗叶片生长、蔗糖转运和籽粒灌浆的影响及其机制［D］. 南京：南京农业大学.

李莉，李佳，高青，等. 2015. 昼夜温差对番茄生长发育、产量及果实品质的影响［J］. 应用生态学报，26（09）：2700-2706.

李铁柱，包梅荣，乌云塔娜. 2008. 油茶秋水仙素诱导苗光合作用变异研究［J］. 内蒙古农业大学学报（自然科学版），29（4）：155-160.

梁根桃，阮建云，章晶晶. 1987. 硫代硫酸银等四种试剂对油茶光合性能影响的初步研究［J］. 经济林研究，5（1）：59-64.

梁棋政，朱列书，杨怀千. 2009. 烟草源库关系研究进展［J］. 现代农业科技，(14)：18-20.

林伟宏，王大力. 1998. 大气二氧化碳升高对水稻生长及同化物分配的影响［J］. 科学通报，(21)：2299-2302.

刘静，容新民，郁松林，等. 2011. 外源赤霉素对紫香无核葡萄果实糖代谢及相关酶活性的影响［J］. 中外葡萄与葡萄酒，(05)：25-29.
刘卫群. 2000. 基础生物化学［M］. 北京：气象出版社.
刘颖娇. 2014. 遮阴对苹果叶片光合作用和PSⅡ反应中心的影响［D］. 咸阳：西北农林科技大学.
路丙社，董源. 1999. 阿月浑子光合特性及其影响因子的研究［J］. 园艺学报，26（5)：287-290.
罗帅，钟秋平，葛晓宁，等. 2019. 不同氮、磷、钾施肥配比对油茶花芽分化的影响［J］. 林业科学研究，32（02)：131-138.
罗霄，郑国琦，王俊. 2008. 果实糖代谢及其影响因素的研究进展［J］. 农业科学研究，(02)：69-74.
吕英民，张大鹏. 2000. 果实发育过程中糖的积累［J］. 植物生理学通讯，(03)：258-265.
马锦林，张日清，叶航，等. 2012. 6个油茶物种的光合特性［J］. 经济林研究，(30）4：73-90.
马国成，张福墁. 1995. 日光温室不同光温环境对黄瓜光合产物运输及分配的影响［J］. 北京农业大学学报，(01)：34-38.
闵义. 2010. 木薯块根淀粉形态发生与积累的酶活性动态初步研究［D］. 海口：海南大学.
彭嘉栋，蒋元华，廖玉芳，等. 2016. 气象因子对湖南油茶产量的影响及其产量模型构建［J］. 气象与环境学报，32（03)：89-94.
彭丽丽，姜卫兵，韩健. 2012. 源库关系变化对果树产量及果实品质的影响［J］. 经济林研究，30（03)：134-140.
戚维聪. 2008. 油菜发育种子中油脂积累与Kennedy途径酶活性的关系研究［D］. 南京：南京农业大学.
秦巧平，张上隆，陈俊伟，等. 2004. 温州蜜柑果实发育期间果糖激酶与糖积累的关系［J］. 植物生理与分子生物学学报，30（4)：435-440.
邱金兴. 1980. 试论油茶的花期选择［J］. 江西林业科技，(4).
邱文伟. 2005. 不同生境下脐橙果实蔗糖代谢相关酶的研究［D］. 成都：四川农业大学.
任昌福. 2001. 作物栽培生理自学辅导［M］. 重庆：重庆大学出版社.
邵毅，叶文文，徐凯. 2009. 温度胁迫对杨梅光合作用的影响［J］. 中国农学通报，25（16)：161-166.
石斌. 2015. 不同库源关系对油茶光合作用及同化物分配的影响［D］. 长沙：中南林业科技大学.
宋志海，高飞飞，陈大成. 2002. 果实大小相关性及影响因素研究进展［J］. 福建果树，(03)：9-12.
孙谷畴，曾小平，赵平，等. 2003. 空气CO_2增高条件下荔枝叶片光合作用和超氧自由基产率［J］. 应用生态学报，(03)：331-335.
唐繁. 2015. 魔芋源库关系研究［D］. 重庆：西南大学.
王东雪，江泽鹏，刘凯，等. 2017. 岑溪软枝油茶全同胞家系子代优良无性系选育［J］. 广西林业科学，46（1)：32-36.
王贵元，夏仁学，吴强盛. 2007. 果实中糖分的积累与代谢研究进展［J］. 北方园艺，(03)：56-58.
王红霞，张志华，王文江，等. 2007. 田间条件下核桃光合特性的研究［J］. 华北农学报，(02)：125-128.
王庆江，温陟良，贾彦丽. 2002. 赞皇大枣幼树叶片光合特性的研究［J］. 河北农业大学学报，(S1)：120-121.
王瑞辉，钟飞霞，廖文婷，等. 2014. 土壤水分对油茶果实生长的影响［J］. 林业科学，50（12)：40-46.
王少敏，高华君，张骁兵. 2002. 套袋对红富士苹果色素及糖、酸含量的影响［J］. 园艺学报，(03)：263-265.

王湘南，蒋丽娟，陈永忠，等. 2011. 油茶花芽分化的形态解剖学特征观测［J］. 中南林业科技大学，(31) 8.

王杏钱，朱永元，王道兴. 1992. 油茶幼苗百日生长过程报告［J］. 南京林业大学学报（自然科学版），(03)：106.

王永章，张大鹏. 2001. ‘红富士’苹果果实蔗糖代谢与酸性转化酶和蔗糖合酶关系的研究［J］. 园艺学报，(03)：259-261.

伟建，苏金为，彭时尧，张明来. 1991. B_ 9 对花生叶片 ATP 酶活性和光合产物运输的影响［J］. 作物学报，(04)：52-56，82.

邬华松. 1999. 胡椒光合作用特性的研究［J］. 热带农业科学，(3)：7-12.

吴俊，钟家煌，徐凯，等. 2001. 外源 GA_3 对藤稔葡萄果实生长发育及内源激素水平的影响［J］. 果树学报，(04)：209-212.

吴芹，张光灿，裴斌，等. 2013. 不同土壤水分下山杏光合作用 CO_2 响应过程及其模拟［J］. 应用生态学报，24 (06)：1517-1524.

吴泽龙，谭晓风，袁军，等. 2016. 油茶不同叶龄叶片形态与光合参数的测定［J］. 经济林研究，34 (2)：24-28.

吴泽龙，谭晓风，袁军. 2016. 油茶不同叶龄叶片形态与光合参数的测定［J］. 经济林研究，34 (2)：24-28.

肖家欣. 2005. 柑橘果实发育中钙和硼营养吸收规律的研究［D］. 武汉：华中农业大学.

辛贺明，张喜焕. 2003. 套袋对鸭梨果实内含物变化及内源激素水平的影响［J］. 果树学报，(03)：233-235.

徐迎春，李绍华，柴成林，等. 2001. 水分胁迫期间及胁迫解除后苹果树源叶碳同化物代谢规律的研究［J］. 果树学报，(01)：1-6.

徐迎春，李绍华，孔兰静. 2003. 水分胁迫后复水对苹果结果树体内 ^{14}C 光合产物分配的影响［J］. 核农学报，(01)：41-45.

杨建昌，王志琴，朱庆森. 1993. 水稻产量源库关系的研究［J］. 江苏农学院学报，(03)：47-53.

杨悦. 1995. 植物学［M］. 北京：中央广播电视大学出版社.

姚宝花. 2014. 枣果实糖积累生理机制的研究［D］. 晋中：山西农业大学.

姚立新，庞晓明，康向阳，等. 2010. 不同产地冬枣嫁接苗光合特性对比研究［J］. 北京林业大学学报，32 (05)：107-110.

佚名. 1962. 油茶生物学特性的初步研究［J］. 林业科学，7 (1)：45-52.

于明祥. 2009. 赤霉素作用下杨树光合同化物再分配的格局［D］. 南京：南京林业大学.

袁军，谭晓风，袁德义，等. 2009. 油茶根系分布规律调查研究［J］. 浙江林业科技，29 (04)：30-32.

张广琰，李谋成，张永昌. 1965. 油茶的生物学特性与生产的关系［J］. 生物学通报，(4)：9-13.

张继澍. 2006. 植物生理学［M］. 北京：高等教育出版社.

张乃燕，黄开顺，覃毓，等. 2013. 主要地理气候因子对油茶籽油脂肪酸组成的影响［J］. 中国油脂，38 (11)：78-80.

张强，黄闽敏，王国安，等. 2016. 两种密度模式下核桃生产性能差异研究［J］. 新疆农业科学，53 (06)：1006-1013.

张雪洁，谭晓风，袁军，等. 2013. 磷胁迫对油茶幼苗光合生理指标的影响［J］. 西北农林科技大学学报（自然科学版），41 (07)：125-132.

张舟，吕芳德，王森. 2014. 不同枣品种光合特性的比较研究［J］. 中南林业科技大学学报，34（08）：78-81.

章光旭，邓学渊，李福绵. 1982. 昆明地区引种普通油茶的研究［J］. 西部林业科学，(2).

赵翠格，刘岖，李凤兰，等. 2010. 植物种子油脂的生物合成及代谢基础研究进展［J］. 种子，29（04）：56-62.

赵明，李少昆. 1995a. 作物产量研究三理论及其应用与发展（综述）［J］. 北京农业大学学报，（S1）：70-75.

赵明，王树安，李少昆. 1995b. 论作物产量研究的“三合结构”模式［J］. 北京农业大学学报，(04)：359-363.

赵树慎，单锦芬. 1982. 普通油茶优树自由授粉子代苗期性状测定［J］. 西部林业科学，(2).

赵天宏，王美玉，张巍巍，等. 2006. 大气 CO_2 浓度升高对植物光合作用的影响［J］. 生态环境，(05)：1096-1100.

赵志磊，李保国，齐国辉，等. 2003. 套袋对富士苹果果实品质影响的研究进展［J］. 河北林果研究，(01)：81-86.

赵智中，张上隆，刘拴桃，等. 2003. 高氮处理对温州蜜柑果实糖积累的影响［J］. 核农学报，(02)：119-122.

赵中华，郭晓敏，李发凯，等. 2007. 不同施肥处理对油茶光合生理特性的影响［J］. 江西农业大学学报，29（4）：576-581.

郑广华. 1980. 植物栽培生理［M］. 济南：山东科学技术出版社.

钟飞霞，王瑞辉，李婷，等. 2015. 土壤水分对油茶果实主要经济指标的影响［J］. 经济林研究，33（04）：32-37.

种培芳，陈年来. 光照强度对园艺植物光合作用影响的研究进展［J］. 甘肃农业大学学报,(05)：104-109.

周兴本，郭修武. 2005. 套袋对红地球葡萄果实发育过程中糖代谢及转化酶活性的影响［J］. 果树学报，(03)：207-210.

周雁，向菲，秦丽凤，等. 2013. 油茶种子发芽时间调控研究［J］. 园艺与种苗，(04)：51-52，56.

朱亚娜. 2011. 油菜种子油脂基因的定位及温度对种子油分积累影响的分子机制［D］. 杭州：浙江大学.

庄瑞林. 2008. 中国油茶（第 2 版）［M］. 北京：中国林业出版社.

Berüter J. 2004. Carbohydrate metabolism in two apple genotypes that differ in malate accumulation［J］. Journal of Plant Physiology，161（9）：1011-1029.

Deng X M，Joly R J，Hahn D T. 1989. Effects of plant water deficit on daily carbon balance of leaves of cacao seedlings［J］. Physiologia Plantarum，77（3）：407-412.

Flore J A，Irwin C C. 1983. The influence of defoliation and leaf injury on leaf photosynthetic rate diffusive resistance and whole tree dry matter accumulation in apple［J］. Hortscience，18（1）：72.（Abstr.）.

Hockema B R，Etxeberria E. 2001. Metabolic contributors to drought-enhanced accumulation of sugars and acids in oranges［J］. Journal of the American Society for Horticultural Science American Society for Horticultural Science，126（5）：599-605.

Jacobs A K，Dry I B. 1997. A class IV chitinase is highly expressed in grape berries during ripening［J］. Plant Physiology，114（3）：771-778.

Kara A N，Kotov A，Bukhov N G. 1997. Specific distribution of GA，CTK，IAA and ABA in radish plants closely correlate with photo morphogenetic responses to blue or red light [J]. J Plant Physiology, 151 (1): 51-59.

Komatsu A, Takanokura Y, Moriguchi T, et al. 1999. Differential expression of three sucrose-phosphate synthase isoforms during accumulation in citrus fruit (Citrus unshiu Marc) [J]. Plant Sci, 140: 169-178.

Layne D R, Flore J A, Flore J A. 1992. Photosynthetic Compensation to Partial Leaf Area Reduction in Sour Cherry [J]. Journal of the American Society for Horticulturalence, 117 (2): 279-286.

MacRae E, Quick WP, Benker C, et al. 1990. Carbohydrate metabolism during post harvest ripening in kiwifruit [J]. J Amer Soc Hort Sci, 115 (2): 278-281.

Moiguchi T, Sanada T, Yamaki S. 1990. Seasonal fluctuation of some enzymes relating to sucrose and sorbitol metabolism in peach fruit [J]. J Amer Soc Hort Sci, 115 (2): 278-281.

Ramirez D R, Wehner T C, Miller C H. 1988. Source limitation by defoliation and its effect on dry matter production and yield of cucumber [J]. Hortscience.

Suzuki A, Kovalski I, Yamaki S. 1996. Occurrence of two synthase isozymes during maturation of Japanese pear fruit [J]. Amer Soe Hort Sci, 121 (5): 943-947.

Umemoto T, Nakamura Y, Ishikura N. 1995. Activity of starch synthase and the amylose content in rice endosperm [J]. Phytochemistry, 40 (6): 1613-1616.

Zhang Y, Li P, Cheng L. 2010. Developmental changes of carbohydrates, organic acids, amino acids, and phenolic compounds in 'Honeycrisp' apple flesh [J]. Food Chemistry, 123 (4): 1013-1018.

第二章 油茶源特性

在对油茶源库理论的研究中，油茶源特性的研究与应用至关重要，除对油茶经济产量和品质有直接影响作用外，对油茶高光效材料选择和育种、指导高效栽培等都具有重要作用。

第一节　油茶源器官的形态

油茶的源是指产生、提供同化物的器官，一般指成熟的叶片，也包括绿色的枝条和绿色的果皮。油茶产量的形成，主要是通过叶片的光合作用进行的，根据非直角双曲线拟合来测定的 4 个物种油茶的净光合速率最大值（Pnmax）分别是小果油茶 14.06μmol/(m^2·s)、普通油茶 13.09μmol/(m^2·s)、攸县油茶 7.86μmol/(m^2·s)、浙江红花油茶5.69μmol/(m^2·s)（孔文娟等，2013）。除叶片以外，非叶器官如枝条后果皮的绿色部分也能进行光合作用，但一般情况下非叶器官对同化物生成的贡献比叶片要小得多，不仅其光合面积较小，而且净光合速率也比较低。

一、油茶叶片的基本形态

油茶及其近缘种的叶片形态特征有显著差异，有的只有 1~2cm，而有的长达 15~20cm，有的光滑，有的粗糙，下面介绍一些重要种的叶片特征（图 2-1）。

普通油茶叶阔椭圆形，先端急尖至钝尖，基部楔形或较钝，长 4~6cm，宽 1~3cm；叶缘具锯齿，齿距 1~4mm；叶面光滑，叶背有少量毛，中脉无毛或被稀疏长硬毛；叶柄长 3~6mm，被长柔毛或微柔毛。幼叶齿端具黑色革质小刺，老叶脱落。中脉两边均稍突起，表面中脉有淡黄色细毛，侧脉近对生，叶表面显光泽。

越南油茶叶厚革质，长椭圆形、卵形或倒卵形，叶长 5~12cm，宽 2~5cm；先端渐尖，基部楔形或略圆；表面发亮，反面有疏毛；侧脉 9~11 对，叶表面陷下，叶反面不明显，两面多小瘤状突起，边缘具细锯齿；叶柄长约 1cm，略有短毛。

攸县油茶叶革质，椭圆形，先端渐尖或尾状渐尖，基部阔楔形或略圆，长 6~11cm，宽 3~5cm；叶反面被红色腺点，边缘具锯齿，厚革质。

红皮糙果茶（*Camellia crapnelliana*）叶硬革质，倒卵状椭圆形或椭圆形，长 8~14cm，宽 3~5cm；先端短尖，尖头钝，基部楔形；表面深绿色，反面灰绿色，无毛；侧脉约 9 对，在表面不明显，在反面明显突起，边缘有中钝齿；叶柄长 6~10mm，无毛。

南山茶（*Camellia semiserrata*）叶革质，椭圆形或卵状椭圆形，长 9~15cm，宽 3~7cm；先端尾状渐尖，基部阔楔形；表面深绿色，无毛；侧脉 7~9 对，表面略陷下，反面突起，边缘上半部或 1/3 有疏而锐利的锯齿；叶柄长 9~17mm，无毛。

浙江红花油茶叶革质，椭圆形或倒卵状椭圆形，长 8~12cm，宽 2~6cm；先端短尖或急尖，基部楔形或近于圆形；表面深绿色，有蜡质感且发亮，反面浅绿色，无毛。

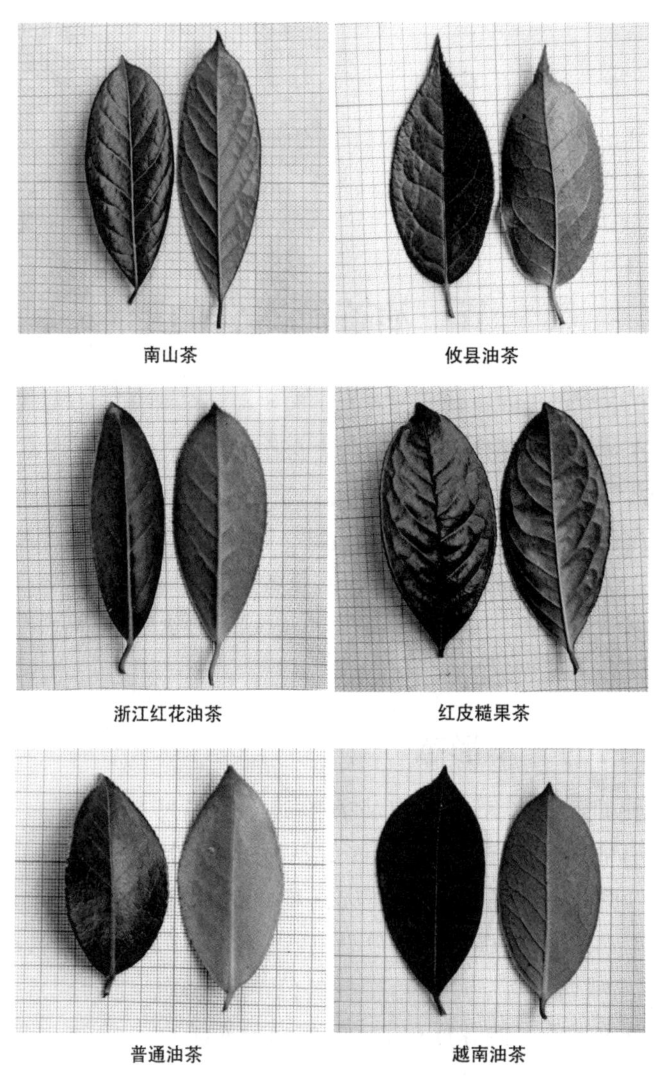

图 2-1　油茶叶片的基本形态

二、油茶叶片的解剖形态

油茶叶的内部结构包括表皮、叶肉、叶脉三部分。

（一）油茶叶表皮基本特性

表皮为叶片背腹面的外表部分，有上表皮和下表皮，由长方形细胞排成一层，没有细胞间隙，不含叶绿体，细胞外壁常具角化的角质层，以防止水分的散失或避免病虫侵入。所有物种的气孔都分布在叶的下表皮，为植物体内调节蒸腾和气体交换的通道。气孔圆形，由两个保卫细胞组成。保卫细胞近气孔的细胞壁较厚，与表皮细胞相连的壁较薄。气孔的大小和密度因物种而有所不同。气孔密度较大的有浙江红花油茶、南山茶等物种。通过显微观测可发现：

1. 表皮细胞形状和垂周壁式样

油茶组和短柱茶组的表皮细胞均为不规则形。细胞依垂周壁波状起伏的程度可分为浅波状、波状两种，油茶组除狭叶油茶上表皮外其余均为浅波状。根据叶表皮细胞垂周壁样式，油茶组和短柱茶组的种质资源分为两种类型：

一种类型为上表皮与下表皮细胞形状同形，即上下表皮细胞垂周壁均呈浅波状或波状，包括高州油茶（*Camellia gauchowensis*）、茶梅（*C. sasanqua*）、越南油茶、冬红短柱茶（*C. hiemalis*）、樱花短柱茶（*C. maliflora*）、钝叶短柱茶（*C. obtusifolia*）、琉球短柱茶（*C. miyagii*）、褐枝短柱茶（*C. phaeoclada*）为浅波状；而小果短柱茶（*C. confusa*）、陕西短柱茶（*C. shensiensis*）、芳香短柱茶（*C. odorata*）则为波状。

另一种类型为上表皮与下表皮细胞的形状异形，上表皮细胞垂周壁波状，而下表皮为浅波状，有狭叶油茶（*C. lanceoleosa*）、短柱茶（*C. brevistyla*）、粉红短柱茶（*C. puniceiflora*）、大姚短柱茶（*C. tenii*）、细叶短柱茶（*C. microphylla*）；上表皮细胞垂周壁为浅波状、下表皮为波状，有攸县油茶、长瓣短柱茶（*C. grijsii*）、落瓣短柱茶（*C. kissi* var. *kissi*）、窄叶短柱茶（*C. fluviatilis*）。不同种之间或同种上下表皮之间细胞大小相差较大，从 400μm^2到 2000μm^2不等。

2. 腺点

长瓣短柱茶、攸县油茶、陕西短柱茶、芳香短柱茶等 4 种植物的下表皮均有腺点分布，腺点周围的细胞形状较规则，由 2 至多层呈辐射状排列的同心环状细胞组成，与周围的表皮细胞共同构成花环式结构。石蜡切片下观察可见表皮毛基细胞与腺点有明显区别。

3. 叶片气孔器的分布及类型

所有种类气孔器均只分布在下表皮，气孔下有一个大的孔下室；气孔类型均为环列型，即由 3 个副卫细胞围绕着保卫细胞。

（二）油茶叶肉基本特性

叶肉由栅栏组织和海绵组织两部分组成，它是同化组织。栅栏组织紧靠上表皮，细胞呈圆柱形排列成 2~3 层，其中小果短柱茶、落瓣短柱茶、短柱茶、冬红短柱茶、钝叶短柱茶、粉红短柱茶、细叶短柱茶、褐枝短柱茶等植物均可见 3 层栅栏组织。第二层中细胞间隙最大可达 4μm，内含大量叶绿体，是进行光合作用的主要场所。栅栏组织厚度占叶片总厚度的 25%~40%。叶绿体在栅栏细胞中的位置，经常随光照条件的强弱而发生移动，在弱光条件下，叶绿体将扁平的一面向着日光，接受最大的光量；在强光条件下，叶绿体以窄的一面对着日光，同时移向栅栏细胞的侧壁，避免强光对它的损伤。海绵组织靠近下表皮，细胞较大，多为长形细胞，横向排列，最大直径为 53. 53μm，厚度约为 153μm，占叶片总厚度的 50%左右。叶绿体含量少，细胞排列松，有较大的细胞间隙，以便气孔和叶肉之间的联系，构成植物内外气体交换系统。大多数物种叶肉中散布着一些不分枝或少分枝的石细胞。石细胞主要位于栅栏组织中，其长轴与表皮垂直，较长者几乎贯穿整个叶肉组织。

（三）油茶叶脉基本特性

叶脉在叶肉中，外形呈网状排列，横切面叶脉呈束状分布。主脉由厚角细胞、维管束和维管束鞘组成。侧脉细弱，内无形成层。维管束鞘包括木质部和韧皮部。叶脉构成简单，只含少量管胞来担任疏导机能。维管束包括木质部（含导管为主）、韧皮部（含筛管、伴胞为主）和形成层三部分。形成层在木质部和韧皮部之间，由于活动期较短，很早就失去了机能作用。

叶片为绿色扁平，在叶肉内含大量叶绿体便于进行光合作用制造有机物质。叶形态、构造和生理机能是相互联系的，从而使叶成为植物体构成的有机统一体。油茶叶片与环境接触最大，是气体交换的主要通道，与油茶抗寒性有一定的关系。油茶叶片的表皮、叶肉和叶脉三部分，因物种不同，其表皮厚度，叶肉中栅栏组织、海绵组织的层数和厚度、细胞类型等有差别。表皮细胞由薄壁细胞组成，上面富有厚的角质层，一般比茶（*Camellia sinensis*）、桉（*Eucalyptus robusta*）等树种都厚。据观察，普通油茶细胞组织有3~4 层，第 1~2 层间隙大，长形细胞；海绵组织细胞长形，横向排列，叶肉组织中除叶绿体、簇状晶体外，还有石细胞。而浙江红花油茶的栅栏组织细胞方形，第 1~2 层没有间隙，海绵组织细胞小，多为卵形、没有石细胞。红皮糙果茶叶片大小侧脉明显，直度较大，中脉长短轴相差很大，中脉近轴面下凹入成倒心形。

三、源器官形态

（一）新梢

油茶春梢从 3 月下旬开始萌发到 4 月上旬生长基本停止。随着春梢的生长，其结构也发生明显的变化。幼嫩枝，皮层很发达，约占横切面的 1/2。木质部很小，表皮也很薄，韧皮部不明显，细胞体积小，但排列紧密。当春梢生长基本停止后，于 5 月中旬取样切片，木质部显著加宽，已占横切面的 1/3。韧皮部增厚，皮层细胞扩大，细胞间隙加宽，表皮稍有增加。发育成熟的枝条，木质部很发达，约占切面的 1/2 以上。但韧皮部缩小，表皮加厚（唐光旭，1984）。在枝条木质化前，绿色的枝条可以进行光合作用，但光合作用速率较低，如玉米茎的总光合强度为 0. 21μmol CO_2/(m^2 · s)，净光合强度为-0. 51μmol CO_2/(m^2 · s)（曹卫星，2011）。

（二）果皮

在生长阶段的果实外层组织具有发育完全的叶绿素（Brady，1987），绿色果实如同叶片一样也可进行光合作用并影响到果实的品质（Blanke，1998；Robert et al.，1999）。例如，在花后 35d 新红星苹果阳面果皮的光合放氧速率为 3.46μmol/(m^2·s)，随着果实发育，苹果绿色果皮的光合速率和单位面积果皮中的叶绿素含量显著下降，类胡萝卜素含量与叶绿素含量的比值则逐渐增加，苹果绿色果实发育的中后期，随着果皮光合功能的下降，果皮中叶绿素也显著降解，其光合能力显著低于叶片的光合能力 10~15μmol/(m^2·s)，其光合作用的饱和光强也较低（孙山等，2011）。

第二节　油茶叶片发育

生长动态是植物的基本生长发育规律，对其进行观测和研究可以摸清植物生长发育规律，为植物的栽培管理和繁殖提供理论依据和有益参考，油茶叶片从萌芽至落叶都有一个发生、发展、衰老和死亡的过程，形成叶生态物候环（Kikuzawa，1995；任继周等，2002；冯小琴等，2013）。叶片发育直接反映了叶片组织和细胞的生长状况、营养状况和成熟特征等，因此有必要了解叶片发育过程中组织结构和细胞结构的变化过程，从微观层面上了解油茶叶片的生长、发育、成熟过程。

一、油茶叶片发育的生物学基础

叶是茎的重要附属器官，是植物进行光合作用的器官，所以其结构就适应这一功能。

大多数被子植物的叶原基由顶端分生组织的第二层细胞发生平周分裂，随后邻近细胞发生广泛分裂。叶序是指叶在茎轴上的排列式样，它具有很强的种的特异性，是植物遗传决定的。就一个节上叶片的数目来说，有的是每个节上着生 3 片或 3 片以上的叶子——轮生叶，有的是每个节上着生着 2 片叶子——对生叶，还有的是每个节上着生着 1 片叶子——互生叶，就油茶而言，是单叶互生叶序。就互生叶而言，从顶端往下看，所有的叶原基均发生在一螺旋线上，两叶之间的夹角是相等的，这一夹角称作两叶间的展开角，而且这一展开角是与轴的周长成一定数学关系的，即为周长的 1/2、1/3、2/5、5/13 等，这恰成为费氏级数，它们都接近 0.382（137.5°的展开角）。因此，一般就可称为 1/2 叶序、1/3叶序等（分子为螺旋数，分母为螺旋上的叶数），油茶是 1/3 叶序。就一个种来说，叶序是相当稳定的，是由基因编码决定的，有严格的时间和空间顺序性。

叶原基发生后，由于连续的细胞分裂，叶原基由茎端突出，成为乳头状或新月形的由原表皮和内部的基本分生组织及原形成层束组成的叶原座，原形成层束则是从茎附件的原形成层向顶产生的。随后，由于叶原座顶端的细胞分裂频率高，基部平周分裂的次数增多，从而发育成为渐尖、近轴面扁平的锥体，锥体顶端暂时具有顶端分生组织功能，但很快这些细胞逐渐停止分裂，出现液泡，呈成熟组织状态。而远离顶端的部分维持着旺盛的细胞分裂，成居间分生组织，进行居间生长，使叶轴长度和粗度增加。幼叶轴发育的早期，近轴面边缘的细胞（边缘分生组织）就频繁的发生分裂，比内部的基本分生组织快得多，呈边缘生长。油茶的整个叶片边缘产生 2 个翼状的带，且叶轴基部的边缘生长下凹。虽然边缘生长持续时间比顶端生长时间长，但不久也停止，随之叶片的各细胞层开始分裂，而这时的细胞分裂多为垂周分裂，因此形成一板状分生组织，它活动的结果只是增加了叶的表面积，没有增加其厚度。它的细胞呈层排列，由外往内，分别发生在表皮层和叶肉组织各层。

叶轴发育时中央的原形成层束就随着时间向顶发育，这就是未来的主脉，叶片发育的同时发育出大侧脉的形成层。而居间生长时，以及其后逐步形成更小的叶脉的形成层，而且小脉原形成层束是向基形成的。

落叶树的叶子通常在上一年形成的芽中已完成其形态建成，当年春天萌芽是叶片展开长大成熟，秋末冬初叶片开始衰老变黄。叶片的衰老实质上是叶中功能细胞大量发生程序死亡所致。远离叶脉的叶肉细胞先死，叶脉附近的细胞后死。常绿树的叶子也不是一生中不脱落的，油茶叶片生命通常在 2 年左右，叶片的脱落时间存有差异。

二、油茶叶片的生命周期

第一阶段，油茶叶片生长发育的前期，时间为 3 月上旬至 6 月上旬。此期间幼嫩叶片中的细胞逐渐变大，细胞壁越来越厚，液泡逐渐发育成中央大液泡，质体由未成熟的、只有简单的片层结构的前质体发育为成熟的、类囊体片层系统发达的叶绿体。在整个过程中，光合机构逐渐建成并成熟，叶绿素和相关蛋白的含量逐渐提高，光合作用从无到有，同化能力由弱变强，经历了从异养到自养的变化。比较明显的外观特点是叶片颜色由嫩黄色逐渐变为翠绿色、深绿色，无论是叶长、叶宽还是叶面积都会迅速扩大。由于幼叶光合机构发育不甚健全，因此光合能力会明显低于成熟叶片。研究发现，伴随着幼叶的呼吸速率和呼吸消耗率快速下降，净光合比率会快速上升，表明幼叶将光合产物更多的用于自身的生长。这是叶片发育的第一个阶段，是叶片快速生长期，也是光合速率迅速上升的阶段（运旭，2012）。

第二个阶段，油茶叶片发育的稳定期，时间为 6 月中旬至第二年的 6 月上旬。此期间叶长、叶宽、叶面积扩大速度明显减缓，并最终保持相对稳定，光合形态和机构已经建成，光合功能最强大而且能够保持较长时间内的稳定。这一阶段，植物对光能的利用效率最高，吸收的光能用于光合电子传递最多，光保护系统最强大，叶绿素含量最高，而且，细胞膜系统、细胞内相关保护酶的活性最高（运旭，2012）。

第三个阶段，油茶叶片发育的衰老期，时间为第二年 6 月中旬至第三年的 3 月。衰老期是植物组织的必经阶段，即便营养充足并且外界环境适宜，衰老也会发生，这是植物在长期进化过程中形成的适应性结果，并受多种因素的诱导。叶片衰老是一种程序性的细胞死亡，因此受到内部基因的表达调控。同时叶片也受到外部环境的影响，并最终影响到植物的根、茎及各生殖器官，从而影响叶片的衰老进程。此时叶片组织内空腔增多，气孔关闭增多，表皮细胞壁进一步增厚，细胞核会逐渐变形萎缩，细胞内的细胞器功能退化并发生分解，叶绿体松散在细胞中，叶绿素含量下降，叶绿体功能下降并逐渐解体，蛋白质、核酸被降解（运旭，2012）。

第三节　油茶叶片主要生理功能

叶片是植物进行光合作用和蒸腾作用的重要场所，叶片在同化 CO_2 的过程中，把太阳能转变为化学能，并蓄积在形成的有机化合物中，把无机物转变成有机物，每年约合成 5×10^{11} t可直接或间接作为人类或动物的食物；蒸腾作用可能在水分运输或矿质元素的运输过程中起着重要的作用。

一、光合作用

叶片是光合作用的最主要器官，叶绿体是进行光合作用的主要细胞器。叶绿体是质体的一种，由光诱导前质体分化而来。叶绿体均匀分布在植物叶片的细胞质中，但有时候也常集聚在细胞核附近或者靠近细胞壁。叶绿体在细胞内的分布与排列因光能量的不同而有所变化。

通过光学显微镜可以看到叶肉细胞边缘布满了绿色的颗粒，单个叶肉细胞有 50～200 个叶绿体。由叶绿体的超显微结构分析可知，叶绿体是由叶绿体膜、类囊体、基质组成。叶绿体膜由双膜构成，分别为外膜和内膜，外膜的透性较好，内膜的透性较差，但却是控制物质进出叶绿体的选择性屏障。叶绿体膜内的基础物质是基质，是由水、代谢活跃物质及可溶性蛋白质组成的进行碳同化的场所，呈流动状态，其中主要含有众多光合代谢与合成淀粉酶类。类囊体分成两种类型，其一是构成基粒的小类囊体称为基粒类囊体，因其纵切面类似片层结构，又称基粒片层；其二是连接于基粒类囊体之间、由单一片层组成的大类囊体，称其为基质类囊体或间质片层。

叶绿体的主要功能就是进行光合作用，即利用光同化 CO_2 和 H_2O，生成糖，同时产生 O_2。光合作用分成光反应和暗反应两个过程，光反应是在叶绿体的类囊体膜上完成的，暗反应在叶绿体基质中进行。光合作用起始于叶绿体对辐射的吸收。这一步是由位于叶绿体类囊体膜上的捕光色素完成的。捕光色素包括叶绿素、类胡萝卜素、叶黄素。而叶绿素在光吸收中起核心作用。吸收了光能的捕光色素将光能传递给中心的一对叶绿素 a，由叶绿素 a 激发一个电子通过光系统中由细胞色素、铁氧还原蛋白、黄素蛋白和醌等电子载体构成的电子传递链进行传递并进行光和磷酸化产生还原型辅酶Ⅱ（NADPH）和三磷酸腺苷（ATP）的化学能，利用产生的化学能在叶绿体基质中完成对 CO_2 的固定，合成碳水化合物。

绿色植物光合作用的总反应一般常用下列公式来表示：

$$nCO_2+2nH_2O \xrightarrow{\text{光能、绿色细胞}} (CH_2O)_n+nO_2+nH_2O \quad (2\text{-}1)$$

式中：$(CH_2O)_n$ 代表糖，它是光合作用的产物。上式是一个总反应方程，它并不能反映出光合作用的详细过程。从式中的反应方程可知，通过测量光合作用过程中的CO_2的吸收量或形成光合产物的量以及释放O_2量都可以定量的评价光合作用的强弱。光合作用的强弱一般用光合速率表示，即指单位叶面积、单位时间内植物所吸收的CO_2量或形成光合产物的量及释放O_2的量。

光合作用至少包含了几十个生物化学步骤，大体上可分为“光反应”“暗反应”两个阶段。第一阶段是利用太阳能经过原初反应和同化力形成高能物质ATP和还原型辅酶Ⅱ，并分解H_2O，释放O_2；第二阶段是由上一阶段形成的同化力所推动的光合碳循环，固定和还原CO_2，形成碳水化合物和其他有机物。

光合作用是利用太阳能把H_2O和CO_2合成为有机物的过程，因此，要进行光合作用首先要捕获光能。光合作用的吸收又叫原初反应，该反应是光合作用的第一步，它是指叶绿素分子从被光激发至引起第一个光化学反应为止的过程，包含光能的吸收、传递和转换。当光照射到色素时，光量子的粒子或量子的能量就全部交给化学基团中的电子，获得额外能量的电子便有足够的力量来克服原子核正电荷的吸引力，于是变跃迁到处于高能量水平的外层电子的轨道上，即该电子从最稳定的、最低能量的基态跃到不稳定、高能量的激发态，当达到高电位能级时，光便被色素吸收。

光合磷酸化是利用储存在跨类囊体的质子梯度的光能把腺苷二磷酸（ADP）和无机磷合成为ATP的过程。主要有两种形式，一种是非环式光合磷酸化，它的ATP是与非环式电子传递相耦联。另一种是环式光合磷酸化，它的ATP是与环式电子传递相耦联。通过光合色素对光能的吸收与传递，以及两个光系统的光反应、一系列的电子传递及电子传递相耦联的光合磷酸化，形成高能化合物和具有还原能力，这为光合作用碳同化过程的CO_2固定和还原提供所需要的能量ATP和还原能力NADPH。

目前，关于油茶光合作用的研究还不够深入，主要集中在光合动态变化及如何提高油茶的光合速率等方面。对不同油茶光合速率日变化规律有“单峰”和“双峰”2种不同的报道，马锦林、张日清等测定了普通油茶、红花油茶、南荣油茶、南山茶的光合速率，研究表明：普通油茶、南山茶、南荣油茶的净光合速率日变化类型均表现为“单峰型”，14：00出现最高峰，8：00为一天中的Pn的最低值，且此时普通油茶的净光合速率高于南山茶和南荣油茶。红花油茶净光合速率日变化表现为“双峰型”，10：00出现第一个高峰，经过短暂“午休”，14：00出现最高峰，此后净光合速率持续下降，至18：00达到最低值。

二、蒸腾作用

陆生植物吸收的水分，仅一小部分（1%~5%）被用于代谢，绝大部分是通过蒸腾作用散失到空气之中。蒸腾作用是指植物根系吸收的水分，通过木质部的疏导组织后，经过植物体的表面，主要是叶面的气孔以气体状态散失到大气中的生物物理过程。蒸腾过程与物理学上的蒸发有所不同，它不仅受外界环境条件控制，更重要的是它受来自生理因素调控下的气孔运动行为所调节，比一般的水面蒸发的物理过程要复杂得多。植物蒸腾的主要动力是气孔底部与叶片周围大气之间的水汽浓度梯度（水势梯度），通常用水汽压（或比湿）差来表示，气孔运动行为对蒸腾的控制作用是以改变蒸腾的水汽扩散阻力实现的。

蒸腾作用的相关指标，经常用来表示植物蒸腾强度大小以及光合之间关系。常用的指标有蒸腾速率、蒸腾系数和蒸腾效率等。其中蒸腾效率是蒸腾系数的倒数，也是水分利用效率的表达形式之一。

蒸腾速率是指单位时间单位叶面积（或单位叶片重量）蒸腾散失的水量，也可称为蒸腾强度，一般用 $g/(m^2 \cdot h)$、$mg/(m^2 \cdot s)$ 或 $mmol/(m^2 \cdot s)$ 等表示。就大多数植物而言，蒸腾强度白天在 $15 \sim 250g/(m^2 \cdot h)$，晚上在 $1 \sim 20g/(m^2 \cdot h)$ 变动。

蒸腾系数是指植物每形成 1g 干物质所需蒸腾耗水的克数，又称需水量，是一个相对稳定的值。各种植物的蒸腾系数差异很大，蒸腾系数越大，表明植物物质生产过程的水分消耗就越多，水分的利用效率就越低。各种植物的蒸腾系数因所处的环境条件以及在不同生长发育阶段其变异性是巨大的。一般植物的蒸腾系数在 125～1000g。木本植物的蒸腾系数比较低，王孟本等测得北京杨（*Populus×beijingensis*）、河北杨（*Populus×hopeiensis*）、小叶杨（*Populus simonii*）和柠条（*Caragana korshinskii*）的蒸腾系数分别为 71、74、79 和 100g。植物的蒸腾系数越小，则表示该植物利用水分的效率越高。植物在不同生育期的蒸腾系数是不同的。在旺盛生长期，干重增加快，蒸腾系数小，而在生长较慢时，蒸腾系数就较大。

植物的蒸腾作用包括叶面蒸腾和非光合器官皮孔蒸腾，而叶面的蒸腾作用又包括了两个组成部分，其一是通过角质层的蒸腾，被称为角质蒸腾；其二是通过气孔的蒸腾，被称为气孔蒸腾。绝大部分蒸腾是通过叶面蒸腾进行的。植物在幼小时期，暴露在空气中的全部表面几乎都是叶片，只有叶面蒸腾；当植物长大以后，会形成一定体积的茎枝，并暴露在空气之中，可是在植物茎枝的表面会形成木栓，以此来阻碍直接通过茎枝表面的蒸腾，只有很少的水分能通过茎枝表面皮孔蒸腾。虽然木本植物具有这种现象，但是其皮孔蒸腾量却非常小，占植株全部蒸腾量的 0.1%左右。就叶面蒸腾而言，一般幼嫩叶片的角质蒸腾量可能占总蒸腾量的一半左右，而成熟植物叶片的角质蒸腾量很少，仅占总蒸腾量的 5%～10%，所以气孔蒸腾是植物蒸腾的主要途径。

按照一般的蒸发规律，蒸发量与蒸发面积成正比。大多植物的气孔总面积只占全部叶面积的 1%左右，由此推算，经过气孔的蒸腾量也应该不超过与叶面积相同面积的自由水面蒸发量的 1%，但实际上的气孔蒸腾数量却远远超过此数值，可达到 50%～60%，有时候可达到 80%～100%。因此，可以推算出经过气孔扩散的水汽通量要比同面积自由水面的水汽扩散通量大几十倍，这种现象是由小孔扩散特性造成的。

在任何一个蒸发面上，气体除了经过其表面直接扩散出去之外，也沿蒸发面的边缘向外扩散，因为在边缘处扩散的分子之间的相互碰撞的机会较少，扩散速度就会比蒸发面中间部位快得多，这种现象就是边缘效应。大孔的扩散面积较大，边缘与面积的比例很小，分子扩散主要是经蒸发面扩散出去的，边缘效应不显著，因此经大孔的扩散速度几乎与其面积成正比。但是，蒸发面积越小，边缘所占的比例就越大，经边缘扩散部分占总蒸腾的比例就越大，因此在这种小孔扩散条件下的水汽扩散速率就不仅仅决定于小孔面积的大小，还与边缘的长度成正比。

植物叶片小孔扩散的边缘效应对植物的生理代谢有着重要意义。为了形成足够强的蒸腾拉力以从土壤中吸收水分和养分，并避免高温对叶片的灼伤，需要植物叶片能有足够大的蒸腾强度，而这种小孔扩散效应正是实现这一目的的重要途径。

植物的蒸腾速率可表示为叶片内外的水汽浓度差与水汽扩散阻力的比，蒸腾速率与叶片内外的水汽压差、气孔阻抗、边界层阻抗的大小密切相关。这三个控制因子与环境因子之间以及这三个控制因子之间都存在着极其复杂的反馈机制，因此定量描述植物蒸腾的变异特征仍是科学家面临的挑战。

一般而言，制约蒸腾的因子可归纳为生物因素和环境因素两大类，其中环境因子主要包括太阳辐射、饱和差、温度、风速、水的供应状况等，而生物因子主要包括叶面积、根叶比、叶的大小和性状、叶的表面特性等。

辐射对蒸腾的影响表现在两个方面，首先是在辐射增强条件下，植物为了进行光合作用，气孔导度增加，蒸腾数率会因此而增加；其次辐射可以提高叶片温度，进而增加叶面内外的水汽压差，使蒸腾增强。

温度对蒸腾的作用是通过影响叶片内外水汽压差实现的。气温升高时，叶片温度会比气温高 2~10℃，使气孔下腔的水汽浓度增加大于空气中水汽浓度的增加，因而叶片内外水汽压差增加，蒸腾速率加快。值得注意的是，当温度过高时，气孔会关闭，气孔导度下降，蒸腾可能会减弱。

湿度包括土壤湿度（土壤含水量）与空气的湿度。土壤含水量越高，水势也越高，越有利于根系对水分的吸收，增强蒸腾；相反，大气越湿润，叶内外的水汽压差越小，则不利于蒸腾扩散。

空气流动可以带走积聚在叶面附近的水分，使叶细胞间隙与大气间的蒸汽压压差增大，可促进水分的扩散。风对不同大小的叶片有着不同的影响，叶片愈小，风的影响愈大，蒸腾也愈强。微风有促进蒸腾速率的作用，但强风反而降低蒸腾，这可能是由于强风能降低叶温，并使气孔关闭所致。

生物因子主要通过影响气孔导度影响蒸腾速率，其作用的时间尺度大于环境因子。就生理结构而言，叶片的 N 含量与蒸腾速率有着密切的联系。通常情况下叶片 N 含量越高，其气孔导度也越大，蒸腾速率越强。就形态解剖结构而言，气孔频度和气孔大小会直接影响气孔导度，在一定范围内，气孔频度大，且气孔大时，蒸腾较强，反之，则蒸腾较弱。气孔下腔容积大时，可以不断地补充水蒸气，保持较高的相对湿度，蒸腾就加快，否则较慢。叶片内部面积大小也影响蒸腾速率，叶片内部面积增大，细胞壁的水分变成水蒸气的面积就增大，细胞间隙充满水汽，叶内外蒸汽压差大，蒸腾增加。随着土壤水分条件的变化，植物也会通过叶片的形态来调节蒸腾速率。在干旱情况下，植物的叶片会趋向变细或变厚，从而减小叶片的蒸腾速率。对于植物群落而言，叶面积指数（LAI）对蒸腾的影响至关重要，显然，通常情况下，LAI 越高，植物群落的蒸腾速率也越强。许多试验也表明，CO_2浓度的增加会导致蒸腾速率因 LAI 的增加而显著增加，进而影响整个生态系统的水分收支和能量平衡。

气孔调节是植物调节蒸腾速率最主要的方式。总的来说，引起气孔运动的直接原因是保卫细胞的膨压发生改变，当保卫细胞膨压增加时，保卫细胞膨胀，气孔开度增加，蒸腾速率随之增加；反之，气孔孔径变小，蒸腾减弱。然而，关于调节气孔生理和生态机制问题至今仍未形成统一的结论，常见的有淀粉-糖转化学说、无极离子泵学和苹果酸代谢学说。

在无水分胁迫的环境中，光是控制气孔运动的信号。可是当植物遭受干旱胁迫时，这种干旱胁迫是如何调节气孔的运动一直是人们关注的重要科学问题。近年来的研究发现，当植物遭受干旱胁迫时，保卫细胞中的 ABA 含量会急剧增加，目前，人们普遍认为，ABA 是一种“预警信号”，对干旱胁迫下植物的气孔运动有着重要的调节作用。推测的 ABA 的作用机理是 ABA 进入保卫细胞后会促使溶质流出，从而使细胞水势升高，水分流出，气孔关闭。最常见的水分亏缺引起气孔关闭是由植物根系的缺水所引起的，在这种情况下，根系会合成 ABA 并随木质部液流传导致叶片促使气孔关闭。在某些时候，叶片也会遭受水分亏缺，例如，当蒸腾剧烈而根系吸水来不及补给时，叶肉细胞缺水也会引起气孔关闭。

短时间内，植物叶片对蒸腾的调控表现为气孔的调节，而在较长时间尺度上则表现为叶片形态和生态调节。叶片是对环境变化敏感且可塑性较大的器官，环境变化常常导致叶的长、宽及厚度，叶表面气孔、表皮细胞及附属物，叶肉栅栏组织，海绵组织，胞间隙，厚角组织和叶脉等形态解剖结构的改变。

长期生长在缺水条件下的植物叶片组织具有耐旱性（控制蒸腾）的形态结构特征。干旱环境中，叶表皮细胞变小，切向壁加厚，具有内皮层；叶肉栅栏组织发达，细胞层数增加而体积减小，海绵组织相对减少。这种形态特征有助于 CO_2等气体从气孔下室到光合作用场所的传导，又可抵消因气孔关闭和叶肉机构的变化所引起的 CO_2传导率的降低。在缺水条件下发育起来的植物，气孔多分布于叶片下表皮，既可促进植物与外界环境气体交换，又能保持水分。从系统发育的角度来看，植物的气孔密度会随着环境中水分的减少而增加，但气孔面积则向小型化发展，气孔多下陷形成气孔窝或向上有突出的角质膜。叶片厚度增加也有利于防止水分的过分蒸腾，叶片细胞壁厚度和弹性增加有利于维持组织膨胀和气孔的张开，可能是植物适应于干旱环境的生理机制之一。通常人们以比叶重或比叶面积来表示叶片的厚度与面积的相对大小。

第四节　油茶叶片生理功能的影响因素

叶片的光合作用强弱与很多因素有关，既有内部因素也有外部因素，内部因素包括叶片的发育情况和结构、叶绿素含量、叶龄等，内部因素决定着它们对同化物的需要和同化产物的输出，但是内部因素和外部因素是相互影响、相互制约的，有一些还密切地依赖于外部条件，这些外部条件包括光照、浓度、温度、水分、矿物质等各个方面。这些环境因子对植物的光合特性的影响十分复杂，它们之间是相互联系、相互影响的。光合作用是制约植物生长发育的最重要的生理过程，与油茶的产量有密切的关系，为了使油茶稳产高产，了解影响其生理活动的因素是十分必要的。

一、内部因素

（一）品种

不同树种、品种或品系的光合速率之间存在明显的差异，这种差异可能是CO_2同化效率及酶活性等方面的不同造成的，它的存在可以为选育高光效品种提供理论依据。普通油茶、香花油茶、广宁红花油茶和博白大果油茶的净光合速率日变化呈单峰型，随着光合有效辐射的增强，4个油茶物种的净光合速率上升，最高峰均出现在14：00，普通油茶净光合速率峰值最大，为10.05μmol/(m^2·s)，其余依次为香花油茶、博白大果油茶、广宁红花油茶，净光合速率分别为8.87μmol/(m^2·s)、6.78μmol/(m^2·s) 和6.01μmol/(m^2·s)。

（二）叶绿素

叶绿素含量的高低是叶片发挥其光合功能的基础。在油茶新梢生长初期，同一新梢不同叶龄的叶绿素含量均随其叶龄的增大而增大（吴泽龙等，2016），其中，第1位叶（叶龄1~10d）的叶绿素含量最低，为0.245±0.028mg/g，第7位叶（老叶）的叶绿素含量最高，为0.882±0.094mg/g。第1位叶、第2位叶（叶龄10~20d）、第3位叶（叶龄20~30d）、第4位叶（叶龄30~40d）、第5位叶（叶龄10~50d）与第6位叶（叶龄50~60d）和第7位叶叶绿素含量存在极显著差异（$P<0.01$），第6位叶和第7位叶叶绿素含量显著不差异（$P>0.05$），说明新梢生长两个月左右（第6叶）的叶绿素含量均已接近老叶，且第6位叶的净光合速率高于第7位叶，表明此时叶片在生理方面达到了成熟叶片的标准，已基本发育成为主要光合功能叶。

（三）叶片结构

叶片的数量、大小、厚度、叶龄和叶位与植物光合速率密切相关。叶片的光合速率与叶龄密切相关，幼叶净光合速率低，需要功能叶片输入同化物，叶片全展后，光合速率达最大值，叶片光合速率维持较高水平的时期，称为功能期。叶片衰老后，光合速率下降。不同叶龄油茶叶片，新梢生长期当年生春梢上的新叶未发育成熟，叶片内与光合作用相关的酶的含量较低，加上叶片的叶面积比较小，接受到的光照少，光合速率相对较低，以2年生叶为主要的功能叶，2年生叶片的平均净光合速率值6.59μmol CO_2/(m^2·s) 和最大净光合速率值9.07μmol CO_2/(m^2·s) 为一年中最高值，高于当年生叶片［6.22μmol CO_2/(m^2·s) 和9.18μmol CO_2/(m^2·s)］；随着叶片的不断成熟和叶面积的增大，到果实生长期，1年生叶片的平均净光合速率和最大净光合速率值均高于2年生叶而成为主要的功能叶；此后随着1年生叶片内部各种酶的活性的增强及2年生叶片的衰老，果实成熟期，1年生叶片的平均净光合速率和最大净光合速率值达到全年中最大值［8.62μmol CO_2/(m^2·s)，

13.05μmol CO_2/(m^2·s)]；花期及休眠期，1年生叶片与2年生叶片的净光合速率值均降低，但1年生叶片的净光合速率值显著高于2年生叶片。

油茶叶片在主枝上的分布位置不同，由于接受光照强度不同和叶片发育情况不同，叶片的光合速率会有所差异。油茶上、下部叶片的净光合速率日变化趋势一致，且净光合速率值也相差不大。新梢生长期、果实生长期为双峰曲线，果实成熟期、花期与休眠期为宽大的单峰曲线，总体来说，上午上部叶片的净光合速率值大于下部叶片，而下午，下部叶片的净光合速率值大于上部叶片（王瑞等，2009）。

二、外部因素

（一）光照

光是光合作用的主导因子，是光合作用的能量来源，也是影响光合碳循环中的光调节酶活性及气孔导度的重要因素，是形成叶绿素的重要条件，因此光是影响光合作用的重要因素。增加光照强度有利于光合速率的提高及干物质的积累。随着光强的增强，光合速率提高，在一定范围内，光合强度与叶片所接受的光强呈正相关。当光强达到一定强度后，光合速率不再增加，此时的光强度为光饱和点。当光照降至一定水平时，植物光合吸收的 CO_2 与呼吸放出的 CO_2 相等，此时的光强度为光补偿点，它是植物在低光强下保持净光合能力的一个指标。一般认为，油茶苗期在一定庇荫条件下生长较好，随着树龄的增加，对光照的要求日益增强，从生物学特性方面来说，油茶是一种耐阴树种。

（二）水分

水是光合作用中一种不可缺少的原料，但是植物进行光合作用时作为原料消耗的水，只是植物从土壤中吸收水量的很少一部分，其余的绝大部分都是通过蒸腾作用散失掉的。因此，水分亏缺时光合速率的降低并不是由于水原料供应不足，而是由于受到由水分亏缺引起的气孔或非气孔因素的限制。当水分不足时，光合机构中首先受到影响的是气孔。气孔的部分关闭，气孔导度的降低，一方面使通过气孔蒸腾损失的水分减少，另一方面使通过气孔进人叶片的 CO_2 减少，导致净光合速率的降低。同时，植物缺水会抑制叶绿素的生物合成，且与蛋白质合成受阻有关，严重缺水时，还会加速原有叶绿素的分解。

（三）温度

温度是影响光合生产力的另一个主要环境因子，一是光合作用被限定在一定的温度范围内，二是植物光合机构对环境温度有一定的适应能力。早有研究报道，高温增强光呼吸和暗呼吸，诱导水分的亏缺，导致气孔关闭，从而降低光合速率。此外，植物的光抑制在低温下更容易发生。同时，温度会影响叶绿素的合成，叶绿素的生物合成是一系列酶促反应，受温度影响较大，叶绿素形成的最低温度为2~4℃，最适温度是20~30℃，最高温度为40℃，温度过高或过低均能使合成速率降低，原有叶绿素也会遭到破坏。同一种常绿植物的光合最适温度会随季节的变化而变化，一般为冬季低，夏季高。

（四）CO_2

植物进行光合作用的碳源 CO_2，主要是从空气中得到的。空气中 CO_2的体积分数稍多于 3‱，而使 C_3植物在强光下的净光合速率达到最高值所需要的 CO_2体积分数常常是它的几倍。所以，空气中 CO_2的体积分数较低，经常是 C_3植物光合作用的限制因子。在高 CO_2体积分数条件下，短期内叶片的净光合速率会提高，但是时间长了光合速率往往会逐渐降低，即产生一种适应。主要表现为在稳定的 CO_2体积分数条件下净光合速率比普通空气下生长的对照低。这种净光合速率的降低不大可能是由气孔导度的降低引起的，而很可能是核酮糖二磷酸放化酶加氧酶的减少，光合产物的过分积累所导致。

（五）植物激素

植物激素有 5 类，即生长素（Auxin）、赤霉素（GA）、细胞分裂素（CTK）、脱落酸（ABA）和乙烯（ETH）。它们都是些简单的小分子有机化合物，但对植物的生理效应非常复杂、多样，可以影响细胞的分裂、伸长、分化、植物发芽、生根、开花、结实、性别的决定、休眠和脱落等。所以，植物激素对植物的生长发育有重要的调节控制作用。例如，不同激素处理对油桐的光合速率产生一定的影响。喷施 GA 200mg/L 和 GA 100mg/L 可以明显增强油桐的净光合速率，弱化油桐的光合“午休”现象。其中 GA 200mg/L 增强油桐净光合速率的作用强于 GA 100mg/L；在弱化油桐光合“午休”方面，GA 100mg/L 比 GA 200mg/L 具有更明显的作用（刘儒等，2010）。

（六）矿质营养

矿质营养直接或间接影响光合作用。大量的研究结果证实，N、P、K 等元素的不足或过量都会导致光合速率降至较低水平。N、P、S、Mg 是叶绿体结构中组成叶绿素、蛋白质和片层膜的成分。K 与光能的利用、光合产物的运转、蛋白质的合成、增强抗病虫能力有密切关系。Mg 几乎是所有能活化磷酸化过程的酶的辅助因素，从而促进光合作用。Mn 和 Cl 是光合放氧的必需因子；Cu、Fe 是电子传递体的重要成分和对气孔开闭和同化物运输具有调节作用。因此，油茶生产中合理施肥的增产作用，是靠调节植物的光合作用而间接实现的。

（七）树体与林相结构

树体结构紊乱、光能利用率低是油茶低产的重要原因之一，整形修剪是改善树体结构、提高光合效率的有效途径。4 种不同调控模式处理的油茶叶片净光合速率日变化曲线，在果实生长期均呈“双峰”形变化且变化规律一致。峰值均出现在 12：00，由高到低依次为简化修剪模式处理［10.46μmol CO_2/(m^2·s)］、粗放修剪模式处理［10.27μmol CO_2/(m^2·s)］、对照［9.45μmol CO_2/(m^2·s)］、精细修剪模式处理［9.32μmol CO_2/(m^2·s)］。随后，净光合速率下降，在出现波谷之后呈上升趋势，在 16：00 时到达次高峰，此时简化修剪模式处理次峰值依旧保持较高的净光合速率［7.43μmol CO_2/(m^2·s)］，其次是精细修剪模式处理［6.98μmol CO_2/(m^2·s)］、粗放修剪模式处理［6.52μmol CO_2/(m^2·s)］、对照

[5.57μmol CO_2/(m^2·s)]。可以看出，由于改善油茶冠层内通光条件，增加有效光辐射面积，树体调控措施有利于提高油茶树体净光合速率（何志祥，2013）。

要获得大量光合产物，还要有足够的叶面积。但叶面积指数增加有一定界限，超过此界限，光合速率不再增加，甚至还会减少。不同树种叶面积指数不同，据报道油茶叶面积指数在5~6范围内时，光合产量较高。相同叶面积指数的植株，在不同的生长阶段，光合速率也不同，叶绿素含量高的，光合速率相对较高。

当采用每亩166株、郁闭度0.9的疏植和每亩74株、郁闭度0.42的密植两种密度的油茶林分别进行光合作用研究，疏植的净光合速率为2.69，密植的净光合速率为0.76，研究结果表明两者净光合速率之间存在显著差异且疏植优于密植（何一明等，2008）。

参考文献

敖成齐，陈功锡，张宏达. 2002. 山茶属的叶表皮形态及其分类学意义 [J]. 云南植物研究，24（1）：68-74.

曹卫星. 2011. 作物栽培学总论（第二版）[M]. 北京：科学出版社.

冯小琴，赵秋玲，王军辉，等. 2013. 灰楸、滇楸和楸树的叶片发育动态比较 [J]. 林业工程学报，27（2）：30-33.

何一明，吕芳德. 2008. 不同密度条件下油茶光合作用的研究 [J]. 现代农业科学，(3)：25-27.

何志祥. 2013. 油茶树体调控模式与技术的研究 [D]. 长沙：中南林业科技大学.

江西省林业厅. 2016. 江西油茶遗传资源 [M]. 南昌：红星电子音像出版社.

孔文娟，刘学录，姚小华，等. 2013. 4个油茶物种的光合特性研究 [J]. 西南大学学报（自然科学版），35（1）.

李丽芳，吴晓敏，王立峰. 2007. 植物光合生理生态学研究进展 [J]. 山西师范大学学报（自然科学版），21（3）：72-76.

吴泽龙，谭晓风，袁军，等. 2016. 油茶不同叶龄叶片形态与光合参数的测定 [J]. 经济林研究，34（02）：24-29.

林秀艳，彭秋发，吕洪飞，等. 2008. 山茶属油茶组和短柱茶组叶解剖特征及其分类学意义 [J]. 植物分类学报，46（2）：183-193.

刘儒，李建安，郜爱玲，等. 2010. 外源激素对油桐光合作用日变化的影响 [J]. 经济林研究，28（2）：7-12.

任继周，刘学录，侯扶江. 2002. 生物的时间地带性及其农学涵义 [J]. 应用生态学报，13（8）：1013-1016.

孙山，张立涛，高辉远，等. 2011. 苹果绿色果实的光合生理特性 [J]. 林业科学，47（04）：33-37.

唐光旭. 1984. 油茶春梢生长发育与物质转化的研究 [J]. 经济林研究，2（2）：44-50.

王瑞，陈永忠，王湘南，等. 2009. 油茶优良无性系光合特性的影响因子——叶龄、叶位 [J]. 中国农学通报，25（17）：113-118.

于贵瑞，王秋凤，等. 2010. 植物光合、蒸腾与水分利用的生理生态学 [M]. 北京：科学出版社.

运旭. 2015. 海滨锦葵叶片发育过程中光能利用的研究 [D]. 济南：山东师范大学.

庄瑞林. 2008. 中国油茶（第二版）[M]. 北京：中国林业出版社.

Blanke M M. 1998. Fruit photosynthesis and pome fruit quality [J]. Acta Horticulturae, 466 (466): 19-22.

Brady C J. 1987. Fruit ripening [J]. Annual Review of Plant Physiology, 38 (1): 155-178.

Kikuzawa K. 1995. Leaf phenology as an optimal strategy for carbon gain in plants [J]. Canadian Journal of Botany = Journal Canadien de Botanique, 73 (2): 158-163.

Smillie R M, Hetherington S E, Davies W J. 1999. Photosynthetic activity of the calyx, green shoulder, pericarp, and locular parenchyma of tomato fruit [J]. Journal of Experimental Botany, 50 (334): 707-718.

第三章

油茶库特性

从“库”的概念可知，油茶是贮存和消化同化物的组织和器官，对于油茶而言，那油茶果实就是最重要的“库”。研究和应用油茶库的相关特性，研发提升油茶产量和品质的创新材料和调控技术，对油茶育种和栽培有重要现实意义。

第一节　油茶库的器官构成

一、果实

（一）油茶果实组成与基本特性

油茶果实有球形、橄榄形、卵形、扁球形、脐形、桃形等不同的形状，成熟时，颜色有红色、黄色、青色、青黄色、青红色、黄红色、褐色等不同的颜色。油茶果实由具有类似于桃的三层结构——外层果皮、中层茶籽壳、内层茶仁组成。一般果实鲜果出籽率40%~55%。

油茶籽就是油茶果实中被包裹着的籽粒，呈棕色、茶褐色或黑色，形状为三角状、半圆形或圆形，有光泽，主要由油茶籽壳和油茶籽仁组成。其中油茶籽仁重约占籽重的70%，油茶籽壳约占籽重的30%。油茶籽仁主要由油分、蛋白质、淀粉、糖分、纤维素、多酚类物质、黄酮类化合物、皂素和粗纤维组成，还有少量的鞣质和灰分。油茶籽壳主要由纤维素、皂素、糖分、蛋白质、油分和灰分组成，可用于制糠醛、木糖醇、活性炭、栲胶、碳酸钾等，应用价值广泛。油茶籽一般去壳后再提油，油茶籽仁含油量35%~60%。

（二）油茶果实主要性状变异

表3-1中油茶果实12个数量形状的变异系数均在12%以上，其中鲜籽数/500g、单个鲜果重、每果含籽数、鲜果含油率变异程度较大，变异分别为40.97%、40.04%、37.61%、36.67%，而与果实相关的果形指数变异系数相对较低，这表明油茶果实在单个鲜果重、每果含籽数、鲜果含油率等方面具有更加丰富的遗传多样性。单个鲜果重、每果含籽数、鲜果含油率变异系数较大。

油茶果径、果高、果皮厚度、干籽含油率、鲜果出籽率、干籽含水率、种仁含油率等67个性状指标符合正态分布，鲜果出干籽率符合χ^2分布，这在杧果、菊花等植物数量性状上也发现过类似的现象，这可能说明了χ^2分布是栽培性状的另一种重要分布形式，可将χ^2分布性状近似的按正态分布性状处理。每果含籽数、单个鲜果重、鲜籽数/500g、鲜果含油率呈现严重的偏态分布（表3-2、图3-1）。

表 3-1　油茶果实数量性状的变异

项目	种质数	最小值	最大值	极差	均值	标准差	变异系数（%）
每果含籽数（个）	1361	1	15	14	5	1.85	37.61
单个鲜果重（g）	1361	2.87	66.47	63.60	21.95	8.79	40.04
果径（mm）	1361	17.51	55.09	37.57	33.47	4.98	14.88
果高（mm）	1361	17.46	53.48	36.02	33.97	4.79	14.10
果皮厚度（mm）	1361	1.15	8.74	7.59	4.55	0.86	18.97
鲜籽数（500g/个）	1361	69	865	796	305	125.04	40.97
干籽含油率（%）	1361	6.82	48.80	41.98	29.64	6.56	22.13
鲜果出籽率（%）	1361	16.87	79.10	62.23	43.42	7.27	16.74
干籽含水率（%）	1361	13.33	73.28	59.95	47.06	7.95	16.90
鲜果含油率（%）	1361	1.15	18.71	17.56	6.93	2.54	36.67
鲜果出干籽率（%）	1361	8.47	50.15	41.68	23.00	5.24	22.80
种仁含油率（%）	235	27.55	61.18	33.63	44.81	5.68	12.70

表 3-2　油茶果实数量性状 Kolmogorov-Smirnov 正态性检验

项目	极差绝对值	正极差	负极差	K-S Z 值	Sig. 值
每果含籽数（个）	0.151	0.151	-0.093	5.581	0.000
单个鲜果重（g）	0.073	0.073	-0.040	2.688	0.000
果径（mm）	0.024	0.024	-0.021	0.874	0.430
果高（mm）	0.025	0.025	-0.023	0.919	0.367
果皮厚度（mm）	0.027	0.027	-0.026	0.997	0.273
鲜籽数（500g/个）	0.099	0.099	-0.063	3.657	0.000
干籽含油率（%）	0.017	0.014	-0.017	0.610	0.851
鲜果出籽率（%）	0.036	0.024	-0.036	1.346	0.053
干籽含水率（%）	0.035	0.019	-0.035	1.290	0.072
鲜果含油率（%）	0.060	0.060	-0.030	2.222	0.000
鲜果出干籽率（%）	0.046	0.046	-0.022	1.713	0.006
种仁含油率（%）	0.055	0.042	-0.055	0.841	0.479

鲜果含油率与鲜果出籽率、鲜果出干籽率呈极显著正相关（$P<0.01$），与鲜籽数/500g、果皮厚度呈极显著负相关（$P<0.01$），因此，在油茶育种过程中，选择油茶果实出籽数高、籽粒大且饱满、果皮薄的为育种材料。针对油茶果实性状的育种目标可按概率分级及相关性分析结果进行选择，可分为高含油类、高出籽类、大籽类、皮薄类、大果类。

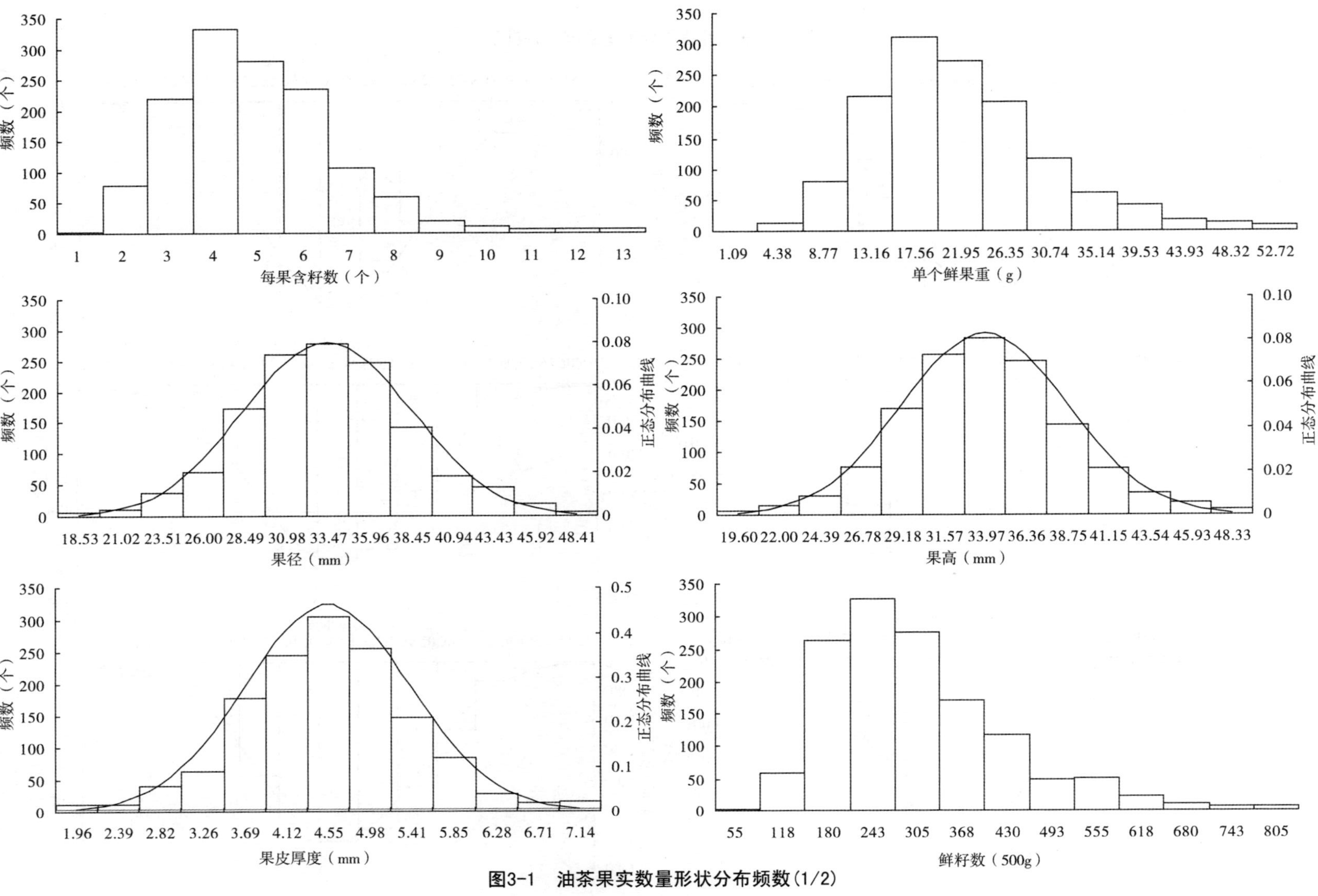

图3-1　油茶果实数量形状分布频数(1/2)

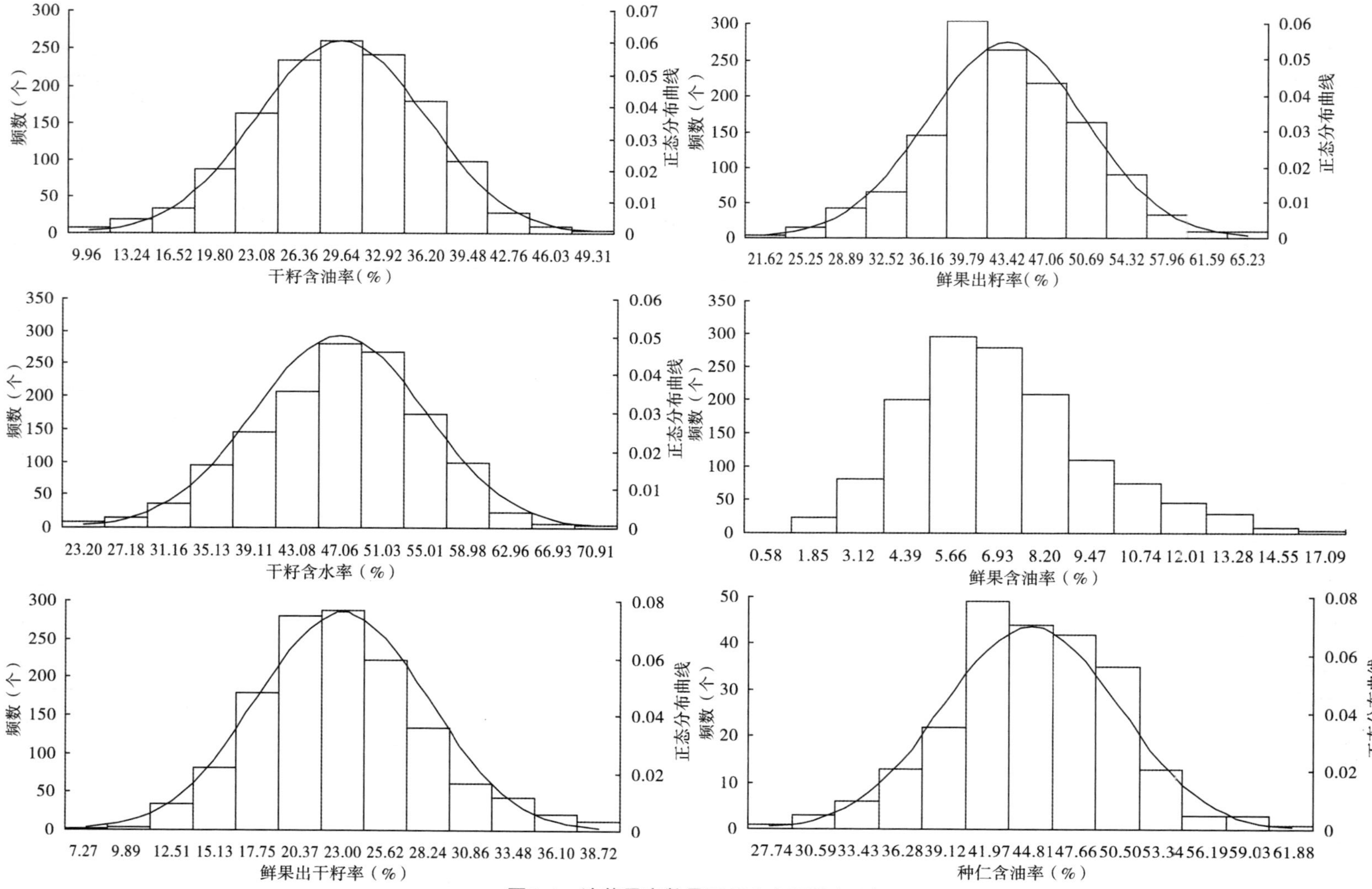

图3-1 油茶果实数量形状分布频数(2/2)

（三）油茶果实大小与质量生长变化

在年周期内，油茶果实生长是与新梢生长交替进行的。油茶从秋季开花受精坐果后，受精果进入冬季休眠期；翌年 3 月，当果实开始膨大进入生长期，但这时正是春梢生长最旺盛的季节，所以果实生长缓慢；5 月底春梢停止生长后果实开始快速增长，特别是从 6 月中旬至 7 月下旬，正是油茶果实大小增长最快时期（图 3-2），期间油茶果径与果高的增长值分别占整个果实果径与果高总值的 38.1%与 30.1%；8 月至 9 月中旬，果实大小增长基本停止，这时气温较高，有时也是油茶夏梢生长的主要季节，所以抑制了果实的生长；9 月下旬后又有一个相对稍缓的增长时期，这时高温天气逐步缓和，夏梢生长停止，秋梢尚未开始生长，成为油茶果实在成熟前的最后生长机会。

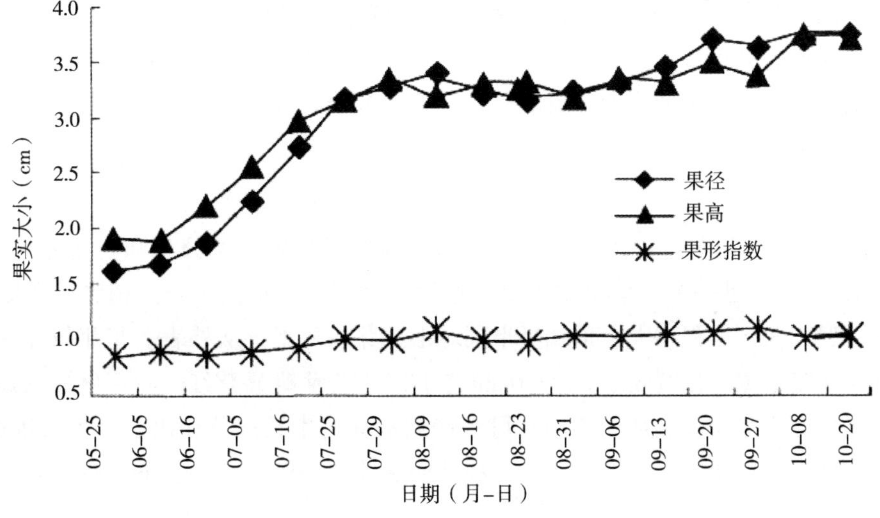

图 3-2　油茶果实大小变化趋势

果形指数为果纵径与果横径的比值。果形指数在 7 月上旬前都小于 1，7 月中旬以后在 1 左右波动。说明前期油茶果实的果纵径生长大于果横径生长，随着果实生长进程，果横径生长逐渐赶上或超过果纵径生长。油茶果实在 5 月中旬前主要是果皮快速增厚，胚珠才刚刚萌动，直到 7 月下旬才发育成为完全的种子，但胚乳等内含物不够紧密，相对比较疏松，所以这时期的果实体积已基本成形，但种子和果实的质量还较轻。

（四）油茶果实质量增长过程

油茶果实质量增加与体积增加趋势大致相似，果实质量增加最快的时期也在 6 月中旬至 7 月下旬，此期间质量增加值超过油茶果实总质量的一半，达 53.6%。8 月上旬至 9 月中旬，果实质量增长减缓至基本停止。9 月下旬至采收前期，又出现一个质量增加的小高峰期，该时期质量增加值达到果实总质量的 22.3%。年周期内油茶果实生长具有两个增长高峰期限，根据果实的生长特性可认为，第一个高峰期为随果实生长、体积增大而所有总物质的快速扩增，第二个小高峰期时，果实体积生长已相当缓慢，因而是增加果实内种子及内含物的积累，所以该时期的增加值对含油量的增加具有极为重要的意义。

二、花芽

（一）花芽分化物候期

油茶于 3 月中、下旬开始抽发春梢，至 4 月中下旬春梢缓慢或停止生长，叶腋间的芽开始发育，花芽进入生理分化期，时间在 2 周左右。前期花芽的生长点较尖，从外部形态看与叶芽无区别。自 5 月上旬起，花芽进入形态分化期，花期稍晚的无性系则要到 5 月中下旬，5 月下旬至 6 月上旬花芽的外观形态较胖，色泽变成紫红，与叶芽已可明显区分，至 9 月中下旬花芽形态饱满，颜色为棕黄或黄绿色，花芽形态分化基本结束，花期稍晚的种质要推迟至 10 月上中旬左右。自 10 月中下旬起始花期出现，花芽分化结束。

（二）花芽形态分化的内部解剖结构及外观形态观察

油茶花芽形态分化过程大致分为 6 个时期：前分化期、萼片形成期、花瓣形成期、雌雄蕊形成期、子房与花药形成期和雌雄蕊成熟期，各个时期的解剖结构与花芽外观形态对照见图 3-3 所示。

1. 前分化期

4 月底至 5 月上旬左右进入前分化期，即花芽处于将要开始分化和初始分化的前期，时间 5~7d，较短，是一个从量变到质变的过程。该期前期芽的生长点稍尖，后期生长点分生组织分裂加快，体积增大，顶端呈半圆球形。芽的外观：从外表上花芽与叶芽暂无区别，后期花芽略增宽，长宽 3.0mm×3.0mm 左右时，花芽略显紫红，叶芽色绿且顶尖，用肉眼略可区分但不太明显。从石蜡切片可观测到从芽的生长点分化出多个生长锥的现象，存在同时分化出花芽和叶芽的混和芽。混和芽初始外观一般顶端尖，下部较宽胖，较单个的花芽、叶芽大。

2. 萼片形成期

5 月上、中旬至 5 月下旬、6 月上旬分化，时间 15~20d。前期在生长点周围开始出现花萼原基，接着原基伸长，向内弯曲；后期生长点变得扁平，萼片继续生长并覆盖生长点，同时在生长点上出现花瓣原基。不同分化时期有重叠现象。芽的外观：大小在长 3.0~5.5mm、宽 3.0~4.0mm，前期宽扁略呈方形，可视左右各一苞片苞着中心芽尖，苞片尖有黑色小针刺；后期芽略变圆胖，紫色加深，可视苞片 2~3 片紧包，与叶芽可较明显区分。

3. 花瓣形成期

5 月下旬至 6 月上中旬分化，分前、中、后 3 个阶段，时间 15~20d，在萼片形成后期，花瓣开始分化为前期，花瓣原基以不同速度向上延伸，顶端较圆，到后期花瓣全部形成。花芽外观：紫红色明显加深，芽体圆胖增加并增长，可视苞片 3~4 片紧包，此时花芽与叶芽已可彻底区分。

4. 雌雄蕊形成期

6 月上、中旬至 6 月下旬、7 月上旬分化，时间 15~20d，在花瓣形成后期，生长点继

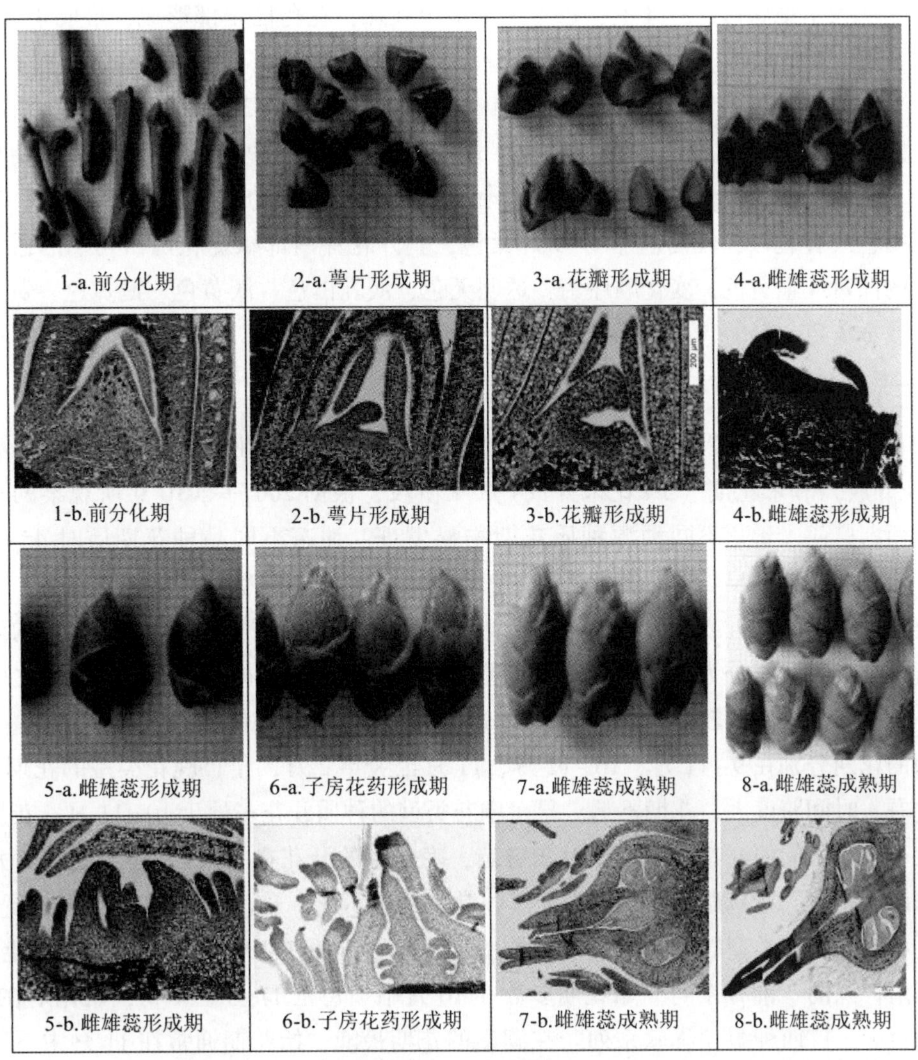

图 3-3　油茶花芽分化外观形态及对应内部解剖结构图（王湘南等，2011）

续变宽并略微内凹，其上出现一些小突起，雌、雄蕊原基开始同时出现，中央 3~5 个稍大点的突起为雌蕊，后期形成多层雄蕊围绕着中央的雌蕊。花芽外观：芽生长加快，圆胖并伸长，新增苞片为绿色有毛，因此花芽色泽绿色增加紫红色减少，可视 4~5 片苞片紧包。

5. 子房与花药形成期

6 月下旬 7 月上旬至 7 月中下旬分化，15~20d，在雌雄蕊形成后期，雌蕊下部膨大，形成“M”字形的子房，上部伸长合拢形成柱头，同时形成子房室，室内有胚珠多个生于中轴座上，雄蕊进一步伸长，花药形成。花芽外观：芽体增大迅速，先增胖后增长，外观色泽紫色逐渐减少绿色增加，苞片上出现大量白色长毛，可视苞片 5~6 片紧包。

6. 雌雄蕊成熟期

7 月中下旬至 9 月中下旬分化，晚花品种至 10 月中旬左右，20~75d。花柱继续伸长，子房继续膨大呈囊状形、3~4 室，每室 1 至多个胚珠，花药已全部形成，形成 4 囊或由 4 囊变成 2 囊，2 囊相通，囊内花粉母细胞分裂、小孢子四分体或分离成单个小孢子，花芽形态分化完成，花器各器官日渐发育成熟。后期子房直径 2.3~2.6mm，心室直径 1.6~1.9mm，花柱长 3.0mm 左右或更长。花芽外观：前期增大迅速，伸长明显，后期长度增长减慢，宽度增长加快，日渐变胖，紫色渐消，颜色由嫩绿变成黄绿或棕黄绿色，苞片边缘出现褐色或有裂口，可视苞片 7~9 片紧包，剥开花芽内部雄蕊花药由初期的透明无色至最后的深黄或金黄色，变化顺序为：透明无色、淡乳白色、淡黄色、鹅黄色、黄色加深至深黄或金黄色。

（三）开花规律

油茶花期长，参照果树花期划分标准将油茶花期划分为始花期（5%花开放）、盛花期（50%花开放）和末花期（5%花未开放）3 个阶段，根据 2007—2010 年所观察的来自湖南、江西、广西、贵州不同种源种质花期物候发现：油茶不同品种花期历时 45~100d，1.5~3 个月，花期的早与迟，花期历程的长与短在不同花期类型种质间差异显著，在相同花期类型种质间较相近或略为相似。以始花期出现的早迟为标准把不同花期类型的诸多品种进行归类，大致划分为 3 种类型：早花类型、中花类型、晚花类型，居于三者之间如要细分，像中花类型品种较多，则可再细划分为中花偏早或中花偏晚类型。早、中、晚花 3 种类型的花期分别在 9~11 月、10~12 月、11 月至翌年 2 月，早、晚花类型的花期相差 2 个月左右，时间跨度大，花期不遇。早、中花类型的种质开花多处于 10~11 月，花期较集中，在不同年份间的开花物候期相对较稳定，晚花型的开花在 11 月下旬至翌年 2 月，正值冬季寒潮频繁，花苞遇低温、雨雪天气，常推迟或不开，开花不集中，花期较长。湖南油茶良种以霜降籽类型居多，多属中花类型，一般始花期在 10 月中下旬或 11 月上中旬。来自湖南种源的“湘林系列”始花期多数在 10 月中下旬至 11 月上中旬，始花期在 11 月中旬的很少。广西种源“岑软系列”在湖南的花期最晚，始花期通常在 11 月中下旬，末花期在第二年的 2 月；江西种源“赣系列”始花期比湖南种源“湘林系列”中的多数种质略早，所观察的十多个“赣系列”品种中有 60%的始花期在 10 月中、下旬，30%的品种始花期在 11 月上旬，极个别品种始花期在 11 月中旬；贵州种源的 3 个品种始花期在 10 月中下旬。

（四）花器形态结构特征

油茶花白色，近无柄，基本无香味，花顶生或腋生，花径大小 4.5~10.0cm，苞萼数 8~15 片，苞萼片向花瓣逐渐过渡，萼片多有瓣化现象，花瓣和萼片为覆瓦状排列；花瓣 5~10 片不等，倒心形，上部内凹，或 1~2 裂，顶端边缘或有少量玫红或粉红色，近离生，与雄蕊花丝基部略贴生，雄蕊花丝 71~169 个，长 6~25mm，外侧长内侧短，多呈 2~3 轮不规则排列，外轮雄蕊基部近 1/2 合生，花药 4 囊成熟变 2 囊，“个”字药，纵裂；雌蕊为复雌蕊，花柱长 6~16mm，2~5 浅裂或深裂至基部，或有离生，柱头有圆柱状、乳状突起或有小丫形分叉，子房密被毛，1~5 室，内生 1 或多数胚珠，中轴胎座，上位子房，下位花。

三、根系

油茶为轴状根型深根性树种。根皮紫褐色，弯曲度大，盾脆易断。主根发达，向下深扎可达 1.5m 以上；在主根之上着生 4～6 条一级侧根，由侧根再分生为许多细根和吸收根，其形态构造上显著特点是：无论年龄大小在根系分枝型上皆为扩散型。它以相当少的分枝根接触很大的土壤范围，因而在水平分布上细根并无明显的密集范围（图 3-4），这可能与油茶在长期的系统发育过程中耐干旱土壤的遗传特性有关。

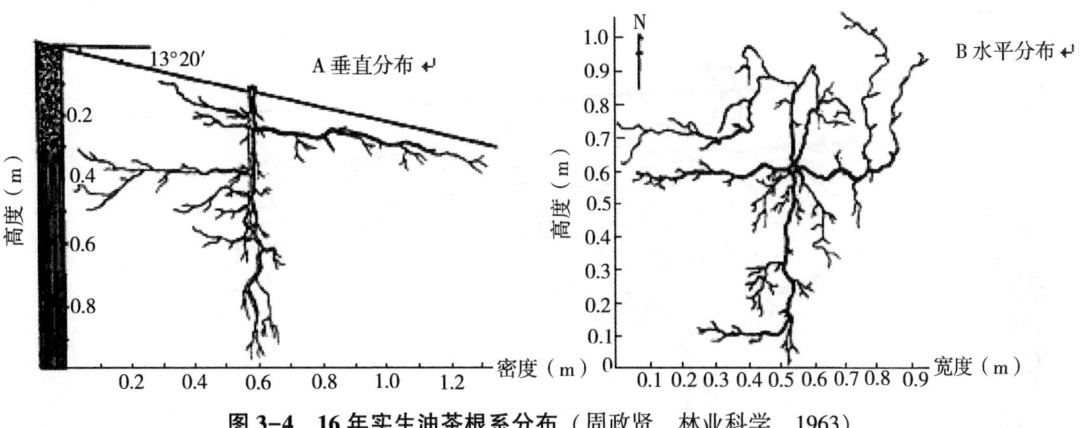

图 3-4　16 年实生油茶根系分布（周政贤，林业科学，1963）

春季为根系生长旺季，油茶细根量普遍在春季增多，而在夏季与秋冬季相对减少（刘俊萍等，2018）。根系几乎集中在 0～40cm 深的土层，随着树龄的增加根系逐渐加深，该区域根系数量占总量的比例最高，可达 98.7%，40cm 以下土层根系分布很少，但其数量

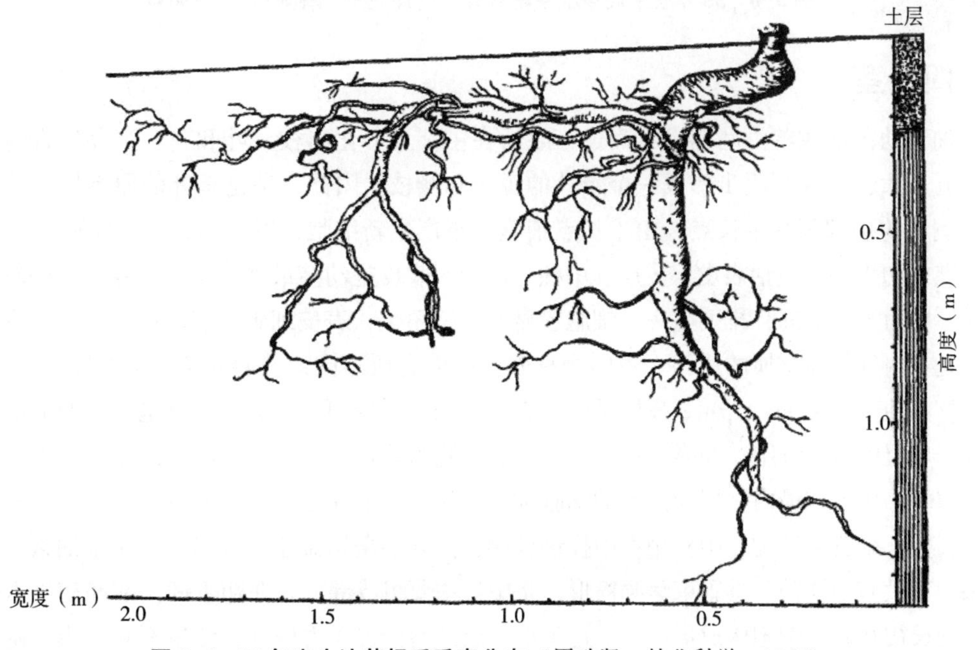

图 3-5　30 年实生油茶根系垂直分布（周政贤，林业科学，1963）

随着树龄的增加而不断上升；根系水平分布随着树龄增加而增加，但是根幅小于冠幅，5~15 年生油茶根幅都在 2m 以内，15~30 年生时扩展到 4m 左右，根系主要分布在距树干基部 1m 的范围内，该区域内的比例占整个根系数量的 58.2%以上，但随着树龄的增加，在该区域内的根系比例逐渐下降，根系分布趋于均匀；不同树龄的各径阶根系所占比例不同，2mm 以下的根系是根系的主要部分，2mm 以上的根系随着树龄增加比例逐渐增大，表明随着冠幅增大，要支撑树体地上部分，必定需要大径阶根系；树南北方向剖面根系的数量基本一致，但由于水肥、地理等因素影响，南北剖面的根系数量也会出现一定差异，可见根系趋水肥性很强（图 3-5 和图 3-6）。

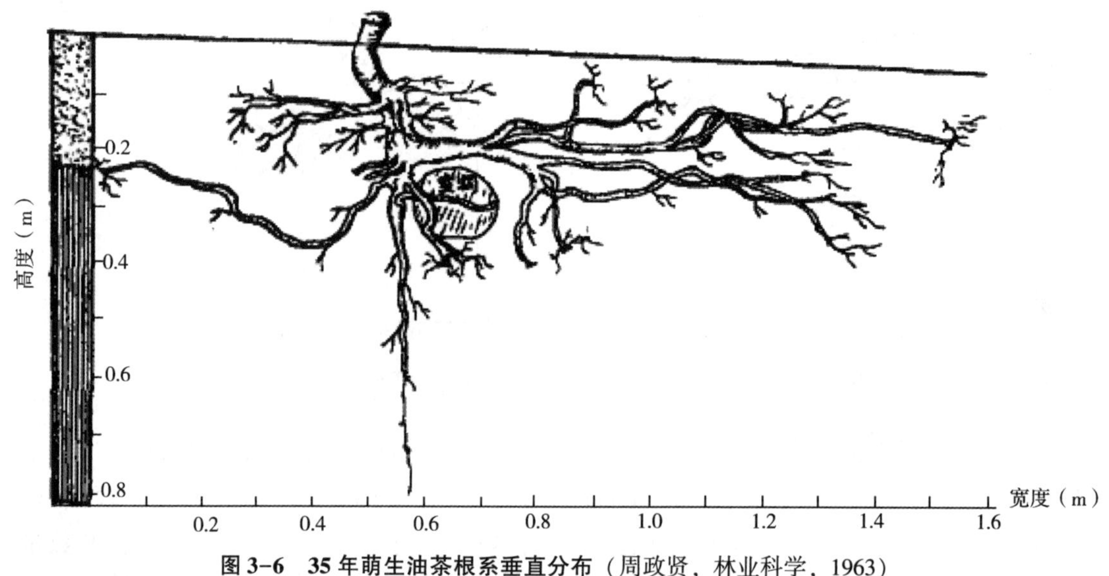

图 3-6　35 年萌生油茶根系垂直分布（周政贤，林业科学，1963）

四、茎

油茶幼苗的主茎由胚芽发育而成，之后在主茎上分化出枝、叶和花，当芽发育时，幼叶展开长大，叶芽便逐步形成一个带叶的主枝和侧枝。因此，芽是茎叶的原始体。油茶主茎和侧枝的顶部都有生长点，由生长点细胞分裂产生新细胞，组成茎的各种构造。

茎的初生构造包括表皮、皮层、中柱三部分。表皮是幼茎最外一层与外界接触的较厚细胞，厚度为 16.22μm，排列整齐，细胞壁靠外方壁角化，表皮细胞上有表皮毛，还有少量气孔，是茎内外气体交换的通路。不同物种表皮厚度有所不同，普通油茶表皮厚度 16.22μm，浙江红花油茶只有 11.35μm。皮层是位于表皮内的数层排列疏松的薄壁细胞，有明显的细胞间隙，皮层中有石细胞，在靠表皮的一、二层细胞为厚角组织，厚度在 25.95μm 以上，起机械支撑的作用，在最内一层含淀粉的细胞称为淀粉鞘。中柱是皮层以内所有部分的总称，包括中柱鞘、维管束和髓。中柱鞘在中柱最外面，由几层薄壁细胞围成筒形。小果油茶、博白大果油茶没有中柱鞘。维管束呈圆筒形，是中柱主要组成部分。在初生韧皮部和初生木质部之间的长梭状扁平细胞构成形成层，这类形成层细胞分裂能力较强，使茎不断增粗。髓在茎的中心，有胞间隙，含有石细胞、单宁，也有淀粉粒（庄瑞林等，2012）。

五、新梢

油茶新梢是构成树体结构的基本单位，其生长状况、生长停止时间及各类新梢的比例等影响树体的生长和叶幕形成，进而影响光合产物制造、分配和积累。大部分的花芽来源于当年生长的春梢，少部分来源于夏梢，因此，良好的新梢生长有利于促进果实发育和花芽形成，减少无效消耗，提高产量和品质，保证持续优质丰产。

油茶在一年内多次抽梢，主要是春、夏、秋梢3种，各于春、夏、秋3季抽发，一般较少有冬梢。幼年树生长旺盛，抽梢量大且抽梢次数多，一年内通常抽梢3~4次，夏季常抽2次夏梢，第2次夏梢由第1次夏梢顶芽发育。也较多抽秋梢，秋梢量少，长势较弱。春、夏、秋梢中春梢的抽梢数量最多，生长也较旺盛，梢最长可达30cm左右，叶片数一般不超过11片，春梢的结果短枝一般长10cm左右，叶片数通常4~7片，梢停止生长后花芽开始发育。幼年树夏梢生长一般大于春梢，第1、2次夏梢的长度最长分别可达30cm左右，夏梢总长最长可达60cm。第1次夏梢的叶片数4~16片，第2次夏梢叶片数多的可达20余片。第1次夏梢和秋梢大多由顶芽发育，少量由腋芽或老枝上的潜伏芽发育。成年树一年内一般抽梢1~3次，少量抽有夏梢或者秋梢。

油茶春梢一般于每年的3月上、中旬开始抽梢，抽梢迟的要到4月中旬左右，春梢于4月下旬左右生长逐渐停止，从开始抽梢至生长结束约40d。春梢生长减缓或停止后，花芽和夏梢的芽开始孕育，花芽进入生理分化期，枝条开始进入半木质化，叶片由嫩黄绿色变成油绿色，质地柔软逐渐开始硬化并具革质。夏梢于5月中旬至8月上旬生长，抽发2次夏梢的则生长延迟至8月中下旬。秋梢于8月中下旬至10月生长，其抽梢量及生长量都较小，生长期短。

第二节　果实内含物变化规律

一、果实成熟过程中内源激素的变化特征

植物内源激素包括赤霉素（GA_3）、生长素（IAA）和细胞分裂素，在促进果实生长发育过程中扮演着重要的角色。细胞分裂速度和时间与细胞分裂素水平紧密相关，果肉细胞体积大小与细胞膨压和赤霉素水平密切相关，赤霉素和生长素在促进细胞生长和体积增大方面有重要作用。油茶果实发育后期果实的膨大生长与果皮内源激素IAA、GA_3和ZR（玉米素核苷）的含量紧密相关，在7月25日（盛花后250d）至8月25日（盛花后280d）果实的膨大生长期，果皮中内源激素IAA、GA_3和ZR的含量在迅速增加后也达到较高水平。内源激素不仅影响果实的生长膨大，而且在调控果实成熟的过程中也发挥了重要的作用。如ABA能促进糖分向果实卸载，对于果实成熟进程的启动具有重要的作用。在油茶种子油脂积累之前，种子内源激素ABA含量出现较高值。

果实生长发育过程中内源激素往往是协同起作用的。曹永庆等（2015）研究发现油茶

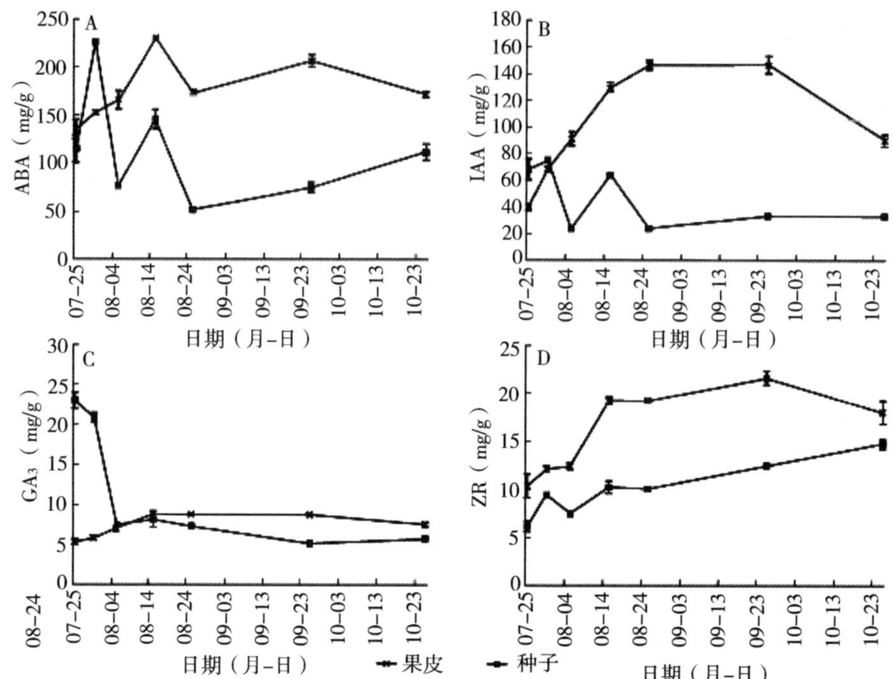

图 3-7 果实发育后期外果皮和种子中内源激素 ABA、IAA、GA_3和 ZR 含量的变化（曹永庆等，2015）

果皮中内源激素 IAA 含量与 GA_3含量表现出相似的变化特征，这可能与 GA_3有促进 IAA 生物合成的作用有关（图 3-7）。

二、果实成熟过程中矿质元素含量的变化特征

（一）油茶果实生长发育期氮磷钾含量变化

果实中氮（N）含量总体上呈不断下降趋势（图 3-8）。果实体积在 5 月初至 7 月初迅速增大，果实 N 含量不断降低；7~8 月为油茶果实生长高峰期和油脂转化高峰期，N 含量基本处于平稳期；8 月下旬以后，果实 N 含量继续降低；到 10 月 20 日果实采收期 N 含量降低到最低值。

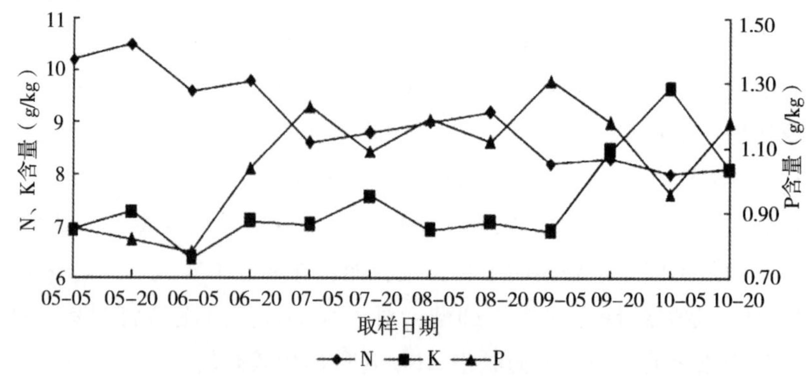

图 3-8 油茶果实 N、P、K 大量元素变化规律（彭邵锋等，2015）

果实磷（P）含量变化呈“下降—上升”趋势（图3-8）。5月5日至6月5日，果实P含量有一个小幅度下降；6月5日至7月5日，果实进入生长高峰期，P含量急剧上升，为油茶果实体积增大和油脂转化积累了大量P元素；随后P含量出现波动式下降。

果实钾（K）含量变化呈“平稳—上升”趋势（图3-8）。果实K含量在5月5日至9月5日之间波动不大，但9月5日后至10月上旬，果实K含量急剧上升。10月5日果实K含量达到最高值，10月20日果实采收时K含量仍处于较高水平，为8.09g/kg。可能由于K参与脂肪代谢以及蛋白质合成，油茶果实油脂转化高峰期，脂肪和蛋白质合成进一步加快，需要积累和利用大量K元素。

（二）油茶果实发育成熟和矿质营养的关系

在油茶果实迅速膨大期，果皮中氮和磷元素的含量表现出上升趋势，锰和钾元素的含量相对稳定，表明这段时期各种矿质元素在果皮中大量积累，且对氮和磷元素的积累量较高；而种子中氮、磷、钾和锰元素的含量表现出迅速下降趋势（图3-9）。8月25日（盛花后280d）之后，种子生长趋于缓慢，进入糖分向脂肪蛋白转化期，该时期，种仁含油率迅速上升，果皮中氮、磷元素含量表现出下降趋势，可能与氮、磷元素向种子中转运用于油脂和蛋白的合成有关。此外，该时期内果皮中钾和锰元素的含量升高，而种子中钾和锰元素含量降低。这也表明在种子油脂转化积累过程中，种子中的钾和锰元素向果皮发生了转移，果皮在油脂积累期是糖分合成运输的生理活跃部位，作为多种酶的活化因子，钾元素和锰元素向果皮中转运和积累有利于糖分的合成，并向种子中转运以促进油脂的积

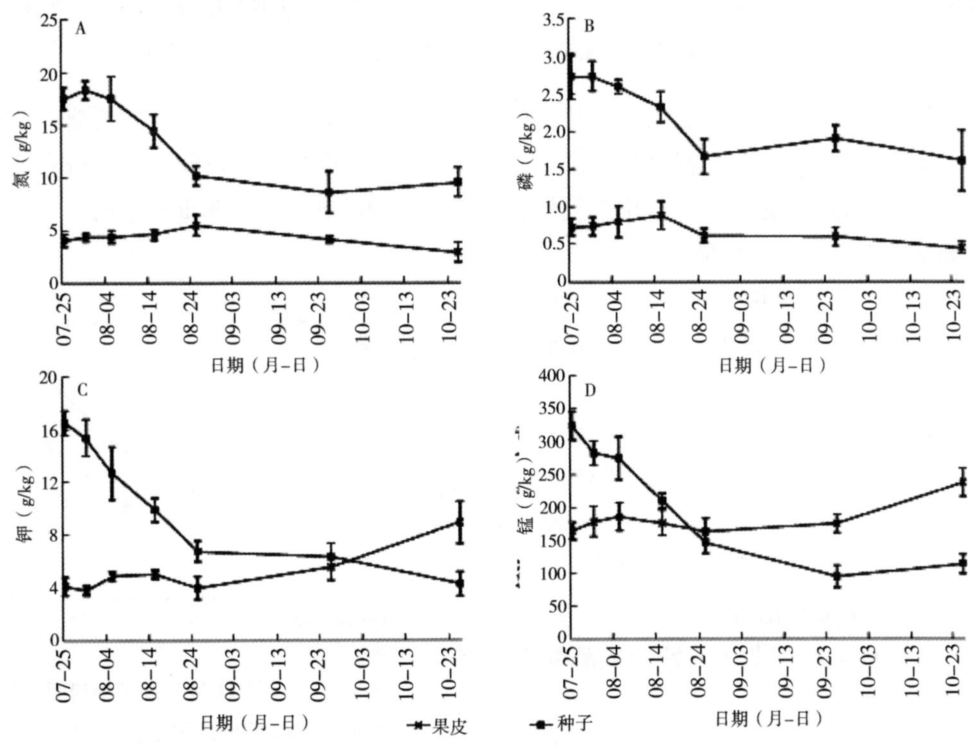

图3-9　果实发育后期外果皮和种子中氮、磷、钾和锰元素含量的变化（曹永庆等，2015）

累；可见，油茶种子油脂的合成积累与钾、锰元素的含量及转运分配关系密切，在该时期的实际生产中应注重钾、锰肥的施用（曹永庆等，2015）。

三、果实成熟过程内涵物的变化特征

油茶果实发育初期可溶性糖含量较低，随果实发育可溶性糖含量升高，于6月中旬左右达到最高值，这个时期为幼果生长期，糖类为果实的快速生长提供大量能量；随后可溶性糖含量迅速降低，是由于果实快速生长消耗大量糖所致。种子成熟前期，8月左右果实中可溶性糖含量又达到第2个高峰，这可能是由于这个时期的光合作用产生的同化物主要用于完成种皮硬化，而种子内此时在进行自身物质的转化和油脂的形成，同样需要消耗大量同化物（图3-10）。

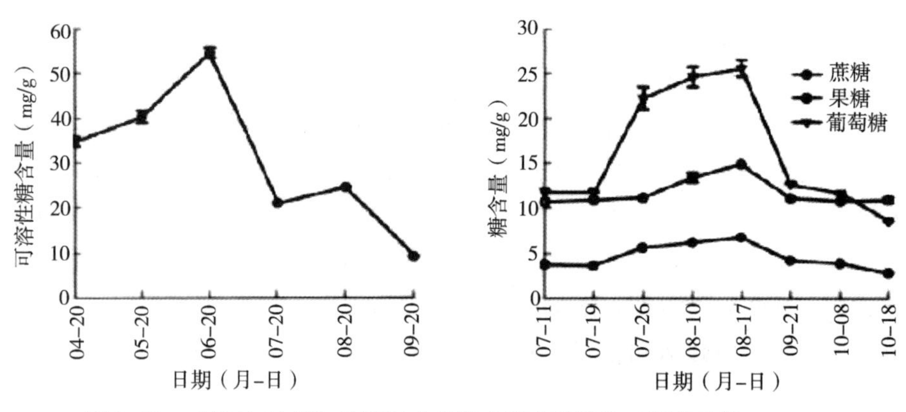

图3-10 '湘林11号'油茶果肉组织中糖含量变化（张凌云等，2013）

在果实生长发育过程中，酸性转化酶催化蔗糖不可逆地降解为果糖和葡萄糖，是蔗糖代谢的关键酶之一。细胞壁酸性转化酶可催化质外体中蔗糖分解，降低韧皮部筛分子卸出到质外空间中的蔗糖浓度，而液泡酸性转化酶在蔗糖的贮藏转化中起重要作用。'湘林11号'油茶在果实生长发育早期（4月20日~5月20日）的酸性转化酶活性一直维持在较高水平，保证了这一时期蔗糖的快速分解，从而为幼果的细胞分裂和果实迅速生长提供能源。到果实发育后期，2种酶活性又出现另一个小高峰，而此时，果实中葡萄糖和果糖含量也明显升高。同细胞壁酸性转化酶变化趋势相反，液泡酸性转化酶活性在果实发育后期明显高于前期，显示此时蔗糖在液泡中贮藏转化功能的活跃（图3-11）。

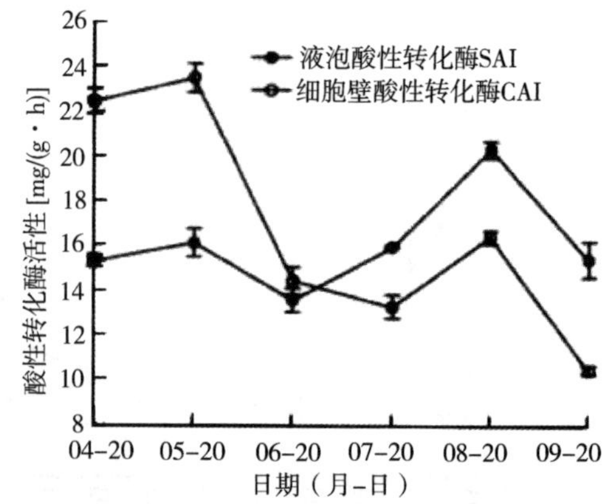

图3-11 '湘林11号'油茶果肉组织液泡酸性转化酶和细胞壁酸性转化酶活性变化（张凌云等，2013）

在油茶整个发育期，蔗糖合成酶和蔗糖磷酸合酶这2种酶活性变化趋势基本一致，不同的是蔗糖磷酸合酶变化幅度要大于蔗糖合成酶（图3-12）。油茶在8月中旬左右，2种酶活性开始小幅升高，果实正在完成硬核期，而此时种子中油脂已经开始积累，因此此时期蔗糖代谢酶表现出较高的活性，果实内部蔗糖含量出现小幅升高，但低于葡萄糖和果糖含量。这些结果显示了此时期蔗糖代谢、转化及油脂合成等物质代谢活动的旺盛，果实进入了由糖向脂肪和蛋白代谢的转化期，高浓度的蔗糖为果实营养物质的转化提供了基础（表 3-3）。随着果实发育进程，9 月以后酸性转化酶活性降低，蔗糖合成酶和蔗糖磷酸合酶活性依然维持在较稳定水平，从而为这一时期旺盛的油脂转化提供物质基础。油茶果实发育最后一个时期，果实鲜质量增加迅速，而此时也是种子内油脂的转化和积累时期，因此，光合作用产生的同化物主要用于中果皮的生长和油脂的转化。经由蔗糖合成酶和蔗糖磷酸合酶合成的蔗糖，一方面在酸性转化酶作用下分解成单糖被利用，另一方面也可被代谢转化形成油脂。

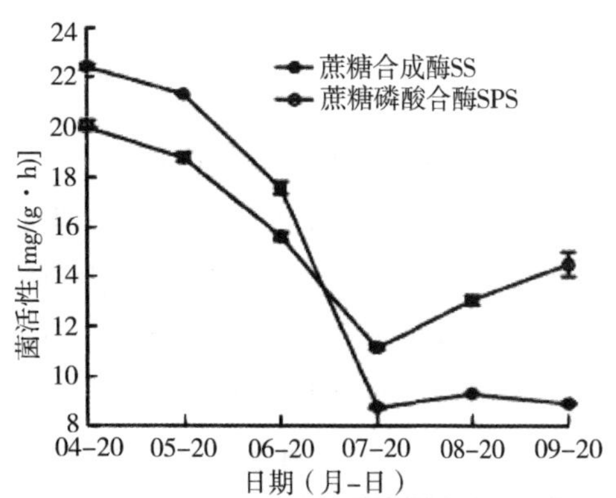

图 3-12 ‘湘林 11 号’油茶果肉组织蔗糖合成酶（合成方向）、蔗糖磷酸合酶活性（张凌云等，2013）

表 3-3 ‘湘林 11 号’油茶果实发育过程中蔗糖代谢酶的活性变化

日期（月-日）	蔗糖分解酶类的活性 [（mg/(g·h)]	蔗糖合成酶类的活性 [（mg/(g·h)]	酶的净活性 [（mg/(g·h)]
04-20	37. 804	42. 482	4. 678
05-20	39. 691	40. 112	0. 421
06-20	28. 107	33. 178	5. 071
07-20	29. 342	19. 934	-9. 408
08-20	36. 845	22. 337	-14. 508
09-20	26. 003	23. 399	-2. 604

（张凌云等，2013）

第三节 油脂合成

一、油脂累积变化规律

（一）油茶果实油脂含量变化趋势

油茶鲜果含油率变化在年生长周期内存在两个高峰期，其一是在 8 月下旬到 9 月上旬，主要原因是这时是油茶果实质量增加较快时期，果实种籽和种仁质量增加较快，种子内积累的淀粉正在逐步转化成油脂贮存起来，从而产生了一个小高峰，占鲜果总含油量的 27. 2%；其二是在 9 月下旬至 10 月底采收前，那时果实物质积累达到高峰，也是油脂转化的高峰期，占鲜果总含油量的68.9%。由此可见，油茶果实油脂含量增加主要来自9月中下旬至10月下旬。

（二）脂肪酸成分变化趋势

果实发育后期是油脂积累的关键时期，与该段时期种子的发育生长无明显相关性。随着果实的成熟，饱和脂肪酸向不饱和脂肪酸进行了转化，不饱和脂肪酸中油酸含量增加显著，亚油酸和亚麻酸含量表现出下降趋势，饱和脂肪酸中棕榈酸含量下降（表3-4），进一步表明，在油茶果实成熟过程中，棕榈酸逐渐转化为油酸。

表3-4　油茶果实发育后期油脂积累和脂肪酸组成的变化

品种	日期（月-日）	种仁含油率（%）	不饱和脂肪酸（%）			总量	饱和脂肪酸（%）		总量
			油酸	亚油酸	亚麻酸		棕榈酸	硬脂酸	
4号	09-22	16.77	71.55	11.65	1.16	84.36	11.52	1.93	13.45
	10-22	38.88**	79.66*	8.36*	0.39**	88.41	8.41*	2.19	10.6
40号	09-22	20.87	70.54	12.26	0.88	83.68	12.60	1.77	14.37
	10-22	35.70**	82.22*	6.03*	0.27**	88.52	7.72*	2.94*	10.66
53号	09-22	23.63	76.83	4.51	0.56	81.9	12.66	3.42	16.08
	10-22	34.55**	80.84*	8.56	0.29*	89.69	7.66*	1.76*	9.42

注：*代表 $P<0.05$；**代表 $P<0.01$。下同。　（曹永庆等，2013）

（三）茶油功能成分变化趋势

曹永庆等（2013）在油茶果实充分成熟时，其油的品质也处于最佳状态。罗凡等（2012）研究发现，随着油茶种子的逐渐成熟，油中不饱和脂肪酸含量日渐增多，抗氧化物质如维生素E、β-谷甾醇以及油茶籽饼粕中皂素、脂肪、蛋白质的含量随着油茶籽的成熟而增加，在10月9~24日间增加显著，10月24日以后增长稍缓，在10月29日达到最大（图3-13、图3-14）。

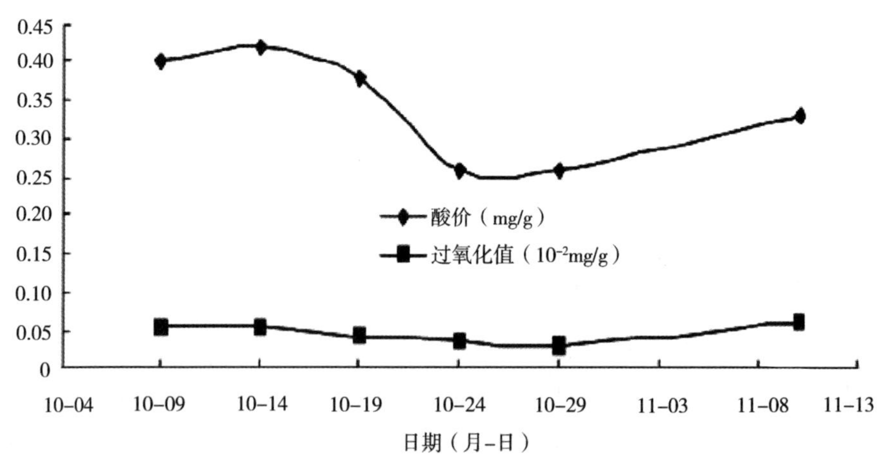

图3-13　不同采摘时间对茶油酸价与过氧化值的影响（罗凡等，2012）

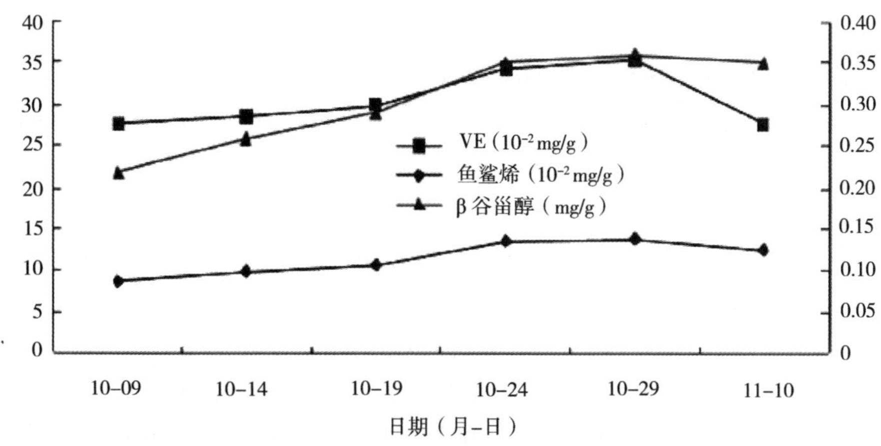

图 3-14　不同采摘时间对茶油功能成分的影响（罗凡等，2012）

二、油茶种子油脂的形成及转化特性

油茶种子中的油脂形成与转化是一个非常复杂的生理生化过程，涉及了大量关键酶的参与（张党权等，2007）。油茶脂肪酸的合成起始于乙酰-辅酶 A（Acetoacetyl CoA）被乙酰-辅酶 A 羧化酶（Acetyl CoA carboxylase，ACC）催化生成丙二酸单酰-辅酶 A（Malonyl-CoA），然后在接合于酰基载体蛋白的脂肪酸合酶复合体的催化作用下，先后历经启动、装载、缩合、还原、脱水、二次还原、释放七步连续反应生成棕榈酸，接着被延长生成为硬脂酸，然后在油茶种子的硬脂酰-ACP 脱饱和酶（stearoyl-ACP desaturase，SAD）催化下，软脂酸被进一步转化成油酸，在一系列油酸脱氢酶（fatty acid desaturase，FAD）的作用下，进一步被转化成亚油酸和亚麻酸，这一过程在油茶种子成熟前的 70d 就已开始进行（邓毓芳，1987）。脂肪酸的合成与转化完成之后，被催化生成甘油三酯，并以油体的形式贮藏于种子中。植物种子的油体主要以甘油三酯形式的油脂和油体蛋白组成（Capuano F et al.，2007），而 Oleosin 蛋白是油体蛋白的最重要的组分（Frandsen G I et al.，2001），属于碱性疏水蛋白，它嵌入油体表面的磷脂，对稳定油体和水相的界面有重要作用（Tai S S K et al.，2002）。油茶油体蛋白的种类及数量很大程度上决定了油茶种子中油体的数量及特性，并直接影响了油茶油脂的产量（Giannoulia K et al.，2007）。

三、油茶油脂合成功能基因

油茶油脂合成功能基因的研究开展的时间较短，从 2004 年开始，中南林业科技大学（原中南林学院）通过构建油茶种子 EST 文库，分离鉴定到 14 种与脂肪酸合成相关的基因，其中催化脂肪酸合成的酶基因有 9 种，其余为贮藏蛋白、油体蛋白等相关基因（谭晓风，2006）。近十余年来，油茶油脂合成的相关研究仍在持续进行，目前已分离鉴定的油茶油脂合成中饱和脂肪酸合成代谢相关酶基因主要包括：酰基载体蛋白基因、脂酰 ACP 硫酯酶基因、丙酰 CoA 合成酶基因、乙酰 CoA 转乙酰基酶基因、长链脂肪酸缩合酶基因等；不饱和脂肪酸合成代谢相关酶基因包括：硬脂酰 ACP 脱饱和酶基因、油酸脱饱和酶基因。

（一）饱和脂肪酸合成相关基因及特性

通过序列分析，已发现了 14 种与脂肪酸合成相关的基因，其中催化脂肪酸合成的酶基因有 9 种，其余为贮藏蛋白、油体蛋白等相关基因。目前，已克隆的油茶油脂中饱和脂肪酸合成代谢相关酶基因主要包括：酰基载体蛋白基因、脂酰 ACP 硫酯酶基因、丙酰 CoA 合成酶基因、乙酰 CoA 转乙酰基酶基因、长链脂肪酸缩合酶基因等；不饱和脂肪酸合成代谢相关酶基因包括：硬脂酰 ACP 脱饱和酶基因、油酸脱饱和酶基因。

长链饱和脂肪酸是由乙酰 CoA 在脂肪酸合酶系作用下合成的（Jenni S et al.，2007），该合酶以酰基载体蛋白（ACP）作为脂酰基载体，多个亚基固定于 ACP 上，形成了结构极为复杂的复合酶（Leibundgut M et al.，2007）。植物体内存在多个 ACP 同工酶，如大麦有 3 个，分别为 ACP－Ⅰ、ACP－Ⅱ和 ACP－Ⅲ。软脂酰 ACP 水解后生成棕榈酸(16∶0)，是长链饱和脂肪酸及不饱和脂肪酸的前体，在叶绿体中合成后运到胞质中，在内质网和线粒体内的脂肪酸延长体系作用下，分别与丙二酰 CoA 和乙酰 CoA 的残基连接而使碳链延长，生成硬脂酸（18∶ 0）或更长碳链的饱和脂肪酸。在油茶种子 cDNA 文库中分离鉴定到相关基因序列 1 条，是一条完整的编码基因，长 423bp，编码 141 个氨基酸残基，与木麻黄的 ACP 序列比对分值为 170，期望值 2e-39，一致性 87%，具有很高的同源性（谭晓风等，2006）。

脂酰 ACP 硫酯酶（FatB1）是催化脂肪酸合成的关键酶之一（Heath R J et al.，1995），主要作用是终止脂肪酸链的延长（Mayer K M et al.，2007）。FatB1 基因序列的获得对研究油茶脂肪酸合成 FAS 循环的终止，会起到积极的作用。已从油茶种子 cDNA 文库中获得 3 条与 FatB1 基因相关序列，属中丰度表达，长度分别为 830bp、910bp 和 1040bp。BLAST 比对结果表明，与拟南芥等植物的 FatB1 基因的比对最高分值为 128，期望值 e-26，一致性 81%（ Zhang D Q et al.，2006）。

丙酰 CoA 是许多代谢的中间产物，它与奇数脂肪酸的合成有关。丙酰 CoA 合成酶在 ATP 或 NADH 提供能量的情况下，催化 3-羟基丙酰 CoA 和丙稀酰 CoA 降解成丙酰 CoA，来减少 3-羟基丙酸盐的含量（Alber B E et al.，2002）。中南林业科技大学已获得油茶一条相关的基因，长 1700bp 左右，初步推测为全长 cDNA（胡芳名等，2002）。

乙酰 CoA 转乙酰基酶（acetyl CoA acetyltransferase，EC 2.3.1.9）催化 2 分子乙酰 CoA 转化成乙酰乙酰 CoA，是一种硫解酶，参与类异戊二烯活体的合成，是油脂中类固醇合成的启动步骤（Carrie C et al.，2007）。油茶方面已获得了 2 条由乙酰 CoA 转乙酰基酶的 cDNA 序列，长度分别为 1410bp 和 1520bp，经过 BLAST 比对后 1 条序列与巴西橡胶的乙酰 CoA 转乙酰基酶基因的相似为 88%（408/461），分值 494，期望值 e-136，一致性很高，可确认所测序列为油茶种子乙酰 CoA 转乙酰基酶基因序列。

长链脂肪酸缩合酶是涉及长链脂肪酸生物合成的微粒体脂肪酸延长酶中 4 种活性酶的第一种（Millar A A et al.，1997），是决定长链脂肪酸的酰基链长度的延长酶中的主要活性酶（Venegas-Caleron M et al.，2007）。已获得油茶 cDNA 序列 1 条，长 900bp 左右，属低丰度表达。BLAST 比对结果，与拟南芥长链脂肪酸缩合酶基因的一致性为 81%，分值 123，期望值 5e-25，可认为所测序列为长链脂肪酸缩合酶基因序列。长链脂肪酸缩合酶具有种质特异性，其表达可特异性控制长链脂肪酸的生物合成（Moon H et al.，2004）。该酶基因的获得对研究油茶长链脂肪酸的合成，将会起到重要的作用。

（二）不饱和脂肪酸合成相关基因及特性

硬脂酰-ACP 脱饱和酶（SAD）是不饱和脂肪酸合成代谢的关键酶，它催化硬脂酰-ACP 脱饱和形成油酰-ACP 的反应，并且决定着植物饱和脂肪酸和不饱和脂肪酸的比例。学者们通过 5′RACE 技术获得了一条 SAD 的全长 cDNA，长 1580bp，编码 396 个氨基酸残基，上游非编码区长 157bp，有 CAAT 盒子的启动子序列特征；下游非编码区长224bp，与其他物种的 cDNA 同源性很高，分值在 896 以上，期望值为 0 的同源序列就有 6 条，且一致性都大于 82%（Zhang D Q et al.，2006）。

油酸脱饱和酶（FAD）是植物产生多不饱和脂肪酸的关键酶，是专一的加氧酶系统，它存在于内质网膜上，以 1-酰基-2-油酰基-sn-甘油-3-磷酸胆碱为底物，在需氧条件下，以 NADP+为辅酶生成多不饱和脂肪酸-亚油酸和亚麻酸。该酶基因已在多种植物如拟南芥、落花生、油菜等植物中克隆出来。根据去饱和的位置不同，可将 FAD 分成 FAD2、FAD3、FAD4、FAD5、FAD7、FAD8、FAD9 等亚类。目前已获得油茶 3 条油酸脱饱和酶相关基因序列，分别是与 FAD2ω-6 脂肪酸脱饱和酶基因相关序列 1 条、FAD8ω-3 脱饱和酶基因相关序列 1 条、FAD2δ-12 脱饱和酶基因相关序列 1 条（Giannoulia K et al.，2007）。FAD2ω-6 在 5′端缺少 82 个氨基酸残基，经过 BLAST 比对，与其同源性很高的物种很多，分值在 600 以上，一致性在 80%以上的就有 11 个。FAD2δ-12 全长 cDNA 为 1 563bp，编码 382 个氨基酸残基，上游非编码区长 149bp，有一个 CAAT 盒子的启动子序列特征，下游非编码区长 141bp，FAD8ω-3 也不是全长 cDNA（Zhang D Q et al.，2006）。中南林业科技大学对 FAD2ω-6 进行全长 cDNA 克隆的研究，目前已通过 5′RACE 方法获得了该基因的 5′端 cDNA 片断，经交错延伸 PCR 后，已获得了全长 cDNA，编码序列长度为 1682bp，编码 383 个氨基酸残基，5′端非编码区长 203bp，3′端非编码区长 267bp。

（三）与油脂合成相关的其他基因

油茶中与油脂合成、转化及贮存相关的其他基因有二酰甘油酰基转移酶基因、磷酸甘油脱氢酶基因、贮藏蛋白基因、油体蛋白基因等。

在植物种子中，三酰甘油（triacylglycerol，TAG）是油脂的主要储存形式。TAG 的生物合成发生于内质网，可以通过两条途径实现，第一条途径是 Kennedy 途径（Kennedy，1961），即在甘油-3-磷酸酰基转移酶（glycerol-3-phosphateacyl transferase，GPAT）、溶血磷脂酸酰基转移酶（lysophosphatidic acid acyltransferase，LPAAT）的催化下，将酰基辅酶 A（acyl-CoA）上的脂肪酸转移到甘油-3-磷酸的 *sn*-1 和 *sn*-2 位置，然后在磷脂酸磷酸酶（phosphatidate phosphatase，PAP）的催化下脱去磷酸基团，生成二酰甘油（diacylglycerol，DAG），最后在二酰甘油酰基转移酶（diacylglycerol acyltransferase，DGAT）的催化下，将酰基辅酶 A 中的脂肪酸转移到 *sn*-3 位置，生成 TAG；第二条途径不同于 Kennedy 途径，在磷脂：二酰甘油酰基转移酶（phospholipid：diacylglycerol acyltransferase，PDAT）催化下，磷脂酰胆碱（phosphatidylcholine，PC）*sn*-2 位的酰基能够转移到 DAG 上，形成 TAG 和溶血磷脂酰胆碱。研究者通过 cDNA 末端快速扩增（RACE）技术克隆油茶 CoPDAT 基因的全长 cDNA 序列，该序列长 2773bp，开放阅读框为 2022bp，编码 673 个氨基酸。亚细胞定位分析确定 CoPDAT 基因所编码蛋白质定位于内质网上（赵广等，2017）。

磷酸甘油脱氢酶又名 3-磷酸甘油脱氢酶，其功能有 NAD 结合功能，3-磷酸甘油脱氢酶活性，氧化还原酶活性。在 NADH+提供 H+的情况下，3-磷酸甘油与磷酸二羟丙酮的相互转化中起氧化还原作用，并结合 NAD+，从而使糖酵解的中间产物磷酸二羟丙酮转化成 3-磷酸甘油，为脂肪合成提供原料。cDNA 长度为 1300bp 左右，编码 322-333 个氨基酸残基左右，而且在进化上十分保守。其编码的蛋白质在 N 端包含了一个 NAD+结合区域，有 150 个氨基酸残基；C 端也包含了一个长 167 个左右氨基酸残基的 NAD+结合区域，并且呈现 α 和反 β 平行折叠构象。油茶的 cDNA 文库中只获得了一个磷酸甘油脱氢酶较短片断（张党权等，2007）。

不同类型的植物种子，贮藏蛋白的种类和数量有所不同，主要作为供应种子发芽及幼苗生长时所需养分及能量来源。油茶方面已获得贮藏蛋白基因 EST 序列 44 条，豆球蛋白基因 EST 序列 36 条，清蛋白 15 条，谷蛋白 2 条（Giannoulia K et al.，2007）。BLAST 的结果表明，油茶种子的贮藏蛋白基因与棉花的基因的匹配分值都在 50 分以上，期望值 $<e^{-4}$，一致性为 86%（Tai S S K et al.，2002）。油茶种子中的豆球蛋白基因与紫苏、棉花、欧洲栎等植物的基因的匹配分值都在 60 分以上，期望值 $<e^{-8}$，一致性为 89%。比对结果总体分值较低，但局部相似性高，这与贮藏蛋白是小分子蛋白有关，特别是贮藏蛋白的两端为高变区而中心为较小的保守区（胡芳名，2005）。油茶树被称为东方油橄榄，茶油可和橄榄油相媲美，贮藏蛋白中豆球蛋白是其主要原因之一。

植物种子中的油脂主要贮藏在亚细胞微粒形式的油体中。油体内部为液态的三酰甘油酯，外面覆盖着单层的磷脂分子和镶嵌蛋白质构成的半单位膜。膜中镶嵌的蛋白为油体相关蛋白，有 oleosin、caleosin、steroleosin 等（Siloto R M et al.，2006）。油茶种子 cDNA 文库中测得油质蛋白（oleosin）基因序列共 84 条，并且这些油体蛋白家族基因可聚为 5 类，这些基因的编码序列分别长 447bp、426bp、423bp、465bp 和 474bp，推导氨基酸序列长度为 148Aa、141Aa、140Aa、154Aa 和 157Aa。

在植物种子中贮藏蛋白质及油脂的细胞器分别为蛋白质体和油体。油茶种子 EST 中贮藏蛋白质基因、油脂贮藏基因的表达都是极高丰度的，同时检测到与脂肪运输相关的脂质转移蛋白基因。这一结果与油茶种子正处油脂转化高峰期的生理特征是相吻合的。对这些基因进行研究，将对油茶种子脂类物质的产生、储存等过程有更深入的诠解（张党权等，2007）。

四、油脂合成影响因子

（一）气候区域的影响

研究表明，油茶果实含油量与气候因子具有显著相关性，在地理区域上也存在一定的地带性分布。我国油茶含油率的区域分布特征是：中亚热带高，南、北亚热带低；在中亚热带中东部和东南部及中西部山区高，湘、赣盆地丘陵平原低；低山区高，丘陵平原低。

我国油茶品质气候区域可划分为高油品质最优区、高油品质较优区、中油优质区及低油品质较差区。中国普通油茶含油率品质气候区域划分与层带研究高油品质最优区主要分布于南岭、罗霄山、武陵山等低山区；低油品质较差区主要分布在湘、赣盆地和南、北亚热带。在我国油茶适生栽培区中，高油优质的气候层带一般分布于海拔 300~900m 高度，南部比北部高，西部比东部高。

我国亚热带山区油茶高油优质气候层带形成的有利气候因素，主要是该层带是中国普通油茶的最适宜种植高度，尤其是在油茶果实迅速膨大生长期和油脂转化积累期，气温最适宜，降水量充沛，无高温干旱危害，有利于形成高油优质。该层带 7~9 月平均气温 20~25℃，降水量 450~500mm，9 月气温 20~23℃ ，降水量 150~200mm。

（二）品种、类型和单株间含油率的变异

有关油茶种内个体间果实含油率的变异，许多研究者做过大量调查研究，并以果实或种子的含油量作为选种指标选出了许多优株。在未受干扰（选种或留优去劣疏伐）的油茶自然林分中，单株间果形、果实大小、颜色、出籽率，种子和果实含油率所表现的趋势和概率相当一致。除果色外，其他性状变异都是连续的，属于多基因控制的数量性状，其频度分布近似常态曲线（图 3-15）。

在果实和种子充分成熟的情况下，种子出仁率变异最小，种仁含油率次之，随后为鲜果出干籽率，而鲜果含油率变异最大，属于综合性状。鲜果含油率除因结果多少产生较大波动外，绝大多数相对稳定。因此，鲜果含油率是相当稳定的性状，是用于油茶良种选育的理想指标。

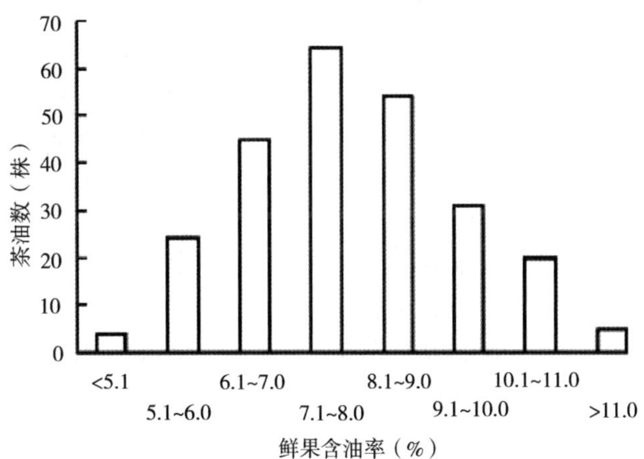

图 3-15　油茶林鲜果含油率的频度分布（黎章矩等，2010）

（三）种子成熟度对含油率的影响

油茶种子成熟期受遗传特性、立地条件、气候因子、结果多少等多种因素影响。在实生繁殖的油茶群体中、成熟期最早在 9 月底如云南地区，最迟在 11 月中旬如福建地区的

“立冬籽”，而且株间变异是连续的。雨天调匀，光照好，入秋早则成熟期早。因此，高海拔、高纬度地区油茶成熟期比低海拔、低纬度地区早；果实发育期遇长期干旱则成熟期推迟；结果太多的年份，成熟期也会推迟。

9月进入油脂快速积累时期，在充分成熟前的10~20d内，油脂仍在稳定增长。要果实充分成熟后方能采摘，但成熟后如不及时采摘，含油率反而会下降，而油茶果实充分成熟的外部特征是果实种子失水，果皮部分开裂。

（四）结果量对种子含油率的影响

由于当前油茶林立地条件差，管理粗放，树体发育不良，一旦结实过多则种子发育不良，出籽率和种子含油率都大幅下降。黎章矩等（2010）以种子或果实产量和出油率资料保存最完整的浙江常山县和湖南黄草坪林场1965—1982年果实（种子）产量与含油率为材料（表3-5）进行相关分析，结果两者均呈显著负相关；浙江省青田县（1971—1982），安徽省霍山县土地湾村（1971—1981），浙江省开化县大坂湾村（1970—1982），浙江省南湖林场（1971—1982），浙江省长兴县小浦林场（1978—1982）历年果实或种子产量与种子含油率之间的相关关系，均呈极显著负相关。对油茶194号优株1974—1989年历年产果量与果实经济性状变异情况分析发现，随着结果量增多，果实变小，鲜果含油率下降，单株产量与平均单果质量之间相关系数，与果油率之间的相关系数均达到极显著水平。

表3-5　潘母岗194号优株历年产量与果实大小、含油率的变异

年度	产量(kg/株)	平均单果质量（g）	鲜果含油率（%）
1974	2.00	20.02	7.26
1975	13.00	18.70	7.52
1978	4.00	22.30	8.57
1979	14.00	18.41	7.26
1980	5.35	21.09	9.22
1981	12.50	19.63	7.36
1982	19.80	17.47	6.05
1983	8.25	22.31	7.71
1984	12.85	19.17	7.18
1985	13.00	18.70	7.33
1986	8.00	22.80	8.84
1987	8.90	21.60	8.20
1988	7.20	24.60	9.12
1989	17.30	18.80	6.61
平均值	9.50	21.01	7.13
变异系数	56.94	13.47	12.15

注：1979年和1977年因故未测定。　　（黎章矩等，2010）

（五）立地条件对种子含油率的影响

从 20 世纪 50 年代以来，由于长期垦复，土壤肥力下降，全国各地茶籽出油率都有不同程度的下降。1949 年以前，按照浙江、湖南和安徽黄山地区农民的经验和油厂收购的茶籽，一般以茶籽出油率为 25.00%，鲜果出油率为 6.25%折算，但 20 世纪 70 年代以后茶籽出油率普遍在 24.00%以下，鲜果出油率多为 4.50%~5.50%。以具有代表性的浙江常山县和湖南邵东黄草坪林场为例，前者 60%以上为 1949 年以前的老林，后者 70%为 20 世纪 50 年代营造的壮龄林，两地从 60~80 年代，茶籽、茶果出油率都逐步下降。出油率的变化可能受气候、结果多少等因素的影响，但油茶普遍整体性出油率下降则是不争的事实（黎章矩等，2010）。

从全国的丰产林调查中发现，18 块高产林中有 4 块分布于石灰土上，6 块分布于含钙丰富的紫砂土上。调查和采样分析证明，土壤成土母质（母岩）与油茶果实或种子含油率之间确有紧密的联系，分布于石灰土上的油茶种子含油率普遍高于分布于砂岩或第四纪红土上的油茶（表 3-6）。

表 3-6　成土母质与油茶果实、种子含油率关系

地点	成土母质	土壤 pH 值	测定年度	年平均油茶种实经济性状（%）					
				鲜果干籽率	干籽出油率	鲜果出油率	干籽出仁率	仁含油率	干籽含油率
浙江长兴小浦林场	石灰岩	5.40	1974—1982	21.81	23.89	5.21			
安徽黄山岩寺林场	紫砂岩	5.12	1982—1985	24.28	25.20	6.12			
浙江安吉南湖林场	砂岩	4.98	1973—1998	21.10	23.09	4.87			
浙江龙游林场	第四纪红土	4.78	1971—1981	22.84	22.25	5.18			
浙江常山林场对面山	石灰岩	6.52	1987				61.15	49.7	30.39
浙江常山林场施家山	砂岩	5.02	1987				58.43	43.52	25.43
浙江临安千秋关	石灰岩	5.86	1985	24.00	25.60	6.14			
浙江淳安朱塔村	石灰岩	6.30	1985	25.30	25.06	6.34			
浙江淳安朱塔村	砂岩	5.18	1985	24.12	23.06	5.56			
湖南永兴土桥村安东冲	石灰岩	5.79	1983				70.31	46.08	30.35
湖南枣子村二冲	泥质岩	4.90	1983				53.75	42.61	23.06

（黎章矩等，2010）

（六）生理代谢对油茶含油率的影响

1. 油茶果实糖含量及代谢相关酶活性与油脂积累关系

油茶果实中可溶性糖总含量及葡萄糖含量与油茶籽含油率均呈显著负相关，蔗糖含量与油茶籽含油率呈极显著负相关；SAI 和 CAI 活性与油脂积累呈极显著正相关（表 3-7）。油脂转化期伴随着活跃的糖代谢过程，应加强 7 月中旬以后田间管理，以提高种子含油率。

表 3-7 果实可溶性糖含量和糖代谢相关酶活性与种子含油率相关性分析

指标	可溶性糖总含量	蔗糖含量	果糖含量	葡萄糖含量	蔗糖合成酶活性	蔗糖磷酸合酶含量	液泡酸性转化酶活性	细胞壁酸性转化酶活性
含油率	-0.774*	-0.995**	-0.901	-0.974*	0.389	0.372	0.893**	0.809**

（张凌云等，2012）

2. 油茶果实矿质元素含量和油脂积累的相关性

油茶种子中油脂的积累和氮、钾元素的含量的变化呈显著负相关关系。在果实成熟后期，种子中钾元素含量下降，果皮中钾元素含量升高，可见，种子中的钾元素向果皮中发生了转运，在果实成熟后期，种子中磷元素含量下降，可能与油脂合成消耗了部分磷元素有关，油茶种子磷元素含量与油脂成分中不饱和脂肪酸含量呈负相关关系（相关系数为-0.9511），与饱和脂肪酸含量呈正相关关系（相关系数为0.9280），可见，磷元素影响了油茶油脂成分的组成。见表 3-8 和表 3-9。

表 3-8 油茶果实发育后期果皮和种子中矿质元素含量的变化

品种	日期	氮（g/kg）		磷（g/kg）		钾（g/kg）		锰（g/kg）	
		果皮	种子	果皮	种子	果皮	种子	果皮	种子
4号	9月22日	3.70	15.01	0.53	1.88	6.32	10.90	0.32	0.15
	10月22日	2.78	9.26*	0.36	1.26*	8.83*	5.21*	0.28	0.07*
40号	9月22日	2.96	12.60	0.53	1.63	7.04	8.78	0.32	0.19
	10月22日	2.69	7.89*	0.57	1.14*	9.36*	5.23*	0.17*	0.07*
53号	9月22日	3.71	12.90	0.51	1.96	6.05	8.75	0.15	0.11
	10月22日	6.41	8.15*	0.78	1.15*	9.25*	5.26*	0.12	0.10

（曹永庆等，2013）

表 3-9 油茶种子矿质元素含量与油脂积累的相关性分析

	含油率（%）	不饱和脂肪酸（%）	饱和脂肪酸（%）	N	P	K	Mn
含油率（%）	1						
不饱和脂肪酸（%）	0.8443	1					
饱和脂肪酸（%）	-0.7988	-0.9961	1				
N	-0.9433	-0.8699	0.8245	1			
P	-0.8839	-0.9511	0.9280	0.9483	1		
K	-0.9797	0.8487	0.8006	0.9857	0.9246	1	
Mn	-0.8548	-0.6498	0.6040	0.7386	0.6075	0.7732	1

（曹永庆等，2013）

参考文献

曹永庆，姚小华，任华东，等. 2015. 油茶果实成熟过程中内源激素和矿质元素含量的变化特征［J］. 北京林业大学学报，31（11）：76-81.

曹永庆，姚小华，任华东，等. 2013. 油茶果实矿质元素含量和油脂积累的相关性［J］. 中南林业科技大学学报，33（10）：38-41.

陈永忠，肖志红，彭邵锋，等. 2006. 油茶果实生长特性和油脂含量变化的研究［J］. 林业科学研究，19（1）：9-14.

仇键. 2006. 油茶种子油体蛋白基因的分离克隆及其原核表达［D］. 长沙：中南林业科技大学.

邓毓芳. 1987. 木本油料种籽油脂形成及转化的研究［J］. 经济林研究，S1，274-277.

胡芳名，谭晓风，石明旺，等. 2004. 油茶种子 cDNA 文库的构建［J］. 中南林学院学报，24（5）：1-4.

黎章矩，华家其，曾燕如. 2010. 油茶果实含油率影响因子研究［J］. 浙江林学院学报，27（6）：935-940.

刘俊萍，刘刚，游璐，等. 2018. 不同品种油茶细根时空分布动态［J］. 应用生态学报，1-11.

罗凡，费学谦，方学智，等. 2012. 油茶籽采摘时间对茶油品质的影响研究［J］. 江西农业大学学报，34（1）：87-92.

彭邵锋，陆佳，马力，等. 2015. 油茶果实生长发育期氮磷钾含量变化研究［J］. 35（6）：26-30.

谭晓风，胡芳名，谢禄山，等. 2006. 油茶种子 EST 文库构建及主要表达基因的分析［J］. 林业科学，42（1）：43-48.

王湘南. 2011. 油茶物候期及开花生物学特性研究［D］. 长沙：中南林业科技大学.

余优森，任三学，谭凯炎. 1999. 中国普通油茶含油率品质气候区域划分与层带研究［J］. 自然资源学报，14（2）：123-127.

张党权，谭晓风，陈鸿鹏. 2007. 油茶油脂的生物合成及调控基因的特性［J］. 中南林业科技大学学报，27（5）：106-110.

张凌云，王小艺，曹一博. 2013. 油茶果实糖含量及代谢相关酶活性与油脂积累关系分析［J］. 北京林业大学学报，35（4）：55-60.

周政贤. 1963. 油茶生态习性、根系发育及垦复效果的调查研究［J］. 8（4）：336-346.

庄瑞林，周启仁，姚小华，等. 2012. 中国油茶［M］. 北京：中国林业出版社.

赵广，宋志波，刘美兰，等. 2017. 油茶 CoPDAT 基因的克隆与表达分析［J］. 53（09）：1619-1628.

Alber B E, Fuchs G. 2002. Propionyl-coenzyme a synthase from chloroflexus aurantiacus, a key enzyme of the 3-hydroxypropionate cycle for autotrophic CO_2 fixation［J］. J. Biol. Chem., 277（14）：12137-12143.

Capuano F, Beaudoin F, Napier J A, et al. 2007. Properties and exploitation of oleosins［J］. Biotechnol Adv., 25（2）：203-206.

Carrie C, Murcha M W, Millar A H, et al. 2007. Nine 3-ketoacyl-CoA thiolases（KATs）and acetoacetyl-CoA thiolases（ACATs）encoded by five genes in Arabidopsis thaliana are targeted either to peroxisomes or cytosol but not to mitochondria［J］. Plant. Mol. Biol., 63（1）：97-108.

Canny MJ. Translocation of nutrients and hormones. 1984. In：Wilkins MB（ed）. Advanced plant physiology［M］. Harlow, Essex, UK：Longman, 227-296.

Dewar RC. 1993. A root-shoot partitioning model based on carbon- nitrogen-water interactions and munch phloem flow［J］. Funct Ecol, 7：356-368.

Frandsen G I, Mundy J, Tzen J T C. 2001. Oil bodies and their associated protein, oleosin and caleosin physiologia［J］. Plantarum, 112（3）：301-307.

Giannoulia K, Banilas G, Hatzopoulos P. 2007. Oleosin gene expression in olive［J］. J. Plant Physiol, 164（1）104-107.

Heath R J, Rock C O. 1995. Enoyl-acyl carrier protein reductase (fabI) plays a determinant role in completing cycles of fatty acid elongation in escherichia coli [J]. J. Biol. Chem., 270 (44): 26538-26542.

Jenni S, Leibundgut M, Boehringer D, et al. 2007. Structure of fungal fatty acid synthase and implications for iterative substrate shuttling [J]. Science, 316 (5822): 254-261.

Leibundgut M, Jenni S, Frick C, et al. 2007. Structural basis for substrate delivery by acyl carrier protein in the yeast fatty acid synthase [J]. Science, 316 (5822): 288-290.

Mayer K M, Shanklin J. 2007. Identification of amino acid residues involved in substrate specificity of plant acyl-ACP thioesterases using a bioinformatics-guided approach [J]. BMC Plant Biol., 7 (5): 1-11.

Millar A A, Kunst L. 1997. Very-long-chain fatty acid biosynthesis is controlled through the expression and specificity of the condensing enzyme [J]. Plant J., 12 (1): 121-131.

Moon H, Chowrira G, Rowland O, et al. 2004. A root-specific condensing enzyme from Lesquerella fendleri that elongates very-long-chain saturated fatty acids [J]. Plant Mol. Biol., 56 (6): 917-927.

Siloto R M, Findlay K, Lopez-Villalobos A, et al. 2006. The accumulation of oleosins determines the size of seed oilbodies in Arabidopsis [J]. Plant Cell, 18 (8): 1961-1974.

Tai S S K, Chen M C M, Peng C C, et al. 2002. Gene family of oleosin isoforms and their structural stabilization in sesame seed oil bodies [J]. Biosci. Biotechnol. Biochem., 66 (10): 2146-2153.

Tan X F, Zhang D Q, Qiu J, et al. 2005. Separation and bioinformatic analysis of oleosin Genes in seeds of Camellia oleifera [C] //The third International Forum on Post-Genome Technologies, Guilin, China, 90-91.

Venegas-Caleron M, Beaudoin F, Sayanova O, et al. 2007. Co-transcribed genes for long chain polyunsaturated fatty acid biosynthesis in the protozoon Perkinsus marinus include a plant-like FAE1 3-ketoacyl coenzyme A synthase [J]. J. Biol. Chem., 282 (5): 2996-3003.

Zhang D Q, Tan X F, Xie L S, et al. 2006. The main genes controlling the biosynthesis of fatty acids in Camellia oleifera seeds [C] //27thInternational Horticulture Congress, seoul, Korea. 64.

Zhang D Q, Tan X F, Hu F M. 2006b. The cDNA cloning and characteristic of stearoyl-ACP desaturase gene of Camellia oleifera [C] //27thInternational Horticulture Congress, Seoul, Korea, 65-66.

第四章

油茶流特性

油茶源器官通过叶片光合作用形成的同化物和根系吸收形成的营养物质向各种生长和贮存的库分配和转移的过程就形成了“流”。然而，油茶在不同的生长阶段和不同的生长季节，营养生长或生殖生长时期，对各种营养物质的产生、运输、分配和积累形式是不同的，因此，深入研究探索油茶流的特性，科学地运用相应技术来有效调控，使同化物实现精准分配，成为夺取油茶高产优质的必要条件。

第一节　油茶同化物运输与分配

油茶高产不仅要求光合器官有较强的光合能力，而且还要求叶片中的光合产物高效地运输分配到经济器官，提高经济产量。光合产物的转运和分配影响着植物的生长发育与产量形成。光合产物的转运和分配主要包括两部分：一是质体（如叶绿体等）与细胞质间的转运，质体内膜上的磷酸转运蛋白是细胞质和质体代谢转运的界面，主要执行单糖转运；二是细胞质中的转化产物（主要是蔗糖）经韧皮部的装卸载向库组织或器官的转运，主要是蔗糖转运蛋白（SUTs）和己糖转运蛋白（HXTs）的转运。

一、同化物运输

同化物分配的范围较广，包括从同化物生产、韧皮部末端同化物装载、同化物长距离运输到韧皮部末端同化物卸出等所有与同化物分配有关的过程（图 4-1）。同化物运输主要是在韧皮部筛管和伴胞中进行，可分三步：装载、运输和卸出（潘瑞炽，2001；陈懿等，2013）。装载是指光合产物从叶肉细胞到筛分子-伴胞复合体的整个过程，包括两条途径：质外体途径和共质体途径（潘瑞炽，2001；刘颖慧等，2006）。有研究表明装载是汇调节源中光合作用的一种信息传导机制（Michael et al.，1996）。卸出指装载的光合产物输出到库的接受细胞的过程。卸出的途径也有两条：质外体途径和共质体途径（潘瑞炽，2001）。卸出使得近汇端的筛管中膨压降低，装载使得近源的膨压升高，形成压力梯度（Thornley 和 Johnson，1990；Satchivi，2000；Daudet et al.，2002）。1930 年德国学者 E. Munch提出了压力流动学说，筛管中溶液流运输是由源和汇端之间渗透产生压力梯度推动的。韧皮部运输能力主要由韧皮部横截面积和源汇长度决定。筛管数量、大小、连接方式和流转能力等都会影响光合产物的运输（刘颖慧等，2006）。此学说用于模拟光合产物运输，其中韧皮部导度由 Poisseuille 关系描述（Canny，1984）。

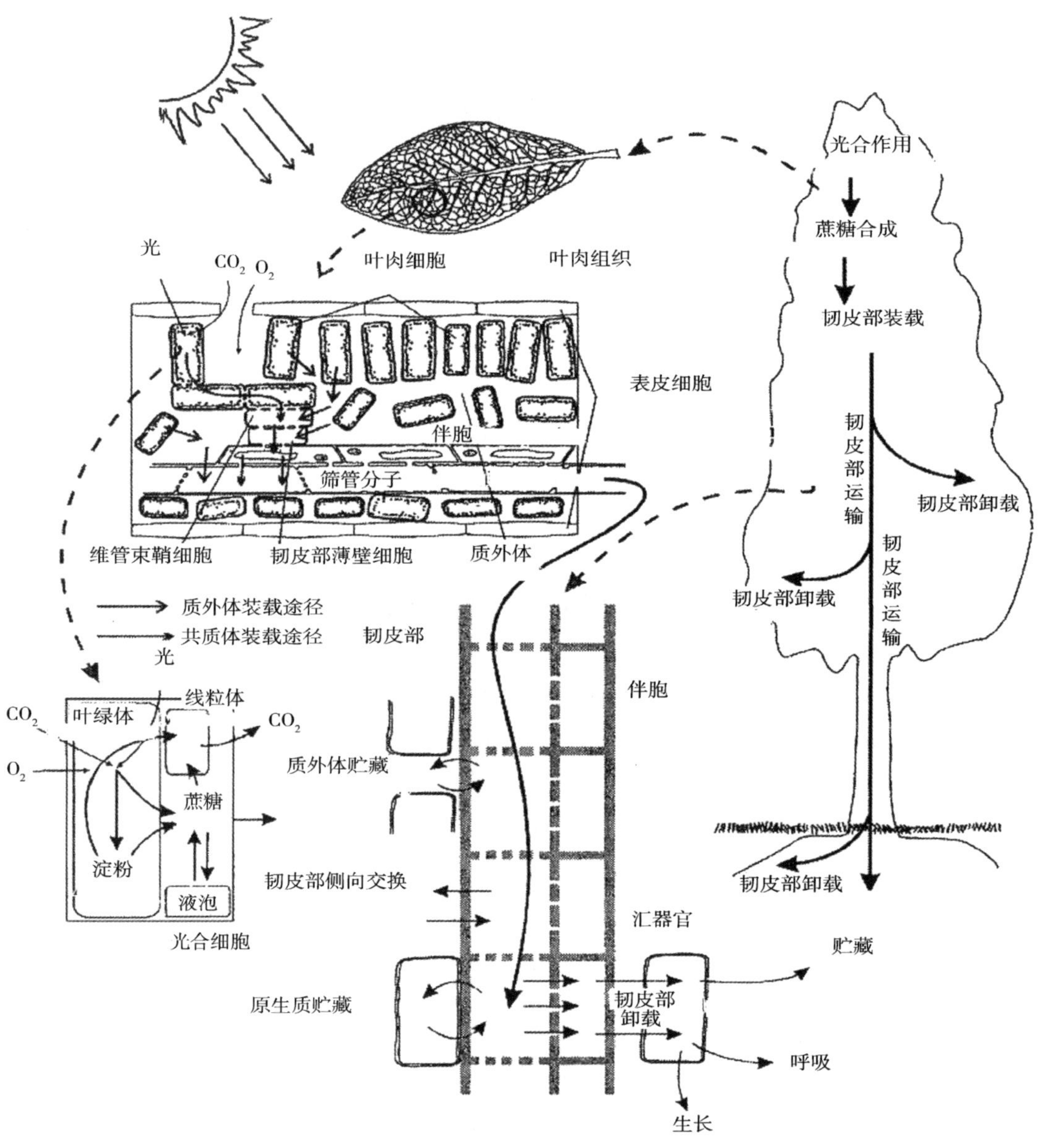

图 4-1　同化物分配过程示意图（刘颖慧等，2006）

$$M=\pi r^4\triangle\rho 10^{-3}/8\eta l \tag{4-1}$$

式中：M 是流动密度；η 是黏性系数；l 是运输长度；r 是半径；$\triangle\rho$ 是压力差。

Dewar（1993）采用 Munch 学说模拟了木质部和韧皮部中碳、氮和水分运输，并认为三者的相互作用影响了植物生长发育。

$$R_{ph}=r_{ph}\left(\frac{1}{W_s}+\frac{1}{W_r}\right)$$

$$R_{xy}=r_{xy}\left(\frac{1}{W_s}+\frac{1}{W_r}\right)$$

$$R_{sr}=\frac{r_{sr}}{W_r}$$

$$\mu_s=k_sC_sN_sf\ (\psi_s)$$

$$\mu_r=k_rC_rN_rf\ (\psi_r) \qquad (4-2)$$

式中：μ_S和μ_r分别代表枝条和根系相对生长率（d）；k_s和k_r分别为枝条和根系生长系数（500d）；C_s和C_r分别为枝条和根系碳基质浓度；N_s和N_r分别为枝条和根系氮基质浓度；ψ_s和ψ_r分别为枝条和根系木质部水势（J/g）；R_{ph}、R_{xy}和R_{sr}分别为韧皮部、木质部和土壤-根系水分阻力（$kg/m^2 \cdot d$）；r_{ph}、r_{xy}和r_{sr}均为常数（d）；W_s和W_r分别为枝条和根系干重（kg/m^2）。

二、同化物在不同器官的分配

汇竞争能力包括汇强度和优先级。汇强度一般用器官潜在生长速率，即用光合产物供给充足条件下器官生长速率表示（Marcelis，1996），例如：Patrick（1993）用各器官独立参数表示潜在生长速率。植株中光合产物分配量是由汇强度差异造成，公式为：汇强度=汇容量×汇活力。汇容量是指汇总重量（一般是干重），汇活力是指单位时间单位干重吸收光合产物的速率。改变汇容量或汇活力都会改变光合产物分配及运输模式。汇强度调节主要是受膨压和植物激素影响。膨压在筛分子中起信号作用能够从汇组织迅速传递到源组织。植物激素是影响质外体装载和卸出的主动运输器（潘瑞炽，2001）。汇优先级是指当光合产物供给受限时，光合产物分配先满足优先级高的汇需求，再分配给低优先的器官。油茶具有“抱子怀胎”的特性，一般花芽于 5 月下旬至 6 月上旬开始分化，于当年 9 月下旬至 10 月成熟，这一阶段也是油茶果实快速生长的时期，挂果量大的油茶植株，光合产物等优先向果实分配，导致新梢、花芽等其他器官养分供应不足，造成花芽分化数量大幅度减少、严重时甚至大量落花、落叶等。因此，当年挂果量过大，而肥水管理不到位时，最容易使当年花芽分化少，导致来年产量显著降低，是造成了油茶的“大小年”的主要原因（图 4-2、图 4-3）。

图 4-2　挂果过大油茶植株（基本无花芽）

图 4-3 合理挂果量的油茶植株（花、果数量均衡）

Ho 等（1989）认为吸收光合产物物理限制因素是汇容量和汇强度，而生理限制因素是汇活力即汇优先级。汇竞争能力也受环境因子影响。当出现高光强、CO_2浓度增加、水分和养分胁迫时，光合产物会更多地分配到根系，来促进根系吸收水分和养分，反之，则向叶片分配（平晓燕等，2010）。不同营养元素对光合产物分配的影响也有很大差异。土壤中 N、P 和 S 含量减少导致光合产物向根系分配增多；而 K、Mg 和 Mn 的缺失会降低光合产物向根系的分配比例（Ericsson et al.，1996；Balachandran et al.，1997；Nielsen et al.，2001）。见图 4-4。

油茶在低磷情况下，根冠比上升；而在磷充足的条件下，植株的地下部干物质分配量和根系形态参数的相对值就相对降低（袁军，2013；叶思诚，2016），表明低磷胁迫促进

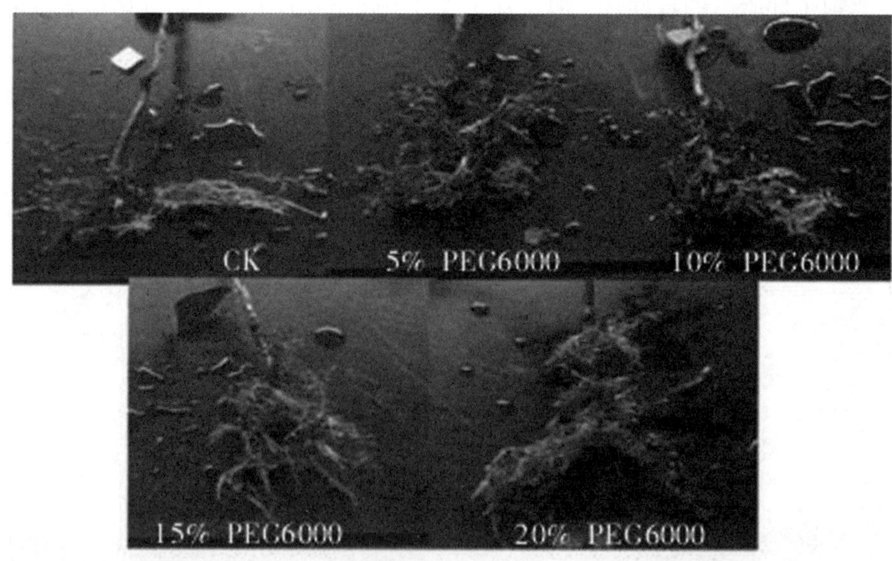

图 4-4 不同浓度的 PEG6000 处理对油茶幼苗根系外部形态的影响（张规富等，2016）

了油茶的同化碳水化合物向根部的分配。油茶面临干旱胁迫时，其光合产物优先分配给根系，使得植物根系的质量迅速增加而植株地上部分的质量增加缓慢，根系质量的增加使根系更加发达，而发达的根系更加利于植物对土壤中水分的吸收，以适应干旱环境。

第二节　油茶果实同化物卸载路径

一、油茶果实筛管伴胞复合体、薄壁细胞的超微结构

油茶果实发育不同时期，伴胞的胞质始终致密且颜色比较深，其中含有非常丰富的内质网、线粒体和高尔基体。液泡化程度也不一样，有的具有中央大液泡；有的液泡化程度则比较低。但是薄壁细胞一般都大于邻近的伴胞，胞质也比较稀薄、颜色比较浅。在韧皮部中，SE-CC 复合体、筛管伴胞之间与薄壁细胞之间以及薄壁细胞之间都存在胞间连丝。发育早期和晚期筛管伴胞复合体与薄壁细胞之间的胞间连丝数（图 4-5）。

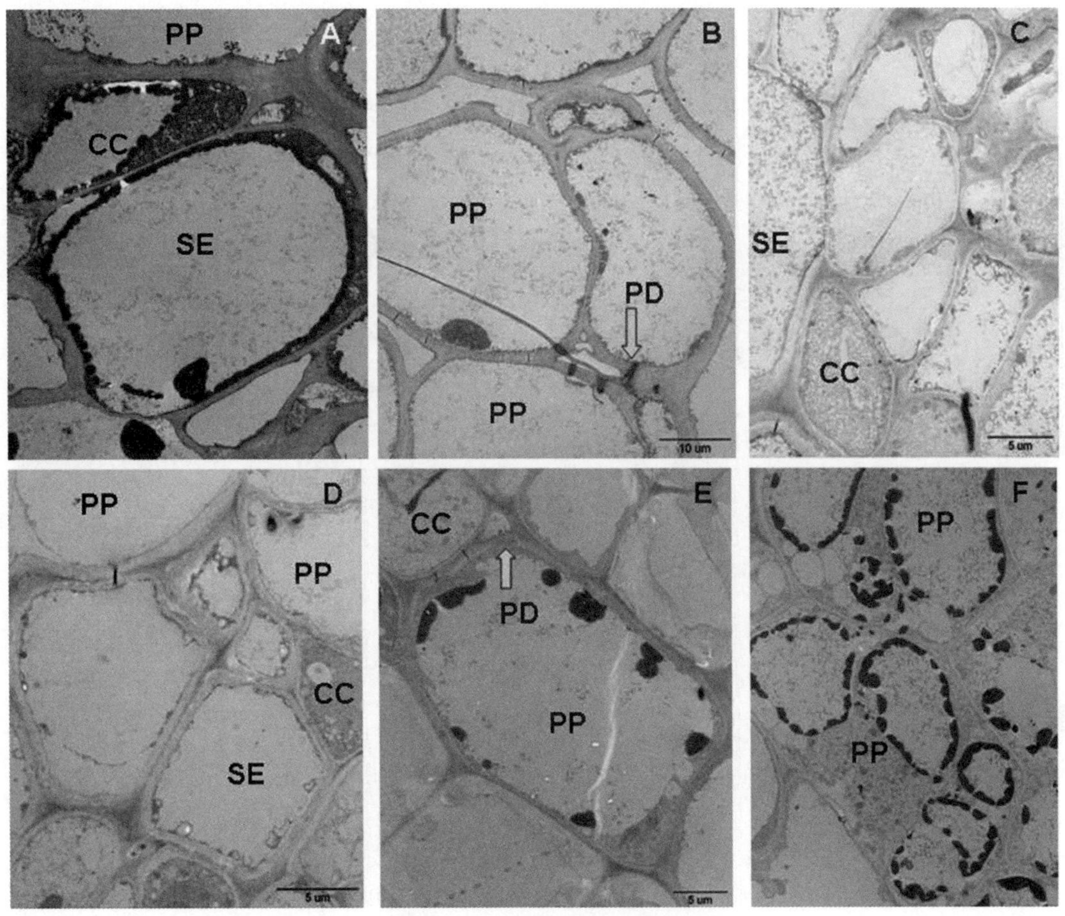

图 4-5　油茶果实的超微结构

A、B 为果实发育早期的超微结构；C、D 为果实发育中期的超微结构；E、F 为果实发育后期的超微结构（王小艺，2012）

二、油茶果实生长发育过程中同化物卸载路径

在果实不同生长发育时期，油茶果实同化物卸载的路径是不同的，在果实发育前期（4~5月）和后期（8~10月）卸载路径为共质体途径，中期（6~7月）为质外体途径（图4-6、彩图15）。在油茶果实发育早期和发育后期，膜不透性的荧光染料 carboxyfluorescein（CF）在引入果实48h后向周围的薄壁细胞发生扩散（彩图12、彩图14）；在果实发育中期，即果实生长期后期和油脂转化期，CF被限制在韧皮部，而没有扩散到周围薄壁细胞中（彩图13）。由此可见，油茶果实在幼果形成期和果实生长前期及果实成熟期，果实韧皮部同周围薄壁组织是共质体连续的，同化物主要采取共质体卸载路径；在果实生长后期和油脂转化期，果实韧皮部组织同周围薄壁组织存在共质体隔离，同化物主要采取质外体卸载路径。同化物卸载路径在果实发育过程中经历了共质-质外-共质两次转变，如彩图16所示，第一个转变期5月23日，卸出量下降，卸载路径开始由共质体转变为质外体；8月23日第二个转变期，开始由质外体向共质体的转变，卸出量不断增加（王小艺，2012）。

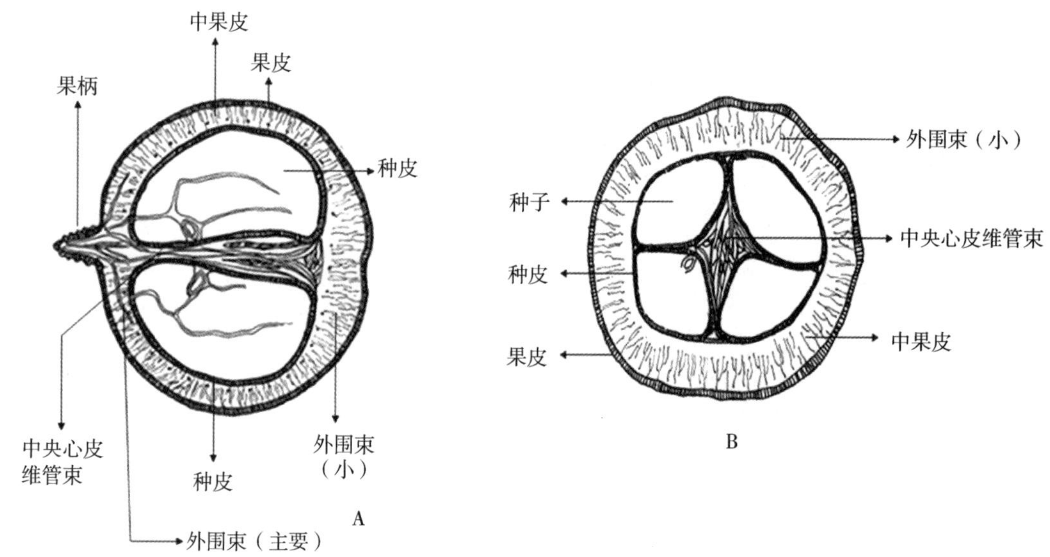

图4-6 油茶果实的结构示意图

（A 果实纵切，B 果实横切）（王小艺，2012）

参考文献

陈懿，尹鹏达，陈伟，等. 2013. 植物光合产物分配的机理模型的研究进展［J］. 植物生理学报，49（5）：425-436.

陈焱丽，王清连，石明旺，等. 2007. 大豆源库流的研究进展［J］. 安徽农业科学，35（8）：2251-2252.

付晓记，艾沙江·买买提，牟红梅，等. 2011. 草莓去果降低库力对叶片光合特性和光破坏防御系统的影响［J］. 园艺学报，07：1267-1274.

樊金娟，宁静，孟宪菁，等. 2012. C3植物叶片稳定碳同位素对温度、湿度的响应及其在水分利用中的研究进展［J］. 土壤通报，06：1502-1507.

龚月桦，高俊凤. 1999. 高等植物光合同化物的运输与分配［J］. 西北植物学报，19（3）：564-570.

李卫东，李绍华，吴本宏，等. 2005. 果实不同发育阶段去果对桃源叶光合作用的影响［J］. 中国农业科学，0578-1752：565-570.

刘颖慧，贾海坤，高琼. 2006. 植物同化物分配其其模型研究综述［J］. 生态学报，26（6）：1981-1992.

吕建国. 2017. 抑制黄瓜水苏糖合成酶基因 CsSTS 降低韧皮部装载和低温胁迫耐受性［D］. 北京：中国农业大学.

吕英民，张大鹏. 2000. 果实发育过程中糖的积累［J］. 植物生理学通报，36（3）：258-265.

潘瑞炽. 2001. 植物生理学. 第 5 版［D］. 北京：高等教育出版社.

石斌. 2015. 不同库源关系对油茶光合作用及同化物分配的影响［D］. 长沙：中南林业科技大学.

王小艺. 2012. 油茶果实同化物卸载路径及油脂积累规律的研究［D］. 北京：北京林业大学.

王玲玲，杜吉到，郑殿峰，等. 2009. 大豆源库流关系的研究进展［J］. 大豆学报，28（1）：168-169.

袁军. 2013. 油茶低磷适应机理研究［D］. 北京：北京林业大学.

叶思诚. 2016. 不同油茶无性系对低磷胁迫的响应及其分子基础研究［D］. 北京：中国林业科学研究院.

殷树鹏，张成君，郭方琴，等. 2008. 植物碳同位素组成的环境影响因素及在水分利用效率中的应用［J］. 同位素，01：46-53.

张海艳，董树亭，高荣岐. 2006. 植物淀粉研究进展［J］. 中国粮油学报，21（1）：41-46.

战吉成，黄卫东，王利军. 2002. 不同光环境对葡萄幼苗光合产物分配与转化的影响［J］. 中国农业科学，35（11）：1432-1436.

张规富，孙航远. 2016. PEG6000 模拟干旱对油茶幼苗形态结构的影响［J］. 湖北农业科学，55（11）：2829-2833.

Ayre B G. 2011. Membrane-transport systems for sucrose in relation to whole-plant carbon partitioning［J］. Mol Plant. 4：377-394.

Burkle，Hibberd J M，Quick W P，et al. 1998. The H+2sucrose cotrans2porter NtSUT1 is essential for sugar export from tobacco leaves［J］. Plant Physiol，118：59-69.

Chen J L，Reynolds J F. 1997. A coordination model of whole-plant carbonallocation in relation to water stress［J］. Annu Bot，80：45-55.

Daudet F A，Lacointe A，Gaudillère J P，et al. 2002. Generalized Münch coupling between sugar and water fl uxes for modelling carbon allocation as affected by water status［J］. J Theor Biol，214：481-498.

Fillion L，Ageorges A，Delrot S，et al. 1999. Cloning and expression of a hexose transporter gene expressed during the ripening of grapeberry［J］. Plant Physiol，120：1083-1093.

Grashoff C，Dantuona L F. 1997. Effect of shading and nitrogen application on yield，grain size distribution and concentrations of nitrogen and water soluble carbohydrates in malting spring barley（HordeamvulgareL）［J］. European J Agronomy，6（3-4）：275-293.

Graham I A，Martin T. 2000. Control of photosynthesis，allocation and partitioning by sugar regulated gene expression. In：Richard C L，Thomas D S，Susanne V C，eds. Photosynthesis：physiology and metabolism［M］. Dordrecht：Kluwer Academic Publishers，233-248.

HawkerJ S，Jenner C F，Niemietz C M，et al. 1991. Sugar metabolism and compart-mentation［J］. Australian Journal of Plant Physiology，18（039-7841）：227-237.

Kuhn C，Grof C P L. 2010. Sucrose transporters of higher plants［J］. Curr Opin in Plant Biol，2010，13，287-298.

Lemoine R, La C S, Atanassova R, et al. 2013. Source-to-sink transport of sugar and regulation by environmental factors. Front [J]. Plant Sci, 4: 272.

Marcelis L F M. 1996. Sink strength as a det erminant of dry matter partitioning in the whole plant [J]. Journal of Experimental Botany. 47 (special issue) : 1281-1291.

Moriguchi T. 1992. Levels and role of sucrose synthase, sucrose-phosphate synthase, and acid invertase in sucrose accumulation in fruit of asian pear [J]. Journal of the American Society for Horticultural Science, 117 (2): 274-278.

Moriguchi K, Abe T, Sanada, et al. 1992. Levels and role of sucrose synthase, sucrose-phosphate synthase, and acid invertase in sucrose accumulation in fruit of asian pear [J]. Journal of the American Society for Horticultural Science, 117 (0003-1062): 274-278.

Noiraud N, Maurousset L, Lemoine R. 2001. Transport of polyols in higher plants [J]. Plant Physiol Bioch. 39, 717-728.

Opkea K J. 1990. What is phloem unloading [J]. Plat Phyaiol, (94): 393-396.

Patrick J W, Offler C E. 1996. Post-sieve element transport of photoassimilates in sink regions [J]. Journal of Experimental Botany, 47 (Special Issue): 1165-1177.

Satchivi NM, Stoller EW, Wax LM, et al. 2000. A nonlinear dynamic simulation model for xenobiotic transport and whole plant allocation following foliar application. I. conceptual foundation for model development [J]. Pestic Biochem Phy, 68: 67-84.

Slewinski T L, Braun D M. 2010. Current perspectives on the regulation of whole-plant carbohydrate partitioning [J]. Plant Sci, 178, 341-349.

Steer M W, Newcomb E H. 1969. Development and dispersal of P-protein in the phloem of Coleusblumei Benth [J]. Journal of cell science, 4 (1): 155-169.

Sung S J S, Xu D P, Black C C. 1989. Identification of actively filling sucrose sinks [J]. Plant Physiology, 89 (4): 1117-1121.

Thorne J H. 2003. Phloem unloading of C and N assimilates in developing seeds [J]. Annual Review of Plant Biology, 36 (1): 317-343.

Tucker E B. 1990. Calcium-loaded 1, 2-bis (2-aminophenoxy) ethane-N, N, N′, N′-tetraacetic acid blocks cell-to-cell diffusion of carboxyfluorescein in staminal hairs of Setcreasea purpurea [J]. Planta, 182 (1): 34-38.

Vander Werf A. 1996. Growth analysis and photoassimilate partitioning. In: Zamski E, Schaffer A A, eds. Photoassimilate distribution in plants and crops: source-sink relationships [M]. New York: Marcel Dekker, Inc., 1-20.

Weise A, Barker L, Ward J M, et al. 2000. A new subfamily of sucrosetransporters, SUT4, with low affinity/high capacity localized in enucleate sieve elements of plants [J]. Plant Cell, 12: 345-1355.

第五章

油茶源库流协同与产能

在介绍了油茶源、库、流各自的特点和作用之后，本章将从源与库的关系，源、库、流的关系，源、库、流是否协调的衡量指标，源与库的关系对油茶产量和果实品质的影响等方面来揭示源、库、流对油茶产能和品质的综合影响，通过把握其实质和特点，为油茶高产优质培育提供理论与技术支撑。

第一节　源与库的关系

油茶的源与库之间是相互联系、相互协调、相互统一的。源是产量形成的物质基础，库对源有反馈作用（张雯雯，2011）。提高油茶产量的总体目标为源足、库大、流畅。源库关系类型主要分为三类：源限制型、库限制型、源库互作型。源限制型是指源小库大的类型，限制产量形成的主要因素为源的供应能力；库限制型是指源大库小的类型，限制产量的主要因素为库的接纳能力；源库互作型：产量是由源库协同调节的，增源增库均可达到增产目的（盛大海等，2009）。高产的关键不仅在于源库的充分发展，还必须根据油茶的品种特性、生态及栽培条件，采取相应的促控措施，使源库平衡，协调发展。

一、源与库的相互影响

（一）源特性对库的影响

油茶新梢上着生着60%的叶片和90%以上的花芽和果实。因此，新梢也是油茶最主要的源器官，其生长特性对同化物分配和果实生长有着密切关系。

（二）源调控对源、库影响

油茶的源是指产生、提供同化物的器官，其中叶片的光合作用是油茶源调控的主要手段。Nebauer等（2011）研究表明，库源关系改变是提高光合效率和光合产物总量、调整同化物运输与分配的重要途径。持续对源叶进行光照处理，即通过增源处理，可以逐渐增加叶片中光合产物的积累，过度的光合产物会反过来抑制叶片进行光合作用，即反馈抑制假说（Khanizadeh et al.，2005；彭丽丽等，2012）。去叶处理使库的需求增加，库源比率升高，促进叶片的同化物向库器官分配，保留下来的叶片光合能力往往也会增强（袁军等，2015）。

通过对油茶研究表明，随着留叶量的增加，即增源处理，果实单果重随之增加，且不会影响油茶果实的出油率及脂肪酸含量，所以通过适当增加油茶果实周围枝叶数量可以提高果实重量（石斌，2015）。通过适度减源处理，分配到芽的碳水化合物会得到提高，但是当重度减源处理时，碳水化合物将向活跃的叶片及芽库转移（Barimavandi et al.，2010；彭映赫等，2018）。优先分配碳水化合物到活跃的芽是植物适应源库比过低，促进再生长的一种生理调控。当库源比改变也会影响其他器官的生长发育，特别当营养生长及生殖生长旺盛期间，向其转运的碳水化合物会逐渐增加。

植物光合同化产物的分配受库与源相互关系的支配，各个器官的竞争能力强弱也可以影响光合产物的分配方向和分配量。在实际生产中，光合同化产物的运输分配是决定植物产量高低和品质的一个重要因素，不同整形修剪措施能有效的改变同化产物在各个器官的积累与分配。合理的源库关系调整可以提高树体内组织的同化物含量，对叶片光合同化物的合成起到正调控作用（方金豹等，2000）。

当库强相同时，油茶去叶等疏源处理可以显著提高源叶的叶绿素含量、净光合速率、气孔导度、叶片蒸腾速率、羧化效率、最大光化学效率、实际光量子产量和光合电子传递速率等光合相关参数。石斌（2015）研究发现油茶 2 叶 1 果时，源叶叶绿素含量、净光合速率、气孔导度、羧化效率、最大光化学效率、实际光量子产量和光合电子传递速率值均为最高，而同时的 6 叶 1 果处理最低，并且随着源叶数量的减少，叶片叶绿素含量、净光合速率、最大光化学效率、实际光量子产量和光合电子传递速率等参数随之提高（表 5-1、表 5-2，图 5-1）。这些结果表明，当库相同时，疏源处理可以显著提高源叶的光合相关参数。这也说明了油茶源叶光合特性对源库关系有很好的适应性，在实际生产中可通过适当的源库调整来达到对环境光合条件的最大利用，从而取得最大的生产效益。

表 5-1　不同源库关系处理

名　称	处理 1	处理 2	处理 3	处理 4	处理 5	处理 6
处理方法	1 果 2 叶	1 果 4 叶	1 果 6 叶	1 果 2 叶及对称枝	1 果 4 叶及对称枝	1 果 6 叶及对称枝
示意图	果实 叶片					

表 5-2　不同库源关系对叶片叶绿素荧光参数的影响

不同处理	最大光化学效率	实际光量子产量	光合电子传递速率
处理 1	0. 91±0. 02a	0. 19±0. 01a	87. 07±2. 95a
处理 2	0. 88±0. 03a	0. 17±0. 01a	73. 98±1. 51b
处理 3	0. 84±0. 004b	0. 14±0. 02b	61. 46±6. 91c
处理 4	0. 81±0. 02bc	0. 10±0. 005c	51. 00±1. 88d
处理 5	0. 79±0. 01c	0. 12±0. 02bc	53. 78±4. 04cd
处理 6	0. 72±0. 03d	0. 10±0. 01c	48. 16±7. 57d

（石斌，2015）

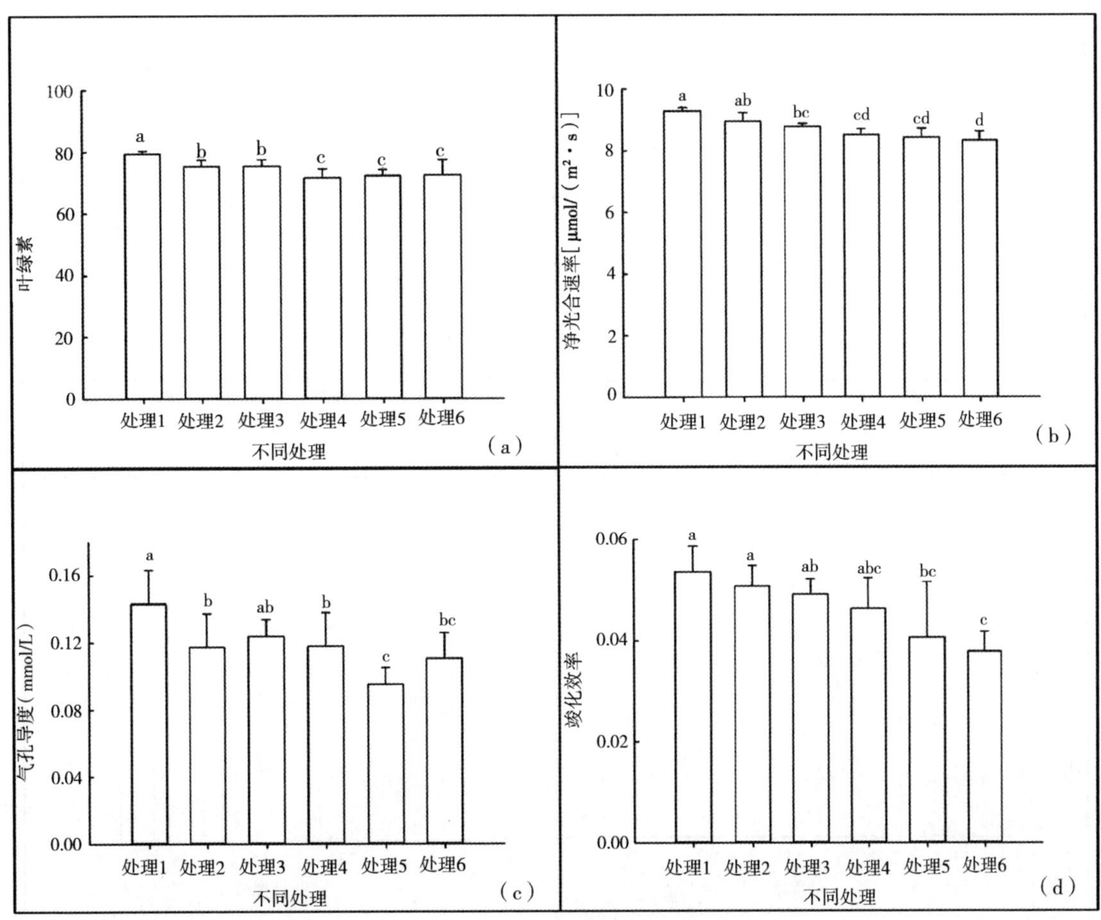

图 5-1　不同源库关系对油茶叶片叶绿素值和光合相关参数的影响（石斌，2015）

（a）油茶叶片叶绿素值；（b）油茶叶片净光合速率；（c）油茶叶片气孔导度；（b）油茶叶片羧化效率

（三）库调控对源库的影响

油茶的库是输入光合同化物的器官，包括幼叶、嫩枝、芽和果实等器官。油茶树体同化物分配模式受多种因素影响，光合同化物在植物各个库中的分配也取决于其库的竞争能力强弱和相对位置等条件（Iqbal et al.，2012）。

当源叶数相同时，油茶去果处理造成了源叶中碳水化合物的过度积累，从而降低了源叶的叶绿素含量、净光合速率、气孔导度、叶片蒸腾速率、羧化效率、最大光化学效率、实际光量子产量和光合电子传递速率等光合色素及光合参数。彭映赫等（2018）研究发现油茶无果处理组的叶片淀粉含量显著增加，但与其代谢相关的酶活性显著降低（图 5-2 和图 5-3）。当源叶枝上无明显的库强时，相邻枝去库处理后，其源叶可以向周围库运输光合产物，但其运输量却比较低，相同的源叶量，远低于果枝上源叶的供应能力，并且大部分光合产物向种仁中运输。

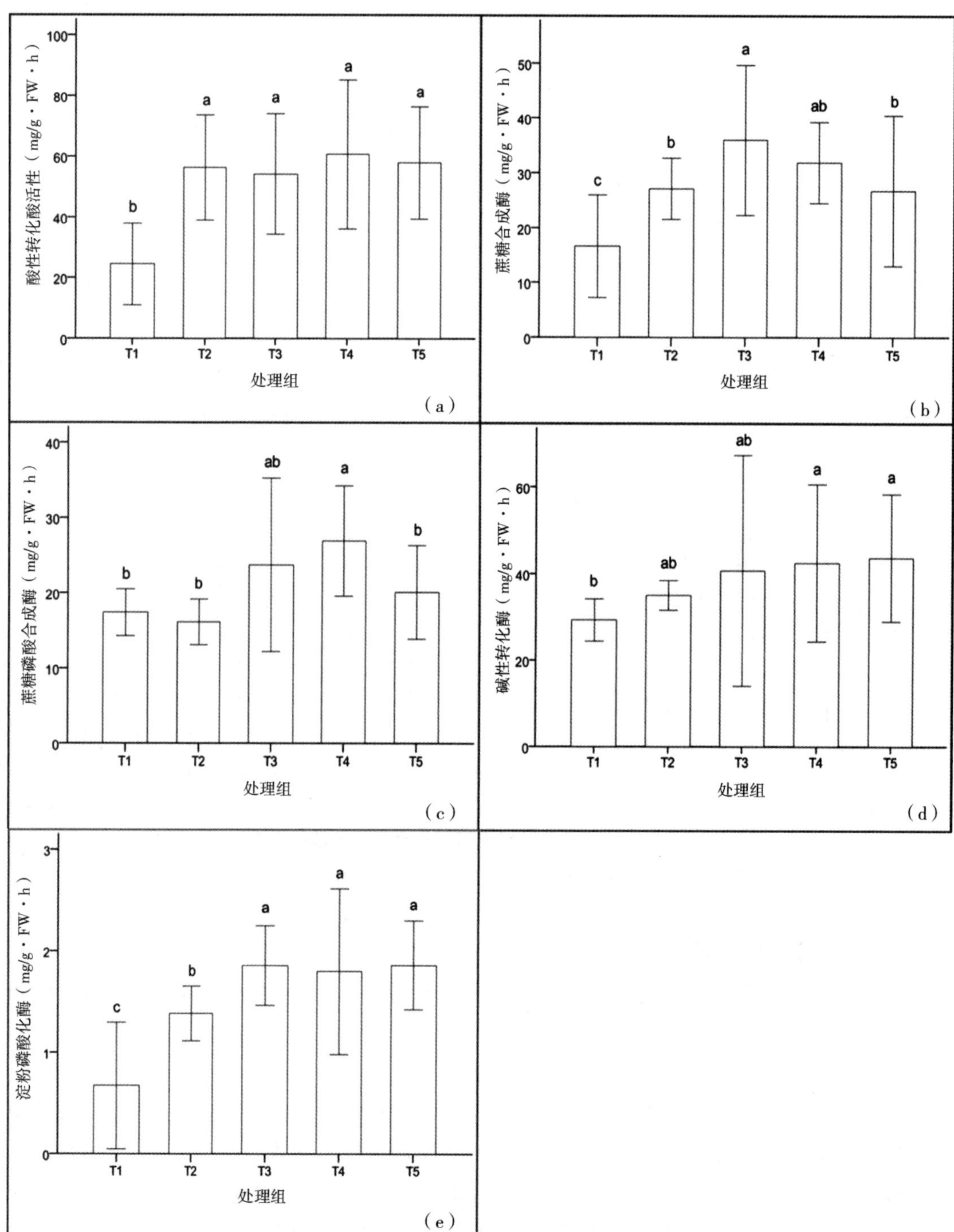

图 5-2　不同库源比条件下叶片碳水化合物代谢相关酶活性变化（彭映赫等，2018）

T1：5 叶没果；T2：3 叶 1 果；T3：4 叶 1 果；T4：5 叶 1 果；T5：5 叶 2 果

（a）酸性转化酶；（b）蔗糖合成酶；（c）蔗糖磷酸合成酶；（d）碱性转化酶；（e）淀粉磷酸化酶

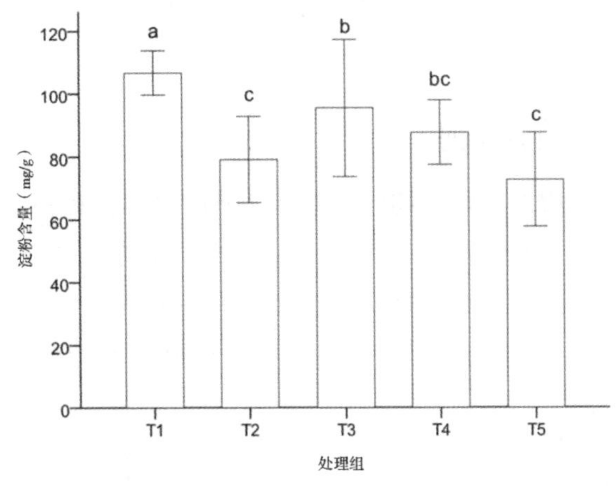

图 5-3　不同库源比条件下叶片淀粉含量变化（彭映赫等，2018）

T1：5 叶；T2：3 叶 1 果；T3：4 叶 1 果；T4：5 叶 1 果；T5：5 叶 2 果

二、源与库的相互转变

油茶中源库是相对的，随着生育期的改变，源库的地位有时会发生变化。同一器官，可为源也可为库，关键要看生育时期，同化产物输出者为源，接纳者为库。如幼叶为库，成熟叶则为源。油茶的源是指向其他生长器官或组织输送光合产物的器官和组织。在油茶的生育期中，凡绿色部分含有叶绿素的器官和部位均可进行光合同化，可谓广义的源；利用或储存同化物或其他物质的器官或组织可谓广义的库。

在油茶的营养生长中，功能叶片、绿色的果皮均有一定的光合同化能力，为主要的源；根也属于"源"的一部分，因为合成碳水化合物所需的矿质营养都须通过根系来吸收。而幼叶、茎尖等分生组织为主要的库，它们接受蔗糖等同化物，用于呼吸和细胞结构合成。在油茶的生殖生长阶段，功能叶仍是同化产物的主要供应者，而幼叶和茎随着同化物的积累也逐渐成长为可供应同化物的源；此时，花蕾、油茶果为主要的库，并且同化物绝大部分以不同形式储存于油茶籽中。

第二节　源、库与流的关系

源是流的起点，对流起着"推力"的作用；库是流的终点，对流起着"拉力"的作用；流决定着同化产物在油茶植株内的分配，是实现油茶的生物产量向经济产量转化的必由之路。一般说来，叶片光合强度的增加，或者库对同化产物需求的增加，都能导致同化物从源到库转运速率的提高，即源、库的增加都会在一定程度上改善流的状况（王丰等，2005）。但源或库单方面的过度增加不一定有利于流的畅通，即流的状况在很大程度上还受源库协调程度的影响。协调的源或库可以减小同化物运输过程中的阻力，提高同化物运输速度；反之，若源或库比过大，则会降低维管束通畅程度，增加同化物运输的阻力，减小同化物的运输速度（徐正进等，1998；王玲玲等，2009）。另一方面，流的畅通状况也会影响源和库的活性。若同化物运输受阻，同化物大量积聚在叶片中，则会大大降低叶片的同化能力。

一、源、库对流的影响

流是指作物源器官形成的同化产物向库器官转移的过程。源器官在光合作用中形成非结构性碳水化合物（包括蔗糖在内的果聚糖、果糖及淀粉等），并通过韧皮部运输到库器官中（潘庆民等，2002）。连接源库两端的输导组织的结构和性能，包括维管束的数目、大小、发育状况、联系方式和流转能力等均可作为流畅程度的衡量指标（Mirjam et al.，2005；盛大海等，2009）。

源库关系对流起到调控作用，其中碳水化合物的分配取决于其库的竞争能力强弱、与源的位置关系和相对位置等条件。当调整源库关系时，源叶光合作用的强弱会直接影响同化物分配方向及分配量。源库关系的改变，特别是重度减源处理，能使碳水化合物在植物各个器官的分配发生明显改变，反过来，碳水化合物的分配对源库关系也起一定作用（李发虎等，2015）。碳水化合物有两种产生途径，由叶片通过光合作用生产或者由贮藏物质转化而来，对同化物分配的影响主要体现在其源供给强度及库的竞争力上。植物叶片光合产物首先满足于自身的生理需求，只有当源库关系发生转变时，光合产物才开始以蔗糖的形式，经韧皮部长途运输后卸载到其他库中。林木中蔗糖—淀粉的转变在营养组织和生殖组织都普遍存在，很多成熟果实中的淀粉都转变成了糖。

油茶不同位置枝叶上光合产物在果实中的分配有显著性差异（袁军等，2015）。距离果实最近的枝叶向果实分配的光合同化产物量最大，即其对果实的供应能力最强，这符合植物叶片光合同化产物就近供应的规律。源叶光合产物在油茶果实与芽中的分配规律如下：当油茶果实和新芽在不同枝上时，源叶光合产物主要向果实运输，这可能因为果实相对于新芽具有更大的库强，库强的不同导致源叶光合产物的不均匀分配，因此源叶光合产物的分配与其本身的源库关系的转换有很大关系。果实位置的不同会影响植物叶片光合产物的分配规律，源叶光合产物在不同位置果实中的分配规律如下：在标记顶端叶片时，随着油茶果实与标记源叶距离的减少，其种仁中^{13}C光合产物量会随之升高，这说明相邻枝叶距离的远近可以影响油茶果实的生长，当库与源越接近时，其向库运输的光合产物会逐渐增强。

二、流对源、库的影响

光合同化物向不同库器官的运输与分配除了受源库的影响外，还受自身生理机能及多种外界环境因素的影响。例如，生境胁迫、植物激素、病原菌入侵等外部环境条件都可以影响植物同化物的运输和分配（Chikov et al.，2004；Colvill et al.，2010）。其中矿质营养缺乏可通过影响细胞的总代谢或者影响供应电子传递等因素影响植物体内同化物的运输和分配，并且会导致韧皮部细胞运输功能降低、生理功能损伤或是影响同化物在根、根冠和枝叶上的分配比（许大全等，1998；Patrick et al.，2001）。同化物的运输受温度的影响主要是因为温度可以影响植物相关生理功能酶的活性，一般低温会导致库中同化物的缓慢积累，从而间接影响源的供应速率，而通过给予光照提高温度，不仅可以快速生产同化产物，而且也有助于生产的同化。

第三节　源库流协调的衡量指标

源是库的供应者，而库对源具有调节作用，流又是源和库的必经之路，源、库、流三者之间的关系是相互促进、相互影响、相互制约的。“源库比”是衡量源库关系是否协调的一种量化表示方法，其中“叶果比”是最常用的指标。叶果比是衡量群体源、库是否协调发展的综合指标，它反映出在源的发展过程中库的建立能力和一定的库容量下光合产物生产受库调节后的有效化程度，也反映了单位叶面积所建立和负载的库容大小。它有两种表示方法：一是以单位叶面积负载的库容大小表示；二是以单位叶面积对产量的贡献表示。

对油茶不同源库关系果实大小及品质的研究表明，在源叶分别保留为 2、4 和 6 叶时，随着保留源叶数量的增加，果实的横纵径及单果重都随之增加，并且 6 叶 1 果处理果实单果重和横纵径显著高于 2 叶 1 果处理。当保留对称去果枝时，果实的单果重、横纵径明显高于不保留对称去果枝处理，其中 6 叶 1 果保留对称枝处理获得的果实单果重和横纵径最大，显著高于 2 叶 1 果。去果枝源叶光合产物会向有果实的对称枝运输，供应对称枝上果实的生长发育，当果实枝旁边有无库的源叶枝时，其果实横纵径及单果重都要大于相邻上的果实。不同源库关系处理下，油茶果实含油率及脂肪酸含量无明显差异，因简单的源库关系调节不会改变种仁的相关理化性质，因此，在实际生产中应该科学合理修剪，尽可能保留结果枝周围枝叶数量，提高向果实供应光合产物的能力，增加果实的大小及重量，以此提高油茶单株产量及经济价值，节约人工成本，增加林农经济效益。

去果处理可以降低油茶源叶的叶绿素含量、净光合速率、气孔导度、叶片蒸腾速率、簇化效率、最大光化学效率、实际光量子产量和光合电子传递速率等参数；当库强相同时，油茶去叶处理可以显著提高剩余源叶的叶绿素含量、净光合速率、气孔导度、叶片蒸腾速率、羧化效率、最大光化学效率、实际光量子产量和光合电子传递速率等参数。

油茶在源相同的基础上，减库处理可以显著降低源叶叶绿素含量、光合参数、羧化效率和叶绿素荧光参数，而当库相同时，疏源处理可以显著提高源叶的光合相关参数，这说明油茶源叶光合特性对源库关系有很好的适应性，在实际生产中可通过适当的源库调整来达到对环境光合条件的最大利用，从而取得最大的生产效益。

第四节　源库关系对油茶产量与果实品质的影响

产量形成实质上是源库互作的过程，源强有利于库强潜势的发挥，库强则有利于源强的维持，流的畅通和强度势必影响物质的运行，所以植物高产的保障为源足、库大和流畅

(Marcelis et al., 2004)。果实是油茶生长中最主要的库，果实接纳光合同化产物的能力直接影响了油茶的产量及茶果的品质，也同时反向调控叶片的光合作用及同化物的运输速率和方向。

一、源库关系对产量的影响

(一) 不同源库关系源叶光合产物分配

如表 5-1、表 5-3 所示，^{13}C 标记处理不同源库关系的油茶果实，发现各处理间 ^{13}C 总量、果壳中 ^{13}C 量和种仁中 ^{13}C 量有显著差异。6 叶 1 果比 4 叶 1 果和 2 叶 1 果果实总 ^{13}C 量分别提高了 76.74%和 200.78%，果壳 ^{13}C 含量分别提高了 39.75%和 224.64%，种仁 ^{13}C 含量分别提高了 81.43%和 192.22%。2 叶 1 果、4 叶 1 果和 6 叶 1 果种仁与果壳 ^{13}C 量比值分别为 2.78、2.29 和 2.50，保留 2 叶 1 果、4 叶 1 果和 6 叶 1 果果实中 ^{13}C 总量相对于保留 2 叶 1 果、4 叶 1 果和 6 叶 1 果且有对称去果枝处理分别提高了 28.49%、11.57%和 44.37%。因此，油茶叶果比 6∶1 以上，才能更好地调节源库关系。

表 5-3 油茶不同源库关系对光合产物分配的影响

处理号	不同处理	^{13}C 含量 (mg)		
		果壳	种仁	果实总量
处理 1	1 果 2 叶	5.81±0.76d	16.15±2.58d	21.96±3.26c
处理 2	1 果 4 叶	11.36±2.69b	26.02±1.45c	37.38±2.47c
处理 3	1 果 6 叶	18.85±1.96a	47.21±3.50a	66.06±2.16a
处理 4	1 果 2 叶及对称枝	5.56±1.14d	11.53±0.29c	17.09±0.87f
处理 5	1 果 4 叶及对称枝	5.40±0.17cd	28.10±1.19c	33.50±1.07d
处理 6	1 果 6 叶及对称枝	7.62±0.17c	38.14±1.60b	45.76±1.46b

(石斌，2015)

去果枝上的源叶可向邻近枝上果实运输光合产物，但是同枝上叶片运输光合产物量显著高于邻近去果枝叶片，并且光合产物向种仁中运输量显著高于果壳，并且随着源库比的升高，源叶光合产物向果实的分配总量随之增加。

(二) 不同位置源叶光合产物分配

标记不同位置枝叶后 (图 5-4、表 5-4)，其光合产物向果壳、种仁和果实总量分配有显著性差异。标记中枝叶处理果实获得的 ^{13}C 量相对于标记上枝叶和下枝叶分别提高了 34.43%和 137.75%，并且标记中枝叶果实获得的 ^{13}C 量显著高于标记上枝叶和下枝叶处理。当标记枝叶离果实距离越近即临近库时，光合同化产物对其供应能力最强，这符合植物叶片光合产物就近供应的规律。

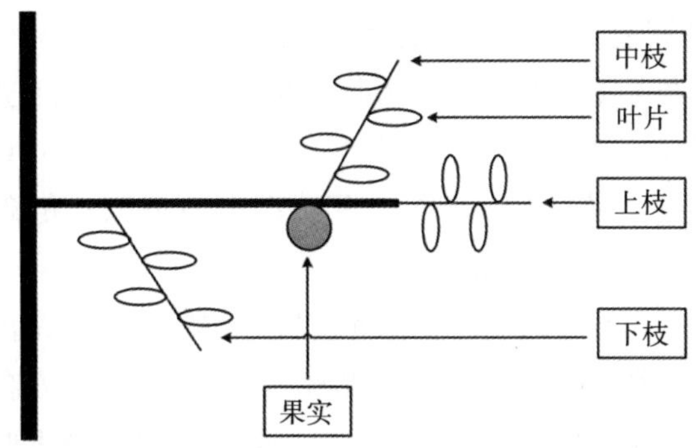

图 5-4　源叶位置对同化物供应影响（石斌，2015）

表 5-4　油茶源位置对光合产物分配的影响

处理	^{13}C 含量（mg）		
	果壳	种仁	果实总量
标记上枝叶	2.93±0.17c	26.02±0.83a	28.94±1.98b
标记中枝叶	11.4±1.6a	27.47±1.23a	38.91±0.52a
标记下枝叶	8.00±0.31b	8.37±0.20b	16.37±1.16c

（石斌，2015）

（三）源叶光合产物在果实和芽中的分配

当果实和芽在不同枝上时，叶片光合同化产物在不同库中的分配有显著性差异，果实中所含^{13}C量明显高于新芽（图 5-5），即其获得光合产物的能力要高于芽，且种仁中^{13}C量要显著高于果壳中，这说明叶片光合产物主要向种仁供应。

当油茶果实和新芽在不同枝上时，源叶光合产物主要向果实运输，因为油茶果实处于快速生长期，代谢旺盛，相对于芽有更强的竞争优势，属于油茶的生长中心，因此光合产物主要供应油茶果实的生长发育。

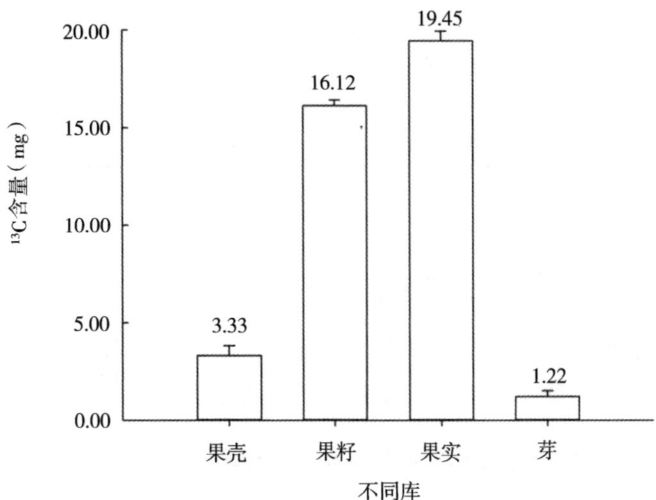

图 5-5　油茶源叶光合产物在不同库间的分配规律（石斌，2015）

(四) 源叶光合产物在不同位置果实中的的分配

果实位置的不同（图 5-6）可能影响植物叶片光合产物的分配规律（表 5-5），三个不同位置果实中的^{13}C 含量有显著差异，并且果壳、种仁和果实中^{13}C 量规律相同，都是第一果显著高于第二果，第二果显著高于第三果，即离油茶源叶距离越近，果实中标记的^{13}C量越大，光合同化产物向果实运输的越多。

因为油茶源叶光合产物的分配规律受源库位置影响较大，长距离的运输可能造成光合同化产物的消耗，因此随着源叶与库距离的增加，其向果实供应光合产物的能力减弱。

去果枝上的源叶可向邻近枝上果实运输光合产物，但是同枝上叶片运输光合产物量显著高于邻近去果枝叶片，并且光合产物向种仁中运输量显著高于果壳，并且随着源库比的升高，源叶光合产物向果实的分配总量随之增加。

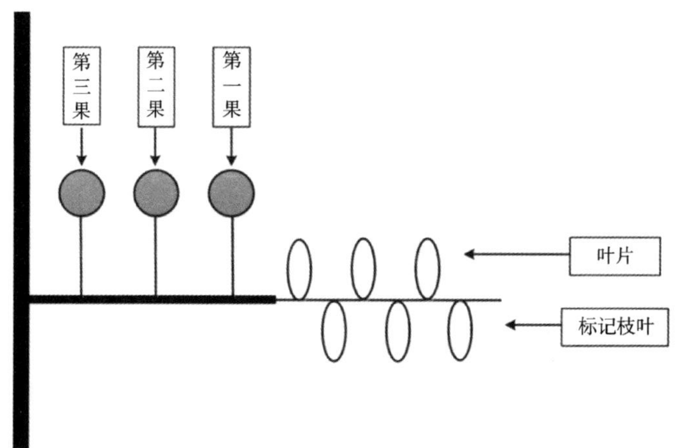

图 5-6　同化物供应对不同位置果实的影响

表 5-5　油茶源叶光合产物在不同位置果实中的分配规律

处理	^{13}C 含量（mg）		
	果壳	种仁	果实总量
第一果	9. 06±0. 59a	17. 85±0. 44a	26. 91±0. 82a
第二果	8. 51±0. 28a	9. 48±0. 37b	18. 00±0. 38b
第三果	1. 14±0. 26b	1. 00±0. 18c	2. 14±0. 13c

（石斌，2015）

二、源库关系对果实品质的影响

油茶林地经济价值不仅与果实大小及产量有关，而且依赖茶籽含油率及籽油品质，源库关系的改变可以影响植物果实的生长发育和产量及品质。

(一) 不同源库关系对油茶果实单果重的影响

由图 5-7 所示，不同留叶处理对油茶果实单果重有显著差异。当保留对称去果枝时，

2 叶 1 果、4 叶 1 果和 6 叶 1 果相对于不保留去果对称枝分别提高了 11. 43%、37. 80%和 10. 21%。6 叶 1 果果实单果重显著高于 2 叶 1 果和 4 叶 1 果枝上的果实，但 2 叶 1 果和 4 叶 1 果枝上果实单果重无显著性差异；6 叶 1 果且保留对称去果枝处理单果重为 21. 59g，较留 2 叶 1 果有对称枝和 4 叶 1 果有对称去果枝分别提高了 28. 43%和 24. 64%。另外保留对称去果枝时，2 叶 1 果和 4 叶 1 果处理周围总源叶数量增加，但其单果重仍分别低于保留相邻枝时的 4 叶 1 果和 6 叶 1 果，相邻去果枝源叶可向邻近枝上果实提供光合产物，但邻近枝上单位源叶对果实生长的供应能力低于果枝上的源叶。另外，随着留叶数的增加，果实单果重随之增加。

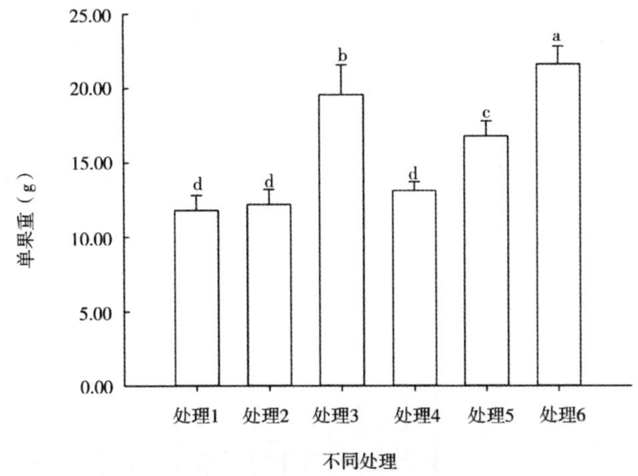

图 5-7　不同源库处理对油茶果实单果重的影响（石斌，2015）

（二）不同源库关系对油茶果实横径的影响

如图 5-8 所示，不同源库处理对油茶果实横径有显著影响，相同库处理下随着留叶数量的增加，果实横径随之升高。当保留对称去果枝时，相同留叶量果实的横径分别高于不保留对称去果枝的处理。6 叶 1 果果实横径显著高于 2 叶 1 果和 4 叶 1 果处理，但是 2 叶 1

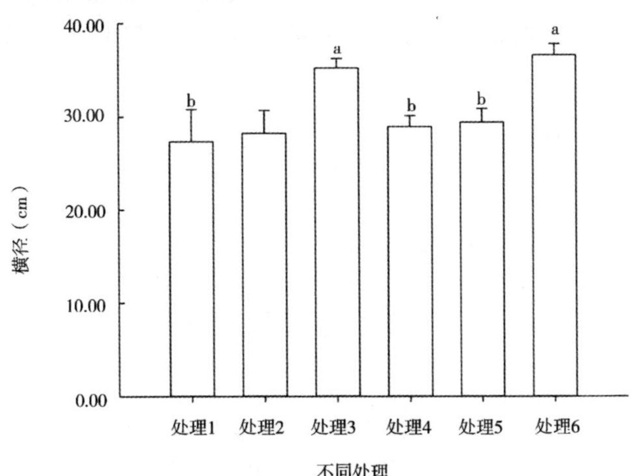

图 5-8　不同源库处理对油茶果实横径的影响（石斌，2015）

果和4叶1果处理无显著性差异。保留对称去果枝时，6叶1果处理果实横径最高为36.57cm，而2叶1果处理最小为28.82cm；当不保留对称去果枝时，6叶1果处理果实横径最高为35.24cm，而2叶1果处理最小为27.45cm。

（三）不同源库关系对油茶果实纵径的影响

如图5-9所示，不同源库处理对油茶果实纵径有显著影响。当保留对称去果枝时，相同留叶量果实的纵径分别高于不保留对称去果枝的处理。6叶1果果实纵径显著高于2叶1果和4叶1果处理，但2叶1果和4叶1果处理无显著性差异。保留对称去果枝时，其果实纵径要高于不保留处理，其中保留对称去果枝时，6叶1果处理果实纵径相对于2叶1果和4叶1果提高了20.30%、15.91%；当不保留对称去果枝时，6叶1果处理果实纵径相对于2叶1果和4叶1果分别提高了和21.01%、16.92%。

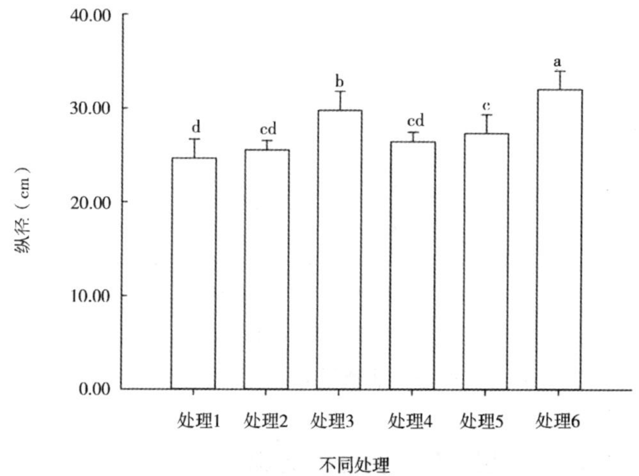

图5-9　不同源库处理对油茶果实纵径的影响（石斌，2015）

（四）不同源库关系对油茶果实果形指数的影响

由图5-10可知，保留对称去果枝处理果实指数高于不保留处理。6叶1果果实指数与2叶1果和4叶1果处理有显著性差异，相对于2叶1果和4叶1果处理，6叶1果果实

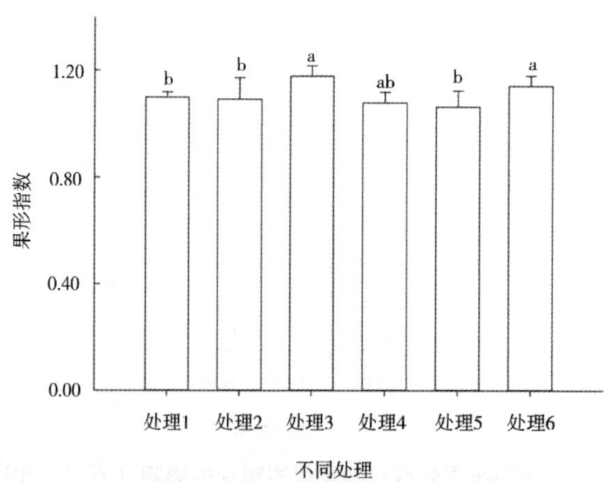

图5-10　不同源库处理对油茶果实果形指数的影响（石斌，2015）

指数最高，为1.18；6叶1果保留对称去果枝处理果实指数为1.14，要高于2叶1果保留对称去果枝和4叶1果保留对称去果枝处理。

（五）不同源库关系对油茶种仁含油率及油脂成分的影响

6种不同源库关系处理下，各处理果实含油率和脂肪酸相对含量的值无显著性差异。通过对不同源库关系茶油的分析，确定了脂肪酸主要成分和相对含量（表5-6）。由图5-11可知，不同处理下茶油的脂肪酸成分依出峰时间早晚，分别为棕榈酸、硬脂酸、油酸、亚油酸和亚麻酸，其中，油酸和亚油酸为主要不饱和脂肪酸，而棕榈酸和硬脂酸为饱和脂肪酸，比例约为86%。

表5-6　油茶不同源库关系对果实含油率和脂肪酸成分的影响

处理	含油率（%）	棕榈酸（%）	硬脂酸（%）	油酸	亚油酸（%）	亚麻酸（%）
处理1	44.50±1.48	11.26±0.39	1.48±0.15	76.95±0.1	9.91±0.41	0.40±0.08
处理2	44.82±1.37	11.53±0.42	1.56±0.08	76.39±0.21	10.12±0.34	0.41±0.06
处理3	43.51±1.12	11.19±0.30	1.53±0.22	77.08±1.01	9.76±0.60	0.44±0.03
处理4	44.32±1.81	11.13±0.14	1.49±0.17	76.38±0.79	10.57±0.83	0.43±0.02
处理5	44.76±1.21	11.45±0.43	1.52±0.16	75.77±0.62	10.87±085	0.39±0.04
处理6	43.27±1.20	11.20±0.23	1.63±0.16	76.81±1.05	9.96±0.72	0.41±0.02

（石斌，2015）

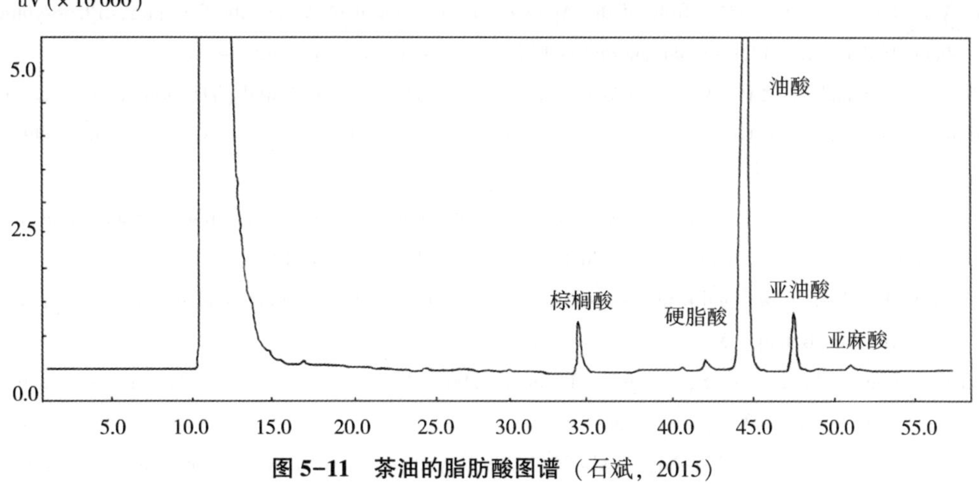

图5-11　茶油的脂肪酸图谱（石斌，2015）

参考文献

方金豹，田莉莉，李绍华. 2000. CPPV对猕猴桃光合产物库源强度的影响［J］. 园艺学报，27（6）：444-446.

李发虎，贾立国，樊明寿. 2015. 水分对马铃薯源、库、流调控的研究进展［J］. 作物杂志，(6)：16-20.

潘庆民，韩兴国，白永飞，等. 2002. 植物非结构性贮藏碳水化合物的生理生态学研究进展［J］. 植物学通报，19（1）：30-38.

彭丽丽，姜卫兵，韩健. 2012. 源库关系变化对果树产量及果实品质的影响［J］. 经济林研究，30（3）：134-140.

彭映赫，陈永忠，许彦明，等. 2018. 库源调节对油茶叶片碳水化合物含量及其酶活性的影响［J］. 西南林业大学学报（自然科学），38（1）：41-45.

盛大海，刘元英，李广宇. 2009. 水稻源库关系研究进展与应用［J］. 东北农业大学学报，40（05）：117-122.

石斌. 2015. 不同库源关系对油茶光合作用及同化物分配的影响［D］. 长沙：中南林业科技大学.

王丰，张国平，白朴. 2005. 水稻源库关系评价体系研究进展与展望［J］. 中国水稻科学，(06)：556-560.

王玲玲，杜吉到，郑殿峰，等. 2009. 大豆源库流关系的研究进展［J］. 大豆科学，28（01）：167-171.

许大全，沈允钢. 1998. 光合作用的限制因素. 植物生理与分子生物学（第二版）［M］. 北京：科学出版社.

徐正进，陈温福，曹洪任. 1998. 水稻穗颈维管束数与穗部性状关系的研究［J］. 作物学报，24（1）：46-54.

袁军，石斌，吴泽龙，等. 2015. 不同库源关系对油茶光合作用及果实品质的影响［J］. 植物生理学报，51（8）：1287-1292.

于岩，孙秀波，车远远. 2011. 去果、枝条环剔和新梢套袋后桃树叶片可溶性糖含量的变化对光合作用的影响［J］. 西北农业学报，3：168-174，179.

张雯雯. 2011. 库源比对脐橙和锦橙光合特性的影响［D］. 重庆：西南大学.

Barimavandi A R, S Sedaghathoor, R Ansari, et al. 2010. Effect of different defoliation treatment on yield and yield components in maize (*Zea mays* L.) cultivar of S. C7024 [J]. Australian Journal of Crop Science, 4: 9-15.

Chikov V I, Bakirova G G. 2004. Role of the Apoplast in the Control of Assimilate Transport, Photosynthesis, and Plant Productivity [J]. Russian Journal of Plant Physiology, 51 (3): 420-431.

Colvill K E, Marshall C. 2010. The patterns of growth, assimilation of 14CO_2 and distribution of 14C-assimilate within vegetative plants of Lolium perenne at low and high density [J]. Annals of Applied Biology, 99 (2): 179-190.

Iqbal N, A Masood N A. 2012. Khan, Analyzing the signification of defoliation in growth, photosynthetic compensation and source-sink relations [J]. Photosynthetica, 50 (2): 161-170.

Marcelis L F M. 2004. Flower and fruit abortion in sweet pepper in relation to source and sink strength [J]. Journal of Experimental Botany, 55 (406): 2261-2268.

Mirjam K R Würth, Pelάezriedl S, Wright S J, et al. 2005. Non-structural carbohydrate pools in a tropical forest [J]. Oecologia, 143 (1): 11-24.

Nebauer S G, Renau-Morata, Begoña, et al. 2011. Photosynthesis down-regulation precedes carbohydrate accumulation under sink limitation in Citrus [J]. Tree Physiology, 31 (2): 169-177.

Patrick J W, Zhang W H, Tyerman S D, et al. 2001. Role of membrane transport in phloem translocation of assimilates andwater [Review] [J]. Australian Journal of Plant Physiology, 28 (7): 695-707.

第六章

油茶源库与育种

源为干物质生产能力的生物学产量，它又由净光合能力与无机营养能力所决定，主要由品种本身遗传特性决定。长期以来，源库理论广泛应用于油茶的育种科研工作。在油茶科研上主要通过选择育种、杂交育种、高光效育种、分子育种培育新品种，并在实际生产中推广应用，以达到通过增加源的油茶高光效育种，扩库的选择与创制结果量大的高产新品种，以及调控流——通过现代生物技术育种手段，培育油脂高效合成的新品种，从而大幅度地提高油茶的产量与质量。

作物育种研究实践中，利用其源库器官选育出良种材料的例子不少。如柑橘利用具有优质高产功能的芽选育出了‘松木’‘龟井’等优良品种，在生产上获得了巨大的经济效益。我国茶叶科技工作者利用茶树芽变选育出了多个茶叶优良无性系，其产量和品质都远超过亲本。在林业育种上，利用源库综合优良性状选育出很多无性系，在生产上发挥了巨大的作用。这些事例证明将源库理论与其他有关理论相融合，可以在育种上发挥积极而重要的作用，获得对生产发展有益的材料。

油茶源库育种是基于源库器官所具备对产量的质量有提升作用的一种育种方式。当这些源库器官被筛选出来后，其直接育种方向是选育优良无性系，因为这些器官是由于油茶生理活动过程中光照等其他生态因子对其生理机制和功能产生了有利于提升产量和品质的作用，使其具有产能优势的潜力，因而为优良无性系选育提供了直接有利条件。

第一节　油茶高光效材料育种

高光效育种涉及育种学、生态学、生理学、遗传学等多门学科，是个复杂的课题，除受自身生理生化和生物学性状的影响外，也受环境因素的影响。大量关于油茶光合特性的研究发现，油茶不同品种间的净光合速率存在显著差异，这为油茶高光效育种的可行性奠定了一定的基础。选育高光效品种主要从两方面入手：一是改造油茶的形态结构，提高新育成品种对光能的利用率，即进行高光效株型育种；二是选育对二氧化碳补偿点低、光呼吸速率低、净光合速率高的高光效品种。前者是从植株形态结构上进行高光效育种，后者是从生理生化功能上进行高光效育种。只有两者紧密结合，相辅相成，才有可能成功选育高光效品种。并且，如果想卓有成效地选育出高光效品种，必须根据不同优良品种应具备的高光效生理生化指标，制定切实可行的高光合性状的选择指标与鉴定指标；同时，通过制定相应的高光效栽培技术规程，在应用过程中推广标准化栽培技术，进而大幅提高油茶产量（图6-1）。

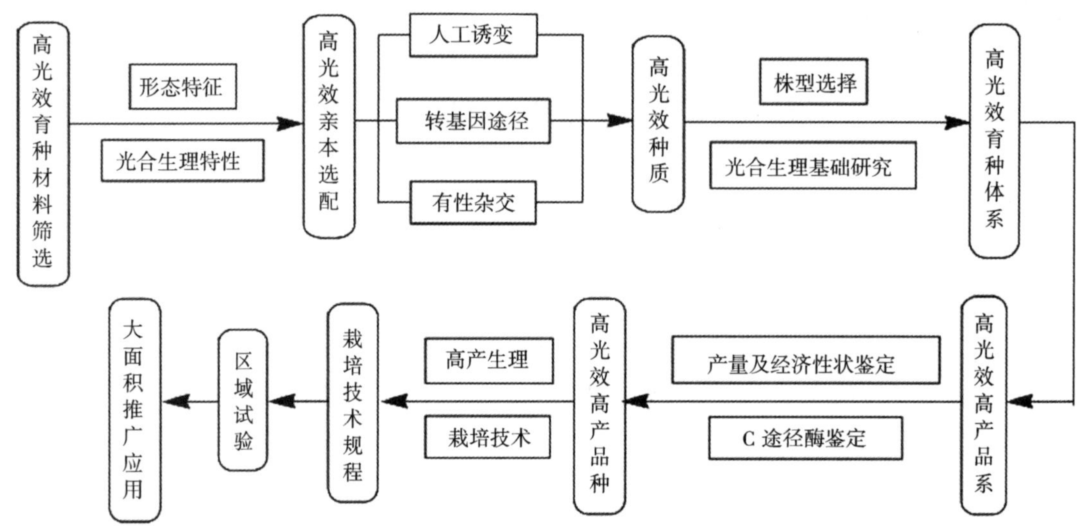

图 6-1　油茶高光效育种总体思路

增源的核心是提升光合能力，经研究油茶品种的光合特性存在显著差异，这为品种选育提供最基本的材料。油茶品种净光合速率日变化规律显现“单峰”或“双峰”曲线，光合午休等现象明显（王瑞、陈永忠，2013）。吴方园等（2018）通过对油茶15个油茶主栽品种进行光合特性研究发现，品种间光合特性差异显著。日变化净光合速率是植物光合生理活性和环境因素的综合体现，能反映植物对环境的适应能力，15个品种的日变化净光合速率为‘赣兴48号’>‘华鑫’>‘华金’>‘湘林210号’>‘长林4号’>‘湘林1号’>‘赣无2号’>‘赣70号’>‘华硕’>‘长林53号’>‘GLS赣州油2号’>‘GLS赣州油1号’>‘赣州油1号’>‘湘林27号’>‘长林40号’，其值分别为：7.98、7.78、7.74、7.60、7.54、7.34、7.17、7.06、6.88、6.75、6.43、6.13、5.99、5.96、5.64μmol/(m^2·s)。最大净光合速率是评价植物光合作用的潜在能力，最大净光合速率从大到小依次为：‘华鑫’>‘华金’>‘赣兴48号’>‘赣无2号’>‘湘林210号’>‘湘林1号’>‘长林4号’>‘华硕’>‘赣70号’>‘长林53号’>‘GLS赣州油2号’>‘湘林27号’>‘GLS赣州油1号’>‘赣州油1号’>‘长林40号’。表观量子效率的大小反映了植物吸收的光能中用于转换光能的色素蛋白复合体的多少，是光合作用中光能转换效率的指标，其值越高表明其利用弱光的能力越强。表观量子效率从大到小的品种顺序依次为：‘华鑫’>‘赣兴48号’>‘湘林210号’>‘华金’>‘赣无2号’>‘赣州油1号’>‘长林4号’>‘华硕’>‘GLS赣州油2号’>‘湘林1号’>‘赣70号’>‘长林40号’>‘长林53号’>‘GLS赣州油1号’>‘湘林27号’。光补偿点能反映叶片对弱光的利用能力，15个油茶品种的光补偿点从小到大依次为：‘湘林

210号’＜‘华金’＜‘赣70号’＜‘华硕’＜‘长林53号’＜‘GLS赣州油2号’＜‘长林4号’＜‘湘林1号’＜‘湘林27号’＜‘赣兴48号’＜‘赣州油1号’＜‘赣无2号’＜‘华鑫’＜‘GLS赣州油1号’＜‘长林40号’（吴方园，谭晓风等，2018）。

一、高光效叶源特征选育

叶绿素与叶的光合作用关系密切，叶绿素含量的高低可直接反映植物光合作用能力的强弱，在一定范围内，叶绿素含量越高，光合作用越强，叶绿素含量的多少和叶绿素(a/b)的比值大小对光合速率有直接影响。叶绿素可作为区分油茶高产与其他无性系的指标。单位叶面积上较高的叶绿素含量也有利于植株对光线的捕获。含有叶绿素的叶绿体主要存在于叶片的栅栏组织中，因此栅栏组织发达、较厚且多层的叶片含有较多的叶绿素，具有较高的光合效率，叶绿体数目的多少对单叶光合能力有一定的影响。

廖文婷（2015）根据参试无性系前3年的单位面积平均产油量，将5个无性系分为3个等级，高产：XL14；中产：XL81，XL82；低产：XL190，XL210，发现高产无性系XL14具有显著的叶绿素含量优势（图6-2、表6-1）。研究同时表明，净光合速率与栅栏组织厚度/叶片厚度的比值、栅栏组织厚度/海绵组织厚度的比值之间还存在显著相关性，栅栏组织厚度/叶片厚度的比值、栅栏组织厚度/海绵组织厚度的比值可作为鉴定油茶无性系光合能力的指标。

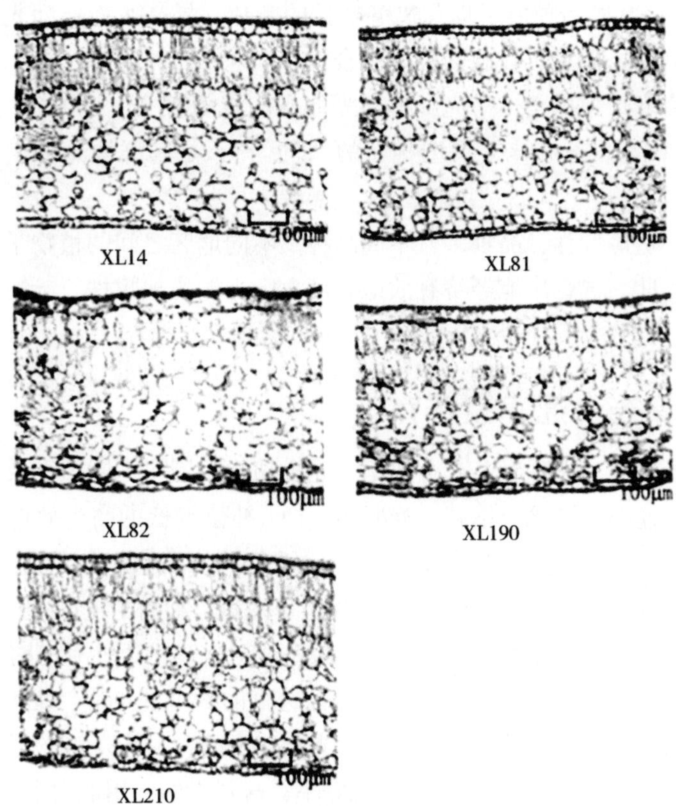

图6-2　光学显微镜下5个油茶无性系叶片的解剖特征（横切面）（廖文婷，2015）

表 6-1　5 个油茶无性系叶绿素质量分数方差分析

无性系	叶绿素 a（mg/g）	叶绿素 b（mg/g）	叶绿素 a+b（mg/g）	叶绿素 a/叶绿素 b
XL14	1.27±1.31a	0.32±0.19a	1.59±1.50a	3.97±0.60a
XL81	0.89±5.61b	0.25±2.14b	1.14±7.74b	3.56±1.22b
XL82	0.88±0.92b	0.28±0.32a	1.16±1.24b	3.14±0.71b
XL190	0.65±1.07b	0.23±0.50b	0.88±1.57b	2.83±1.03b
XL210	0.77±1.06b	0.25±0.49b	1.02±1.56b	3.08±0.92b

注：同列数据后标不同小写字母表示差异显著（$P<0.05$）。

二、油茶高光效株型的选育

许多研究表明，植物高光效品种表现出独特的植物学特性及株型。合理的茎叶夹角有利于提高植株群体的光合能力，挺立的叶片也较平铺的叶片具较高的光能捕捉能力。挺立的叶片在早晚弱光下与光垂直，可以有效地利用弱光；中午强光斜射在挺立的叶片上，减少了强光和高温对叶片光合作用的不利影响（娄成后，2000），挺立的叶片向外反射光较少向下漏光多，使群体中的光能可以得到合理分布与利用（Pauline Stenberg，2001）。杨振伟（1996）研究苹果的叶型发现，树冠外围的阳生叶常表现为直立且略卷曲，而内膛的阴生叶常呈水平状，有利于光有效辐射透过冠幕，使内膛叶充分截获。Okie W R 等（2002）研究发现窄叶桃品种由于具有狭窄且长的叶片，提高了冠层间光线的透过率，有利于光能的充分利用，而具有较高的群体光合速率。

紧凑的株型有利于植株整体采光，提高光能利用（黄锦文，2002）。紧凑株型群体内光合有效辐射、CO_2浓度分布比平展型相对的“均匀”，是其群体光合速率较高的重要原因（任建宏，2002）。

油茶分布广、适应性强，品种多，不同品种及不同地区之间的植物学特性及株型均存在明显的差异，因此，选育出能经济有效地利用太阳光能的理想株、叶型的油茶品种及无性系是提高油茶光合效率的捷径之一。

三、油茶高光合速率型选育

可通过研究光抑制、光呼吸、光合效率、光合功能期等在不同品种及无性系间存在的差异，选育出光合速率、同化效率高，光呼吸、CO_2补偿点低的高光效低消耗或经济产量转化率高的油茶品种及无性系。肖云旭（2015）研究 5 个海南油茶无性系光合作用，从光合作用日变化、光合光响应曲线、CO_2响应曲线、叶绿素含量的测定及生长量的测定方面综合评价了海南油茶的光合效率，筛选出光合效率相对较高的无性系海南 19 号。

何应会（2010）研究广西、湖南、江西地区选育的 6 个油茶优良无性系发现，岑软 2 号、岑软 3 号光饱和点高，光补偿点低，最大光合速率高、对光环境的适应范围较广，具有较大光合潜力。海南 19 号具有较高的转化效率，对强光的利用能力也较强。

林玮等（2013）对普通油茶、高州油茶和广宁红花油茶的光响应曲线特征值进行比较，表观量子效率大小顺序为普通油茶 > 高州油茶 >广宁红花油茶，普通油茶具有较高的光饱和点和较低的光补偿点，光能利用率较高，而广宁红花油茶的叶片光能转化效率最低。

第二节　根源特征优选

根系是油茶吸收养分的主要器官，选育或创作具有强大养分吸收能力的油茶新品种，尤其是分布在南方红壤区的油茶，由于南方红壤区土壤有效磷供应不足和夏秋易干旱的特点，选育或创制磷高效型或抗旱型的油茶新品种，尤其是根系发达，能有效吸收利用土壤中的磷等营养元素和水分具有很高的育种价值。

根系作为植物重要的组成部分，不仅参与养分和水分的吸收，同时也是氨基酸、激素等微量活性物质合成转化的重要场所。油茶主要分布在南方红壤区，其土壤具有有效磷供应不足、夏秋易干旱等特点，选育或创制根系发达的磷高效型和抗旱型油茶新品种对于油茶育种具有较高的增源价值。

在磷高效油茶品种的筛选中，根系干重、生物量、根冠比、磷利用效率、有机酸分泌相关酶、保护酶和植物激素等均为重要的考量指标。油茶在低磷胁迫下能够通过增加光合产物向根系的分配比例，促进根系的生长从而提高磷吸收的能力；促使根系中 CS 酶、PEPC 酶、NAD-MDH 酶活性显著升高，从而提高根系有机酸的合成及分泌，活化土壤中的磷，从而提高磷的利用效率（叶思诚，2013）；低磷会促使油茶根系中内源激素（ IAA，GA 和 ABA ）含量显著升高，从而诱导根系生长及根的发育（陈智裕等，2016）。此外，促进植物体内高亲和磷转运蛋白的过量表达将促进磷的高效吸收。Pht1 家族基因的主要作用是将磷从根际运输到根系表皮细胞内，因此该家族基因主要在植物根系表皮的质膜表达。袁军（2013）研究发现了油茶 Pht1 家族的 2 个基因（*Copht*1：3 和 *Copht*1：4）在根系中是由磷浓度的变化来调控的，在根系吸收磷的过程中均具有重要作用。Pht1 基因表达量、有机酸分泌量等是油茶磷胁迫水平的特征量，可以作为高磷效油茶品种选育及磷营养水平诊断指标，为选育磷高效型油茶种质材料提供基础（图 6-3）。

研究发现，'湘林 67' 和 '湘林 69' 这两个无性系苗在 3 个月的无磷的环境下无明显缺磷症状（图 6-4），而且具有较高的叶片与根系 APase 活性，可保持较高的光合速率、生物量和磷吸收量、利用效率，同时叶片氮磷比（N/P）和叶片 Δ（N/P）均较低，表明这两个无性系具有较好的体内磷养分循环利用机制，具备良好的耐低磷胁迫能力（陈隆升等，2012；2013；2014）。

土壤干旱时，植物根系首先反应并迅速发出信号，使整个植株对干旱胁迫作出反应，同时根系形态结构和物质积累也发生相应变化，直接或间接影响地上部分的生长发育，以降低干旱环境对植物体所造成的伤害。干旱胁迫对作物根系的生理影响主要包括：根系渗透调节作用、保护酶系统、胁迫蛋白产生、膜结构与功能的变化及根系激素含量变化等。

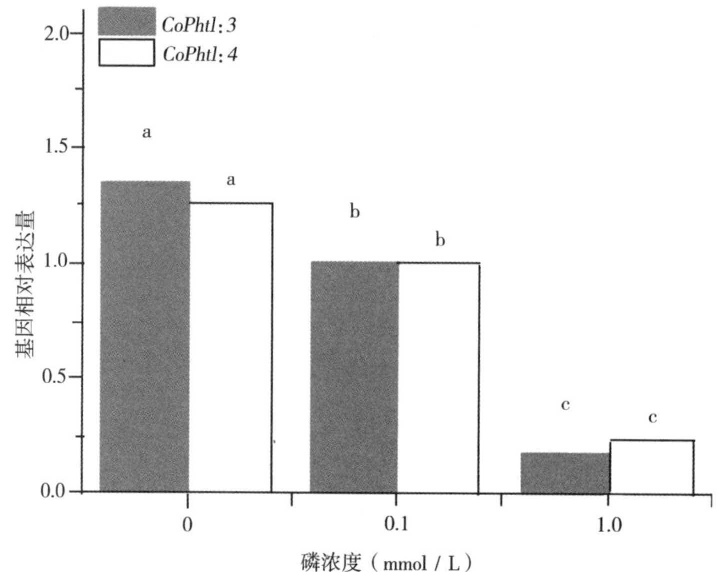

图 6-3　*Copht*1：3 和 *Copht*1：4 在不同磷水平处理油茶根系的表达情况

图 6-4　无磷处理 90d 后油茶表型特征变化

左图为‘湘林 67’；中图为‘湘林 69’；右图为普通无性系对照。

干旱胁迫主要在以下几个方面影响作物根系形态结构：

（1）根长增加

在干旱环境条件下作物根系越长、在土壤中下扎越深越有利于吸收土壤深层水分，进而有助于提高植株的抗旱性。

（2）根系分枝和密度增加

侧根能够增加根系总作物的生物量、根长和根表面积；研究发现侧根是根系中对养分和水分吸收最为关联密切的部分，因而侧根的形成和根密度的增加对根系更好地吸收水分和养分有重要作用。

（3）根毛增加

植物根系吸水的部位主要位于根毛区，研究表明根毛承担着根系吸收水分的 50% 以上。根毛是根尖成熟区表皮细胞向外突出形成顶端密闭的单细胞管状结构，根毛能显著增加根表皮量和吸收面积，且该区域疏导组织发达，细胞壁的外层由果胶覆盖，亲水性好。

（4）根系皮层组织细胞变少

研究发现具有较少的皮层细胞层数和较大的细胞尺寸的作物品种由于降低了根系的新陈代谢消耗，使得更多资源用于根系伸长并向土下深扎而获取更多深层土壤水，从而提高了植株的抗旱能力。

（5）根表皮内外皮层的木栓化加厚

在逆境胁迫下，根系内皮层细胞壁的木栓化会增多，木栓化加厚层会对水分和离子等运输造成障碍，尤其对通过质外体方式进行的水分径向运输过程造成阻碍。因此，耐旱品系通过内皮层的栓质化而在干旱胁迫中保存更多水分，从而提高抗干旱能力。

（6）木质部导管数量增加

一般情况下，作物根内轴向水力导度与木质导管的数目和直径呈正相关，研究发现作物后生木质部导管直径直接影响根系对径向水流的运输，进而关系到植株的水分利用效率和抗旱特性。

干旱胁迫下，由于根的伸长有利于作物从土壤中吸收水分，作物根冠比加大，从而增强了植株对干旱的适应能力。根系在土壤中的形态分布表明表层土壤内根系生长缓慢而在较湿润的深层土壤内根系生长速率则明显加快，干旱胁迫下侧根的起始和伸长受到抑制，从而使其根系扎向土壤的更深处汲取水分。在油茶抗旱新品种的选育中，可将根系形态、生长特性、基因表达等方面的反应作为重要参考指标。

第三节　油茶扩库、调流育种

依据光合产物的不同状态场所，整个作物生产过程中源库理论中被明确划分为供给源、运输流与存储库三个阶段。目前在油茶育种中应用最为广泛的就是筛选具有较强“库”的能力和“库容强度”的品种，具体以产果量、产油量为主要目标，选育出了一大批的优树、农家品种、优良家系、优良无性系。近年来随着生物技术的发展，大量与油茶光合产物运输、分配、油脂合成有关的基因陆续被挖掘克隆，并逐步应用于油茶育种。

一、油茶产量库特征优选

油茶干物质95%来自光合作用，但其产量库果实仅占2%～8%，因此筛选具有较强“库”的能力和“库容强度”的品种潜力巨大。油茶秋花秋实，花芽一般5月下旬分化，10月下旬开始开花，果期尚未结束，花期又至，期间花芽与果实生长发育同时进行，所以民间称之为“抱子怀胎”，可以说油茶的产量库由果实和花芽两部分构成。因此，在进行新品种选育与创制过程中需要同时关注四个方面：一是果实生长期间落果少，因产果量高而获得高产油量；二是果实经济性状优，如出籽率、出仁率、种仁含油率高；三是具备较高的花芽分化能力，花粉活力高、亲和力强，自然坐果率高；四是当年花芽与果实生长的相对平衡，“大小年”现象不明显，丰产、稳产。

（一）高产油茶品种选育

目前，在油茶育种中，以产果量、产油量为主要目标，筛选具有较强“库”的能力和

“库容强度”的品种，具体选育出了一大批的优树、农家品种、优良家系、优良无性系。油茶优良农家品种和优良类型有：‘永兴中苞红球’‘岑溪软枝油茶’‘巴陵籽’‘衡东大桃’‘石市红皮’‘鄂东大红果’‘望谟油茶’等（图 6-5）。这些农家品种同样具有较大的“库容”即产果量高或含油率高的特点。

图 6-5 衡东大桃示范林

优良家系是在选育优树、品比试验的基础上选出的，后代的集团增益比自然种群高15%以上。优树决选后，将其种子分别育苗，按一定的试验设计营造试验林进行实生子代的品种比较试验，这些通过品比试验所选育出来的优树子代群体称为优良家系。这些优良家系同样表现出了很强的“库容”性能，如湖南省林业科学院选育出‘湘 5’‘XLJ2’和‘XLJ14’3 个国家级良种，产茶油量 490.95~552kg/hm^2（图 6-6）。

图 6-6 ‘湘 5’鲜果含油率 7.06%，产油量 552kg/hm^2

在油茶优树选择的基础上，我国从20世纪80年代初开始，通过布置各种无性系测定林，开始了油茶优良无性系的鉴定选育工作。经过30多年的不懈努力，按照全国油茶攻关协作组制定的选育程序和标准，先后选育出300多个优良无性系。现在油茶优良无性系已成为我国油茶生产上最重要的良种资源，如湖南省的“湘林系列”、江西省的“赣无系列”和亚林中心的“长林系列”等（图6-7和图6-8）。这些无性系的产茶油量均在450kg/hm^{2}以上。

图6-7　‘湘林97’鲜果含油率10.86%，产油量901.50kg/hm^2

图6-8　‘赣无2’鲜果含油率8.1%，产油量735kg/hm^2

（二）高含油、高品质油茶品种选育

随着油茶育种研究的不断深入，在关注产量的同时，也更加关注油茶果实的经济性状和品质，选育出了一批大果型（图6-9）、大籽型的油茶新品种。但目前生产上大多油茶良种的鲜果含油率在5%~11%间，鲜果含油率每提高1%就相当于产果量提高10%以上，因此以提高鲜果含油率的育种为目标的育种是突破油茶产量瓶颈的最有效手段。

图6-9　大果型油茶良种“华硕”（国S-SC-CO-011-2009）

表 6-2　油茶果实数量性状的相关分析

项目	每果含籽数（个）	单个鲜果重（g）	果径（mm）	果高（mm）	果皮厚度（mm）	鲜籽数（500g）	干籽含油率（%）	鲜果出籽率（%）	干籽含水率（%）	鲜果含油率（%）	鲜果出干籽率（%）	种仁含油率（%）
每果含籽数（个）	1											
单个鲜果重（g）	0.441**	1										
果径（mm）	0.471**	0.890**	1									
果高（mm）	0.274**	0.763**	0.753**	1								
果皮厚度（mm）	0.210**	0.571**	0.541**	0.600**	1							
鲜籽数（500g）	0.255**	-0.338**	-0.311**	-0.340**	-0.059*	1						
干籽含油率（%）	-0.156**	-0.283**	-0.280**	-0.236**	-0.195**	0.029	1					
鲜果出籽率（%）	0.080**	0.040	0.063*	0.034	-0.493**	-0.290**	-0.051	1				
干籽含水率（%）	0.215**	0.319**	0.316**	0.242**	0.277**	0.010	-0.555**	-0.009	1			
鲜果含油率（%）	-0.147**	-0.301**	-0.286**	-0.233**	-0.465**	-0.110**	0.791**	0.433**	-0.739**	1		
鲜果出干籽率（%）	-0.090**	-0.199**	-0.178**	-0.147**	-0.554**	-0.214**	0.328**	0.743**	-0.666**	0.822**	1	
种仁含油率（%）	-0.063	-0.100	-0.124	-0.165*	-0.147*	-0.110	0.778*	0.050	-0.400**	0.603**	0.281**	1

注：* 代表 $P<0.05$；** 代表 $P<0.01$。

油茶果实数量性状间的 Pearson 相关分析表明，鲜果含油率与干籽含油率、种仁含油率、鲜籽果出籽率、鲜果出干籽率呈极显著正相关（P<0.01），鲜果含油率与鲜籽数/500g、果皮厚度呈极显著负相关（P<0.01）（表 6-2）。

因此，在油茶育种过程中，针对提高油茶鲜果含油率的育种目标，可在高产种质材料的基础上进一步选育具有高干籽含油率、高种仁含油率类、高出籽率、皮薄、大籽特点的良种。

（三）高配合力的油茶品种

油茶自然坐果率较低，平均坐果率普遍在 10%～30%，在油茶生产中，经常可以发现“满树繁花，但挂果寥寥无几”的现象，造成大量的养分与光合产物浪费。此外，油茶花芽与果实生长期间，易受到生理性落果等内部因素，以及灾害性气候、病虫害、养分水平不足等各项外部不利因素的影响，常常造成落花、落果等现象。因此，选育坐果率与保果率高的品种具有重要的生产应用价值。目前生产上应用的油茶良种在自然坐果率方面（表 6-3）表现出巨大的差异（杨小胡等，2015）。陈隆升等（2015）从通过杂交育种获得的子代种质材料中筛选出了一批坐果率、保果率高的种质材料，3 月上旬坐果率在 70%以上的 17 个，坐果率在 50%～70%的有 14 个，至 10 月中旬果实基本成熟时，有 8 个种质坐果率在 60%以上（表 6-4）。

油茶为花果同期植物油茶花芽与果实表现为“库”的角色，两者间存在较大养分的竞争，现有油茶林中绝大部分的植株存在明显的“大小年”现象，幼林 95%植株存在“大小年”现象，成林则为 85%（陈隆升等，2018）。因此，在油茶育种过程中，花果之间的平衡也是需要重点关注的问题之一。

表 6-3　不同油茶无性系的自然坐果率

序号	品种	自然坐果率	序号	品种	自然坐果率
1	‘湘林 2’	14.1%	14	‘湘林 5’	13.1%
2	‘湘林 35’	25.3%	15	‘湘林 4’	29.3%
3	‘湘林 39’	16.0%	16	‘湘林 1’	57.5%
4	‘湘林 63’	15.2%	17	‘湘林 210’	50.8%
5	‘湘林 32’	24.0%	18	‘湘林 27’	26.9%
6	‘湘林 44’	19.6%	19	‘湘林 34’	16.3%
7	‘湘林 89’	23.4%	20	‘岑软 11’	50.0%
8	‘湘林 61’	17.0%	21	‘赣石 83-4’	36.1%
9	‘湘林 3’	22.2%	22	‘赣兴 46’	25.1%
10	‘湘林 97’	32.1%	23	‘赣 447’	49.6%
11	‘湘林 67’	32.9%	24	‘赣兴 848’	33.0%
12	‘湘林 78’	15.7%	25	‘赣 4’	41.0%
13	‘湘林 81’	36.9%		F 值	697.4**

表 6-4　不同油茶种质的坐果率

序号	种质编号	坐果率		
		3 月 3 日	5 月 14 日	10 月 18 日
1	C_{20}	90. 2a	84. 1a	71. 2a
2	C_{13}	87. 4ab	83. 2a	78. 3a
3	C_{32}	86. 5ab	61. 1a	58. 2abcd
4	C_{29}	85. 7ab	25. 5cdefg	21. 2defg
5	C_{33}	85. 2ab	79. 7a	73. 9a
6	C_{14}	84. 6ab	75. 6ab	63. 6abc
7	C_{23}	83. 7ab	80. 5a	75. 9a
8	C_{34}	82. 3ab	79. 7a	69. 2ab
9	C_{4}	82. 2ab	78. 8a	37. 2abcdefg
10	C_{17}	81. 7ab	60. 0abc	58. 5abcd
11	C_{19}	80. 1ab	52. 4 abcdef	46. 4abcdef
12	C_{27}	78. 4ab	73. 9ab	70. 4ab
13	C_{30}	76. 9ab	66. 2abc	59. 1abcd
14	C_{16}	76. 3ab	71. 7abc	63. 0abc
15	C_{12}	76. 2ab	57. 9abcde	55. 3abcde
16	C_{15}	72. 8abc	59. 3abcd	58. 5abcd
17	C_{8}	72. 6abc	65. 2abc	65. 2abc
18	C_{38}	68. 7abcd	61. 9abcd	53. 5abcde
19	C_{11}	67. 5abcd	60. 7abcd	59. 5abcd
20	C_{37}	67. 5abcd	58. 0abcde	43. 0abcdef
21	C_{18}	67. 2abcd	59. 4abcd	53. 5abcde
22	C_{35}	65. 0abcd	50. 3abcdef	45. 9 abcdef
23	C_{21}	64. 9abcd	55. 3 abcdef	50. 2abcde
24	C_{2}	62. 8abcde	49. 2 abcdef	31. 4 bcdefg
25	C_{28}	62. 3 abcde	50. 7abc	42. 1abcdef
26	C_{25}	59. 2abcdef	52. 4 abcdef	42. 3abcdef
27	C_{31}	58. 5abcdef	49. 7 abcdef	30. 3 bcdefg
28	C_{26}	57. 6abcdef	44. 9 abcdefg	40. 3abcdef
29	C_{5}	56. 3abcdef	43. 5 abcdefg	43. 5abcdef
30	C_{10}	54. 2abcdef	36. 7bcdefg	34. 9abcdefg
31	C_{36}	50. 2bcdef	30. 1cdefg	29. 0 bcdefg
32	C_{22}	43. 4cdefg	29. 7cdefg	27. 3 cdefg
33	C_{1}	43. 3cdefg	31. 1cdefg	29. 4 bcdefg
34	C_{3}	40. 7defg	22. 8defg	20. 0defg
35	C_{7}	40. 4defg	28. 4cdefg	26. 0 cdefg
36	C_{24}	33. 2efg	18. 3fg	16. 2efg
37	C_{9}	30. 1fg	19. 2efg	11. 2fg
38	C_{6}	18. 4g	9. 2g	4. 6g
F 值		8. 43**	6. 79**	7. 21**

注：同一列中不同小写字母表明存在显著（$P<0.05$）的差异。

二、油茶流特征优选

作物高产不仅要求光合器官有较强的光合能力，而且还要求叶片中的光合产物高效地运输分配到经济器官，从而提高经济产量。光合产物的转运和分配影响着植物的生长发育与产量形成。光合产物的转运和分配主要包括两部分：一是质体（如叶绿体等）与细胞质间的转运，质体内膜上的磷酸转运蛋白是细胞质和质体代谢转运的界面，主要执行单糖转运；二是细胞质中的转化产物（主要是蔗糖）经韧皮部的装卸载向库组织或器官的转运，主要是蔗糖转运蛋白（SUTs）和已糖转运蛋白（HXTs）的转运。

糖运输与淀粉代谢是目前植物科学研究的一个热点问题。如今，通过各种方法，已分离和鉴定出参与光合同化碳转运的多个转运蛋白。在对小麦的研究中表明，在拔节和开花期亏缺灌溉，可促进植株中光合产物的转运积累，在灌浆期有利于诱导茎叶中光合同化物向籽粒中转运，从而提高经济系数和籽粒产量（胡梦芸等，2007）。不同基因型小麦光合产物转运存在显著差异，并且基因型间的差异在不同水分处理下具有相同的趋势，这说明不同基因型小麦光合产物转运受遗传调控的影响较大。

因此，明确各个光合同化物转运蛋白基因的确切功能以及它们在植物体中的生理作用；在整株水平和细胞水平上糖转运蛋白对光合作用与光合产物积累和分配的调节关系等问题的研究，将有助于阐明作物光合产物转运和积累的分子机制，以及实现油茶产量和品质的遗传改良。光合碳在源叶中累积对光合作用的影响涉及糖对光合作用基因表达的抑制；还有在非生物胁迫（如干旱胁迫和盐胁迫等）条件下会增加光合叶片中蔗糖的积累，过多蔗糖的积累对光合作用会有抑制作用（Drozdova et al.，2004；Chen et al.，2006；王素平等，2006），这种抑制作用的机制是目前植物生理学研究中的热点之一，蔗糖传感器对蔗糖的感受机制以及信号转导的途径目前尚不清楚，有待进一步研究。植物光合产物转运蛋白的克隆和功能分析也应深入研究，这对提高植物光合效率和高光效育种来说是重要的。相信随着模式植物基因组与功能性基因组学工具的结合，特别是 DNA 微矩阵（而corarray）分析和突变体分析技术的发展，人们将会在了解植物体内光合产物转运的分子机制的基础上鉴定出可能用于作物改良的新基因，利用基因工程为作物产量的提高作出贡献。

第四节　源库互补杂交育种

油茶要获得高产，首先必须有强大的光合能力，能够产生大量的光合产物，同时还必须有合理的光合产物分配能力，把尽可能多的光合产物分配到经济器官，这也是油茶育种的首要目标。油茶有丰富的种质基因资源，通过长期的自然选择和演化，它们之间可能蕴藏着高光效、高油脂转化效率、果实经济性状优异等方面的基因。在高产良种的基础上，以具有高光合能力、高出籽率、高含油率等的种质材料为亲本材料，开展杂交育种，进一步创制高光效、高产、高含油、高品质的油茶新品种是油茶育种的有效途径。

广西区林科院 F-10 和 G-8 香花两个油茶优良单株，鲜出籽率分别为 60.27%和 63.71%；小果油茶优良单株良口 12-8 鲜出籽率达到 72.28%（表 6-5）。

表 6-5 育种亲本群体果实经济性状

物种	编号	单果重（g）	果皮厚（mm）	籽粒数（个）	鲜籽重（g）	单粒籽重（g）	鲜出籽率（%）
香花油茶	F-10	9.83	1.46	3.80	5.94	1.56	60.27
	G-8	7.11	1.16	3.33	4.60	1.38	63.71
小果油茶	良口 12-8	5.42	0.78	1.53	3.92	2.56	72.28

因此，以创制产果量、含油量高为主要目标，20 世纪 70 年代开始在油茶种内和山茶属植物间开展了较系统的杂交育种工作。湖南省林业科学院在高产优良无性系的基础上，以选育出的油茶雄性不育系为母本，通过 20 多年的油茶杂交育种系统研究，从 101 个杂交组合选育出 XLH 58 等 10 个高产优良杂交组合，平均产油 450.76~660.65kg/hm^2，比参试平均增产 31.4%~100.8%，显示出很强的杂种优势。中南林业科技大学（韩志强等，2015）以攸县油茶最优单株（皮薄出籽率高）与高产大果油茶‘华硕’为亲本进行杂交，获得了光合效率高的杂种 F1 代优株，其光补偿点低，仅为 45.53μmol/(m^2 · s)，且表观量子效率最大，达到 0.053μmol/s；净光合速率均呈宽大的单峰型，不存在光合午休现象，同一时刻 F_1 代优株的净光合速率均高于攸县油茶和“华硕”（表 6-6）。

表 6-6 亲本与 F_1 代光响应参数的比较 μmol/（m^2 · s）

材料	光补偿点	光饱和点	暗呼吸效率	表观量子效率	最大净光合速率
攸县油茶	56.48a	632.18c	2.87a	0.038b	27.01b
‘华硕’	49.87b	699.17a	1.48c	0.048a	23.78c
F_1 代优株	45.53c	675.25b	1.59b	0.053a	30.08a

第五节 生物技术辅助选择育种

与大多数林木一样，油茶的常规育种周期十分漫长，育种工作的关键就是提高选择效率，传统的油茶育种一般是首先通过各种途径创造遗传变异，然后从分离群体的后代中进行优化选择和评价，这种选择是建立在植株的表现型基础之上的，这需要花费的育种周期很长，还受到远缘杂交不亲和性等条件的限制，并且要求研究人员有很丰富的经验，这些都制约着油茶这一具有重大经济价值树种的开发和利用。以提高产油量为首要目标的油茶育种，需从更深层次探索油茶光合产物分配、运输、油脂转化的机理，挖掘各类关键功能基因，全面掌握其作用机制。生物技术育种为油茶育种提供了一条新的育种途径。目前，生物技术已发展到以基因工程、克隆技术和生物信息学为核心的现代生物技术时代。油茶的生物技术育种也取得了突飞猛进的发展。

一、cDNA 文库的构建和重要基因的分离克隆

表达序列标记（Expressed Sequence Tags，简称 ESTs）。ESTs 是在 cDNA 文库构建的基础上，从 cDNA 文库中随机挑选单克隆进行单边测序，得到一系列 300~500bp 的核苷酸片段。由于这些片段都是基因表达的部分或全部序列，把这些序列与 GenBank 等生物信息学数据库的基因序列进行比较，就可发现一系列新基因，从而可进一步分离克隆这些重要基因。这些片段还可以直接用于分子标记辅助选择育种或遗产图谱构建等。ESTs 作为一种新型的分子标记与一般的遗传标记相比，它的优越性在于直接与一个表达基因相关，且易于转变成序标位点 STS（Sequence-tagged site）。同时大量的 ESTs 可累积建立一个新的数据库为表达基因的鉴别等研究提供大量信息。目前这种技术已被引入植物中。油茶属异交植物，自然界杂合程度非常高，适合利用共显性标记来作图或进行其他遗传分析。构建油茶 EST 文库，可将 EST 转化为 STS 分子标记（共显性标记），开展油茶遗传图谱构建、重要基因定位、分离克隆及其他遗传分析研究，并可为其他 200 余种山茶属植物遗传多样性和系统学研究以及资源开发利用奠定基础。

（一）光合作用相关基因

随着国内外对光合作用调控的相关研究进展到分子生物学水平，通过基因工程的手段提高植物的光合作用成为了研究的热门领域，其中涉及以下几个重要研究方向：①提高 Rubisco 酶的动力学特性；②把 C_4途径引入 C_3作物；③更迅速的光保护驰豫；④提高景天庚酮糖双磷酸酶（SBPase）活性；⑤改良冠层结构。在这些方面，油茶相关的研究进展相对比较缓慢。近年来随着对油茶光合作用研究的不断深入，一些影响油茶光合效率的关键基因被陆续挖掘、克隆。曹彦妮等（2011）从‘湘林 1 号’近成熟的种子中克隆得到油茶 FBPase 基因和 GAPDH 基因的 cDNA 全长（*co-fbp* 和 *co-gapdh*）。FBPase 是光合作用暗反应中非常重要的一个酶，它调控 Clavin 循环中的 PO_4^{3-} 循环，将果糖-1，6-二磷酸（fructose1，6-bisphosphate，FBP）水解成果糖-6-磷酸和无机磷酸，该反应是不可逆的。GAPDH 是还原阶段的关键酶，Rubisco 是催化固定 CO_2和光呼吸最初步骤的关键酶。如果通过转基因技术使 Rubisco、FBPase 和 GAPDH 的酶量得到提高，则 Rubisco、FBPase 基因和 GAPDH 基因在植株中能通过表达，从而加速 Clavin 循环，提高光合效率，在一定程度上提高油茶产量。2015 年，湖南省林业科学院（陈永忠等，2015）开展油茶光合限速酶 Rubisco 的相关研究，分别克隆了油茶 Rubisco 的大小亚基 rbcL 和 rbcS 的编码基因。研究结果表明，*Co-rbsL* 基因表达量与油茶种子以及油脂产量呈正相关，*Co-rbsS* 基因表达量与油茶油脂产量呈正相关。2018 年，中国林业科学研究院（龚洪恩等）克隆了 CoRbcS1、CoRbcS2、CopsbA 等 19 个油茶光合相关基因，并研究 LED 光源不同光质、光强和光照时间对油茶生长发育及光合相关基因表达的影响，探索油茶苗生长发育、生理生化及光合相关基因表达之间的相互关系，筛选出适合油茶苗培育的理想光照条件和油茶光合相关差异表达基因，为油茶高效育苗和进一步深入研究提供参考和科学依据。

（二）光合产物运输分配相关基因

随着研究的深入，与油茶光合产物运输、分配有关的基因也将陆续被挖掘克隆，并逐步应用于油茶育种，通过调控光合产物运输、分配与转化过程，提高光合产物向果实运输的效率，从而提高油茶的产果量与含油率。

北京林业大学苏淑钗等采用同源克隆和 RT-PCR 技术，从油茶果实中克隆获得蔗糖运输蛋白（Sucrose transporter，SUT）的同源基因 CoSUT1 和 CoSUT2。油茶 CoSUT1 和 CoSUT2 基因的开放阅读框（ORF）分别为 1509bp 和 1818bp，分别编码 502 和 605 个氨基酸。系统进化树分析结果表明 CoSUT1 和 CoSUT2 分别属于 SUT 蛋白家族中的 SUT4 和 SUT2 亚家族。蛋白结构预测结果表明 CoSUT1 和 CoSUT2 为高疏水性蛋白，均含有 12 个跨膜结构域。CoSUT1 和 CoSUT2 蛋白定位于细胞质膜，具有跨膜运输能力和蔗糖转运功能。

（三）油脂转化合成相关基因

中南林业科技大学谭晓风团队等在山茶属植物分子鉴别的基础上开展油茶 cDNA 文库和 EST 文库的构建研究，得到了油茶种子油脂转化高峰期的 cDNA 文库并进行了克隆、测序分析，从中分离出油茶种子中与脂肪酸合成和代谢有关的主要基因脱酰 ACP 硫酯酶（FatB 1）基因、硬脂酰—ACP 脱饱和酶（SAD）基因、油酸脱饱和酶（FAD 2）基因、FAD 8 基因、ACP 基因等大量与油脂合成有关的基因。以上这些基因已部分登陆到了GenBank，为油茶转基因育种与定向培育研究奠定了基础。此外，北京林业大学苏淑钗等从油茶果实中克隆得到了蔗糖转运蛋白基因 CoSUT1 和油脂合成关键基因 CoFAD 的 cDNA 全长。随着研究的深入，与油茶光合产物运输、分配、油脂合成有关的基因也将陆续被挖掘克隆，并逐步应用于油茶育种，通过调控光合产物运输、分配与转化过程，提高光合产物向果实运输的效率与合成油脂的效率，从而提高油茶的产果量与含油率。

二、分子标记辅助育种

长期以来，油茶遗传资源的评价和选择育种主要依据是表型特征。但表型易受环境因素影响，无法准确反映油茶真实的遗传变异水平。相反的，分子标记却不受环境因素影响，可以用来区分种质资源。分子标记辅助选择育种，是通过寻找与目标基因紧密连锁的分子标记的基因型来判断目标基因是否存在的一种植物育种选择方法。这种方法不受其他基因效应和环境因素的影响，因此比较可靠，而且可以进行早期选择和对隐性基因进行选择，从而大大加快了育种进程，提高了选择效率；可解决常规育种不能解决的问题，缩短育种周期，从而达到良种选择、良种早期鉴别之目的，特别是对于生育周期比较长的油茶来说更具有实用意义。MAS 不仅可以在重组近交系的选择、回交选择方面发挥巨大作用，而且可以在全基因组的选择上发挥重要作用。目前，油茶分子水平的研究工作较少。中南林学院张智俊等找到了同时提取油茶中的 DNA 和 RNA 的简便方法，他们的工作为油茶分子水平研究工作的开展奠定了基础。2003 年，张云首次利用 RAPD 随机引物分析了福建 32 个油茶杂优品种和农家品种的遗传多样性。2006 年，黄永芳等利用 RAPD 标记技术分析90份油茶种质的遗传多样性，扩增得到593条谱带，多态性谱带564条，多态比率达95.11%，特异性及特异性缺失谱带32条，占5.32%，这说明无性系间存在丰富的遗传多样性。2007年，张国武等开发出了16条ISSR引物，并以1个普通油茶实生苗作为对照，对我国南方10个油茶优良无性系进行了遗传多样性分析。2011年，彭邵锋和张婷等分别采用SRAP分子标记分析了不同群体油茶的遗传多样性。2011年，刘冰等首先进行了油茶SSR的研究，并优化了油茶的SSR-PCR反应体系。2018年，刘凯等采用SLAF-seq技术对9个油茶样品进行测序并开发SNP标记，最终根据多态性SLAF标签，开发得到1644616个群体SNP。分子标记的开发与研究为油茶种质资源鉴定与评价、高密度遗传连锁图谱的构建和重要农艺性状的关联分析奠定基础。

随着分子生物学的发展，近年来分子标记辅助选择育种技术在油茶遗传育种应用中展现了巨大的应用潜力，广泛应用于油茶品种的分子鉴别、遗传关系分析、杂交亲本选配和杂种优势预测以及早期选择等方面的研究，大幅度缩短油茶育种周期，提高育种效率。

三、油茶基因转化技术

目前，油茶相关的功能基因转化研究报道并不多。2014年，刘凯等（2014）构建了三酰甘油（TAG）合成的Kennedy途径中唯一的限速酶DGAT1基因的植物表达载体pBI121-CoDGAT1，并采用冻融法导入农杆菌LBA4404，为进一步通过转基因技术研究该基因的功能奠定了基础。2015年，陈鸿鹏等（2015）先后构建了油茶油脂合成关键酶基因*CoSAD*的原核表达载体pET28b-CoSAD、植物表达载体pBI121-CoSAD和RNA干扰载体pBI121-CoSAD RNAi；以及*CoFAD*2的植物表达载体pBI121-CoFAD2以及RNA干扰载体pBI121-CoFAD2 RNAi，并进一步采用农杆菌介导的转化技术分别对野生型拟南芥进行了转基因功能验证。上述的研究工作，为油茶今后的转基因工作奠定了基础。

参考文献

曹彦妮. 2011. 油茶FBPase基因和GAPDH基因的全长cDNA克隆及原核表达分析［D］. 长沙：中南林业科技大学.

陈隆升，陈永忠，王瑞，等. 2013. 低磷胁迫对不同油茶优良无性系酶活性的影响［J］. 东北林业大学学报，41（9）：23-25.

陈隆升，陈永忠，王瑞，等. 2012. 磷胁迫对不同油茶优良无性系Apase活性的影响［J］. 中国农学通报，28（31）：75-78.

陈隆升，陈永忠，杨小胡，等. 2014. 低磷胁迫对不同油茶无性系幼苗生长及养分利用效率的影响［J］. 南京林业大学学报，38（3）：45-49.

陈隆升，陈永忠，王瑞，等. 2015. 不同油茶新种质产量差异研究［J］. 西南林业大学学报，34（4）：95-98.

陈隆升，陈永忠，许彦明，等. 2018. 油茶花、果及春梢生长相关性研究［J］. 中南林业科技大学学报，38（1）：1-5.

陈鸿鹏，谭晓风，谢耀坚，等. 2015. 油茶CoSAD基因载体的构建、鉴定及功能分析［J］. 植物资源与环境学报，02.

陈鸿鹏，谭晓风，谢耀坚，等. 2015. 油茶 FAD2 基因的植物表达载体和 RNA 干扰载体构建及其功能分析 [J]. 植物研究，03.

陈绪清，张晓东，梁荣奇，等. 2004. 玉米 C4 型 pepc 基因的分子克隆及其在小麦的转基因研究 [J]. 科学通报，49 (19)：1976-1982.

陈根云. 2002. 高光效作物基因工程中的几个问题 [J]. 植物生理学通报，38 (6)：541-544.

杜维广. 2007. 大豆高光效育种 [M]. 北京：中国农业出版社.

屠曾平，林秀珍，蔡惟涓，等. 1995. 水稻高光效育种的再探索 [J]. 植物学报，37 (8)：641-651.

段美娟，唐海燕，袁定阳. 2008. 水稻关键光合功能因子及高光效育种途径刍议 [J]. 杂交水稻，23 (4)：1-3.

高瑞龙，姚克平，陈鼎源，等. 1996. 油茶优良无性系栽培技术研究 [J]. 经济林研究，2 (14)：30-34.

龚洪恩. 2018. LED 光源对油茶苗生长及其光合相关基因表达的影响 [D]. 北京：中国林业科学研究院.

侯爱菊，徐德昌. 2005. 植物高光效基因工程育种 [J]. 中国生物工程杂志，25 (9)：18-23.

韩志强，袁德义，李承想，等. 2015. 攸县油茶与大果油茶‘华硕’及其 F1 代优株的光合特性 [J]. 经济林研究，33 (2)：8-13.

何应会. 2010. 油茶优良无性系果实油脂转化期光合特性研究 [D]. 长沙：中南林业科技大学.

黄锦文，梁义元. 2002. 新株型水稻与杂交稻结实期的光合特性与产量. 福建农林大学报，31 (4)：423-426.

黄义松，牛德奎，赵中华，等. 2007. 13 个油茶优良无性系光合作用及生理特性研究 [J]. 江西农业大学学报，29 (2) ：209-214.

黄永芳，陈锡沐，庄雪影，等. 2006. 油茶种质资源遗传多样性分析 [J]. 林业科学，42 (4)：38-43.

廖文婷. 2015. 5 个油茶无性系光合及叶解剖特性研究 [D]. 长沙：中南林业科技大学.

李霞，焦德茂. 2005. 转 C4 光合基因水稻及其在育种中的应用 [J]. 分子植物育种，3 (4)：550-556.

李春林. 2011. 普通油茶主要无性系开花生物学及可配性研究 [D]. 重庆：西南大学.

李建安，何志祥，孙颖，等. 2010. 油茶林分光合特性的研究 [J]. 中南林业科技大学学报，30 (10)：56-61.

李培夫. 2006. 农作物高光效育种技术的研究与应用 [J]. 种子科技，(6)：41-44.

李万云，李韬. 2005. 农作物现代育种新技术的研究与应用进展 [J] . 中国农学通报，21 (12)：166-169.

李方，傅承新，夏宜平，等. 2001. 山茶亚属品种黄海内宝珠的初步分类 [J]. 浙江大学学报（农业与生命科学版），27 (5)：551-555.

李卫华，郝乃斌，戈巧英，等. 1999. C3 植物中 C4 途经的研究进展 [J]. 植物学通报，16 (2)：97-106.

李阳生，李达模，朱英国. 2001. 水稻超高产育种的分子生物学研究进展 [J]. 农业现代化研究，22 (5)：283-288.

林玮，黄永芳，黄永韬. 2013. 不同油茶无性系光响应的研究 [J]. 广东林业科技，29 (2) ：23-27.

娄成后. 2000. 作物产量形成的生理学基础 [M]. 北京：中国农业出版社.

刘冰，金龙，曹翠萍，等. 2011. 油茶 SSR-PCR 反应体系建立与优化 [J]. 安徽农业大学学报，(06)：858-862.

刘凯，王东雪，江泽鹏，等. 2018. 基于 SLAF_ seq 技术的油茶 SNP 位点开发及杂交后代早期鉴定 [J].

广西林业科学，47（1）：13-17.
刘凯，江泽鹏，叶航，等. 2014. 油茶 DGAT1 基因植物表达载体的构建［J］. 林业科技开发，01：022.
陆钊华，徐建民，陈儒香. 2003. 桉树无性系苗期光合作用特性研究［J］. 林业科学研究，16（5）：575-580.
满为群，杜维广，张桂茹，等. 2003. 高光效大豆几项光合生理指标的研究［J］. 作物学报，29（5）：697-700.
任建宏，路海东，马国胜，等. 2002. 玉米不同株型耐密性的群体生理指标研究［J］. 应用生态学报，13（1）：55-59.
彭邵锋，张党权，陈永忠，等. 2011. 14 个油茶良种遗传多样性的 SRAP 分析［J］. 中南林业科技大学学报，(01)：80-85.
谭晓风，曹彦妮，郭静怡，等. 2011. 油茶 FBPase 基因的全长 cDNA 克隆及序列分析［J］. 江西农业大学学报，33（3）：0514-0520.
滕胜，钱前，黄大年. 2001. C4 光合途径的分子生物学和基因工程研究进展［J］. 农业生物技术学报，9（2）：198-201.
王庆成，刘开昌，张秀清. 2001. 玉米的群体光合作用［J］. 玉米科学，36（4）：25-30.
王忠. 2002. 植物生理学［M］. 北京：中国农业出版社.
肖云旭. 2015. 海南油茶 5 个无性系光合特性综合评价［D］. 长沙：中南林业科技大学.
熊传敏. 2006. 光合作用机理的研究进展［J］. 中学生物学，22（1）：7-9.
杨振伟. 1996. 苹果生长环境与优质丰产调控技术［M］. 北京：气象出版社.
杨克军，李明，李振华，等. 2003. 群体结构对紧凑型玉米生长发育及产量影响的研究. 黑龙江八一农垦大学学报，15（3）：28-32.
杨小胡，陈隆升，彭映赫，等. 2015. 不同油茶无性系组合授粉亲和力研究［J］. 中南林业科技大学学报，35（1）：30-33.
赵秀琴，赵明，肖俊涛，等. 2003. 栽野稻远缘杂交高光效后代及其亲本叶片的气孔特性［J］. 作物学报，29（2）：216-221.
张桂茹，杜维广，满为群，等. 2002. 不同光合特性大豆叶的比例解剖研究. 植物学通报，19（2）：208-214.
郑广华. 1982. 植物栽培生理［M］. 济南：山东科学技术出版社.
张方，迟伟，金成哲，等. 2003. 高粱 C4 型磷酸烯醇式丙酮酸羧化酶基因的分子克隆及其转基因水稻的培育［J］. 科学通报，48（14）：1542-1546.
张智俊，谭晓风，陈永忠. 2003. 同时提取油茶中 DNA 和 RNA 的简便方法［J］. 生物技术，13（3）：23-24.
张云. 2003. 油茶遗传多样性及遗传性状的 RAPD 分析［M］. 福州：福建师范大学.
张国武，钟文斌，乌云塔娜，等. 2007. 油茶优良无性系 ISSR 分子鉴别［J］. 林业科学研究，(10)：278-282.
张婷，刘双青，梅辉，等. 2011. 湖北省油茶资源遗传多样性的 SRAP 分析［J］. 华中师范大学学报（自然科学版），(03)：477-479+484.
Ali ML, Rajewski JF, Baenziger PS, et al. 2008. Assessment of genetic diversity and relationship among a collection of US sweet sorghum germplasm by SSR markers [J]. Mol. Breed, 21: 497-509.
Fukayama H, Tsuchida H, Agarie S, et al. 2001. Significant accumulation of C4-specic pyruvate or-thophosphate dikinase in a C3 plant rice [J]. Plant Physiol, 127: 1136-1146.

Ishimaru K, Ohkawa Y, Ishige T, et al. 1998. Elevatedpyruvate, orthophosphate dikinase (PPDK) activity alters car-bon mentabolism in C3 transgenic potatoes with a C4 maize PPDK gene [J]. Physiologia Plantarum, 103: 340-346.

Ku S B, Agrie S, Nomura M, et al. 1999. High level expression of maize phosphoenolpyruvate carboxylase in transgenic rice plants [J]. Nat Biotech, 17: 76-80.

Matsuoka M, Furbank R, Fukayama H, et al. 2001. Molecular engineering of C4 photosynthesis [J]. Annu Rev Plant Physiol Plant Mol Biol, 52: 297-314.

Matsuaka M, Furbank RT, Fukayama H, et al. 2001. Molecular engineering of C4 photosynthesis Annu Rev Plant Physiol [J]. Plant Mol Biol, 52: 297-314.

Okie W R. 2002. Breeding Peach For Narrow Leaf Width Proceedings of the 5th international peach symposium [J]. Acta Horticulturae, 8: 592.

Osmond C B. 1980. Physiological pro-gress in plant ecology [M]. New York: Spring-er-Verlag, 66-110.

Tsuchida H, Tamai T, Fukayama H, et al. 2001. High level expression of C4-specic NADP-malic enzyme in leaves and impairment of photoautotrophic growth of a C3 plant rice [J]. Plant Cell Physiol, 42: 138-145.

Uemura K, Miyachi S. 1997. Ribulose 1, 5-bisphosphate carboxylase/oxygenase from thermalphilic red algae with a strong specificity for CO_2 fixation [J]. Biochem Biophys Re Comm, 233 (2): 568-571.

Whitney S M, Baldet P, Hudson G S, et al. 2001. Form I rubiscosfrom non-green algae are expressed abundantly but not assembled in tobacco chloroplasts [J]. Plant Journal, 2001, 26 (5): 535-547.

Yeo M E, Yeo A R, Flowers T J. Photosynthesis andphotorespiration in the genus Oryza [J]. Journal of Experiment Botany, 45: 553-560.

Zhao M. 2001. Selecting and characterizing high-photosynthesis plants of osativa rufipog on progenies rice science for a better world. 4th Conference of the Asian Crop Science Association (ACSA). April 24-27, Manila, Philippine.

第七章

油茶树体源库调控管理

油茶树体由地下部分的根系和地上部分的主干、主枝、侧枝、新梢、芽和叶片等组成。油茶树体是生产、承载和支撑油茶果实的基础，油茶果实产量的高低、品质的差异与树体的生物特性和潜在的生产能力高度相关。在油茶生产经营过程中，栽培品种确定以后，树体源库调控管理便成为油茶果实产量的高低和品质差异的决定性因素。科学研究与生产应用的实践证明，油茶树体的科学调控能有效协调和平衡油茶营养生长和生殖生长的矛盾，充分发挥油茶的潜在生产能力，提速和延长油茶生殖生长、增大果实的产量和改善油茶果品的质量。毫无疑问，油茶树体源库调控管理是油茶高效栽培的重要方法和措施。

油茶树体源库管理包括油茶根系调控管理、叶幕调控管理、树形调控管理和结实调控管理等四个基本任务。

第一节　油茶根源调控管理

除叶片外，油茶的源还包括幼嫩的新梢、幼果、花苞等器官，同时也泛指具有吸收功能的根系。因此，油茶根系不但是库，同时也是源。对根源的调控能直接影响树体的生长和果实产量。

一、油茶根系的作用

油茶属直根植物，主根发达，幼年阶段主根生长量一般大于地上部分生长量，成年时正好相反。吸收根主要分布在5~30cm的土层中，且以树冠投影线附近为密集区，是水肥管理的适宜区。油茶根尖分根冠、生长点、伸长区和成熟区（或根毛区）四部分，但伸长区较长，这与油茶根系有较强的趋水和趋肥性有关。油茶根系生长的特征：主根深入土壤的深度随年龄和土层厚度的不同而变化；有强烈的趋肥性和趋水性，在根系垂直面上，可见有偏斜特征；有较强的再生能力。油茶幼苗在2年生前为扎根期，先生主根，后生侧根。地上部分生长缓慢，3年以后，随年龄增长根幅、冠幅同时扩大，此时根幅仍大于冠幅。

油茶为轴状型主根发达的深根性树种，主根发达，向下深扎可达1.5m以上；在主根之上着生 4~6 条一级侧根，由侧根再分生为多轴根和吸收根（周政贤，1963），随着树龄的增加，根系逐渐加深，但根系几乎集中在 0~40cm 深的土层，该区域根系数量占总量的比例最高，可达 98.7%，40cm 以下土层根系分布很少，但其数量随着树龄的增加而不断上升。根系在水平分布面上各级根呈扩散状分布，随着树龄增加而增加，但是根幅小于冠幅，5~15 年生油茶根幅都在 2m 以内，15~30 年生时扩展到 4m 左右，根系主要分布在距树干基部 1m 的范围内，该区域内的比例占整个根系数量的 58.2%以上，随着树龄的持续增加，在该区域内的根系比例逐渐下降，根系分布趋于均匀（袁军等，2009）。这种特点与油茶长期的系统生育过程中耐干旱的遗传性有关。

由图 7-1~7-3 可以看出：各个根径级之间的根系长度、根系表面积、根系体积差异显著。根径级在 $d \leq 0.5$mm 的根系长度和根系表面积最大，但根系体积相对较小。'长林 4 号'和'长林 40 号'在各指标中均有较显著的优势，'长林 53 号'相较最弱。各品种油茶幼苗在根径级 $d \leq 0.5$mm 的细根长度和根系表面积在整个根系中所占的比例最大，这些细根在油茶幼苗养分和水分吸收过程中起着重要作用。不同树龄的各径阶根系所占比例不同，2mm 以下的根系是根系的主要部分，2mm 以上的根系随着树龄增加比例逐渐增大，表明随着冠幅增大，要支撑树体地上部分，必定需要大径阶根系；树南北方向割剖面根系的数量基本一致，但由于水肥、地理等因素影响，南北割面的根系数量也会出现一定差异，可见根系趋水肥性很强（康乐，2012）。

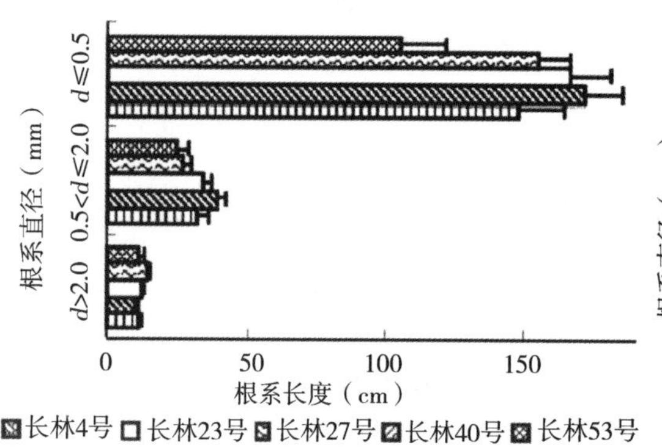

图 7-1 不同品种油茶苗根系长度比较

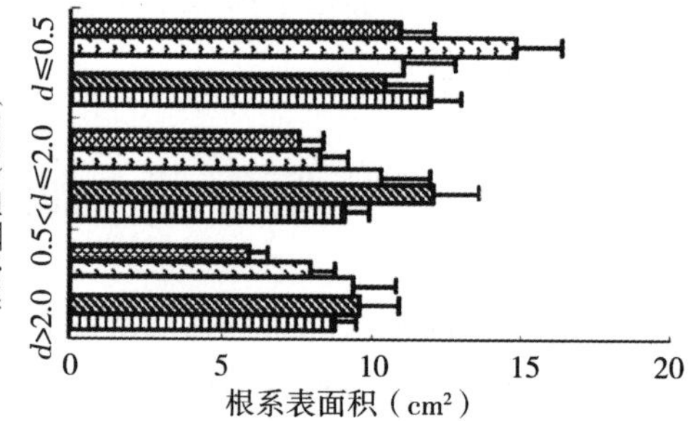

图 7-2 不同品种油茶苗根系表面积比较

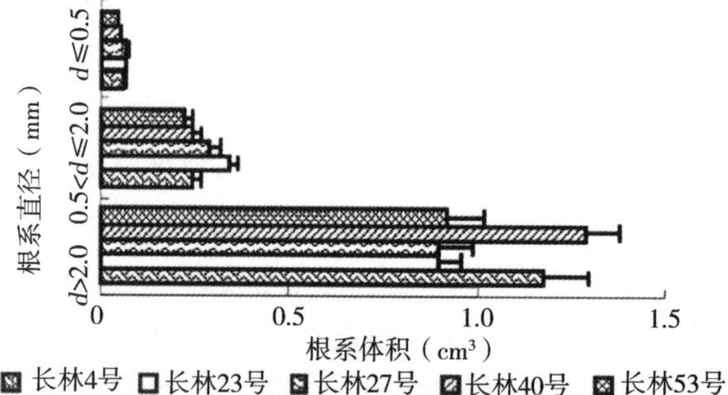

图 7-3 不同品种油茶苗根系体积比较

二、油茶根系调控的内容与作用

油茶根系是吸收水分和各种矿物营养的重要器官，根系生长具有明显的趋水趋肥性和温控性，即油茶根系生长“三特性”，油茶培育时应注意这 3 个特性的调控。与大多数其他植物一样，油茶根系主要是建造与支撑、吸收与供给两个方面的重要功能。油茶树的形成和生长全赖根系的构建和支撑作用，“根深则叶茂”说的就是根系的吸收和供给作用。油茶要想长得树形高大，枝叶繁茂和高产稳产，就必有一个强大而深层分布的根系来保证消化吸收各种养分，并将吸收的养分（矿物质）源源不断地输送到油茶各个器官，供其生长发育。

然而，油茶在不同的生长发育阶段对营养的需要是不一样的，因此，我们在进行油茶良种栽培时，应根据其生长发育阶段的不同和树体生长状况的差异采取相应的技术干预，按需施肥，增强根系定向定量吸收能力和定向定量供给能力，以调节地下部分生长和地上部分生长，以及营养生和生殖生长达到相对平衡，为夺取丰产稳产创造条件。

三、油茶根系调控管理

（一）土壤改良对油茶根系的调控

根系形态和活力决定其对养分的吸收能力，同时养分的有效性及分布状况对植物根系的形态及活力具有调控作用。养分缺乏会不同程度抑制油茶幼苗主根生长，使根冠比不协调。缺钾会抑制油茶幼苗侧根分化和生长，对分化的抑制作用明显；缺氮会促进侧根伸长，但是根系相对细弱；磷的缺乏对油茶根系活力影响明显；氮磷钾全素营养能扩大根系表面积和提高根系活力，氮磷钾三要素不平衡对油茶幼苗生长发育更为不利。

油茶养分首先来自于土壤自身，通过改良土壤及采取措施管好林地园土。这些措施包括生物学改良与善于控制水土保持，园土管理导致土壤物理与化学性质的变化，使土壤营养状态更适于栽植果树。

首先，造林地要提前进行全面翻耕或深挖种植大穴，使种植地土壤进一步风化，释放各种营养成分；充分改良土壤结构、提高微生物含量和活性，提升土壤肥力，从而改善油茶根际环境，有利于根系活动和植物生长。

其次，当油茶树尚处幼年期对新种植园根际周围定期进行土壤改良，清除恶性杂草，疏松表层土壤，进一步改善土壤结构和提升肥力，还能减少水分蒸发，起到抗旱和保水保肥效果。

再次，油茶林地除了通过翻耕和松土改良外，还可通过增施肥料、必需的化学调控剂、间种绿肥等方式进行改良。进入成林大量开花结实后，油茶“抱籽怀胎”终年花果不离枝，养分需求很大，应将土壤改良范围扩大到整个种植园区，多施有机肥，覆盖作物，配合科学的树体管理方能保证高产稳产。

（二）配方施肥对油茶根源的调控

研究表明，油茶每生产100kg枝叶约需要0.9kg的氮素、0.22kg的磷素、0.26kg的钾素；而每生产100kg的油茶果实，则需要1.1kg的氮素、0.86kg的磷素、3.6kg的钾素。由此可见，油茶对土壤养分的需求是很大的。因此在栽培过程中要氮、磷、钾肥配合施用，才能增强油茶幼苗根系活力，加强植株对水分和养分的吸收，协调根冠比，以有利于油茶幼苗正常生长发育。施肥不仅提供油茶必需的营养元素，施肥还能通过提高蔗糖酶、蛋白酶、过氧化物酶等土壤酶的活力提高土壤肥力（郭晓敏等，2014），促进油茶根系对养分的吸收能力，提高春梢叶片氮磷钾含量（曹永庆等，2017）以及叶绿素含量，增强植物的光合作用（He et al.，2011），促进油茶株高、冠幅、地径等的提高，从而达到增源的目的。罗汉东（2016）在油茶幼林中开展磷肥试验，结果表明油茶叶绿度和叶面积均随着施磷量增加呈先逐步增大后减小的趋势，施磷水平为P3即900 g/株时，对应的油茶叶绿度最高，叶面积最大（图7-4）。

营养元素的平衡和水分、光等一样在植物生长发育中具有重要作用，也可以大大提高单个元素的利用效率，在所有元素中，大量元素氮、磷、钾的平衡显得尤为重要。胡冬南等（2005）研究发现，氮、磷、钾施肥配比为$N_2P_1K_1$（2∶1∶1.3）和$N_2P_1K_1$（1∶1∶2.6）时，可显著提高油茶冠幅、树高、叶面积、SPAD值。詹寿东（2017）研究表明，施用专用肥和有机肥显著提高了油茶幼林和成林根系中氮、磷、钾的含量，且专用肥比有机肥提高的更为显著。

赵京京（2018）以1年生和3年生的油茶林为研究对象，通过施加细菌肥料Microbacterium testaceum，增加了油茶叶片中的营养元素含量（表7-1），提高了油茶幼龄林叶片叶

表7-1 不同处理油茶叶片的营养元素含量

施肥处理		大量元素				微量元素		
		钾	磷	钙	镁	铜	铁	钠
1年生	空白对照	61.39±3.66b	20.24±0.03c	79.84±0.71b	9.22±1.74b	0.35±0.00b	2.31±0.13b	2.00±0.08b
	基质对照	66.55±1.78b	22.93±0.01b	93.23±1.51a	12.23±2.16a	0.32±0.05b	2.40±0.21b	2.40±0.04b
	细菌肥料	83.23±5.12a	24.54±0.11a	105.13±1.72a	13.80±1.01a	0.43±0.08a	2.73±0.17a	2.21±0.03a
3年生	空白对照	56.44±1.46b	19.84±0.09b	56.90±1.46b	6.69±1.47b	0.16±0.01c	3.04±0.12a	1.84±0.02a
	基质对照	58.70±2.91a	21.98±0.13a	84.26±1.51a	11.01±0.71a	0.26±0.02b	2.96±0.04a	1.90±0.10a
	细菌肥料	59.36±3.72a	22.25±0.00a	89.32±1.72a	12.74±1.49a	0.30±0.01a	3.15±0.06a	1.94±0.24a

（赵京京，2018）

绿素含量（表 7-2）及可溶性糖含量（图 7-5），从而增强其光合作用，促进其生长。张吉祥等研究发现，喷施叶面肥 300mg/L 的稀土微肥溶液，有利于促进油茶春梢生长和叶面积的提高，能提高油茶叶片中叶绿素的含量，提高净光合速率 Pn 以及坐果率和产量，延缓叶片衰老。

表 7-2　不同处理油茶叶片叶绿素含量

施肥处理		叶绿素 a（mg/g）	叶绿素 b（mg/g）	总叶绿素（mg/g）
1 年生	空白对照	0.62±0.08c	0.28±0.03b	0.90±0.01b
	基质对照	0.78±0.00b	0.32±0.00b	1.11±0.00b
	细菌肥料	1.36±0.08a	0.53±0.03a	1.90±0.02a
3 年生	空白对照	0.67±0.03b	0.33±0.02b	1.00±0.02b
	基质对照	0.71±0.02b	0.32±0.04b	1.03±0.03b
	细菌肥料	1.06±0.00a	0.49±0.06a	1.56±0.06a

（赵京京，2018）

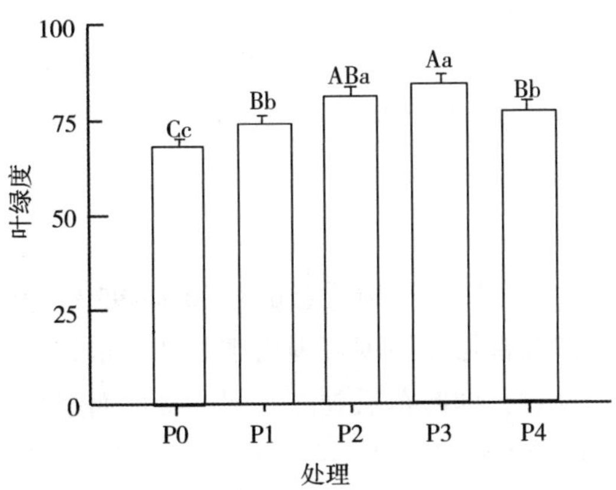

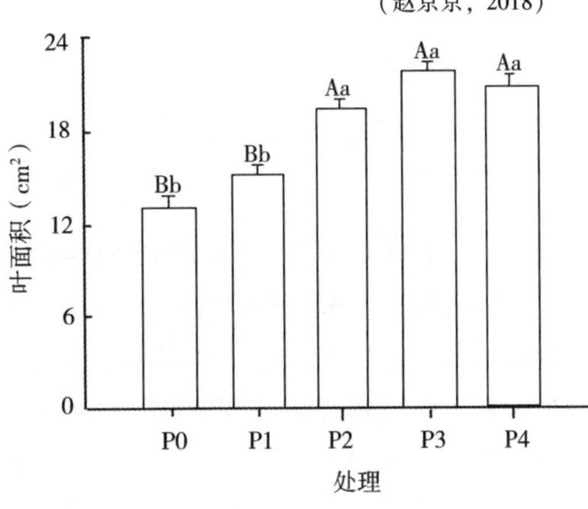

图 7-4　油茶叶绿度、叶面积与施磷水平之间的关系（罗汉东等，2016）

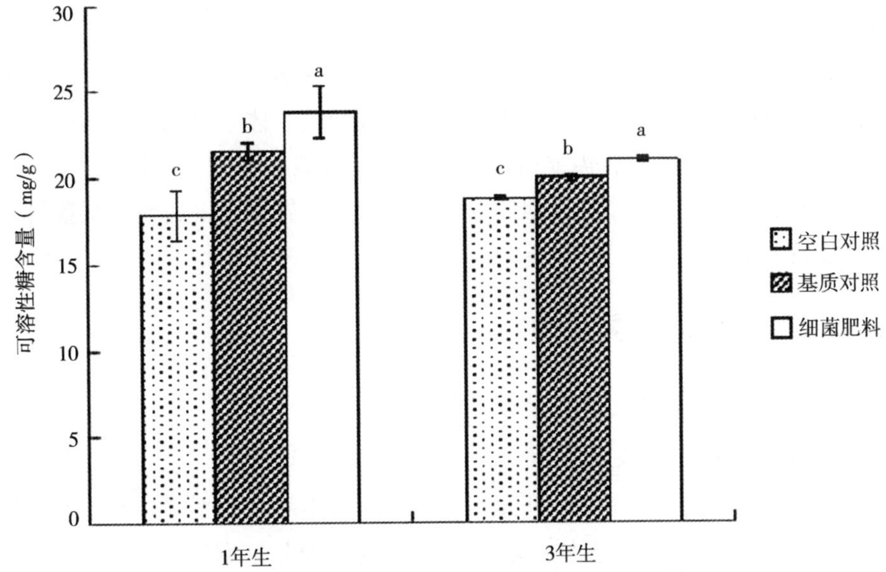

图 7-5　不同处理的油茶叶片可溶性糖含量（赵京京等，2018）

第二节 油茶叶幕调控管理

树体管理粗放和光能利用率低通常视作其低产的重要原因，通过改善叶幕微气候，整形修剪树体等管理措施，进行有效的源库关系调控，是提高油茶产量和品质的有效途径。

一、油茶叶幕调控的概念与作用

（一）油茶叶幕调控的概念

油茶树树冠上着生的叶片群体总称为“叶幕”，叶幕的厚度是总叶片面积的标志。因此，就一株树而言，叶幕是这株树的所有叶片群体，而对一个林分群体而言，叶幕则是指整个油茶林所有油茶树的叶幕的总和，有时也包括其他主要的 1 年生器官，如新的嫩枝、芽和花苞等。由叶幕内部结构和紧密树冠外围环境所形成的微气候环境简称为叶幕微气候。这个环境几乎全部是由全体叶片对外界气候的过滤作用所形成的。

油茶林的叶幕结构由林分中所有品种的油茶树个体，以及不同配置方式、密度而决定。它可以作为油茶林群落特征的描述，但又不同于自然植物群落和大田农作物的叶幕结构，从而导致了油茶叶幕微气候及其调控特殊生物学特性。

（二）油茶叶幕调控的内容和作用

研究表明，一般果树的光合产物或碳水化合物约占树体干物质总量的 90%~95%，在合理的叶幕层范围内，叶幕和产量成正比关系，即叶幕层在适度范围内越厚则产量越高。但当叶幕层厚度超过适度范围后，二者关系成为反比，即叶幕层越厚，则产量反而越低。这是因为叶幕层越厚，直射光线由上向下越弱，接受不到光线从而不能进行光合作用的叶片越多，消耗就会不断增加。有关资料表明：当直射光减弱至全光的 30%以下时，光合产物就会明显低于消耗，产量就会下降。叶片是光合作用的场所，果树的产量是通过叶片的光合作用形成的。

油茶单株个体结构和群体结构，是叶幕结构的大小骨架。要使叶幕合理，首先必须使个体结构和群体结构达到基本合理，二者是相辅相成的统一体。单株个体结构很重要，这是群体结构的基础和最小单位，需要树形适宜，骨干枝架构合理，间距适当，枝组通透，疏密均匀。群体结构是由许多个单株组成的集合，所以要做到密度适宜，配置科学，才能实现产量效益最大化。

二、油茶叶幕微气候特性

（一）不同冠层叶幕微气候的全年变化

1. 不同冠层光照的全年变化曲线

光照的全年分布变化图如图 7-6 所示。结果表明，不同冠层光照强度全年变化差异显著，上层和冠层外全年变化趋势基本一致，下层光照强度全年基本保持不变，只有在光照强度最高的7月，下层光照强度才有所增加，不同月份的不同冠层的平均光照强度差异显著，其中，以7月光照强度最高，可达1142.99μmol/(m² · s)，11月光照强度最低，仅有323.17μmol/(m² · s)；不同生长期冠层外平均光照强度不同，花芽分化期（5~9月）平均光照强度为1777.36μmol/(m² · s)，花期（10~12月）平均光照强度为1296.00μmol/(m² · s)，果实生长期（3~10月）平均光照强度为1688.61μmol/(m² · s)，油脂合成期（7~10月）光照强度最高，可达2007.66μmol/(m² · s)（杨少燕，2016；Wen Y等，2018）。

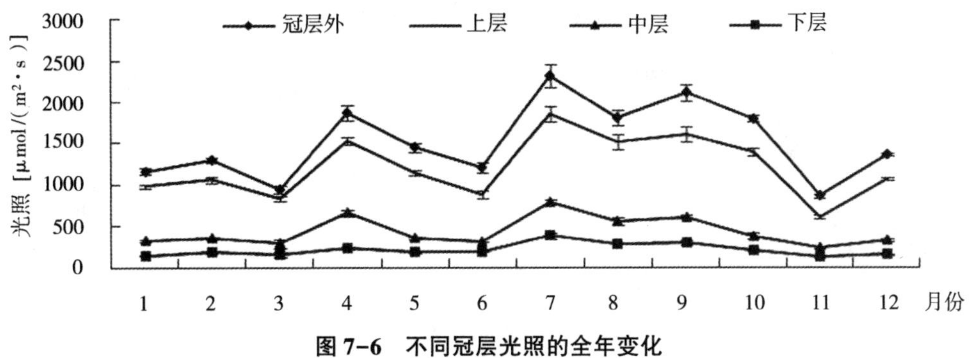

图 7-6　不同冠层光照的全年变化

2. 不同冠层温度的全年变化图

由图7-7可知，不同冠层温度的全年变化差异不显著，不同冠层温度全年的变化趋势基本一致。相比之下，不同冠层在不同月份的平均温度差异显著，其中，7月各冠层平均温度最高，可达34.16℃，而2月各冠层平均温度最低，仅有8.11℃。不同生长期冠层外的平均温度也不同，花芽分化期平均温度为29.74℃，花期平均温度为15.74℃，果实生长期平均温度为26.91℃，油脂合成期平均温度为30.61℃。

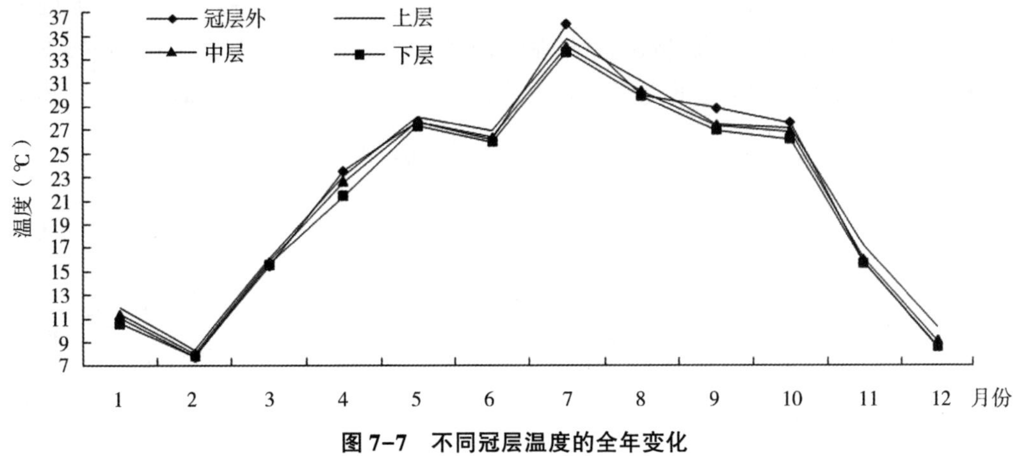

图 7-7　不同冠层温度的全年变化

3. 不同冠层湿度的全年变化图

从图7-8可以看出，不同冠层湿度的全年变化差异不显著，不同冠层湿度全年的变化趋势基本一致。不同冠层在不同月份的平均湿度也呈现出显著差异，和光照、温度的全年变化趋势不同的是，6月的平均湿度最高，可达81.93%，而1月的湿度最低，仅有

27.66%。不同生长期冠层外平均湿度不同，花芽分化期平均湿度为70.25%，花期平均湿度为46.51%，果实生长期平均湿度为66.61%，油脂合成期平均湿度为62.77%（杨少燕，2016；Wen Y等，2018）。

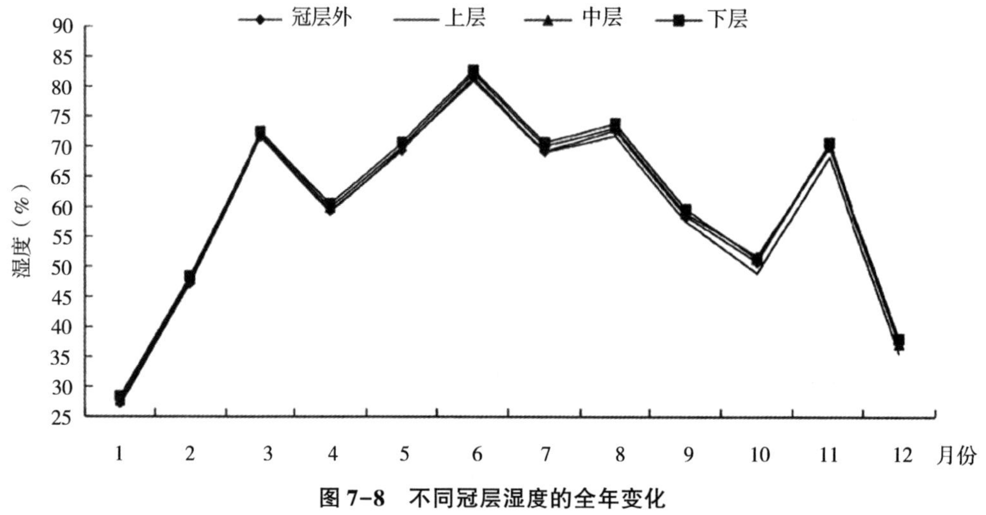

图7-8　不同冠层湿度的全年变化

（二）不同冠层叶幕微气候的日变化分析

1. 不同冠层光照的日变化曲线

如图7-9所示，不同冠层光照日变化差异显著，其中，下层全天光照基本不变，其他冠层的光照均随着太阳高度角增加而引起太阳辐射的增强而增加，从8：00~12：00时，光照均有所增加，且光照增加速度较快，从13：00~17：00时，光照又逐渐下降。而由图中不同曲线比较可以看到，垂直方向上，从8：00~17：00时，在各冠层中，光照强度均呈现出增加的趋势，总体上冠层外的光照强度>上层的光照强度>中层的光照强度>下层的光照强度，其中以上层和下层的光照强度差异最显著（杨少燕，2016；Wen Y等，2018）。

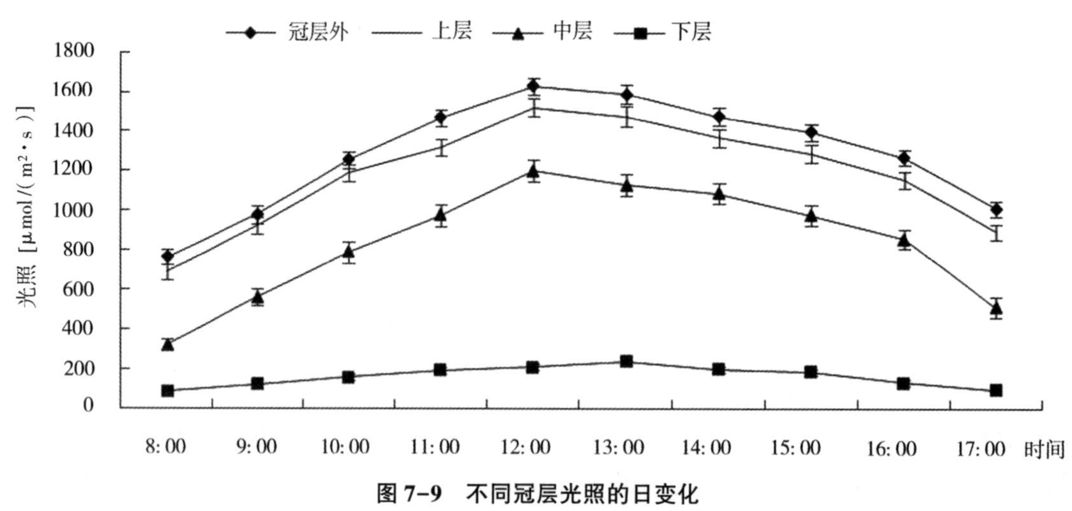

图7-9　不同冠层光照的日变化

2. 不同冠层温度的日变化曲线

如图 7-10 所示，不同冠层温度的日变化有差异，但差异不显著。从 8：00~14：00 时，温度逐渐升高，变化范围为 7.3~8.7℃，8：00~12：00 时，温度的升高，主要是因为太阳辐射逐渐增强引起的，12：00~14：00 时温度继续升高，主要是因为这段时间太阳辐射所增加的热量仍大于地表散失的热量，而从 14：00~17：00 时，温度逐渐降低，变化范围为 6.6~7.8℃；垂直方向上，8：00~17：00 时，不同冠层的温度也随着冠层的增加而上升，总体上，冠层外温度>上层温度>中层温度>下层温度（杨少燕，2016；Wen Y 等，2018）。

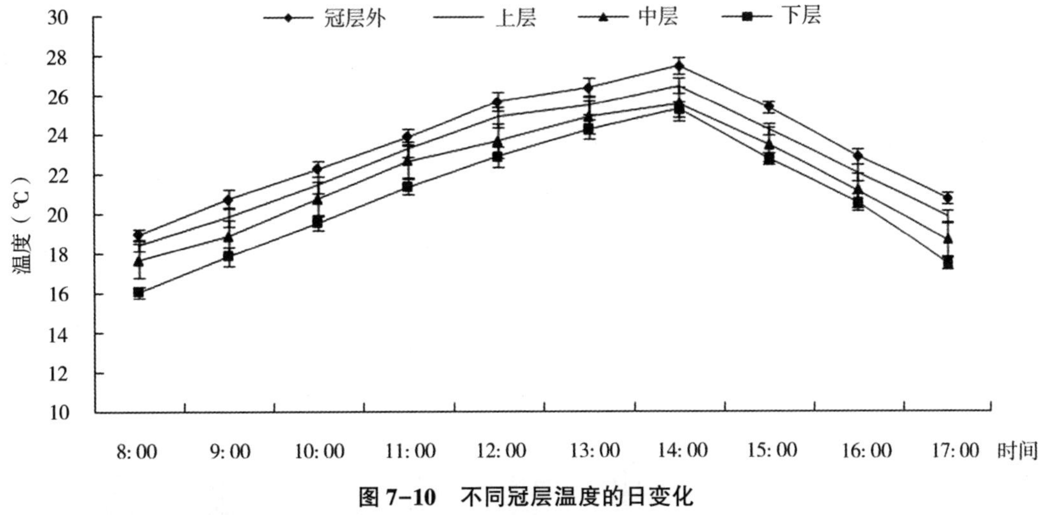

图 7-10　不同冠层温度的日变化

3. 不同冠层湿度的日变化曲线

如图 7-11 所示，不同冠层湿度的日变化不同时间点差异显著。从 8：00~14：00 时，湿度逐渐减小，变化范围为 7.9%~9.1%；而从 15：00~17：00 时，湿度又逐渐升高，变化范围为 5%~5.5%。垂直方向上，在一天中的各时间点，随着冠层的增加湿度减小，总体上，下层湿度>中层湿度>上层湿度>冠层外湿度（杨少燕，2016；Wen Y 等，2018）。

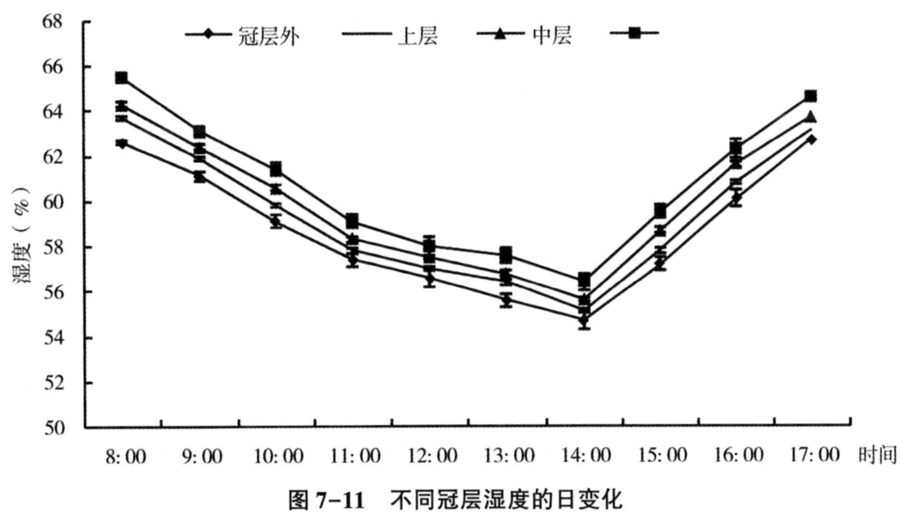

图 7-11　不同冠层湿度的日变化

三、油茶叶幕微气候不同生长季节变化

（一）1~2月环境因子在树冠内的分布

1.1~2月叶幕微气候在树冠内的分布规律

1~2月属于油茶的休眠期，此时期光照在树冠内的分布如图7-12所示，不同高度、不同方向所形成的不同区域的光照差异显著且呈现出一定的规律，北方向下层内膛光照强度最小，仅为52.90μmol/(m^2·s)，南方向上层外围光照强度最大，可达1065.15μmol/(m^2·s)。垂直方向上，不同层之间光照差异显著（图7-13），随着冠层的增加，光照也开始增加，上层与下层光照的平均差值可达652.05μmol/(m^2·s)，每层平均差值为326.03μmol/(m^2·s)，其中，以东南方向上层内膛与中层内膛差值最大，可达457.13μmol/(m^2·s)；水平方向上，各个方向、各个冠层均呈现出外围光照高于内膛的趋势，外围和内膛的平均光照差异显著（图7-14），差值可达204.25μmol/(m^2·s)，其中，东南方向的中层外围与内膛差值最大，可达288.91μmol/(m^2·s)；同一冠层上，不

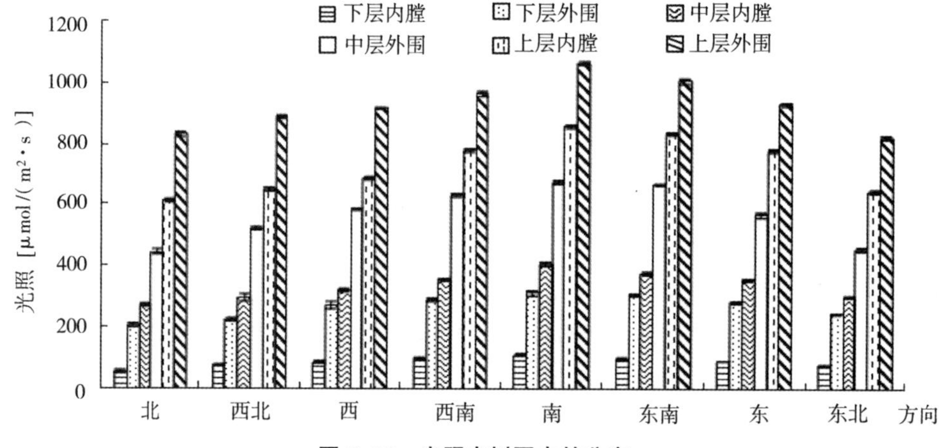

图7-12　光照在树冠内的分布

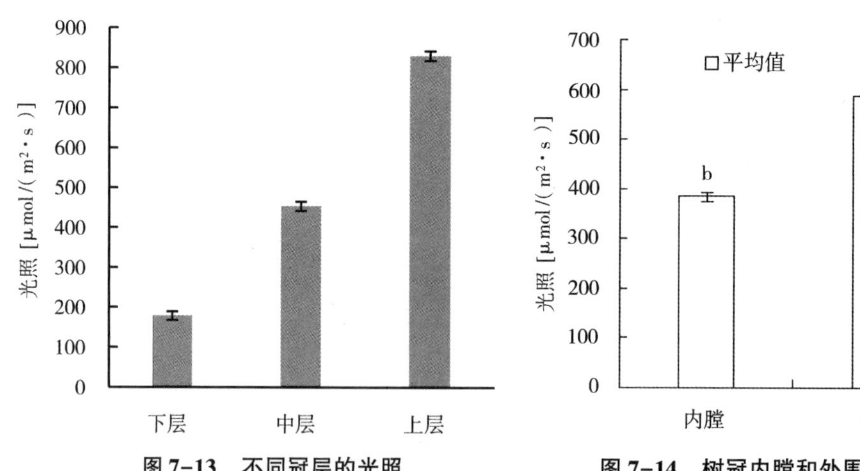

图7-13　不同冠层的光照

图7-14　树冠内膛和外围的光照

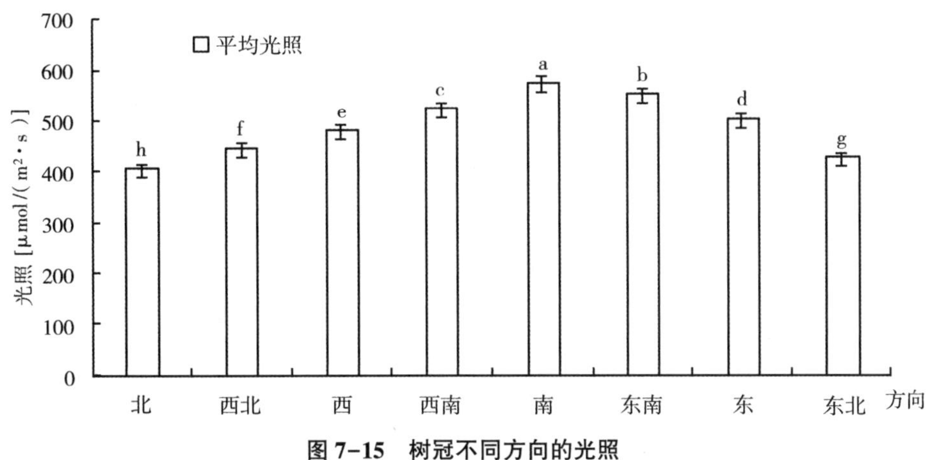

图 7-15 树冠不同方向的光照

同方向的光照平均值差异显著（图 7-15），南方向光照最强，由南向北光照均减小，南方向与北方向的平均差值为 167.67μmol /(m^2 · s)，其中，上层内膛差值最大，达 242.0576μmol/(m^2 · s)（杨少燕，2016；Wen Y 等，2018）。

2. 1~2 月温度在树冠内的分布规律

1~2 月温度在树冠内不同区域的分布如图 7-16 所示。树冠内不同方向、不同冠层的不同区域的温度差异显著，北方向下层内膛温度最低，仅为 8.96℃，西南方向上层外围温度最高，可达 11.08℃。垂直方向上，随着冠层的增加，温度升高，不同冠层的平均温度差异显著（图 7-17），上层和下层的平均温度差值为 1.54℃，每层温度的平均差值为 0.77℃，其中，以北方向上层内膛与中层内膛差值最大，可达 0.96℃；水平方向上，不同冠层、不同方向均呈现出外围温度高于内膛温度的趋势，外围与内膛的平均温度差异显著（图 7-18），温度的平均差值为 0.42℃，其中，东北方向下层外围与内膛差值最大，可达 0.68℃；同一冠层上，不同方向的平均温度差异显著，其中，西南方向温度的平均值最高，东北方向最低，差值达 0.31℃（图 7-19）（杨少燕，2016；Wen Y 等，2018）。

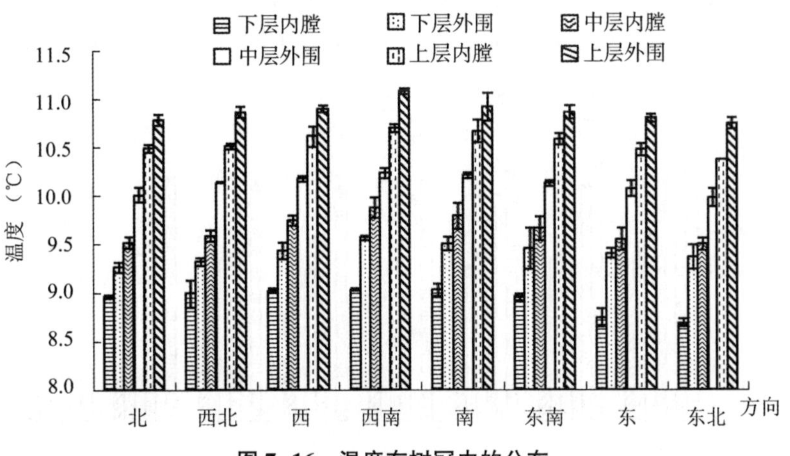

图 7-16 温度在树冠内的分布

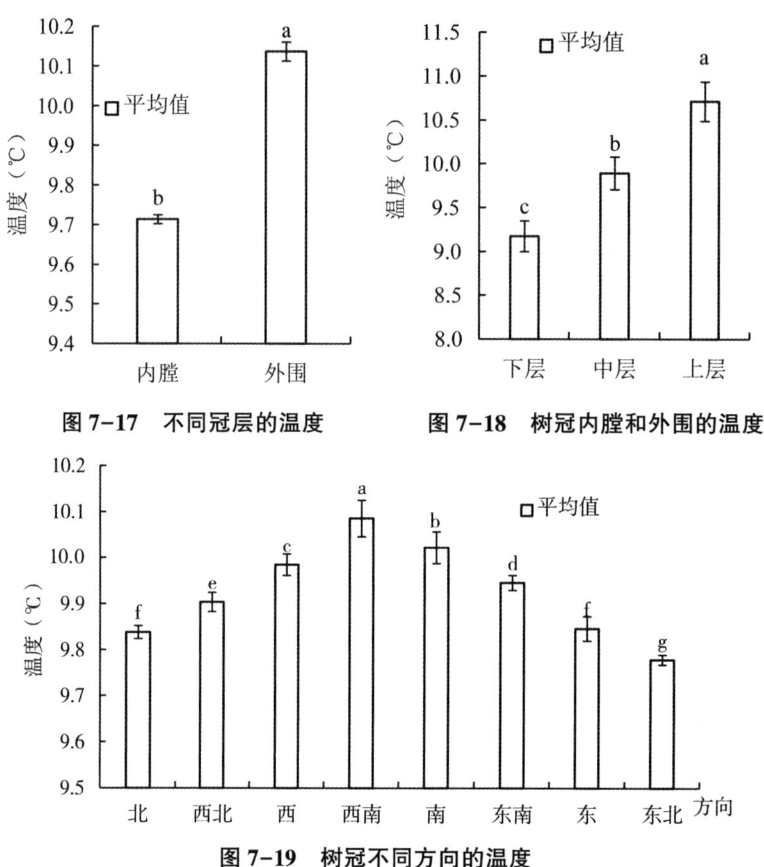

图 7-17　不同冠层的温度　　**图 7-18　树冠内膛和外围的温度**

图 7-19　树冠不同方向的温度

3. 1~2 月湿度在树冠内的分布规律

1~2 月湿度在树冠内不同区域的分布如图 7-20 所示，南方向上层外围湿度最低，仅为 36. 43%，北方向下层内膛湿度最高，可达 38. 60%。和光照、温度的变化趋势不同，垂直方向上，随着冠层的增加，湿度逐渐减小，不同层平均湿度差异显著（图 7-21），下层和上层的平均湿度差值为 1. 38%，每层湿度的平均差值为 0. 69%，其中，以东方向中层内膛与上层内膛差值最大，可达 1. 12%；水平方向上，不同冠层、不同方向也呈现出内膛的

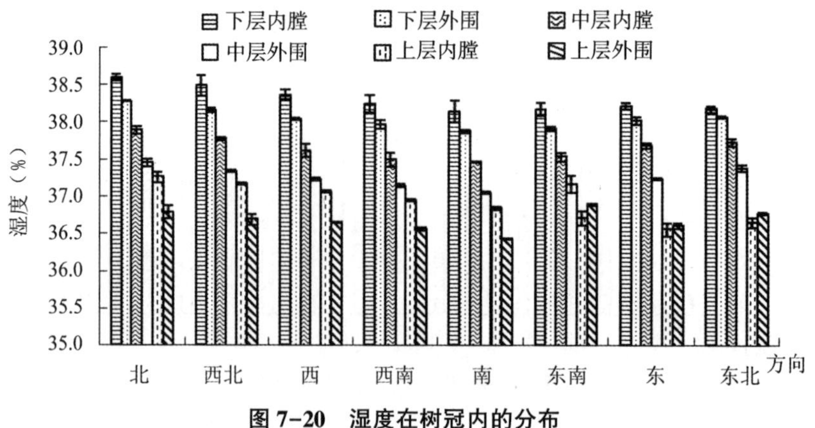

图 7-20　湿度在树冠内的分布

平均湿度高于外围的平均湿度的趋势，且内膛与外围的平均湿度差异显著（图 7-22），湿温的平均差值为 0.30%，其中，以北方向上外围与内膛差值最大，可达 0.47%；不同方向上，平均湿度差异显著（图 7-23），其中北方向的平均湿度最高，南方向最低，差值可达 0.41%；同一冠层上，不同方向的平均湿度差异显著（图 7-23），其中，北方向的平均湿度最高，南方向最低，差值达 0.41%（杨少燕，2016；Wen Y 等，2018）。

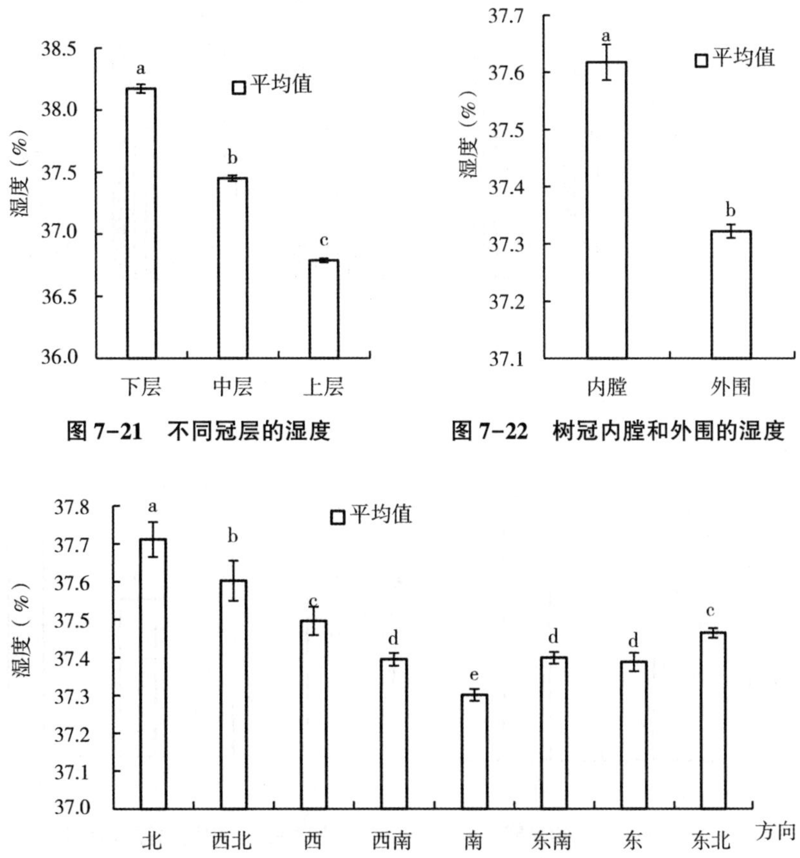

图 7-21　不同冠层的湿度

图 7-22　树冠内膛和外围的湿度

图 7-23　树冠不同方向的湿度

（二）3~4 月环境因子在树冠内的分布

1. 3~4 月光照在树冠内的分布规律

3~4 月是油茶果实生长初期，温度的回升，枝条开始萌动，受精后的果实解除休眠，开始生长。在这个时期，光照在树冠不同区域的分布如图 7-24 所示，不同区域光照的平均值差异显著，其中，北方向下层内膛光照值最小，仅有 54.63μmol/(m^2·s)，东南方向上层外围光照值最高，达 1221.181μmol/(m^2·s)。垂直方向上，不同冠层的光照差异显著（图 7-25），上层与下层的差值可达 787.41μmol/(m^2·s)，随着冠层的增加，光照逐渐增加，每层光照平均增加 393.70μmol/(m^2·s)，其中，南方向上层内膛与中层内膛差值最大，为 589.86μmol/(m^2·s)；水平方向上，不同冠层、不同方向外围的光照均高于内膛，外围与内膛光照的平均值差异显著（图 7-26），差值为 245.86μmol/(m^2·s)，其中，东南方向上层外围与内膛差值最大，可达 422. 33μmol/(m^2·s)；同一冠层上，光照差异显著（图 7-27），南方向平均光照最高，可达 654. 22μmol/(m^2·s)，北方向平均光照最低，可达 451. 92μmol/(m^2·s)（杨少燕，2016；Wen Y 等，2018）。

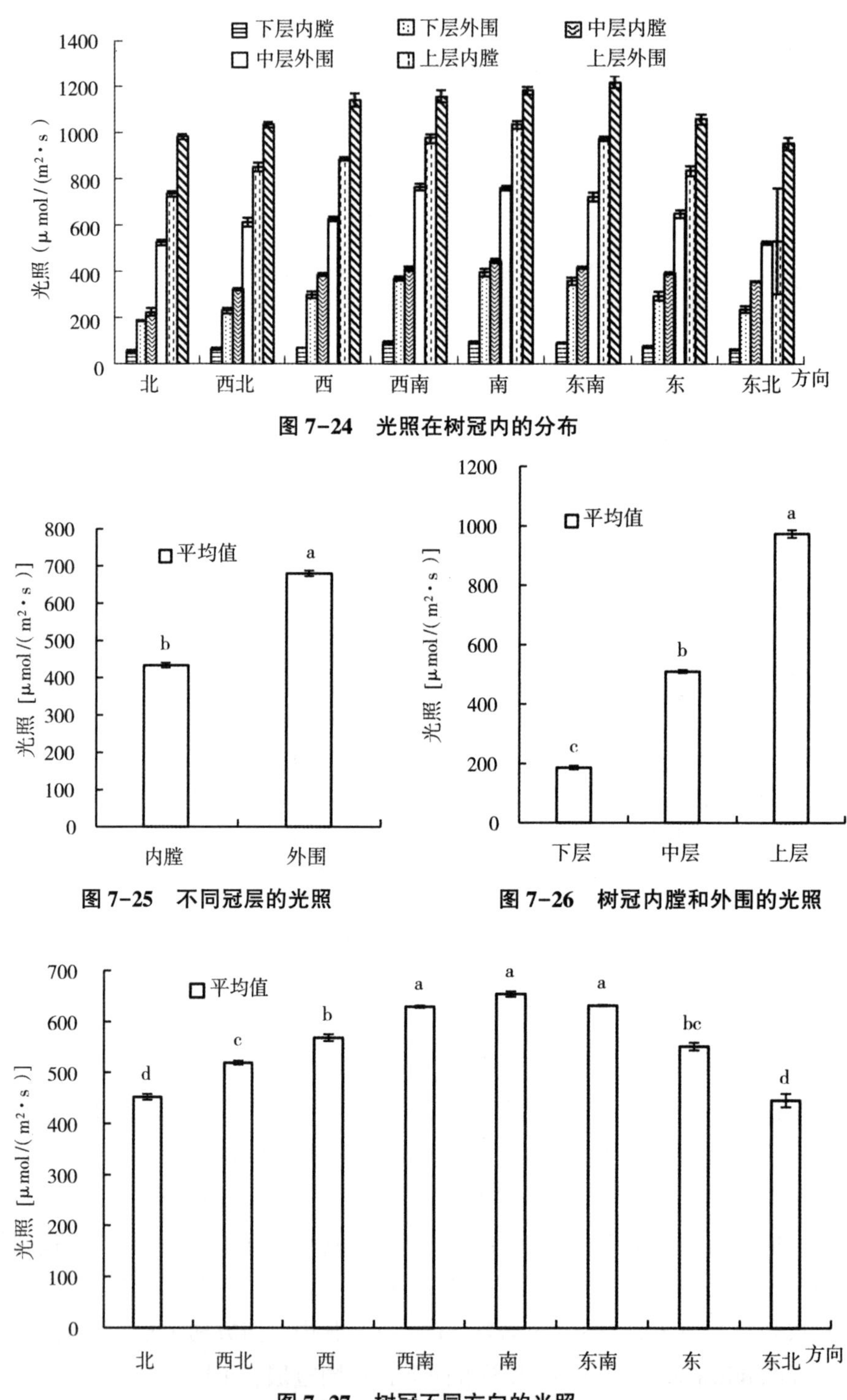

图 7-24 光照在树冠内的分布

图 7-25 不同冠层的光照

图 7-26 树冠内膛和外围的光照

图 7-27 树冠不同方向的光照

2.3~4 月温度在树冠内的分布规律

3~4 月温度在树冠不同区域内的分布如图 7-28 所示，不同区域温度的平均值差异显著，其中北方向下层内膛温度平均值最小，仅为 22.24℃，南方向上层外围温度平均值最

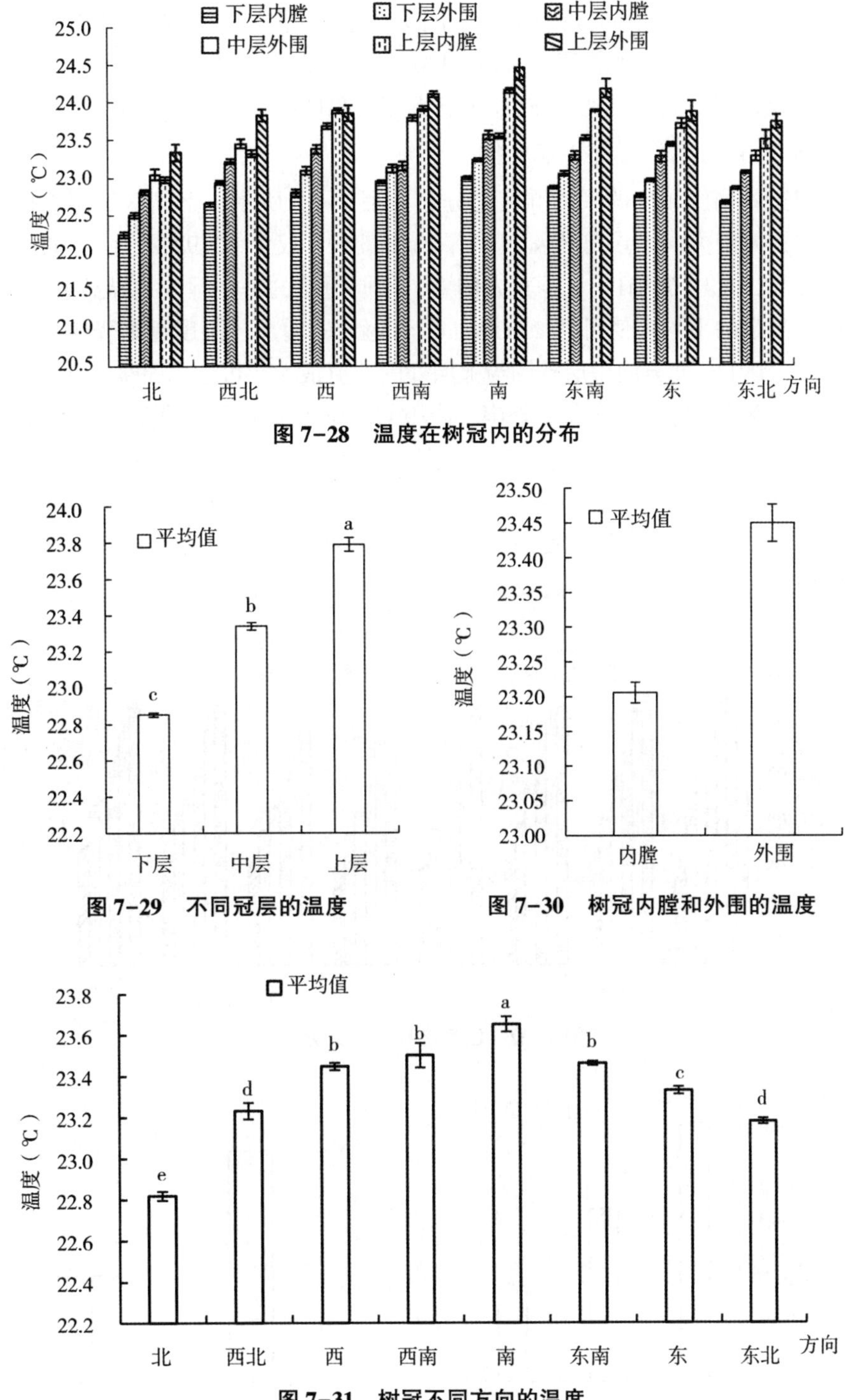

图 7-28　温度在树冠内的分布

图 7-29　不同冠层的温度

图 7-30　树冠内膛和外围的温度

图 7-31　树冠不同方向的温度

高，可达 24.45℃。垂直方向上，不同冠层的平均温度差异显著（图 7-29），上层与下层的差值可达 0.94℃，随着冠层的增加，温度逐渐增加，每层温度平均增加 0.47℃，其中，南方向上层内膛与中层内膛差值最大，可达 0.92℃；水平方向上，外围与内膛温度的平均值差异显著（图 7-30），差值为 0.24℃，其中，以西南方向中层外围与内膛差值最大，可达 0.63℃；同一冠层中，不同方向的温度不同，且树冠内不同方向的平均温度差异显著（图 7-31），南方向平均温度最高，可达 23.65℃，北方向平均温度最低，可达 22.82℃，其中，上层内膛差值最大，可达 1.17℃（杨少燕，2016；Wen Y 等，2018）。

3.3~4 月湿度在树冠内的分布规律

3~4 月树冠不同区域内的平均湿度的分布如图 7-32 所示，不同区域湿度的平均值差异显著，其中，西南方向上层外围湿度的平均值最小，仅为 62.97%，北方向下层内膛湿度的平均值最高，可达 66.51%。垂直方向上，不同冠层的平均湿度差异显著（图 7-33），下层与上层的湿度的平均差值可达 2.53%，随着冠层的增加，湿度逐渐降低，湿度平均每层降低 1.27%，其中，北方向中层外围与上层外围差值最大，可达 1.59%；水平方向上，不同层不同方向内膛的平均湿度均高于外围，内膛与外围湿度的平均值差异显著（图 7-34），差值为 0.54%，其中，北方向上层内膛与外围差值最大，可达 0.82%；同一冠层上，不同方向的湿度不同，且树冠内不同方向的平均湿度差异显著（图 7-35），北方向平均湿度最高，可达 64.99%，南方向平均湿度最低，可达 64.49%，其中，中层外围差值最大，可达 0.69%（杨少燕，2016；Wen Y 等，2018）。

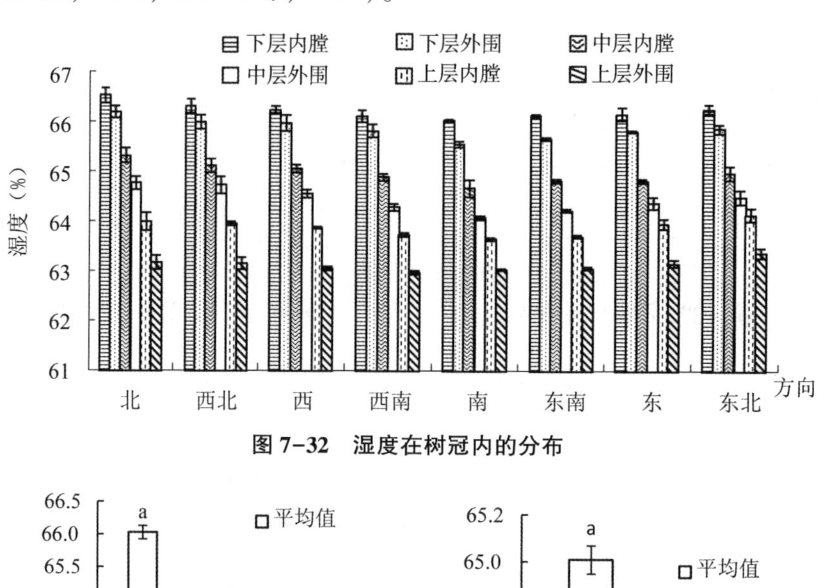

图 7-32 湿度在树冠内的分布

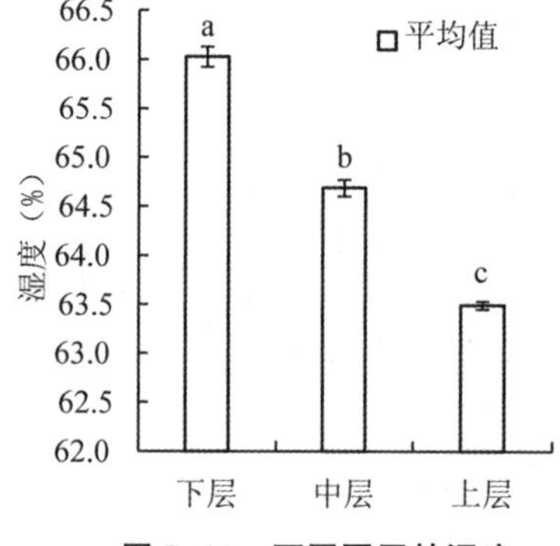

图 7-33 不同冠层的湿度

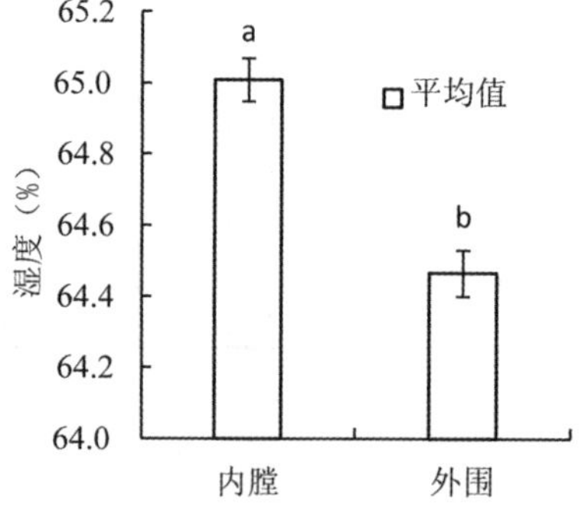

图 7-34 树冠内膛和外围的湿度

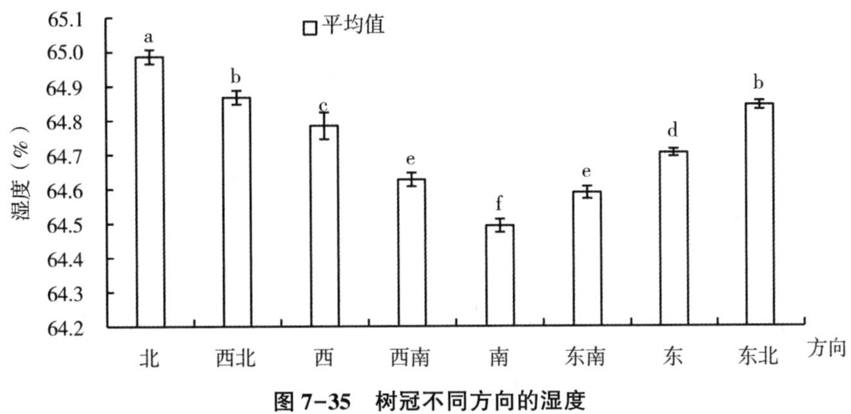

图 7-35　树冠不同方向的湿度

（三）5~6 月环境因子在树冠内的分布规律

1. 5~6 月光照在树冠内的分布规律

5~6 月仍是油茶的果实生长期，同时也是油茶的花芽分化期。5~6 月光照在树冠内不同区域的分布如图 7-36 所示，不同区域光照差异显著，北方向下层内膛光照平均值最低，仅为 39.72μmol/(m^2·s)，而南方向上层外围光照平均值最高，可达 1121.45μmol/(m^2·s)；垂直方向上，不同冠层光照的平均值差异显著（图 7-37），上层和下层光照差值可达 690.28μmol/(m^2·s)，随着冠层的增加，光照逐渐增加，光照平均每层增加 345.14μmol/(m^2·s)，其中，东北方向中层外围和下层外围的差值最大，可达 479.45μmol/(m^2·s)；水平方向上，不同冠层、不同方向外围的光照平均值均高于内膛，外围和内膛光照平均值差异显著（图 7-38），平均差值为 184.49μmol/(m^2·s)，其中，西北方向中层外围和内膛差值最大，可达 290.51μmol/(m^2·s)；同一冠层上，不同方向的光照强度不同，且树冠内不同方向的平均光照强度差异显著（图 7-39），北方向的光照平均值最低，仅为 321.76μmol/(m^2·s)，南方向的光照平均值最高，可达 622.32μmol/(m^2·s)，其中，上层外围差值最大，为 467.27μmol/(m^2·s)。

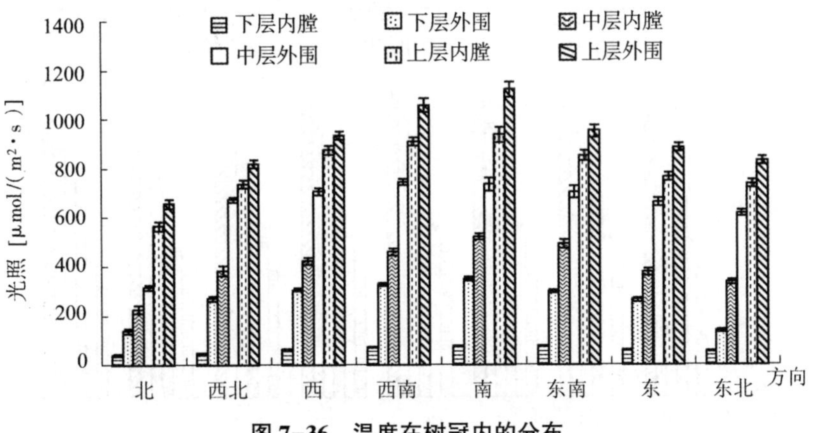

图 7-36　温度在树冠内的分布

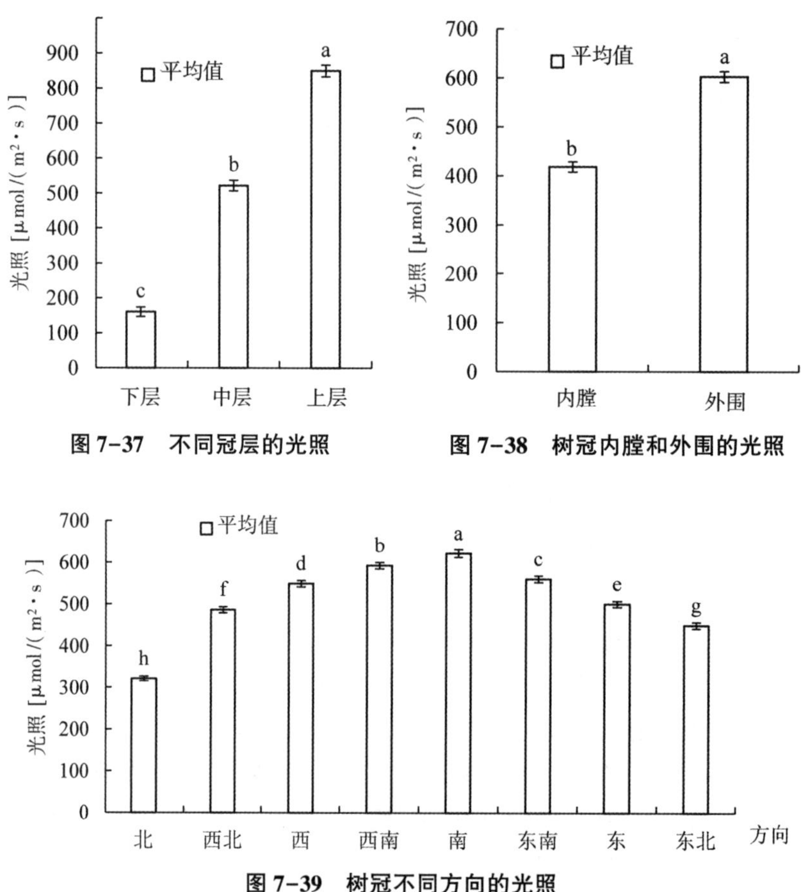

图 7-37　不同冠层的光照

图 7-38　树冠内膛和外围的光照

图 7-39　树冠不同方向的光照

2. 5~6 月温度在树冠内的分布规律

5~6 月温度在树冠内的分布规律如图 7-40 所示，不同区域的温度差异显著，其中，温度最低的区域为东北方向的下层内膛，仅为 26.48℃，最高的区域为南方向上层外围，可达 28.92℃。垂直方向上，随着冠层的增加，温度逐渐升高，不同冠层温度差异显著（图 7-41），

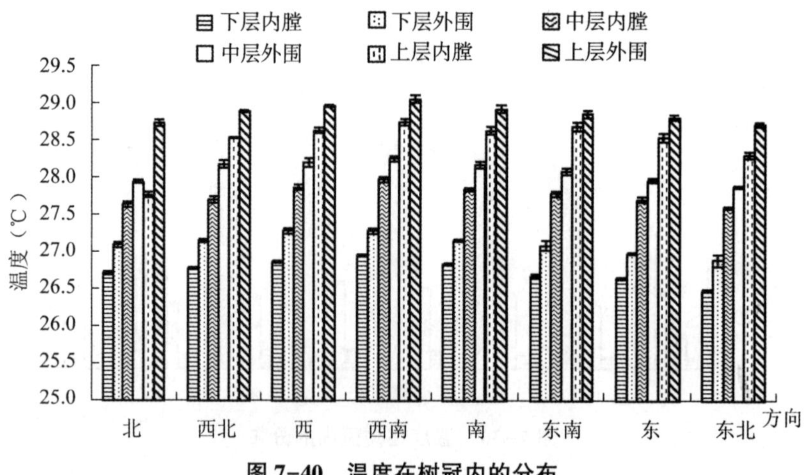

图 7-40　温度在树冠内的分布

上层和下层温度的平均值相差 1.74℃，每层温度的平均差值为 0.87℃，其中，北方向上层内膛和中层内膛差值最大，可达 1.13℃；水平方向上，不同冠层、不同方向外围的温度均高于内膛，且差异显著（图 7-42），平均差值为 0.36℃，其中以北方向上层外围和内层差值最大，可达 0.96℃；同一冠层上，不同方向的温度不同，且树冠内不同方向的平均温度差异显著，北方向温度的平均值最低，仅为 27.64℃，而西南方向温度最高，可达 28.04℃（图 7-43），其中，上层内膛差值最大，可达 0.98℃（杨少燕，2016；Wen Y 等，2018）。

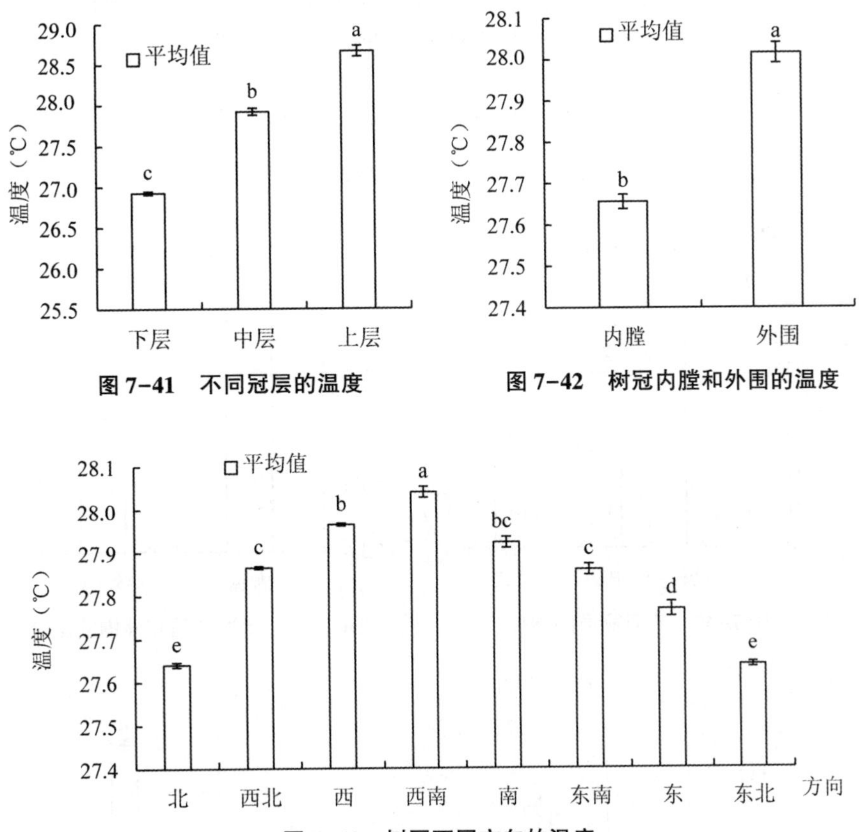

图 7-41　不同冠层的温度

图 7-42　树冠内膛和外围的温度

图 7-43　树冠不同方向的温度

3. 5~6 月湿度在树冠内的分布规律

5~6 月湿度在树冠内的分布规律如图 7-44 所示，不同区域的湿度差异显著，南方向上层外围的湿度最低，为 71.66%，西北方向下层内膛的湿度最高，可达 75.40%。垂直方向上，随着冠层的增加，湿度逐渐减小，不同冠层湿度差异显著（图 7-45），下层和上层湿度的平均差值为 2.83%，湿度平均每层降低 1.41%，其中，东方向中层外围和下层外围差值最大，可达 2.16%；水平方向上，不同冠层、不同方向内膛的湿度均高于外围，且差异显著（图 7-46），其平均差值为 0.64%，其中，北方向中层外围和内膛差值最大，可达 1.02%；同一冠层上，不同方向的湿度不同，且树冠内不同方向的平均湿度差异显著（图 7-47），南方向湿度最低，为 73.12%，北方向湿度最高，可达 73.51%，其中，中层内膛差值最大，可达 0.56%（杨少燕，2016；Wen Y 等，2018）。

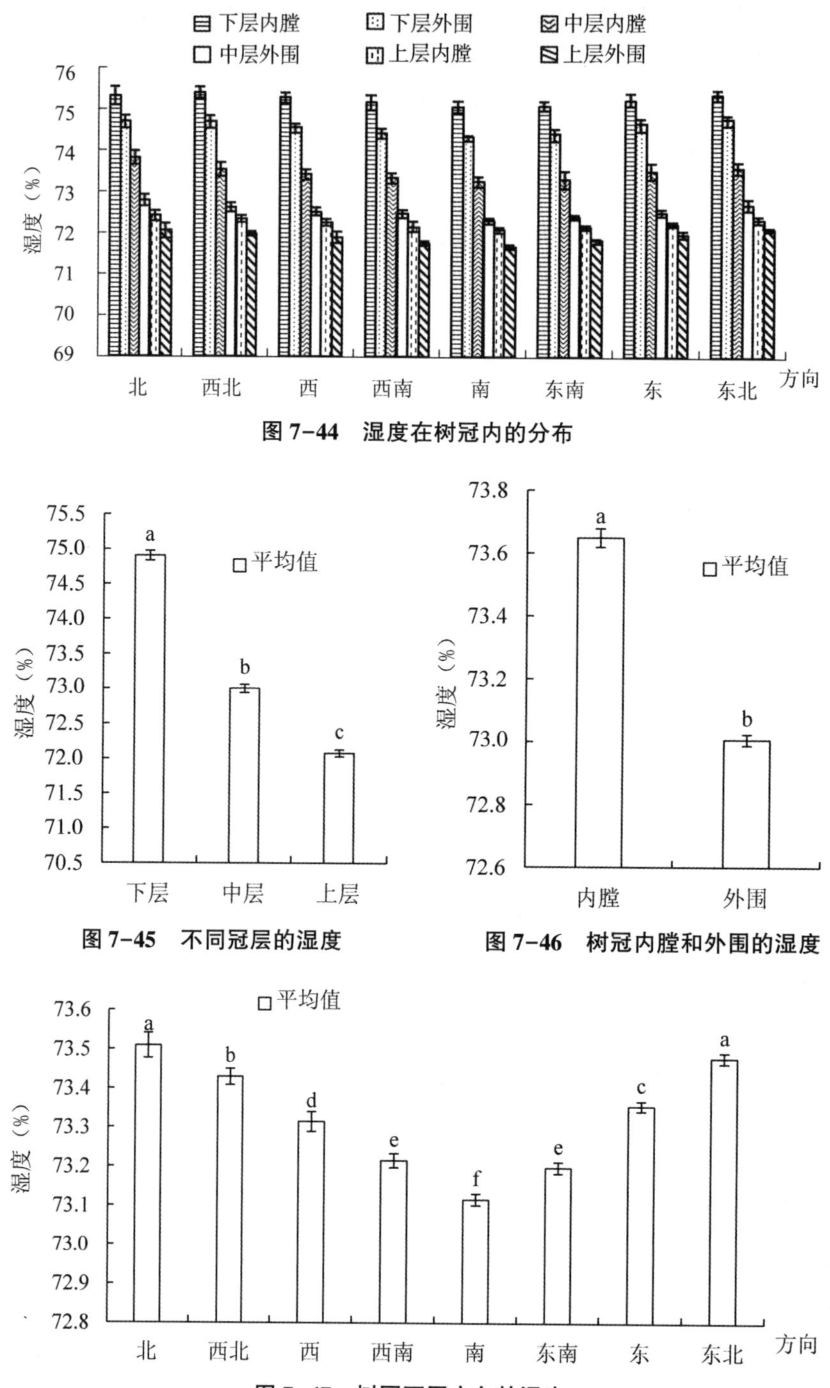

图 7-44　湿度在树冠内的分布

图 7-45　不同冠层的湿度

图 7-46　树冠内膛和外围的湿度

图 7-47　树冠不同方向的湿度

（四）7~9 月环境因子在树冠内的分布规律

1. 7~9 月光照在树冠内的分布规律

7~9 月是一年中光照最强、温度最高的时期，是油茶果实生长后期，即油脂转化期，同时也是油茶的花芽分化期的后期。7~9 月光照在树冠内不同区域的分布如图 7-48 所示，不同区域光照差异显著。北方向下层内膛光照平均值最小，仅有 72. 91μmol/(m^2 · s)，南方向上层外围光照平均值最高，可达 2021. 32μmol/(m^2 · s)。垂直方向上随着冠层的增加，光照迅速增加，不同冠层光照差异显著（图 7-49），上层和下层的平均光照差值为 1175. 03μmol/(m^2 · s)，光照平均每层增加 587. 52μmol/(m^2 · s)，其中，西北方向上层外围和中层外围差值最大，可达 847. 71μmol/(m^2 · s)；水平方向上，不同冠层、不同方向

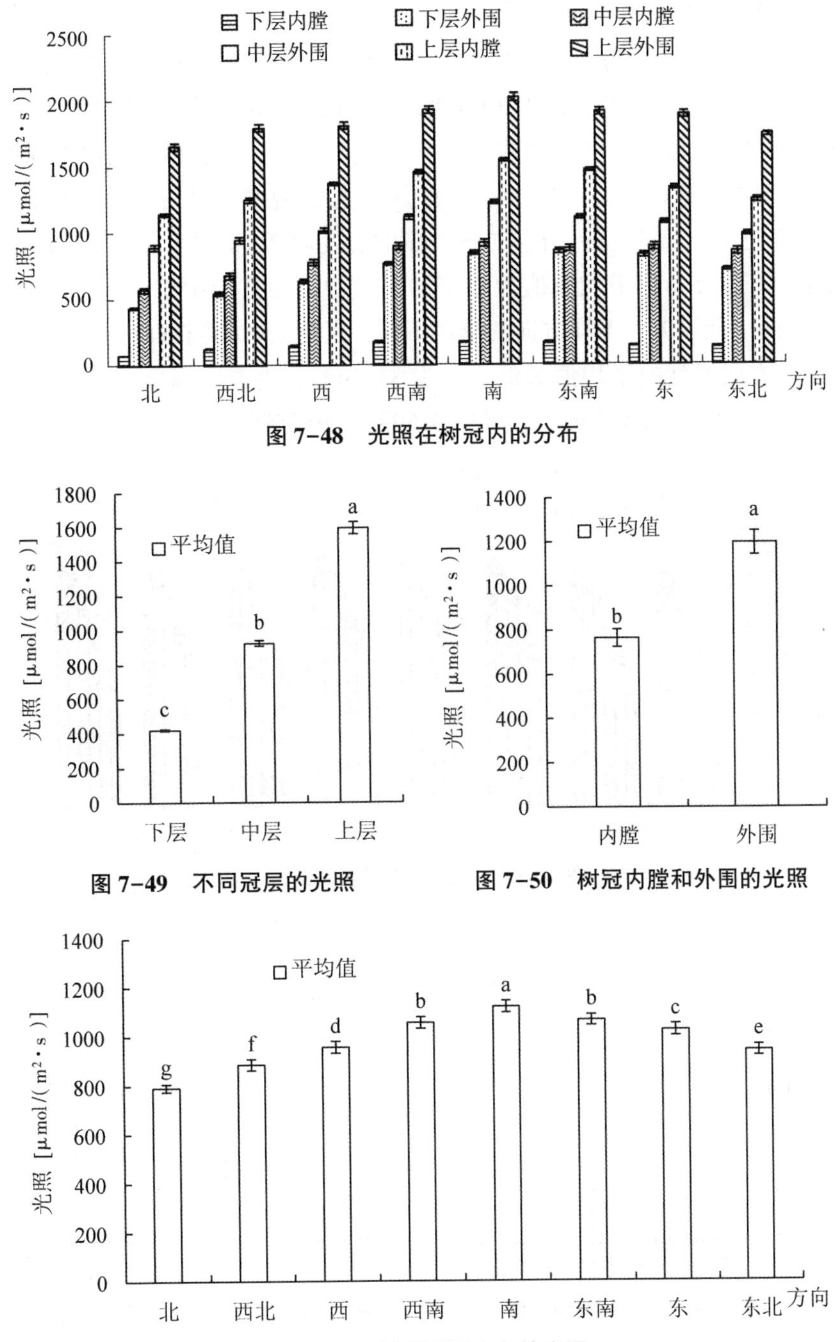

图 7-48　光照在树冠内的分布

图 7-49　不同冠层的光照

图 7-50　树冠内膛和外围的光照

图 7-51　树冠不同方向的光照

外围的光照均高于内膛，且外围光照的平均值和内膛光照的平均值差异显著（图 7-50），平均差值为 430.38μmol/(m^2·s)，其中以东南方向下层外围和内膛差值最大，可达 691.96μmol/(m^2·s)；同一冠层上，不同方向上的光照强度不同，且树冠内不同方向的平均光照强度差异显著，北方向光照的平均值最低，仅为 791.76μmol/(m^2·s)，南方向光照的平均值最高，可达 1120.10μmol/(m^2·s) 其中，下层外围差值最大，可达 412.11μmol/(m^2·s)（图 7-51）（杨少燕，2016；Wen Y 等，2018）。

2. 7~9 月温度在树冠内的分布规律

7~9 月温度在树冠内的分布规律如图 7-52 所示，温度在树冠不同区域的分布差异显著，北方向下层内膛温度最低，仅为 30.13℃，南方向上层外围温度最高，可达 32.36℃。垂直方向上，不同冠层温度的平均值差异显著（图 7-53），上层和下层温度的平均值相差 1.53℃，每层平均相差 0.74℃，其中，西北方向上层内膛和中层内膛差值最大，可达 0.92℃；水平方向上，不同冠层、不同方向外围的温度均高于内膛，且外围和内膛温度的平均值差异显著（图 7-54），平均差值为 0.38℃，其中以西方向中层外围和内膛差值最大，可达 0.55℃；同一冠层上，不同方向的温度不同，且树冠内不同方向的平均温度差异显著（图 7-55），北方向温度的平均值最低，仅为 31.16℃，南方向温度的平均值最高，可达 31.58℃，其中，下层外围差值最大，可达 0.50℃（杨少燕，2016；Wen Y 等，2018）。

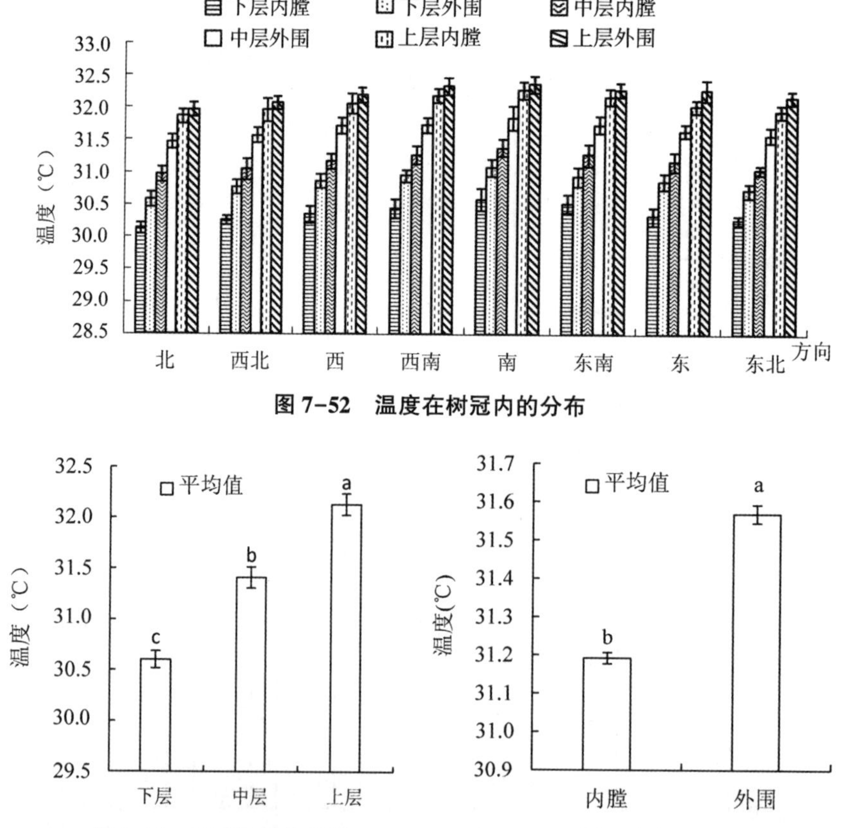

图 7-52　温度在树冠内的分布

图 7-53　不同冠层的温度

图 7-54　树冠内膛和外围的温度

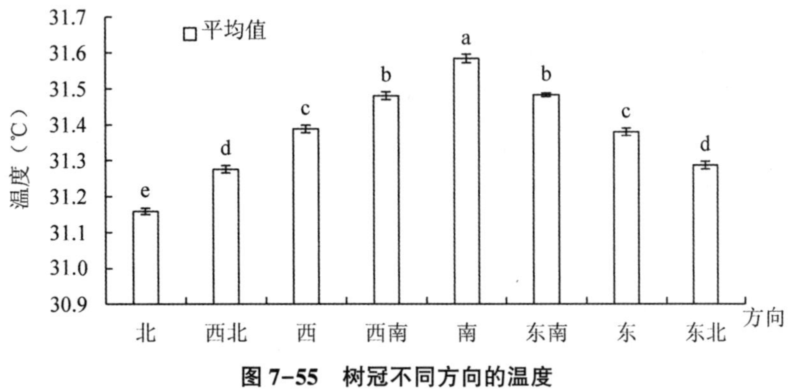

图 7-55　树冠不同方向的温度

3. 7~9 月湿度在树冠内的分布规律

7~9 月湿度在树冠内不同区域的分布如图 7-56 所示，不同区域内的湿度差异显著，西南方向上层外围湿度平均值最低，仅为 64. 45%，北方向下层内膛湿度平均值最高，可达 67. 72%。垂直方向上，随着冠层的增加，湿度逐渐降低，不同冠层湿度的平均值差异显著（图 7-57），下层和上层湿度差值可达 2. 15%，每层湿度平均降低 1. 07%，其中，东

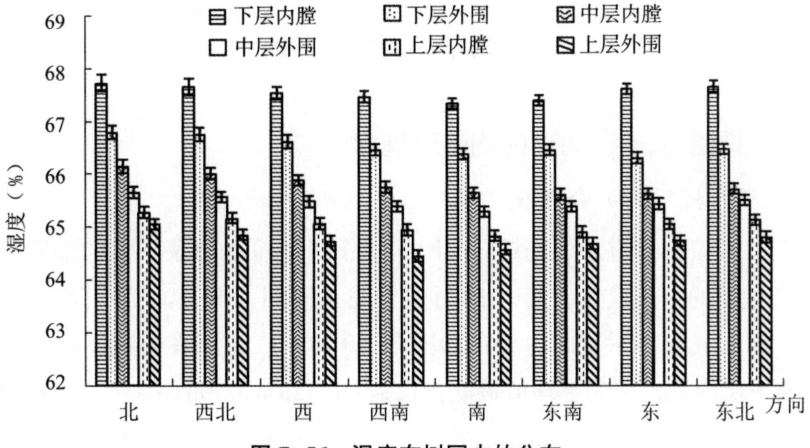

图 7-56　湿度在树冠内的分布

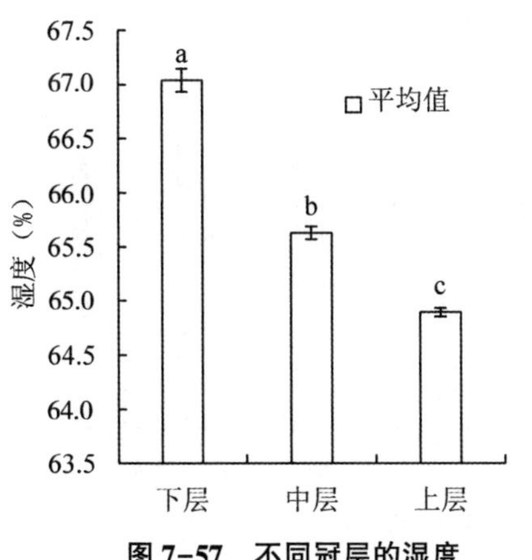

图 7-57　不同冠层的湿度

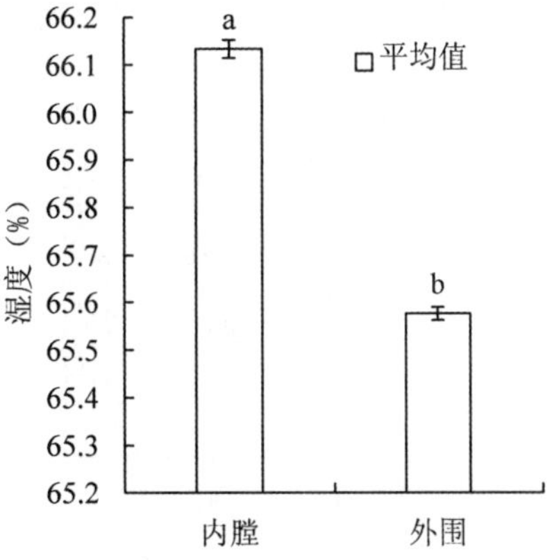

图 7-58　树冠内膛和外围的湿度

方向下层内膛和中层内膛差值最大，可达 1.99%；水平方向上，不同冠层、不同方向内膛的湿度均高于外围，且内膛和外围湿度的平均值差异显著（图 7-58），平均差值为 0.56%，其中以东方向下层内膛和外围的差值最大，可达 1.31%；同一冠层上，不同方向的湿度不同，且树冠内不同方向的平均湿度差异显著（图 7-59），南方向的湿度平均值最低，仅为 65.65%，北方向湿度的平均值最高，可达 66.11%，其中，中层内膛差值最大，可达 0.51%（杨少燕，2016；Wen Y 等，2018）。

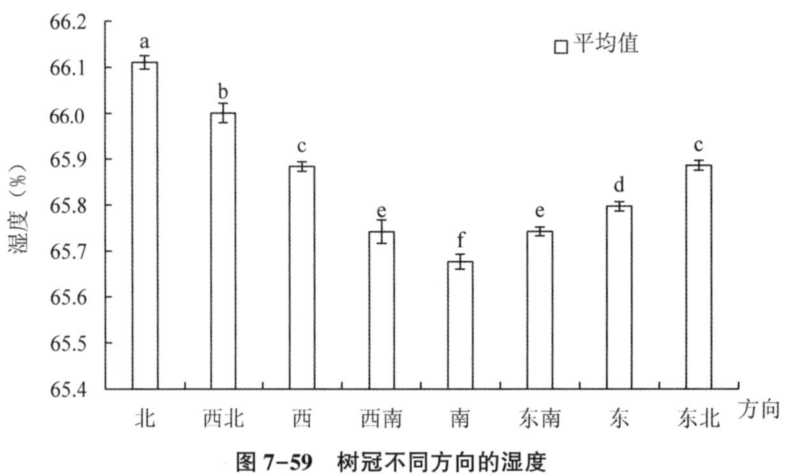

图 7-59 树冠不同方向的湿度

（五）10 月气象因子在树冠内的分布规律

1. 10 月光照在树冠内的分布规律

10 月上旬，油茶开始进入始花期，同时，这个时期也是油茶果实的油脂转化高峰期，10 月中下旬，油茶的果实成熟，所以 10 月属于花果同期，也是油茶不同与其他树种的一个特殊时期。10 月光照在树冠内的分布如图 7-60 所示，光照在树冠不同区域差异显著，其中，北方向下层内膛光照的平均值最低，仅为 64.32μmol/(m^2·s)，南方向上层外围光照的平均值最高，可达 1191.43μmol/(m^2·s)。垂直方向上，随着冠层的增加，光照迅速

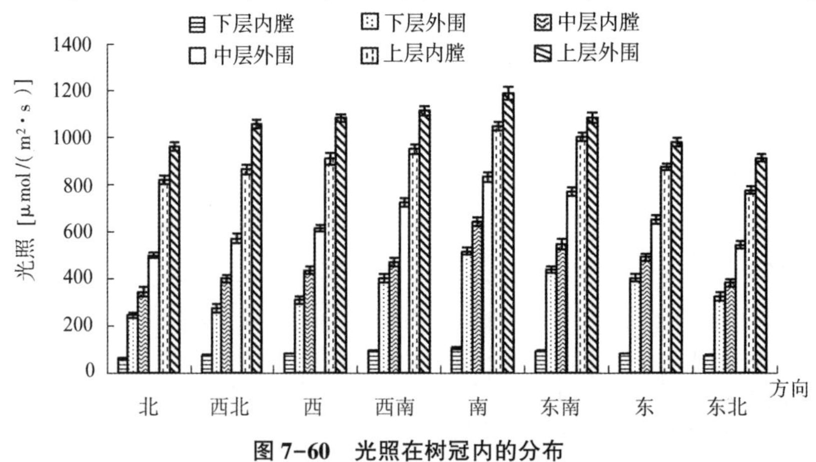

图 7-60 光照在树冠内的分布

增加，不同冠层光照平均值差异显著（图 7-61），上层和下层光照的平均值差值为755.92μmol/(m^2·s)，光照平均每层增加 376.69μmol/(m^2·s)，其中，西北方向上层外围和中层外围差值最大，可达 486.38μmol/(m^2·s)；水平方向上，不同冠层、不同方向外围的光照均高于内膛，且外围和内膛的平均光照差异显著（图 7-62），平均相差248.33μmol/(m^2·s)，其中以南方向下层外围和内膛差值最大，可达 411.09μmol/(m^2·s)；同一冠层上，不同方向的光照强度不同，且树冠内不同方向的平均光照强度差异显著（图 7-63），北方向的平均光照值最低，仅为 489.46μmol/(m^2·s)，南方向的平均光照值最高，可达 723.84μmol/(m^2·s)，其中，上层外围差值最大，可达 334.77μmol/(m^2·s)（杨少燕，2016；Wen Y 等，2018）。

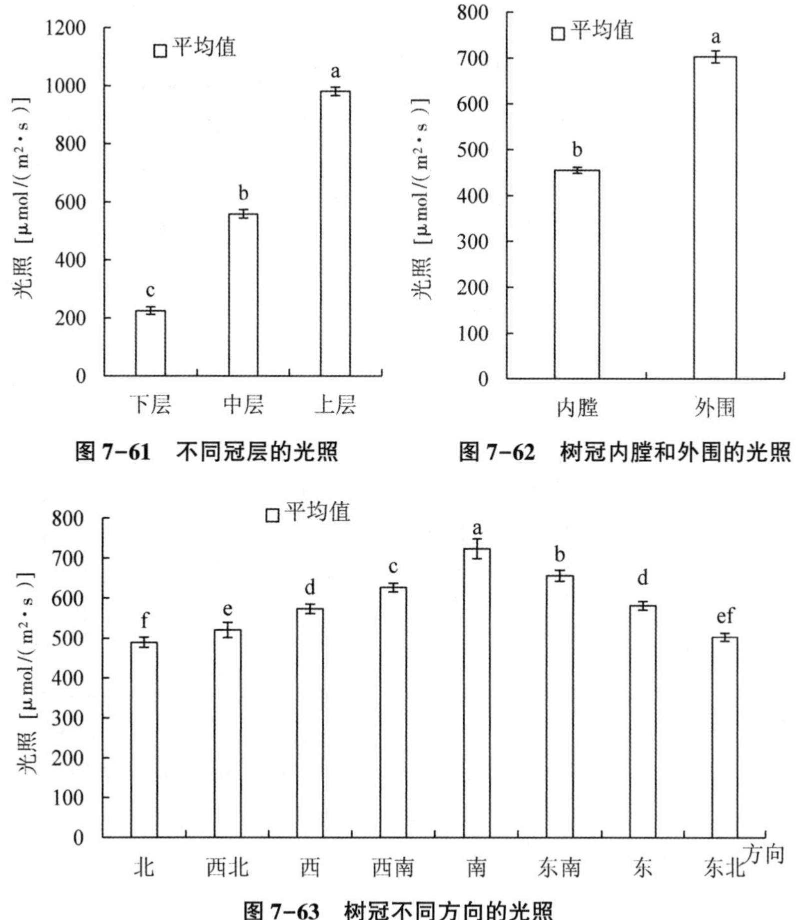

图 7-61　不同冠层的光照

图 7-62　树冠内膛和外围的光照

图 7-63　树冠不同方向的光照

2. 10 月温度在树冠内的分布规律

10 月温度在树冠内的分布如图 7-64 所示，温度在树冠不同区域的分布差异显著，北方向下层内膛温度的平均值最低，仅为 25.78℃，南方向上层外围温度的平均值最高，可达 28.06℃。垂直方向上，随着冠层的增加，温度逐渐升高，不同冠层的平均温度差异显著（图 7-65），上层和下层平均温度的差值为 1.49℃，每层平均增加 0.75℃，其中，西方向上层外围和中层外围差值最大，可达 1.00℃；水平方向上，不同冠层不同方向外围的温度均高于内膛，且外围和内膛的平均温度差异显著（图 7-66），平均差值为 0.46℃，其中以西方向上层外围和内膛差值最大，可达 0.69℃；同一冠层上，不同方向的温度不同，且树冠内不同方向的平均温度差异显著(图 7-67)，北方向的平均温度最低，仅为 26.75℃，南方向的平均温度最高，可达 27.09℃，其中，下层内膛差值最大，可达 0.42℃（杨少燕，2016；Wen Y 等，2018）。

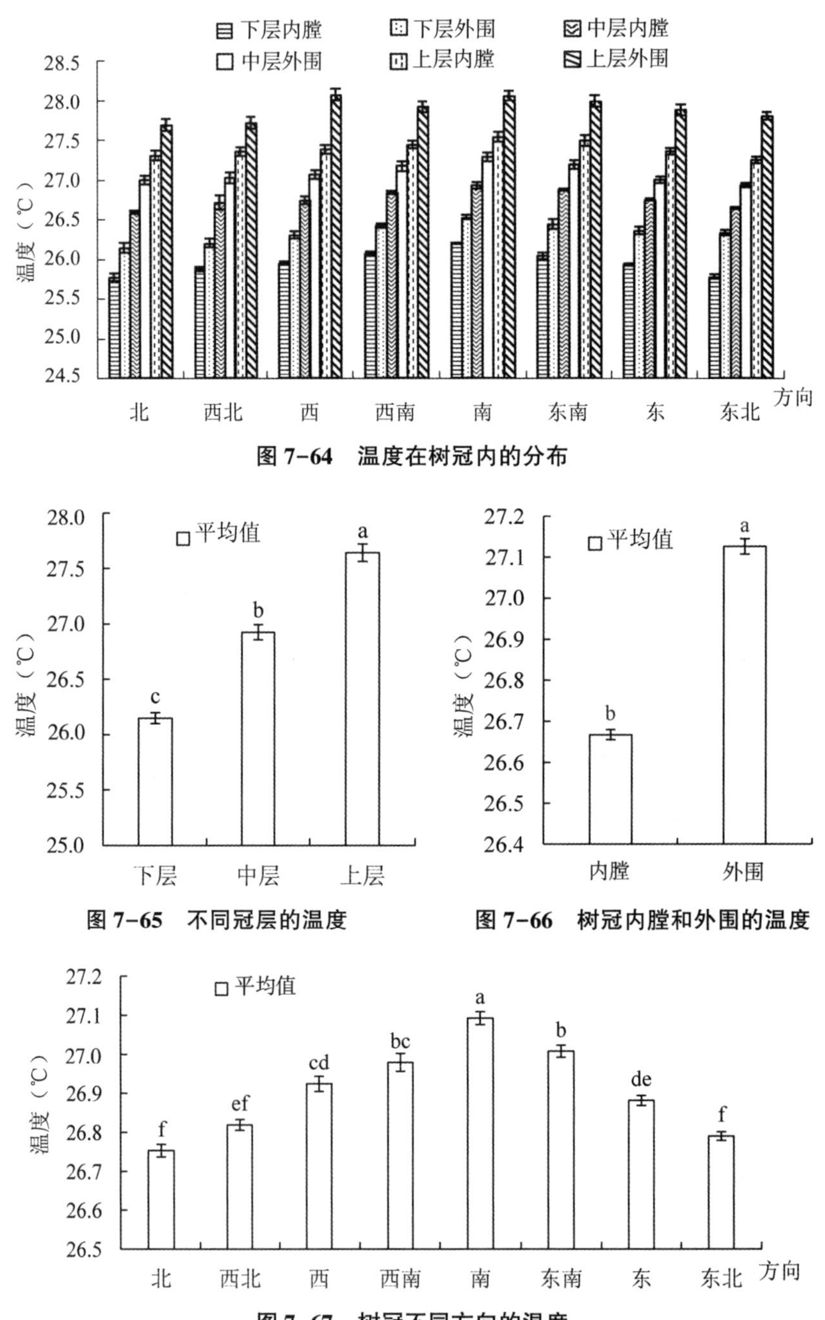

图 7-64　温度在树冠内的分布

图 7-65　不同冠层的温度

图 7-66　树冠内膛和外围的温度

图 7-67　树冠不同方向的温度

3. 10 月湿度在树冠内的分布规律

10 月树冠内不同区域湿度的分布如图 7-68 所示，湿度在树冠不同区域差异显著，南方向上层外围湿度的平均值最低，仅有 48. 62%，北方向下层内膛湿度的平均值最高，可达 51. 32%。垂直方向上，随着冠层的增加，湿度逐渐降低，不同冠层湿度的平均值差异显著（图 7-69），下层和上层的平均湿度差值为 1. 69%，每层湿度平均降低 0. 84%，其中

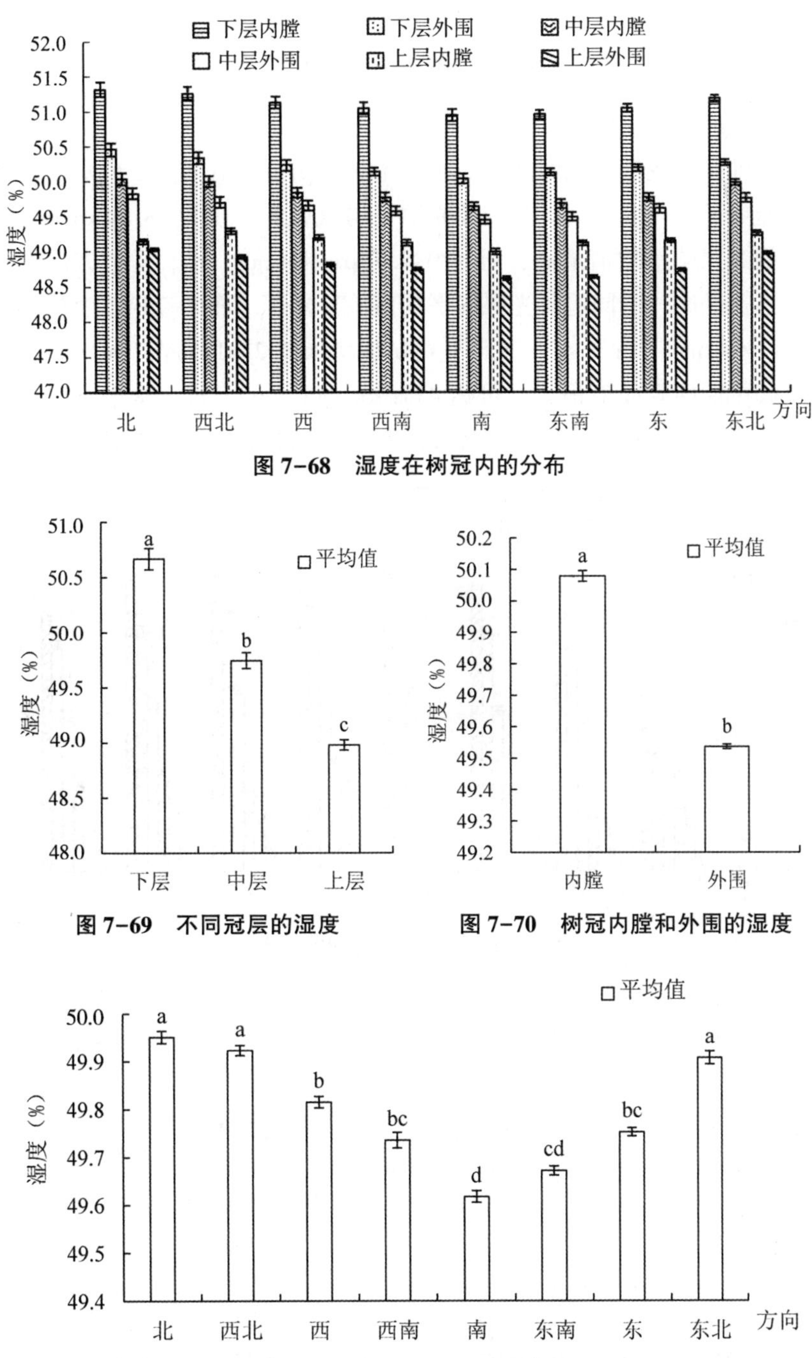

图 7-68　湿度在树冠内的分布

图 7-69　不同冠层的湿度

图 7-70　树冠内膛和外围的湿度

图 7-71　树冠不同方向的湿度

以南方向下层内膛和中层内膛差值最大，可达 1.30%；水平方向上，不同冠层不同方向内膛的平均湿度均大于外围，且内膛和外围的平均湿度差异显著（图 7-70），差值为 0.54%，其中，西北方向下层内膛和外围差值最大，可达 0.92%；同一冠层上，不同方向的湿度不同，且树冠内不同方向的平均湿度差异显著（图 7-71），北方向湿度的平均值最高，可达 49.95%，南方向湿度的平均值最低，为 49.62%，其中，上层外围差值最大，可达 0.42%（杨少燕，2016；Wen Y 等，2018）。

（六）11~12 月环境因子在树冠内的分布规律

1. 11~12 月光照在树冠内的分布规律

11~12 月是油茶的花期。此时期光照在树冠内的分布如图 7-72 所示，光照在树冠不同区域的分布差异显著，北方向下层内膛光照平均值最低，仅为 38.44μmol/(m^2·s)，而南方向上层外围光照的平均值最高，可达 937.78μmol/(m^2·s)。垂直方向上，随着冠层的增加，光照迅速升高，不同冠层光照的平均值差异显著（图 7-73），上层和下层光照的平均差值为 664.63μmol/(m^2·s)，光照平均每层增加 332.31μmol/(m^2·s)，其中，西南方向上层内膛和中层内膛差值最大，可达 477.13μmol/(m^2·s)；水平方向上，不同冠层不同方向外围的平均光照均高于内膛，且外围和内膛光照的平均值差异显著（图 7-74），

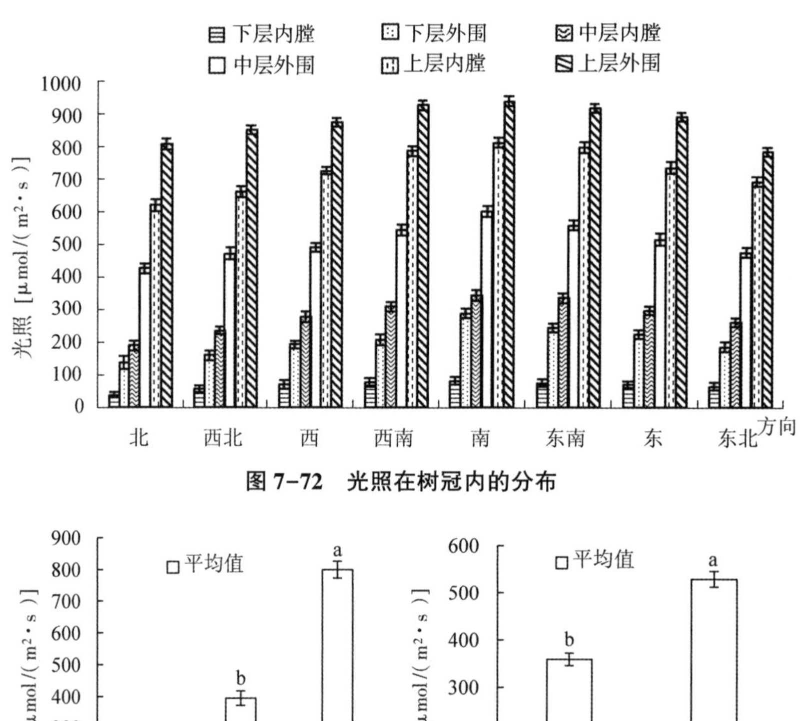

图 7-72 光照在树冠内的分布

图 7-73 不同冠层的光照

图 7-74 树冠内膛和外围的光照

平均差值为 170.30μmol/(m² · s)，其中，南方向中层外围和内膛差值最大，可达 255.67μmol/(m² · s)；同一冠层上，不同方向的光照强度不同，树冠内不同方向的平均光照强度差异显著（图 7-75），北方向的平均光照值最低，为 369.75μmol/(m² · s)，南方向的平均光照值最高，可达 510.49μmol/(m² · s)，其中，上层内膛差值最大，可达 191.05μmol/(m² · s)（杨少燕，2016；Wen Y 等，2018）。

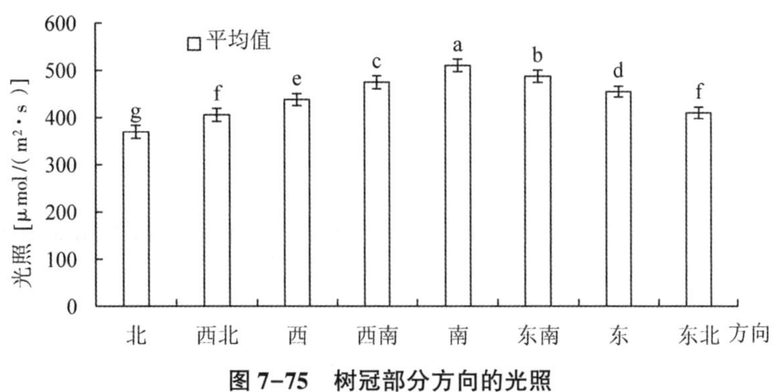

图 7-75　树冠部分方向的光照

2. 11~12 月温度在树冠内的分布规律

11~12 月温度在树冠内的分布规律如图 7-76 所示，温度在树冠不同区域的分布差异显著，北方向下层内膛温度最低，仅有 11.94℃，而南方向上层外围温度最高，可达 14.14℃。垂直方向上，随着冠层的增加，温度逐渐增加，不同冠层温度的平均值差异显著（图 7-77），上层和下层温度的平均差值为 1.54℃，温度每层平均增加 0.77℃，其中，南方向中层内膛和下层内膛差值最大，可达 0.95℃；水平方向上，不同冠层、不同方向外围的温度均高于内膛，且外围和内膛温度的平均值差异显著（图 7-78），平均差值为 0.35℃，其中以南方向下层外围和内膛差值最大，可达 0.54℃；同一冠层上，不同方向的温度不同，树冠内不同方向的平均温度差异显著（图 7-79），北方向温度的平均值最低，仅为 12.90℃，南方向温度的平均值最高，可达 13.29℃，差值为 0.39℃，其中，中层外围差值最大，可达 0.44℃（杨少燕，2016；Wen Y 等，2018）。

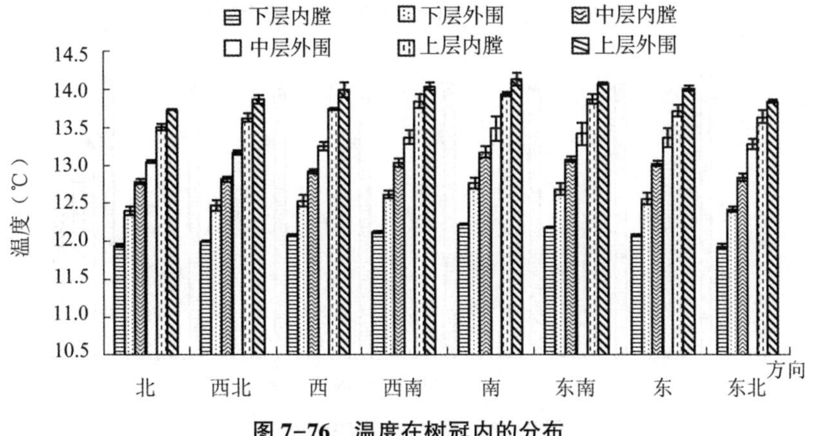

图 7-76　温度在树冠内的分布

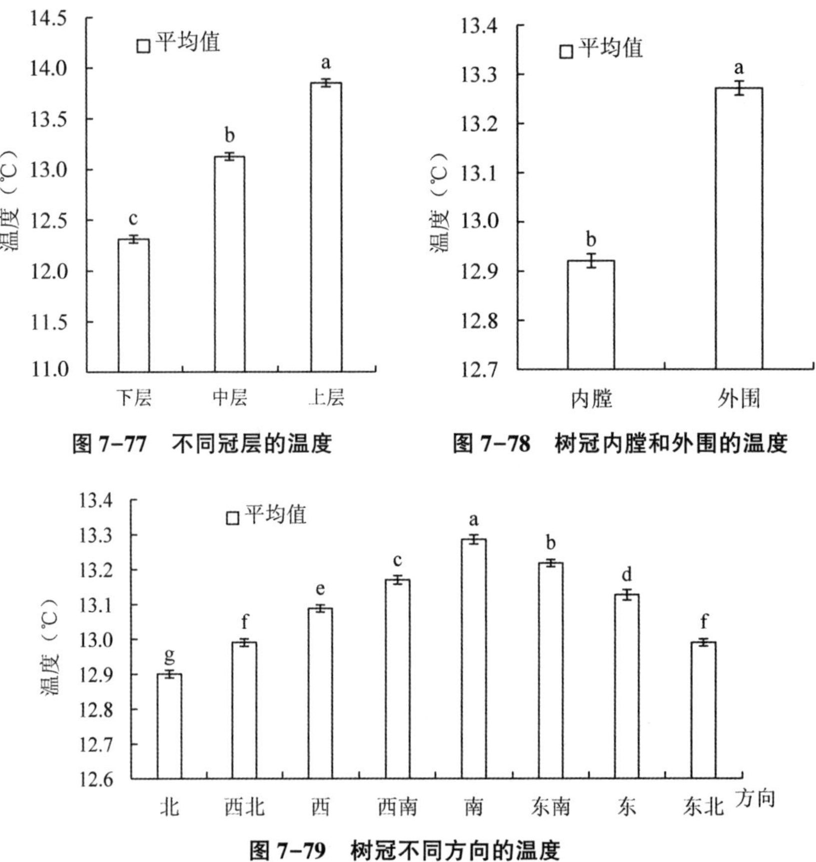

图 7-77 不同冠层的温度

图 7-78 树冠内膛和外围的温度

图 7-79 树冠不同方向的温度

3. 11~12 月湿度在树冠内的分布规律

11~12 月湿度在树冠内的分布规律如图 7-80 所示，湿度在树冠内不同区域的分布差异显著，南方向上层外围湿度的平均值最低，仅为 51.97%，北方向下层内膛湿度的平均值最高，可达 54.77%。垂直方向上，随着冠层的增加，湿度逐渐降低，不同冠层湿度的平均值差异显著（图 7-81），下层和上层湿度的平均差值为 1.86%，每层逐渐降低

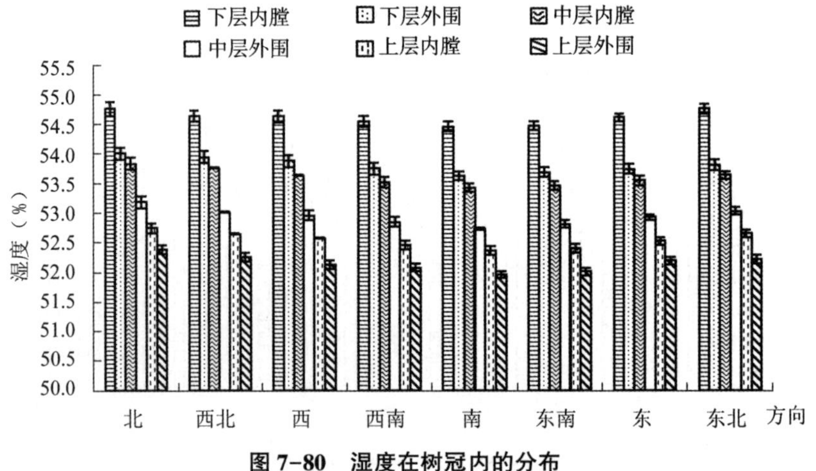

图 7-80 湿度在树冠内的分布

0.93%。其中，西北方向上层内膛和中层内膛差值最大，可达1.11%；水平方向上，不同冠层、不同方向外围的平均湿度均高于内膛，且差异显著（图7-82），平均差值为0.62%，其中以东北方向下层内膛和外围差值最大，可达0.95%；同一冠层上，不同方向的湿度不同，树冠内不同方向的平均湿度差异显著（图7-83），南方向的平均湿度最低，仅为53.10%，北方向的平均湿度最高，可达53.49%，其中，中层外围差值最大，可达0.45%（杨少燕，2016；Wen Y等，2018）。

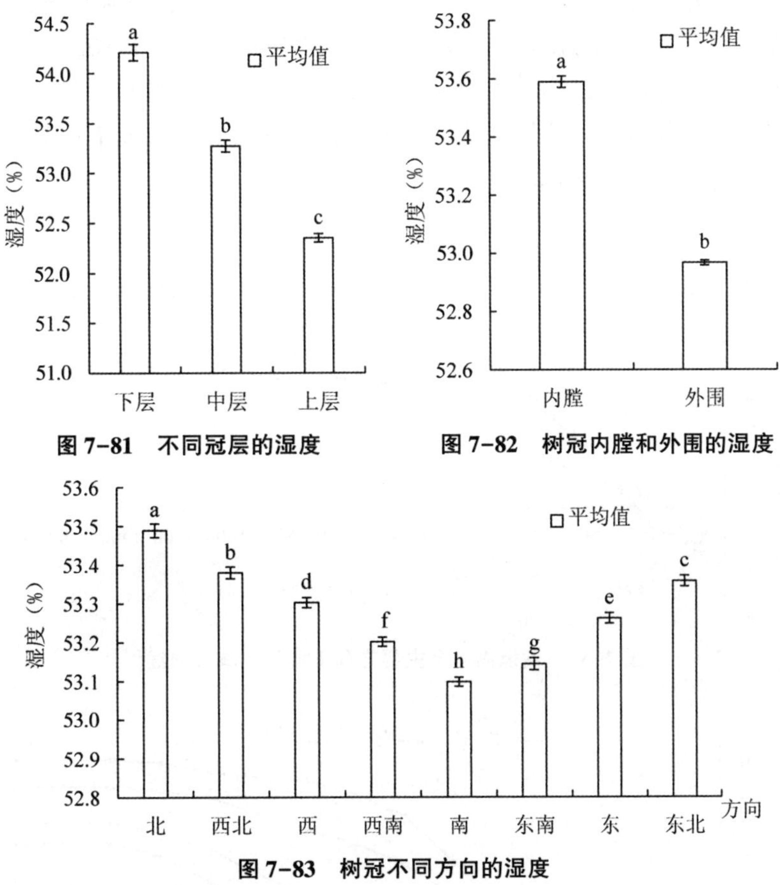

图7-81　不同冠层的湿度

图7-82　树冠内膛和外围的湿度

图7-83　树冠不同方向的湿度

四、油茶叶幕微气候与光合作用的关系

油茶是喜光树种，需要充足的光照，否则只长枝叶，结果少且含油率低。不同坡向引起的光照条件和昼夜温差的差异，会影响油茶的花芽分化、花果形成和营养积累，从而使阳坡的树冠形成早，结果层较厚，产量高于阴坡。油茶树冠不同部位光照分布的差异也会导致果实大小、籽粒数、鲜出籽率和种仁含油率有所差异。

光合作用的高低直接关系到果实的产量与品质，而影响光合作用的因素很多，如植株的品种、叶片的叶龄、叶绿素含量、光照、温度、水分等，所以冠层内叶片光合作用的差异应该主要来自于叶片质量的差异和区域微气候的不同。

（一）树冠下层和中层主要方向光响应曲线

由图 7-84 可知，4 个主要方向下层光响应曲线的变化曲线基本一致，光饱和点均集中于诱导光强为 1200μmol/(m² · s)，北边光响应曲线与其他 3 个方向差异显著，北方向和西方向光补偿点较低，均低于 10μmol/(m² · s)，南方向和东方向的光补偿点较高，为 10~20μmol/(m² · s)。由图 7-85 可知，4 个主要方向中层的光响应曲线基本一致，光饱和点都集中于诱导光强为 1400μmol/(m² · s)，但是不同方向的光响应曲线差异显著，且不同方向的光补偿点不同，北方向和西方向光补偿点较低，均低于 10μmol/(m² · s)，而南方向和东方向的光补偿点较高，为 20~50μmol/(m² · s)。由此可以说明，北方向和西方向因为光照较其他方向弱，叶片更能利用弱光进行光合作用，而下层又比上层的光照弱，所以，下层的叶片较上层更能充分利用弱光。

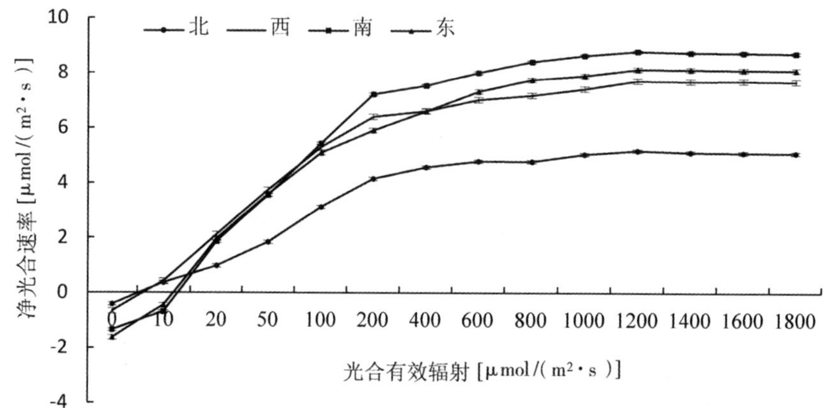

图 7-84 树冠内 4 个主要方向下层的光响应曲线

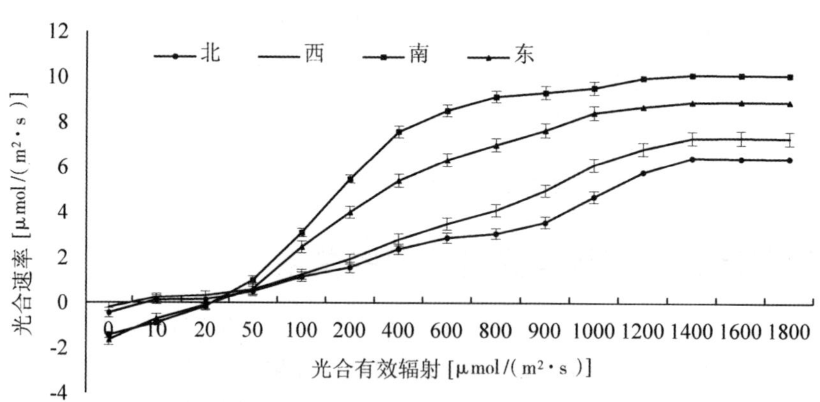

图 7-85 树冠内 4 个主要方向中层的光响应曲线

（二）树冠下层和中层主要区域光合日动态曲线

由图 7-86~7-89 可知，树冠下层和中层主要区域的光合日动态变化情况。不同冠层主要方向光合日动态曲线的趋势大体一致，均为宽大的单峰形，12:00~14:00 的净光合速率最高，最高的净光合速率在树冠不同区域的变化范围为 1.98~11.15μmol/(m² · s)，

8:00净光合速率最低，其变化范围为 1.21～10.45μmol/（m^2·s）。树冠下层和中层主要区光合日动态曲线差异显著，但是其变化也有一定的规律性，垂直方向上，不同方向中层的净光合速率均高于下层；水平方向上，下层和中层不同方向外围的净光合速率均高于内膛；不同方向上，北方向的光合日动态曲线上各点净光合速率均最小，而南方向各点净光合速率均最大。

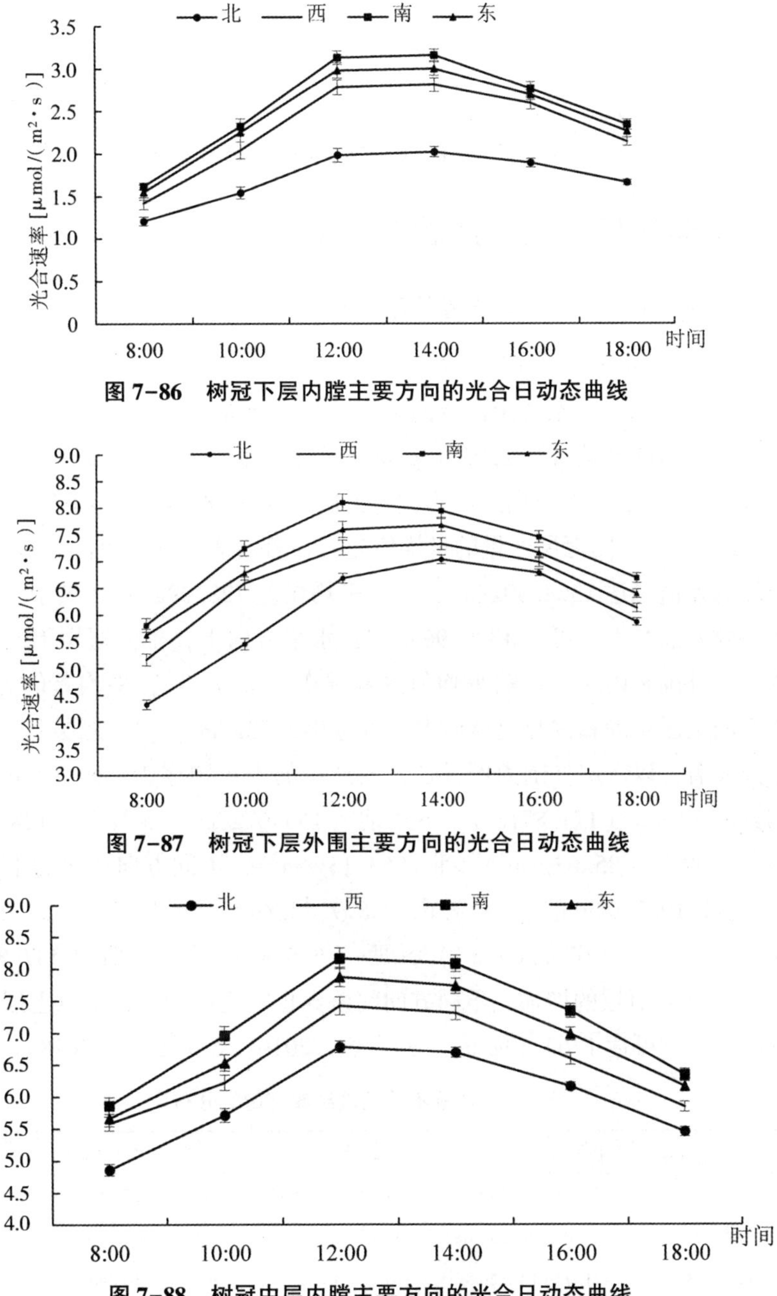

图 7-86　树冠下层内膛主要方向的光合日动态曲线

图 7-87　树冠下层外围主要方向的光合日动态曲线

图 7-88　树冠中层内膛主要方向的光合日动态曲线

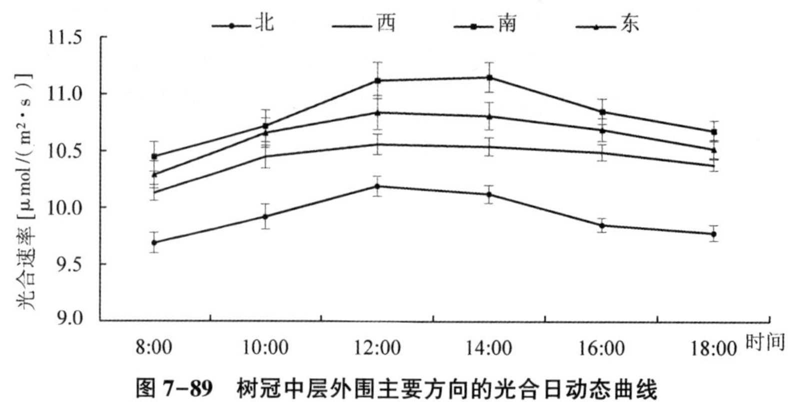

图 7-89 树冠中层外围主要方向的光合日动态曲线

五、叶幕微气候对油茶产量的影响

（一）树冠内不同区域果实产量性状的变化

1. 树冠不同区域果实产量的变化

从表 7-3 可以看出，油茶各个区域的果实产量分布极不均匀，下层内膛不结果，为无效区域，而产量最高的区域可达 2202.70g/m³。垂直方向上，从下层到上层，树冠内不同方向的产量均逐渐增加，以北方向外围为例，上层（1478.06 g/m³）>中层（565.05g/m³）>下层（63.13 g/m³），不同冠层产量的平均值差异显著（表 7-3），且上层>中层>下层，上层和下层产量的差值可达 1368.39g/m³，每层平均相差 728.39g/m³，其中，以南方向上层内膛和中层内膛差值最大，可达 1320.96g/m³；水平方向上，不同冠层不同方向外围的产量均高于内膛，外围和内膛产量的平均值差异显著（表 7-4），平均差值为 314.75g/m³，其中，以北方向上层外围和内膛差值最大，可达 913.73g/m³；同一冠层上，树冠内不同方向的产量差异显著，以下层外围为例，各方向产量的大小顺序为：南（196.09g/m³）>东南（180.44g/m³）>东（171.87g/m³）>东北（158.67g/m³）>西南（128.51g/m³）>西（109.60g/m³）>西北（85.63g/m³）>北（63.13g/m³），不同方向产量的平均值差异显著（表 7-3），南（1027.04g/m³）> 东南（877.48g/m³）> 西南（854.26g/m³）> 东（818.34g/m³）> 东北（675.50g/m³）> 西（615.44g/m³）> 西（537.82g/m³）> 北（501.39g/m³）。随着冠层的增加，不同方向间差异也随之增加，其中以上层内膛南方向和北方向的差值最大，可达 1363.59g/m³（杨少燕，2016；Wen Y 等，2018）。

表 7-3 树冠不同区域果实产量的分布

方向	下层外围（g/m）	中层内膛（g/m）	中层外围（g/m）	上层内膛（g/m）	上层外围（g/m）
北	63.13±5.96d/g	337.78±14.19c/e	565.05±56.45b/d	564.33±37.98b/f	1478.06±87.08a/e
西北	85.63±4.58e/f	359.48±26.23d/de	597.63±39.36c/d	699.07±61.67b/e	1485.13±39.06a/de
西	109.60±17.28e/e	421.71±14.32d/c	616.26±19.40c/d	928.88±30.94b/d	1616.19±41.84a/cd
西南	128.51±10.68e/d	504.60±29.51d/b	927.46±47.59c/b	1621.35±62.17b/b	1943.65±114.91a/b
南	196.09±6.44e/a	606.96±38.64d/a	1228.58±49.91c/a	1927.92±78.26b/a	2202.70±90.56a/a

（续）

方向	下层外围（g/m）	中层内膛（g/m）	中层外围（g/m）	上层内膛（g/m）	上层外围（g/m）
东南	180. 44±8. 66e/b	575. 65±13. 14d/a	926. 91±16. 27c/b	1641. 23±15. 61b/b	1940. 66±28. 42a/b
东	171. 87±4. 99e/bc	489. 74±28. 49d/b	911. 11±52. 89c/b	1598. 87±32. 10b/b	1738. 43±98. 36a/c
东北	158. 67±5. 61e/c	394. 25±29. 45d/cd	803. 96±50. 71c/c	1273. 04±24. 30b/c	1423. 05±86. 97a/e

注：±号前为平均值，后为标准差；“/”前面字母表示同行数据差异性，“/”后面字母表示同列数据差异性，数据后小写字母不同表示在 0. 05 水平差异显著，下同。

表 7-4　内膛和外围的产量

项目	内膛	外围
均值（g/m^3）	581. 03	895. 78
5%显著水平	b	a

2. 树冠内不同区域的鲜出籽率的变化

由表 7-5 可知，树冠不同区域果实的鲜出籽率差异显著，最低的区域果实鲜出籽率为 45. 72%，而最高区域可达 59. 04%。垂直方向上，随着冠层的增加，树冠内不同方向的鲜出籽率均增加，以西北方向外围为例，上层（54. 19%）>中层（51. 94%）>下层（48. 44%）不同层鲜出籽率差异显著（表 7-6），上层（54. 20%）>中层（51. 11%）>下层（48. 10%），每层平均相差 3. 28%，其中以南方向上层外围和中层外围差值最大，可达 5. 50%；水平方向上，不同冠层外围的鲜出籽率均显著高于内膛（表 7-7），平均差值为 1. 61%，其中以上层外围和内膛差值最大（3. 97%）；同一冠层上，树冠内不同方向的鲜出籽率差异显著，以中层外围为例，不同方向鲜出籽率的大小顺序为：南（53. 53%）>西（53. 15%）>西南（52. 60%）>西北（51. 94%）>东南（51. 92%）>东（50. 89%）>北（50. 48%）>东北（49. 65%），不同方向的鲜出籽率的平均值差异显著，由表 7-5 的数据可知，南（54. 03%）>西南（52. 55%）>西（52. 32%）>东南（52. 20%）>西北（51. 59%）>东（50. 89%）>北（50. 57%）>东北（49. 82%）（杨少燕，2016；Wen Y 等，2018）。

表 7-5　树冠不同区域的鲜出籽率

方向	下层外围（%）	中层内膛（%）	中层外围（%）	上层内膛（%）	上层外围（%）
北	47. 86±0. 21e/c	49. 13±0. 75d/cd	50. 48±0. 90c/cd	51. 74±0. 40b/e	53. 62±0. 35a/d
西北	48. 44±0. 41d/bc	51. 13±0. 37c/a	51. 94±0. 67b/b	52. 25±0. 28b/e	54. 19±0. 34a/cd
西	48. 70±1. 00d/bc	51. 57±1. 13c/a	53. 15±0. 48b/a	53. 45±0. 33ab/cd	54. 72±0. 23a/c
西南	49. 33±1. 08d/ab	51. 40±0. 46c/a	52. 60±0. 76b/ab	54. 48±0. 37a/ab	54. 94±0. 17a/c
南	50. 23±0. 36e/a	52. 28±0. 78d/a	53. 53±0. 29c/a	55. 07±0. 31b/a	59. 04±0. 69a/a
东南	48. 28±1. 29d/bc	50. 86±1. 13c/ab	51. 92±0. 21c/b	53. 91±0. 43b/bc	56. 03±0. 11a/b
东	46. 24±1. 01e/d	49. 46±0. 66d/bc	50. 89±0. 78c/c	53. 02±0. 15b/d	54. 84±0. 31a/c
东北	45. 72±0. 96e/d	47. 79±0. 57d/d	49. 65±0. 60c/d	52. 07±0. 47b/e	53. 89±0. 63a/d

表 7-6 不同冠层的鲜出籽率

项目	下层	中层	上层
均值（%）	48.10	51.11	54.20
5%显著水平	c	b	a

表 7-7 内膛和外围的鲜出籽率

项目	内膛	外围
均值（%）	51.851	53.464
5%显著水平	a	b

注：因为下层内膛没有产量，所以内膛和外围的分析只考虑中层和上层，下同。

3. 树冠内不同区域的干出籽率的变化

树冠内不同区域的干出籽率如表 7-8 所示，不同冠层不同方向的干出籽率均存在差异，干出籽率最低为 18.49%，最高可达 30.19%。垂直方向上，随着冠层的增加，不同方向的干出籽率均增加，以南方向外围为例，上层外围（30.29%）>中层外围（28.38%）>下层外围（25.34%），而且不同冠层干出籽率的平均值差异显著（表 7-9），上层（28.23%）>中层（25.11%）>下层（22.13%），每层平均相差 3.43%，其中以东北方向上层内膛和中层内层差值最大，可达 6.16%；水平方向上，上层和中层不同方向外围的干出籽率均高于内膛，且外围的干出籽率的平均值显著高于内膛（表 7-10），平均差值为 1.66%，其中以北方向中层外围和内膛差值最大，可达 3.01%；同一冠层上，不同方向的干出籽率差异显著，以下层外围为例，不同方向干出籽率的大小顺序为：南（25.34%）>西南（23.94%）>西（23.28%）>东南（22.84%）>西北（22.12%）>北（21.34%）>东（19.67%）>东北（18.49%），不同方向干出籽率的平均值同样差异显著（表 7-8），由表中数据可知，南方向干出籽率的平均值最高，可达 27.72%，东北方向最低，仅为 23.34%（杨少燕，2016；Wen Y 等，2018）。

表 7-8 树冠内不同区域的干出籽率

方向	下层外围（%）	中层内膛（%）	中层外围（%）	上层内膛（%）	上层外围（%）
北	21.34±0.85d/e	22.44±0.67c/c	25.45±0.76b/c	26.53±0.23a/d	27.08±0.28a/d
西北	22.12±0.25d/d	25.01±0.33c/b	26.97±0.51b/b	27.51±0.44b/c	28.08±0.26a/c
西	23.28±0.16e/bc	25.61±0.49d/ab	27.08±0.24c/b	27.96±0.17b/bc	29.02±0.26a/b
西南	23.94±0.21e/b	25.56±0.22d/ab	27.36±0.41c/b	28.36±0.13b/ab	29.24±0.27a/b
南	25.34±0.51d/a	26.10±0.19c/a	28.38±0.46b/a	28.47±0.19b/a	30.29±0.45a/a
东南	22.84±0.43d/cd	25.13±0.19c/b	27.21±0.69b/b	27.50±0.41b/c	29.81±0.32a/a
东	19.67±0.32e/f	21.75±0.65d/c	24.55±0.60c/d	27.83±0.22b/c	28.90±0.41a/b
东北	18.49±0.25e/g	20.74±0.26d/d	22.37±0.38c/e	26.90±0.30b/d	28.19±0.34a/c

表 7-9 不同冠层的干出籽率

项目	下层	中层	上层
均值（%）	22.13	25.11	28.23
5%显著水平	c	b	a

表 7-10 树冠内膛和外围的干出籽率

项目	内膛	外围
均值（%）	25.84	27.50
5%显著水平	a	b

4. 树冠内不同区域的干出仁率的变化

由表 7-11 可知，树冠内不同区域干出仁率差异显著，东北方向下层外围干出仁率最低，仅为 47.24%，南方向上层外围干出仁率最高，可达 62.16%。垂直方向上，随着冠层的增加，不同方向的干出仁率均增加，以西方向外围为例，上层（59.82%）>中层（55.03%）>下层（49.78%），且不同冠层干出仁率的平均值差异显著（表 7-12），其大小顺序为：上层（58.18%）>中层（53.02%）>下层（50.08%），每层的平均差值为 4.77%，其中东方向上层外围和中层外围差值最大，可达 7.18%；水平方向上，中层和上层不同方向外围的干出仁率均高于内膛，且外围和内膛干出仁率的平均值差异显著（表 7-12~7-14），平均差值为 2.82%，其中以东北方向上层外围和内膛差值最大，可达 4.86%；同一冠层上，不同方向的干出仁率差异显著，以中层内膛为例，其不同方向干出仁率的大小顺序为：南（54.30%）>西南（53.78%）>东南（53.72%）>西（52.86%）>东（50.80%）>西北（50.78%）>北（50.10%）>东北（49.30%），不同方向干仁率的平均值同样差异显著（表 7-14），由表中数据可知，平均值的大小顺序为：南>东南>西南>西>西北>东>北>东北（杨少燕，2016；Wen Y 等，2018）。

表 7-11 树冠内不同区域的干出仁率

方向	下层外围（%）	中层内膛（%）	中层外围（%）	上层内膛（%）	上层外围（%）
北	48.83±0.54e/e	50.10±0.67d/c	52.26±0.37c/d	55.43±0.26b/c	58.96±0.65a/e
西北	49.62±0.62e/cd	50.78±0.26d/c	53.38±0.67c/c	56.81±0.54b/b	59.75±0.51a/cd
西	49.78±0.53e/c	52.86±0.70d/b	55.03±0.63c/b	57.12±0.44b/b	59.82±0.35a/cd
西南	51.31±0.46e/b	53.78±0.45d/a	55.54±0.33c/b	58.33±0.61b/a	60.33±0.73a/bc
南	52.93±0.42e/a	54.30±0.42d/a	56.84±0.28c/a	59.05±0.64b/a	62.16±0.52a/a
东南	52.40±0.59e/a	53.72±0.50d/a	55.33±0.42c/b	56.87±0.50b/b	61.03±0.42a/b
东	48.54±0.19e/de	50.80±0.29d/c	52.32±0.43c/d	54.69±0.39b/c	59.51±0.51a/de
东北	47.24±0.12e/f	49.30±0.30d/d	52.03±0.45c/d	53.04±0.51b/d	57.91±0.67a/f

表 7-12　不同冠层的干出仁率

项目	下层	中层	上层
均值（%）	50.08	53.02	58.18
5%显著水平	c	b	a

表 7-13　树冠内膛和外围的干出仁率

项目	内膛	外围
均值（%）	54.19	57.01
5%显著水平	a	b

表 7-14　树冠不同方向的干出仁率

项目	北	西北	西	西南	南	东南	东	东北
均值（%）	53.11	54.07	54.92	55.86	57.06	55.87	53.17	51.90
5%显著水平	e	d	c	b	a	b	e	f

5. 树冠内不同区域的种仁出油率的变化

树冠内不同区域种仁出油率的变化如表 7-15 所示，北方向下层外围种仁出油率最低（20.80%），而南方向上层外围种仁出油率最高（39.77%）。垂直方向上，随着冠层的增加，不同方向的种仁出油率均增加，以南方向外围为例，种仁出油率的大小顺序为：上层（39.77%）>中层（33.67%）>下层（31.31%），不同冠层种仁出油率的平均值差异显著（表 7-16），上层（31.94%）>中层（29.58%）>下层（26.12%），每层平均相差 3.06%，其中以北方向中层外围和下层外围差值最大，可达 7.18%；水平方向上，不同冠层不同方向外围的种仁出油率均高于内膛，外围和内膛种仁出油率的平均值差异显著（表 7-17），平均差值为 2.34%，其中以南方向上层外围和内膛差值最大，可达 7.58%；同一冠层上，不同方向的种仁出油率差异显著，以上层外围为例，南（39.77%）>西南（34.67%）>东（33.39%）>西北（32.29%）西（32.30%）>东南（31.82%）>东北（32.05%）>北（29.53%），不同方向种仁出油率的平均值差异显著（表 7-18），从表中数据可知，其平均值的大小顺序为：南>西南>西>东>东南>东北>北（杨少燕，2016；Wen Y 等，2018）。

表 7-15　树冠不同区域的种仁出油率

方向	下层外围（%）	中层内膛（%）	中层外围（%）	上层内膛（%）	上层外围（%）
北	20.80±1.90c/e	26.97±0.78b/d	27.98±0.35ab/e	29.11±0.78a/c	29.53±0.41a/e
西北	23.60±0.63d/d	27.48±0.47c/cd	29.59±1.80b/cde	30.73±0.42b/b	32.39±0.33a/cd
西	26.60±0.71d/bc	29.59±1.80c/b	31.46±0.75ab/bc	30.17±0.92bc/bc	32.30±0.81a/cd
西南	26.26±0.34d/bc	28.70±0.73c/bc	32.04±0.61b/ab	31.37±1.02b/ab	34.67±1.48a/b
南	31.31±0.44c/a	32.18±0.56c/a	33.67±0.55b/a	32.19±0.44c/a	39.77±0.40a/a
东南	27.49±0.66d/b	27.96±0.70cd/bcd	29.52±1.57bc/cde	30.86±0.45ab/ab	31.82±0.87a/d
东	27.28±0.52d/b	28.09±0.64d/bcd	29.15±0.65c/de	30.19±0.70b/bc	33.39±0.72a/c
东北	25.62±1.09b/c	26.87±0.91b/d	31.04±1.76a/bcd	30.56±1.02a/b	32.05±0.65a/d

表 7-16 不同冠层的种仁出油率

项目	下层	中层	上层
均值（%）	26.12	29.52	31.94
5%显著水平	c	b	a

表 7-17 树冠内膛和外围的种仁出油率

项目	内膛	外围
均值（%）	29.56	31.90
5%显著水平	a	b

表 7-18 树冠内不同方向的种仁出油率

项目	北	西北	西	西南	南	东南	东	东北
均值（%）	26.88	28.76	30.02	30.61	33.82	29.53	29.62	29.23
5%显著水平	f	e	bc	b	a	cd	cd	de

6. 树冠内不同区域的鲜果含油率的变化

由表 7-19 可知，树冠内不同区域鲜果含油率差异显著，北方向下层外围最低，仅为 2.17%，南方向上层外围最高，可达 7.49%。垂直方向上，随着冠层的增加，鲜果含油率逐渐增加，以东方向外围为例，鲜果含油率的大小顺序为：上层（5.74%）>中层（3.74%）>下层（2.61%），不同冠层鲜果含油率的平均值差异显著（表 7-20），每层平均相差 1.34%，其中以东方向上层外围和中层外围差异显著，可达 2.00%；水平方向上，不同冠层不同方向外围的鲜果含油率均高于内膛，且外围和内膛鲜果含油率的平均值差异显著（表 7-21），平均差值为 0.87%，其中南方向上层外围和内膛的差值最大，可达 2.08%；同一冠层上，外围和内膛不同方向的鲜果含油率均差异显著，以中层内膛为例，其大小顺序为：南（4.70%）>西（4.01%）>西南（3.95%）>东南（3.78%）>西北（3.49%）>东（3.10%）>北（3.03%）>东北（2.75%），不同方向鲜果含油率的平均值差异显著（表 7-22），从表中数据可知，平均值的大小顺序为：南>西南>西>东南>西北>东>东北>北（杨少燕，2016；Wen Y 等，2018）。

表 7-19 树冠内不同区域的鲜果含油率

方向	下层外围（%）	中层内膛（%）	中层外围（%）	上层内膛（%）	上层外围（%）
北	2.17±0.27e/d	3.03±0.16d/d	3.72±0.32c/e	4.28±0.13b/e	4.71±0.16a/f
西北	2.59±0.17e/c	3.49±0.16d/c	4.26±0.35c/d	4.80±0.23b/c	5.44±0.18a/de
西	3.08±0.16d/b	4.01±0.26c/b	4.69±0.28b/bc	4.82±0.13b/c	5.61±0.18a/cd
西南	3.23±0.12e/b	3.95±0.13d/b	4.87±0.16c/b	5.19±0.18b/b	6.12±0.31a/b
南	4.20±0.12d/a	4.70±0.14c/a	5.43±0.25b/a	5.41±0.23b/a	7.49±0.16a/a
东南	3.29±0.08e/b	3.78±0.15d/b	4.44±0.14c/cd	4.83±0.18b/c	5.78±0.15a/c
东	2.61±0.15e/c	3.10±0.11d/d	3.74±0.16c/e	4.60±0.15b/d	5.74±0.17a/c
东北	2.24±0.12e/d	2.75±0.10d/e	3.61±0.14c/e	4.36±0.15b/e	5.23±0.11a/e

表 7-20 不同冠层的鲜果含油率

项目	下层	中层	上层
均值（%）	2.93	3.97	5.28
5%显著水平	c	b	a

表 7-21 树冠内膛和外围的鲜果含油率

项目	内膛	外围
均值（%）	4.19	5.06
5%显著水平	a	b

表 7-22 树冠内不同方向的鲜果含油率

项目	北	西北	西	西南	南	东南	东	东北
均值（%）	3.58	4.12	4.44	4.67	5.45	4.42	3.96	3.64
5%显著水平	f	d	c	b	a	c	e	f

（二）油茶果实产量性状与环境因子的相关性

油茶果实产量性状与不同时期环境因子的相关性系数如表 7-23 所示。产量性状均与光照和温度呈极显著的正相关，而与湿度呈极显著的负相关，因此，光照强、温度高且湿度低的区域，有利于产量性状的提高。产量与 1~2 月的光照和湿度的相关性系数最高，分别为 0.960 和 0.929，与 11~12 月的湿度相关性系数最高，可达 0.947，而产量与环境因子相关系数的平均值最高的为 1~2 月，可达 0.936；鲜出籽率与 5~6 月光照和温度的相关系数最高，分别为 0.912 和 0.897，与 10 月的温度和湿度相关系数最高，分别为 0.897 和 0.884，同时，鲜出籽率与 5~6 月环境因子相关系数的平均值最高，可达 0.895；干出籽率与 5~6 月光照和湿度相关性系数最高，分别为 0.888 和 0.868，与7~9 月的温度相关系数最高，可达 0.888，干出籽率与 5~6 月环境因子相关系数的平均值最高，可达 0.877；种仁出油率与 5~6 月的光照相关系数最高，可达 0.82，与 3~4 月的温度相关系数最高，同样是 0.82；与 1~2 月和 7~9 月的湿度相关系数最高，可达 0.79，种仁出油率与 7~9 月环境因子的平均值最高，可达 0.79；鲜果含油率与 5~6 月光照相关系数最高，可达 0.93，与 10 月的温度和湿度相关性，分别为 0.91 和 0.90，而鲜果含油率与 10 月环境因子的平均值相关系数最高，可达 0.897。综上所述，如果要了解油茶的产量，应重点关注 1~2 月的天气情况，如遇连续降雨，会使产量降低，不同时期环境因子与果实产量性状相关性系数的平均值不同，1~2 月平均值最高，可达 0.877，其次是 7~9 月和 10 月，因此，可通过测定 1~2 月、7~9 月和 10 月的叶幕微气候进而了解油茶果实的产量性状（杨少燕，2016；Wen Y 等，2018）。

表 7-23 果实产量性状与不同时期气象因子的相关性系数

时期	环境因子	产量	鲜出籽率	干出籽率	干出仁率	种仁出油率	鲜果含油率
1~2月	光照	0.960**	0.896**	0.863**	0.937**	0.777**	0.910**
	温度	0.918**	0.885**	0.876**	0.932**	0.753**	0.893**
	湿度	-0.929**	-0.868**	-0.852**	-0.873**	-0.787**	-0.877**
3~4月	光照	0.920**	0.873**	0.853**	0.938**	0.755**	0.895**
	温度	0.848**	0.849**	0.797**	0.832**	0.819**	0.872**
	湿度	-0.927**	-0.883**	-0.847**	-0.925**	-0.779**	-0.888**
5~6月	光照	0.921**	0.912**	0.888**	0.916**	0.823**	0.925**
	温度	0.907**	0.897**	0.875**	0.904**	0.736**	0.875**
	湿度	-0.880**	-0.876**	-0.868**	-0.870**	-0.765**	-0.864**
7~9月	光照	0.939**	0.855**	0.804**	0.930**	0.783**	0.893**
	温度	0.929**	0.896**	0.888**	0.918**	0.793**	0.904**
	湿度	-0.922**	-0.866**	-0.831**	-0.884**	-0.794**	-0.875**
10月	光照	0.927**	0.871**	0.836**	0.908**	0.769**	0.886**
	温度	0.924**	0.897**	0.867**	0.935**	0.789**	0.909**
	湿度	-0.920**	-0.884**	-0.854**	-0.923**	-0.775**	-0.895**
11~12月	光照	0.950**	0.879**	0.856**	0.926**	0.759**	0.891**
	温度	0.947**	0.903**	0.876**	0.930**	0.791**	0.905**
	湿度	-0.906**	-0.844**	-0.829**	-0.891**	-0.747**	-0.864**

六、叶幕微气候对果实品质的影响

（一）树冠内不同区域果实品质变化

1. 树冠内不同区域棕榈酸含量的变化

棕榈酸是茶油饱和脂肪酸的主要成分。由表 7-24 可知，树冠不同区域棕榈酸含量差异极显著，南方向上层外围棕榈酸含量最低，仅为 8.85%，西北方向下层外围最高，其含量可达 10.40%。垂直方向上，随着冠层的增加，不同方向棕榈酸含量均降低，以南方向外围为例，棕榈酸含量的大小顺序为：下层（9.78%）＞中层（9.43%）＞上层（8.85%），不同冠层棕榈酸含量的平均值差异极显著（表 7-25），由表中数据可知，下层（10.04%）＞中层（9.7%）＞上层（9.41%），每层平均相差 0.32%，其中以西北方向下层外围和中层外围差值最大，差值可达 0.75%；水平方向上，中层和上层不同方向内膛的棕榈酸含量均高于外围，且内膛和外围棕榈酸含量的平均值差异极显著（表 7-26），平均差值为 0.16%，其中以东北方向上层内膛和外围差值最大，可达 0.32%；同一冠层上，不同方向棕榈酸含量差异极显著，以上层内膛为例，棕榈酸含量的大小顺序为：东（9.71%）＞东北（9.68%）＞北（9.66%）＞西北（9.65%）＞东南（9.54%）＞西

（9.54%）>西南（9.28%）>南（9.13%），不同方向棕榈酸含量的平均值同样差异显著（表7-27），由表中数据可知，其平均值的大小顺序为：北>西北>东>东北>西>东南>西南>南（杨少燕，2016；Wen Y 等，2018）。

表 7-24　树冠内不同区域的棕榈酸含量

方向	下层外围（%）	中层内膛（%）	中层外围（%）	上层内膛（%）	上层外围（%）
北	10.23±0.01A/C	9.92±0.00B/A	9.83±0.01C/A	9.66±0.00D/C	9.45±0.01E/A
西北	10.40±0.01A/A	9.83±0.00B/B	9.65±0.00C/CD	9.65±0.00C/C	9.42±0.00D/B
西	10.02±0.01A/D	9.65±0.01B/F	9.62±0.03B/D	9.54±0.01C/D	9.37±0.02D/C
西南	10.29±0.01A/B	9.65±0.01B/F	9.63±0.01B/D	9.28±0.00C/E	9.21±0.01D/E
南	9.78±0.00A/G	9.66±0.00B/E	9.43±0.01C/E	9.13±0.01D/F	8.85±0.01E/F
东南	9.90±0.02A/E	9.74±0.00B/C	9.68±0.04C/C	9.54±0.00D/D	9.27±0.01E/D
东	9.84±0.02A/F	9.72±0.00BC/D	9.74±0.00B/B	9.71±0.01C/A	9.42±0.01D/B
东北	9.84±0.01A/F	9.83±0.01A/B	9.65±0.01B/CD	9.68±0.01C/B	9.36±0.00D/C

注：数据后大写字母不同表示在0.01水平差异显著，下同。

表 7-25　不同冠层的棕榈酸含量

项目	下层	中层	上层
均值（%）	10.04	9.70	9.41
1%极显著水平	A	B	C

表 7-26　内膛和外围棕榈酸含量的平均值

项目	内膛	外围
均值（%）	9.63	9.47
1%极显著水平	A	B

表 7-27　树冠内不同方向的棕榈酸含量

项目	北	西北	西	西南	南	东南	东	东北
均值（%）	9.82	9.79	9.64	9.61	9.37	9.63	9.69	9.68
1%极显著水平	A	B	E	G	H	F	C	D

2. 树冠内不同区域硬脂酸含量的变化

由表7-28可知，树冠内不同区域硬脂酸含量差异极显著，南方向上层内膛硬脂酸含量最低（1.08%），西北方向中层外围最高（1.49%）。硬脂酸在树冠内不同区域的变化规律与棕榈酸不同，随着冠层的增加，硬脂酸含量先增加后降低，不同方向硬脂酸含量均为中层外围最高，下层外围最低，不同冠层棕榈酸含量的平均值差异极显著，从表7-29中数据可知，其大小顺序为：中层>上层>下层；水平方向上，中层和上层不同方向上外围的硬脂酸含量均高于外围，外围和内膛硬脂酸含量的平均值差异极显著（表7-30），平均差值为0.11%，其中以西北方向外围和内膛差值最大，可达0.22%；同一冠层上，不同方向上棕榈酸含量的平均值差异极显著，由表7-31中数据可知，北>西北>东北>西>东>西南>东南>南（杨少燕，2016；Wen Y等，2018）。

表7-28 树冠内不同区域的硬脂酸含量

方向	下层外围（%）	中层内膛（%）	中层外围（%）	上层内膛（%）	上层外围（%）
北	1.22±0.01D/B	1.32±0.01C/A	1.42±0.03A/B	1.37±0.02B/A	1.41±0.02A/A
西北	1.21±0.02C/B	1.27±0.02C/B	1.49±0.03A/A	1.23±0.03C/BC	1.41±0.02B/A
西	1.14±0.02E/C	1.27±0.02C/B	1.48±0.02A/A	1.20±0.02D/C	1.32±0.01B/B
西南	1.11±0.02C/CD	1.26±0.01B/B	1.41±0.00A/B	1.11±0.03C/DE	1.21±0.01B/D
南	1.09±0.02C/D	1.17±0.02B/D	1.36±0.02A/C	1.08±0.02C/E	1.17±0.02B/E
东南	1.13±0.02C/CD	1.21±0.02B/C	1.31±0.01A/D	1.14±0.02C/D	1.20±0.01B/DE
东	1.21±0.00C/B	1.22±0.01BC/C	1.31±0.02A/D	1.22±0.01BC/BC	1.24±0.01B/C
东北	1.28±0.01C/A	1.31±0.01AB/A	1.33±0.01A/CD	1.26±0.01C/B	1.29±0.02BC/B

表7-29 不同冠层的硬脂酸含量

项目	下层	中层	上层
均值（%）	1.17	1.32	1.24
1%极显著水平	C	A	B

表7-30 树冠内膛和外围的硬脂酸含量

项目	内膛	外围
均值（%）	1.23	1.34
1%极显著水平	B	A

表7-31 树冠内不同方向的硬脂酸含量

项目	北	西北	西	西南	南	东南	东	东北
均值（%）	1.34	1.32	1.28	1.22	1.18	1.20	1.24	1.29
1%极显著水平	A	A	B	D	F	E	C	B

3. 树冠内不同区域饱和脂肪酸含量的变化

茶油饱和脂肪酸的成分主要是棕榈酸和硬脂酸，这两种成分通常占其饱和脂肪酸总含量的95%以上，因此本书取棕榈酸和油脂酸含量之和作为饱和脂肪酸的含量。由表7-32可知，饱和脂肪酸的含量在树冠不同区域差异极显著，南方向上层外围最低，仅有10.03%，西北方向下层外围最高，可达11.61%。垂直方向上，随着冠层的增加，饱和脂肪酸含量逐渐降低，以北方向外围为例，饱和脂肪酸含量的大小顺序为：下层（11.45%）>中层（11.18%）>上层（10.87%），不同冠层饱和脂肪酸含量的平均值同样差异显著，由表7-33中数据可知，其大小顺序为：下层>中层>上层；水平方向上，内膛和外围饱和脂肪酸含量的平均值差异极显著，由表7-34可知，内膛饱和脂肪酸含量的平均值高于外围；

同一冠层上，不同方向的饱和脂肪酸含量差异极显著，以下层外围为例，饱和脂肪酸含量的大小顺序为：西北（11.61%）>北（11.45%）>西南（11.40%）>西（11.16%）>东北（11.12%）>东（11.05%）>东南（11.03%）>南（10.87%），不同方向饱和脂肪酸含量的平均值同样差异极显著，由表7-35可知，其平均值的大小顺序为：北>西北>东北>东>西>西南>东南>南（杨少燕，2016；Wen Y等，2018）。

表 7-32 树冠内不同区域的饱和脂肪酸含量

方向	下层外围（%）	中层内膛（%）	中层外围（%）	上层内膛（%）	上层外围（%）
北	11.45±0.01A/B	11.24±0.01B/A	11.18±0.01C/A	11.03±0.02D/A	10.87±0.02E/A
西北	11.61±0.03A/A	11.10±0.02B/C	11.14±0.03B/AB	10.88±0.02C/C	10.83±0.02C/A
西	11.16±0.02A/D	10.92±0.02B/DE	11.10±0.05A/BC	10.75±0.01C/D	10.68±0.02C/B
西南	11.40±0.03A/C	10.90±0.01C/E	11.04±0.01B/CD	10.32±0.03E/F	10.49±0.02D/C
南	10.87±0.02A/F	10.83±0.02B/F	10.80±0.02B/D	10.21±0.01C/G	10.03±0.02D/D
东南	11.03±0.02A/E	10.95±0.02B/D	10.98±0.05AB/E	10.68±0.02C/E	10.47±0.01D/C
东	11.05±0.02A/E	10.94±0.01B/D	11.05±0.02A/CD	10.93±0.02B/B	10.66±0.01C/B
东北	11.12±0.01A/D	11.13±0.01A/B	10.98±0.01B/D	10.94±0.01C/B	10.65±0.02D/B

表 7-33 不同冠层的饱和脂肪酸

项目	下层	中层	上层
均值（%）	11.21	11.02	10.65
1%极显著水平	A	B	C

表 7-34 树冠内膛和外围的饱和脂肪酸

项目	内膛	外围
均值（%）	10.86	10.81
1%极显著水平	A	B

表 7-35 树冠内不同方向的饱和脂肪酸含量

项目	北	西北	西	西南	南	东南	东	东北
均值（%）	11.15	11.11	10.92	10.83	10.55	10.82	10.93	10.96
1%极显著水平	A	B	D	E	F	E	D	C

4. 树冠内不同区域油酸含量的变化

油酸是茶油不饱和脂肪酸的主要成分，因其容易被认同吸收，但不易氧化沉积于体内，故被称为安全脂肪酸。由表7-36可知，树冠内不同区域油酸含量差异极显著，北方向下层外围含量最低，仅为75.60%，南方向上层外围最高，可达81.24%。垂直方向上，随着冠层的增加，不同方向的油酸含量均增加，以西北方向外围为例，油酸含量的大小顺序为：上层（79.31%）>中层（78.75%）>下层（77.12%），不同冠层油酸的平均值差异极显著（表7-

37)，每层平均相差 1.05%，其中以北方向的中层外围和下层外围差值最大，可达 2.51%；水平方向上，外围油酸含量的平均值极显著高于内膛（表 7-38），平均差值为 0.59%，其中以南方向中层的外围和内膛差值最大，可达 1.45%；同一冠层上，不同方向油酸含量差异极显著，以上层外围为例，油酸含量的大小顺序为：南（81.24%）>西南（80.66%）>东南（79.94%）>西（79.87%）>西北（79.31%）>北（79.21%）>东（79.15%）>东北（78.95%），不同方向油酸含量的平均值同样差异极显著，由表 7-39 中的数据可知，其平均值的大小顺序为：南>西南>西>东南>西北>东>东北>北（杨少燕，2016；Wen Y 等，2018）。

表 7-36 树冠内不同区域的油酸含量

方向	下层外围（%）	中层内膛（%）	中层外围（%）	上层内膛（%）	上层外围（%）
北	75.60±0.02E/F	77.61±0.01D/D	78.11±0.01C/E	78.52±0.02B/D	79.21±0.00A/F
西北	77.12±0.00D/E	78.18±0.00C/C	78.75±0.23B/C	79.11±0.00A/B	79.31±0.01A/E
西	77.78±0.01C/B	78.64±0.28B/AB	78.94±0.06B/BC	79.00±0.12B/BC	79.87±0.03A/D
西南	77.77±0.02E/B	78.75±0.00D/A	79.04±0.01C/B	79.79±0.01B/A	80.66±0.02A/B
南	78.13±0.00E/A	78.65±0.00D/AB	80.10±0.02B/A	79.88±0.13C/A	81.24±0.01A/A
东南	77.81±0.01E/B	78.48±0.00D/B	78.24±0.10C/DE	78.95±0.01B/C	79.94±0.01A/C
东	77.48±0.12D/C	78.13±0.01C/C	78.46±0.01B/D	78.57±0.01B/D	79.15±0.01A/G
东北	77.33±0.01E/D	78.03±0.01D/C	78.30±0.01C/DE	78.65±0.00B/D	78.95±0.01A/H

表 7-37 不同冠层的油酸含量

项目	下层	中层	上层
均值（%）	77.38	78.53	79.42
1%极显著水平	C	B	A

表 7-38 树冠内膛和外围的油酸含量

项目	内膛	外围
均值（%）	78.68	79.27
1%极显著水平	B	A

表 7-39 树冠内不同方向的油酸含量

项目	北	西北	西	西南	南	东南	东	东北
均值（%）	77.81	78.49	78.84	79.20	79.60	78.68	78.36	78.25
1%极显著水平	H	E	C	B	A	D	F	G

5. 树冠内不同区域亚油酸含量的变化

亚油酸是茶油不饱和脂肪酸的主要成分，属于必需脂肪酸，由表 7-40 可知，树冠不同区域亚油酸含量差异极显著，西南方向上层外围含量最低（7.19%），而西南方向下层外围含量最高（10.53%）。垂直方向上，不同冠层油酸含量的平均值差异极显著（表 7-41），其平均值的大小顺序为：下层（9.56%）>中层（9.00%）>上层（8.76%）；水平方向上，内膛亚油酸含量的平均值极显著高于外围（表 7-42）；同一冠层上，不同方向亚油酸含量差异极显著，以下层外围为例，亚油酸含量的大小顺序为：西南（10.35%）>东南（9.94%）>西（9.80%）>西北（9.63%）>东北（9.42%）>东（9.36%）>北（9.19%）>南（8.79%），不同方向亚油酸含量的平均值同样差异极显著，由表 7-43 中数据可知，其平均值的大小顺序为东南>东北>北>西北>东>西>西南>南。（杨少燕，2016；Wen Y 等，2018）

表 7-40 树冠内不同区域的亚油酸含量

方向	下层外围（%）	中层内膛（%）	中层外围（%）	上层内膛（%）	上层外围（%）
北	9.19±0.01C/G	8.41±0.00D/D	9.74±0.00A/A	9.18±0.00C/A	9.41±0.12B/A
西北	9.63±0.01A/D	9.18±0.00BC/AB	8.78±0.36C/CD	8.93±0.00C/D	9.38±0.02AB/A
西	9.80±0.01A/C	9.05±0.23B/B	8.74±0.08C/CD	9.10±0.01B/B	8.56±0.01C/E
西南	10.35±0.01A/A	9.21±0.01B/AB	8.48±0.02C/D	8.40±0.00D/G	7.19±0.02E/G
南	8.79±0.00A/H	8.81±0.01A/C	8.03±0.00C/E	8.57±0.02B/F	7.52±0.01D/F
东南	9.94±0.00A/B	9.18±0.00C/AB	9.37±0.08B/B	9.05±0.01D/C	9.04±0.01D/C
东	9.36±0.01A/F	9.27±0.00B/A	8.96±0.00D/C	9.18±0.01C/A	8.67±0.00E/D
东北	9.42±0.01A/E	9.33±0.01B/A	9.41±0.01A/B	8.81±0.01D/E	9.18±0.01C/B

表 7-41 不同冠层的亚油酸含量

项目	下层	中层	上层
均值（%）	9.56	9.00	8.76
1%极显著水平	A	B	C

表 7-42 树冠内膛和外围的亚油酸含量

项目	内膛	外围
均值（%）	8.98	8.78
1%极显著水平	A	B

表 7-43 树冠内不同方向的亚油酸含量

项目	北	西北	西	西南	南	东南	东	东北
均值（%）	9.19	9.18	9.05	8.73	8.34	9.32	9.09	9.23
1%极显著水平	B	B	C	D	E	A	C	B

6. 树冠内不同区域亚麻酸含量的变化

亚麻酸在茶油中所占比例很小，只有 4%~5%，同样属于必需脂肪酸。由表 7-44 可知，树冠内不同区域亚麻酸含量差异极显著，西南上层外围亚麻酸含量最低（0.37%），北方向下层外围含量最高（0.51%）。垂直方向上，不同冠层亚麻酸含量差异极显著（表 7-45），其大小顺序为：下层（0.44%）>上层（0.42%）>中层（0.41%）；水平方向上，内膛和外围亚麻酸含量差异极显著（表 7-46），且内膛（0.42%）>外围（0.41%）；同一冠层上，不同方向亚麻酸含量差异极显著，以下层外围为例，亚麻酸含量的大小顺序为：北（0.51%）>西（0.47%）>东北（0.46%）>东南（0.44%）>东（0.43%）>南（0.42%）>西南（0.42%）>西北（0.37%），不同方向亚麻酸含量的平均值同样差异极显著，由表7-47中数据可知，其大小顺序为：北>东北>东>南>西>东南>西南>西北。（杨少燕，2016；Wen Y 等，2018）

表 7-44　树冠内不同区域的亚麻酸含量

方向	下层外围（%）	中层内膛（%）	中层外围（%）	上层内膛（%）	上层外围（%）
北	0.51±0.00A/A	0.39±0.00D/D	0.45±0.00B/A	0.42±0.01C/B	0.43±0.01C/B
西北	0.37±0.00C/F	0.38±0.00BC/D	0.39±0.01B/C	0.43±0.01A/AB	0.44±0.01A/AB
西	0.47±0.00A/B	0.39±0.01CD/D	0.40±0.00C/BC	0.43±0.00B/AB	0.38±0.00D/E
西南	0.42±0.01B/E	0.45±0.01A/A	0.39±0.01C/BC	0.39±0.01C/D	0.37±0.01D/E
南	0.42±0.00AB/E	0.43±0.01A/B	0.41±0.01ABC/B	0.41±0.01BC/C	0.39±0.01C/D
东南	0.44±0.01A/D	0.38±0.00D/D	0.40±0.02CD/BC	0.43±0.01AB/AB	0.41±0.01BC/C
东	0.43±0.01B/DE	0.42±0.00C/C	0.45±0.00A/A	0.44±0.00B/A	0.41±0.00D/C
东北	0.46±0.01A/C	0.44±0.00B/AB	0.38±0.01C/C	0.44±0.00B/A	0.44±0.00B/A

表 7-45　不同冠层的亚麻酸含量

项目	下层	中层	上层
均值（%）	0.44	0.41	0.42
1%极显著水平	A	C	B

表 7-46　树冠内膛和外围的亚麻酸含量

项目	内膛	外围
均值（%）	0.42	0.41
1%极显著水平	A	B

表 7-47　树冠内不同方向的亚麻酸含量

项目	北	西北	西	西南	南	东南	东	东北
均值（%）	0.44	0.40	0.41	0.40	0.41	0.41	0.43	0.43
1%极显著水平	A	D	C	D	C	C	B	B

7. 树冠内不同区域不饱和酸含量的变化

茶油因富含不饱和脂肪酸而被誉为“东方橄榄油”，其不饱和脂肪酸含量在85%以上。由表7-48可知，树冠不同区域不饱和脂肪酸含量差异极显著，北方向下层外围最低（85.30%），东南方向上层外围最高（89.39%）。垂直方向上，随着冠层的增加，不饱和脂肪酸含量为增加趋势（西南和东南方向例外），以北方向外围为例，不饱和脂肪酸含量的大小顺序为：上层（89.04%）>中层（88.30%）>下层（85.30%），不同冠层不饱和脂肪酸含量的平均值差异极显著（表7-49），每层平均相差0.68%，其中以北方向上层内膛和中层内膛差值最大，可达1.71%；水平方向上，外围不饱和脂肪酸含量大于内膛（西南和东南方向例外），且外围不饱和脂肪酸含量极显著地高于内膛（表7-50），平均差值为0.37%，其中以北方向中层外围和内膛差值最大，可达1.89%；同一冠层上，不同方向不饱和脂肪酸含量差异极显著，以中层内膛为例，不饱和脂肪酸含量的大小顺序为：西南（88.41%）>西（88.08%）>东南（88.04%）>南（87.89%）>东（87.82%）>东北（87.80%）>西北（87.74%）>北（86.41%），不同方向不饱和脂肪酸的平均值同样差异极显著，由表7-51可知，其大小顺序为：东南>南>西南>西>西北>东北>东>北（杨少燕，2016；Wen Y等，2018）。

表7-48 树冠内不同区域的不饱和脂肪酸含量

方向	下层外围（%）	中层内膛（%）	中层外围（%）	上层内膛（%）	上层外围（%）
北	85.30±0.02E/G	86.41±0.01D/F	88.30±0.01B/B	88.12±0.00C/C	89.04±0.06A/C
西北	87.12±0.01E/F	87.74±0.00D/E	87.92±0.13C/C	88.47±0.00B/B	89.13±0.03A/B
西	88.04±0.01C/C	88.08±0.06C/B	88.07±0.13C/C	88.53±0.12B/B	88.80±0.03A/C
西南	88.55±0.02A/A	88.41±0.00B/A	87.92±0.01D/C	88.58±0.01A/B	88.22±0.03C/E
南	87.34±0.00E/D	87.89±0.01D/C	88.54±0.02C/A	88.86±0.14B/A	89.16±0.02A/B
东南	88.19±0.02C/B	88.04±0.00C/B	88.00±0.16C/C	88.43±0.01B/B	89.39±0.02A/A
东	87.27±0.11C/DE	87.82±0.01B/D	87.87±0.01B/C	88.19±0.00A/C	88.23±0.01A/E
东北	87.21±0.00E/EF	87.80±0.01D/D	88.09±0.01B/C	87.90±0.00C/D	88.56±0.00A/D

表7-49 不同冠层的不饱和脂肪酸含量

项目	下层	中层	上层
均值（%）	87.38	87.93	88.60
1%极显著水平	C	B	A

表7-50 树冠内膛和外围的不饱和脂肪酸含量

项目	内膛	外围
均值（%）	88.08	88.45
1%极显著水平	B	A

表7-51 树冠内不同方向的不饱和脂肪酸含量

项目	北	西北	西	西南	南	东南	东	东北
均值（%）	87.44	88.08	88.30	88.33	88.36	88.41	87.88	87.91
1%极显著水平	E	C	B	B	B	A	D	D

（二）油茶果实品质性状与环境因子的相关性

从表7-52可知，除硬脂酸外，油茶果实品质性状与不同时期的环境因子均呈显著性相关。油酸和不饱和脂肪酸与光照、温度呈正相关，与湿度呈负相关，而棕榈酸、饱和脂肪酸、亚油酸和亚麻酸均与光照和温度呈负相关，而与湿度呈正相关。棕榈酸与5~6月的光照相关性强，相关系数可达-0.859，与11~12月的温度相关性强，相关系数为-0.866，而与7~9月的湿度相关系数最高，可达0.877，棕榈酸与10月环境因子相关性最强，相关系数的绝对均值可达0.853；饱和脂肪酸与7~9月的光照相关性强，相关系数可达-0.818，与3~4月的温度相关性强，相关系数为-0.808，与10月的湿度相关系数高达0.794，饱和脂肪酸与10月环境因子相关性最高；油酸与5~6月的光照相关性强，相关系数可达-0.885，与10月的温度相关性系数高达0.859，与7~9月的湿度相关性强，相关系数可达-0.860，而油酸与7~9月环境因子相关性最强；亚油酸和亚油酸与不同时期的环境因子相关性差异不大。不饱和脂肪酸与7~9月的光照相关性系数最高，可达0.739，与10月的温度相关性系数最高，可达0.727，与10月的湿度相关性强，相关系数为-0.717，不饱和脂肪酸与10月环境因子相关性最强。因此，环境因子对茶油品质的影响主要是在果实成熟期（10月）。

表7-52　果实品质性状与不同时期气象因子的相关性系数

时期	环境因子	棕榈酸	硬脂酸	饱和脂肪酸	油酸	亚油酸	亚麻酸	不饱和脂肪酸
1~2月	光照	-0.851**	0.082	-0.789**	0.842**	-0.545**	-0.249**	0.708**
	温度	-0.834**	0.145	-0.752**	0.838**	-0.522**	-0.250**	0.721**
	湿度	0.823**	-0.151	0.740**	-0.827**	0.541**	0.249**	-0.691**
3~4月	光照	-0.835**	0.052	-0.783**	0.838**	-0.511**	-0.263**	0.729**
	温度	-0.815**	-0.083	-0.808**	0.846**	-0.569**	-0.378**	0.689**
	湿度	0.866**	-0.179	0.771**	-0.854**	0.541**	0.299**	-0.716**
5~6月	光照	-0.857**	0.047	-0.806**	0.885**	-0.617**	-0.365**	0.705**
	温度	-0.822**	0.161	-0.735**	0.838**	-0.549**	-0.312**	0.697**
	湿度	0.829**	-0.286**	0.701**	-0.833**	0.544**	0.315**	-0.693**
7~9月	光照	-0.859**	0.015	-0.818**	0.843**	-0.509**	-0.229*	0.739**
	温度	-0.853**	0.103	-0.784**	0.855**	-0.547**	-0.282**	0.723**
	湿度	0.877**	-0.159	0.789**	-0.860**	0.571**	0.304**	-0.710**
10月	光照	-0.844**	0.018	-0.803**	0.829**	-0.538**	-0.257**	0.696**
	温度	-0.865**	0.148	-0.781**	0.859**	-0.548**	-0.298**	0.727**
	湿度	0.851**	-0.068	0.794**	-0.840**	0.530**	0.270**	-0.717**
11~12月	光照	-0.842**	0.077	-0.782**	0.828**	-0.524**	-0.230*	0.707**
	温度	-0.866**	0.074	-0.806**	0.855**	-0.555**	-0.281**	0.717**
	湿度	0.824**	-0.133	0.746**	-0.787**	0.477**	0.198*	-0.690**

第三节 油茶树形调控管理

树形对油茶叶幕微气候及果实产量、品质有影响。经过正确修剪的油茶植株，树形合理，枝条配置适宜，从属分明，通风、透光良好，花蕾大，结果均匀，落果率降低，立体结果，进而产果量和出油率提高。

一、树形对油茶叶幕微气候的影响

（一）1~2 月树形对油茶叶幕微气候的影响

油茶整形为开心形后，其树冠不同区域内的光照分布如图 7-90 所示，相比于对照（图 7-91），下层内膛光照差异显著，自然开心形下层内膛光照均高于 500μmol/(m^2·s)，而对照下层内膛光照均低于 400μmol/(m^2·s)，差异最大的区域为北方向下层内膛，光照相比于对照增加了 183%。垂直方向上，开心形树形不同冠层光照均显著高于对照（图 7-92），其中以下层差异最大，光照相比于对照增加了 39.09%；水平方向上，开心形树冠内膛和

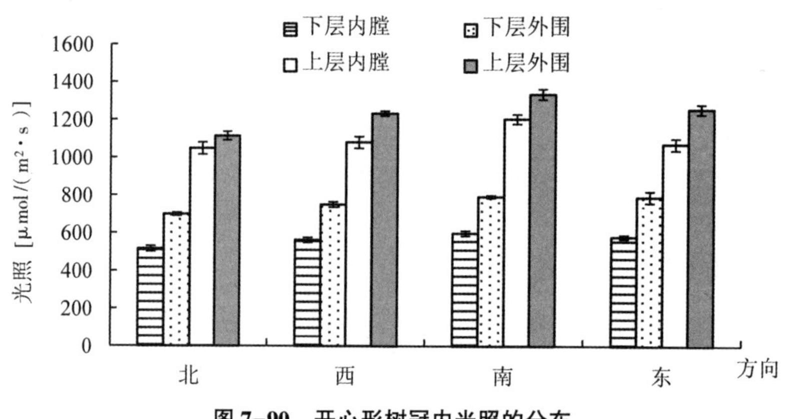

图 7-90 开心形树冠内光照的分布

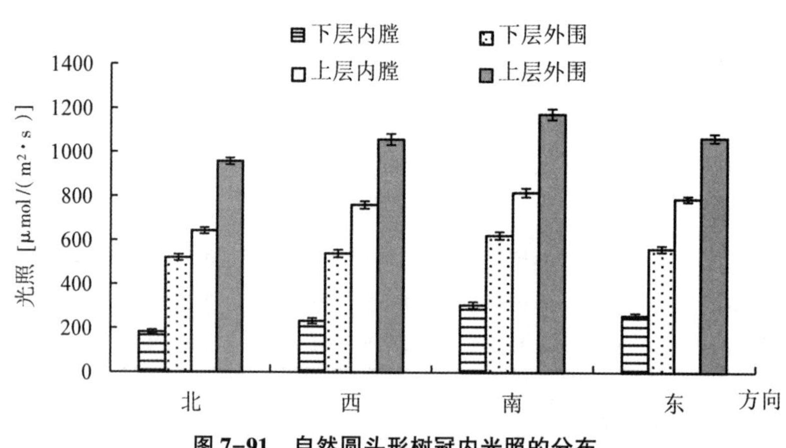

图 7-91 自然圆头形树冠内光照的分布

外围的光照均显著高于对照（图 7-93），其中以内膛差异最大，光照相比于对照增加 40.15%；同一冠层上，开心形树冠内不同方向上均能使光照增加，且与对照均差异显著（图 7-94），其中以北方向差异最大，光照相比于对照增加了 46.64%。因此，开心形树形可以使树冠内光照分布更均匀，使下层和内膛得到更多的光照（杨少燕，2016；Wen Y 等，2018）。

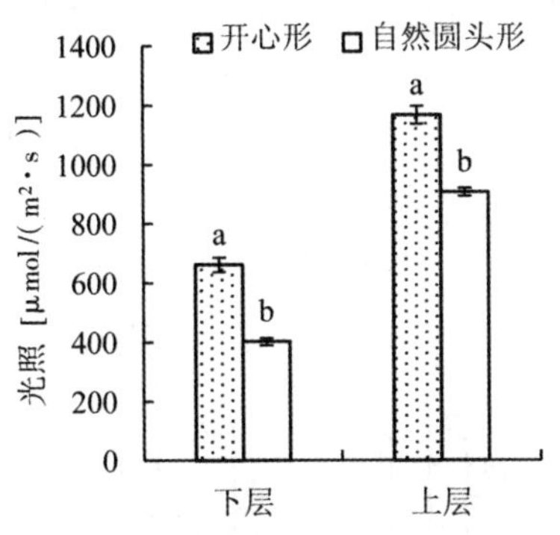

图 7-92　不同树形不同冠层的光照

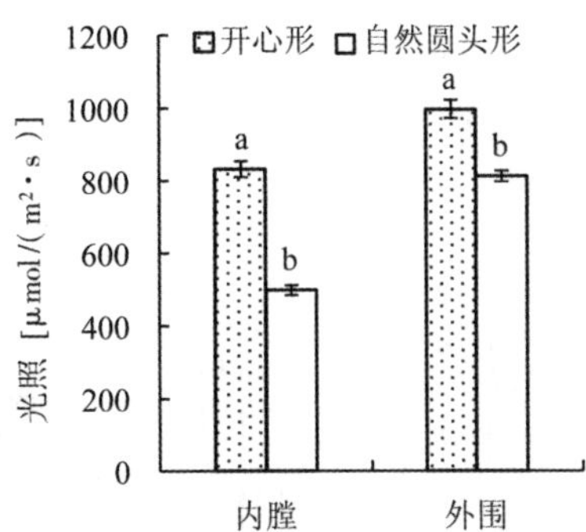

图 7-93　不同树形树冠内膛和外围的光照

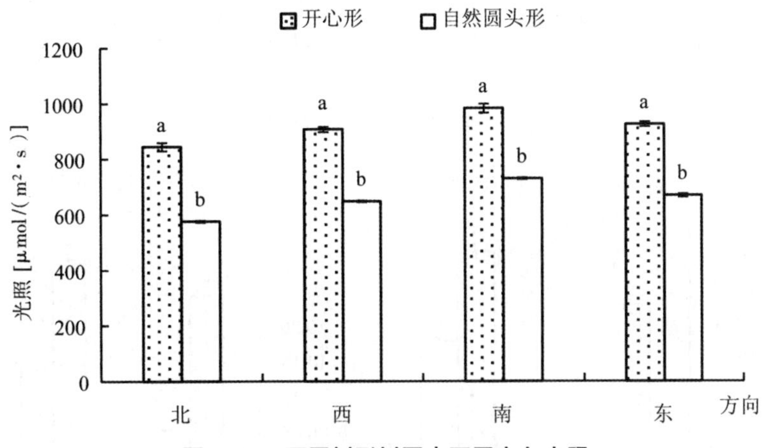

图 7-94　不同树形树冠内不同方向光照

由图 7-95 和图 7-96 对比可知，开心形树形可使树冠内温度增高，下层和内膛尤为显著，相比于对照平均增加 0.17℃，其中以北方向下层外围差值最大，可达 0.28℃，开心形

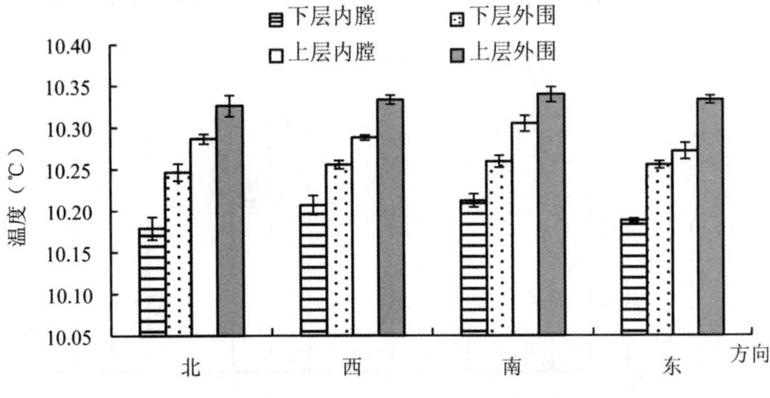

图 7-95　开心形树冠内温度的分布

树冠内不同区域的平均温度可达 10.27℃，而自然圆头形树冠内不同区域的平均温度为 10.10℃；垂直方向上，开心形不同冠层的平均温度均显著高于对照（图 7-97），平均差值为 0.17℃，其中以下层差值最大，可达 0.20℃；水平方向上，开心形树冠内膛和外围的光照均显著高于对照（图 7-98），平均差值为 0.17℃，其中内膛差值最大，可达 0.19℃；同一冠层上，开心形树冠内不同方向上均能使温度增加，且与对照均差异显著（图 7-99），平均差值为 0.17℃，其中以北方向差值最大，差值可达 0.24℃。因此，开心形树形可以使树冠内温度分布更均匀，使下层和内膛温度相比于对照增加（杨少燕，2016；Wen Y 等，2018）。

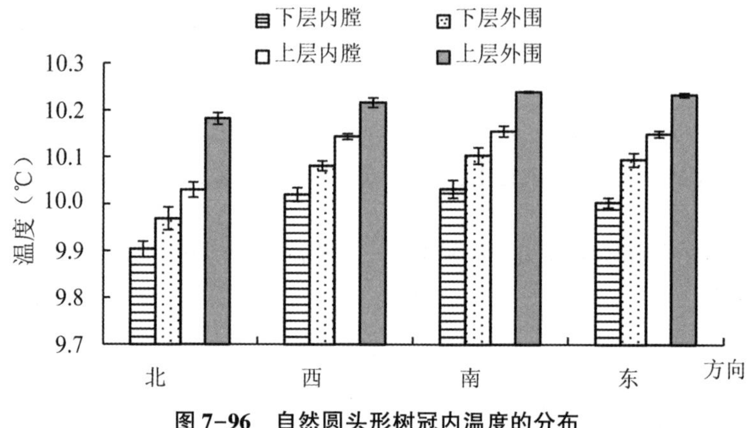

图 7-96 自然圆头形树冠内温度的分布

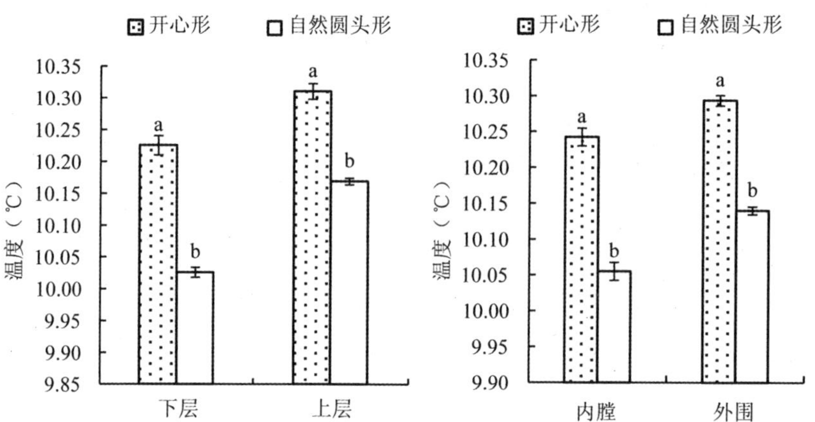

图 7-97 不同树形不同冠层的温度 **图 7-98 不同树形树冠内膛和外围的温度**

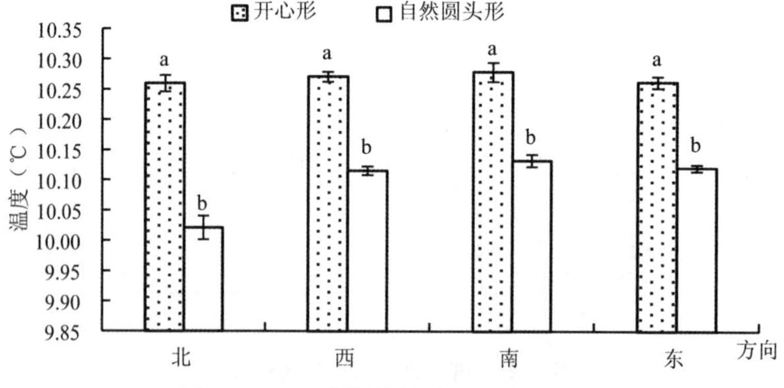

图 7-99 不同树形树冠内不同方向温度

开心形和自然圆头形树冠内不同区域湿度的分布如图 7-100~7-102 所示，开心形树冠内下层内膛的湿度显著高于其他区域，开心形树冠内不同区域的平均湿度为 34.40%，而自然圆头形树冠内的平均值湿度为 34.87%，平均差值为 0.47%，其中以西方向下层内膛差值最大，可达 0.74%；垂直方向上，开心形不同冠层湿度的平均值均显著低于对照（图 7-103），下层差值最大，可达 0.61%；水平方向上，开心形树冠内膛和外围湿度的平

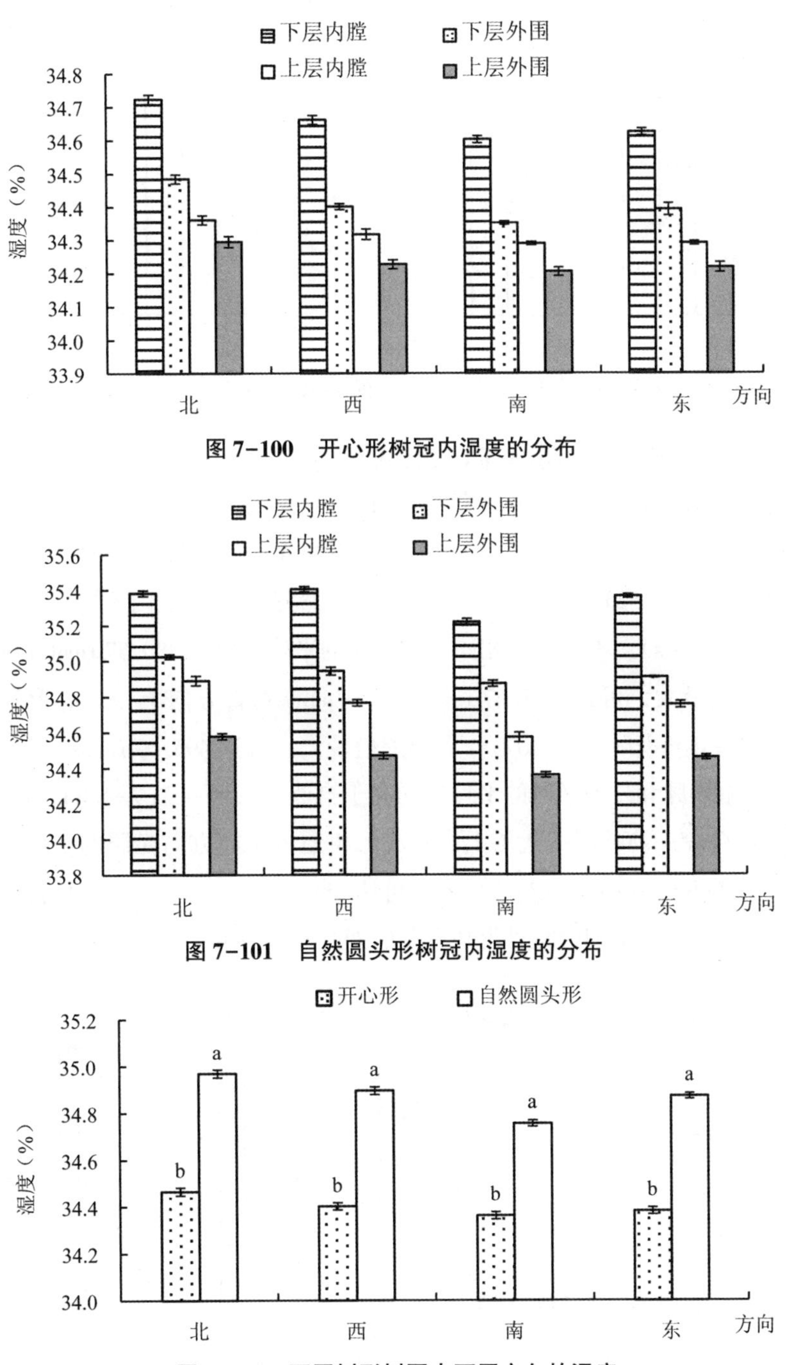

图 7-100　开心形树冠内湿度的分布

图 7-101　自然圆头形树冠内湿度的分布

图 7-102　不同树形树冠内不同方向的湿度

均值均显著低于对照（图 7-104），内膛差值最大，差值为 0.56%；同一冠层上，开心形树冠内不同方向湿度的平均值均显著低于对照（图 7-102），北方向差值最大，可达 0.50%。综上所述，开心形树形可使树冠内湿度降低，下层和内膛更为显著（杨少燕，2016；Wen Y 等，2018）。

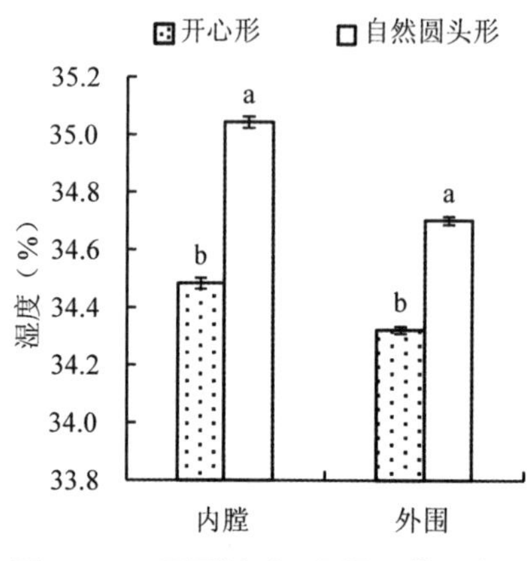

图 7-103　不同树形不同冠层的湿度

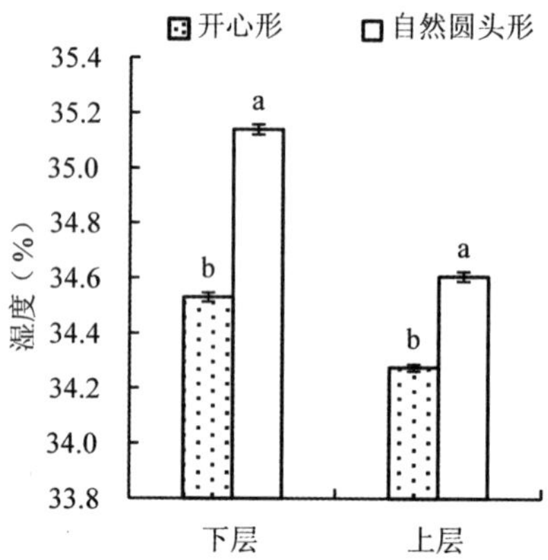

图 7-104　不同树形树冠内膛和外围的湿度

（二）7~9 月树形对油茶叶幕微气候的影响

7~9 月光照在开心形和自然圆头形树冠不同区域的分布如图 7-105 和图 7-106 所示，不同树形相同区域内光照差异显著，开心形树形下层光照显著高于对照，开心形树冠内不同区域光照的平均值为 1523.72μmol/(m² · s)，而自然圆头形树冠内不同区域光照的平均值为 1143.15μmol/(m² · s)，不同树形相同区域光照的平均差值为 380.57μmol/(m² · s)，以西方向下层外围差值最大，可达 517.67μmol/(m² · s)；垂直方向上，开心形和自然圆头形不同冠层光照均差异显著（图 7-107），下层差值较大，可达 495.09μmol/(m² · s)；水平方向上，开心形树冠内膛和外围光照的平均值均高于自然圆头形（图 7-108），内膛差值较大，可达 384.04μmol/(m² · s)；同一冠层上，开心形树冠内不同方向光照的平均值均显著高于自然圆头形（图 7-109），西方向差值最大，可达 388.92μmol/(m² · s)。因此，开心形使树冠内光照分布更均匀，下层和内膛可得到更多的光照（杨少燕，2016；Wen Y 等，2018）。

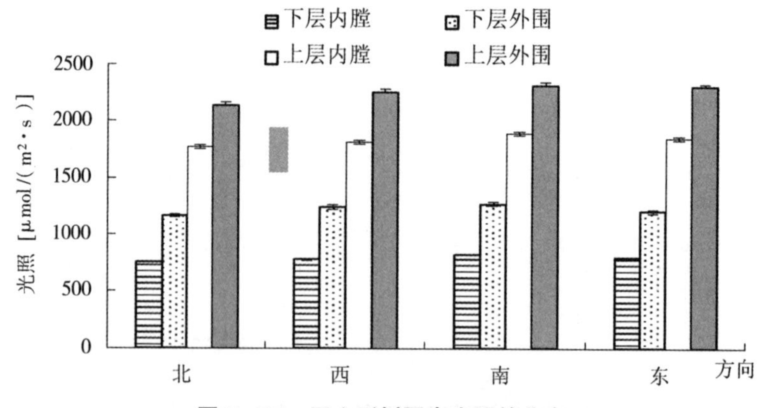

图 7-105　开心形树冠内光照的分布

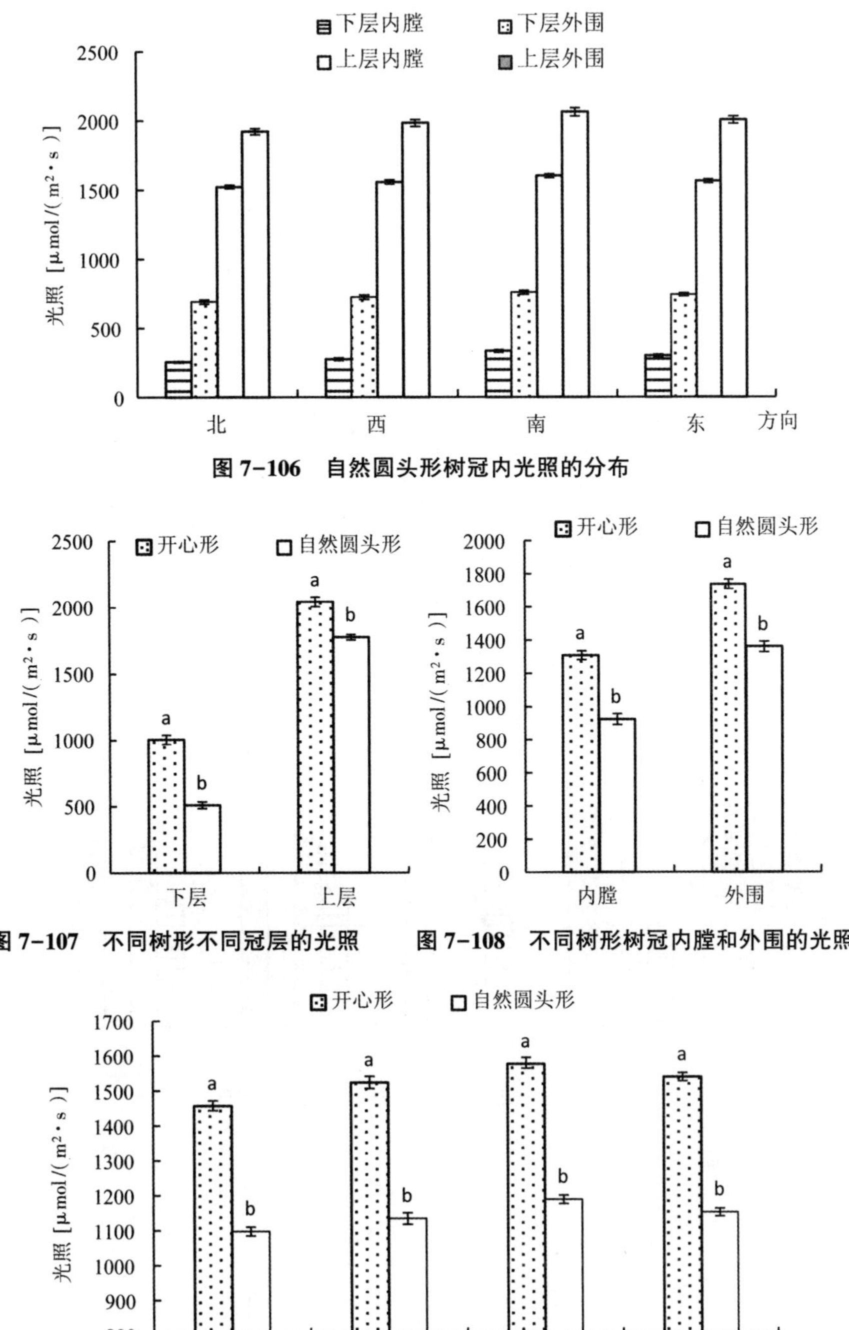

图 7-106　自然圆头形树冠内光照的分布

图 7-107　不同树形不同冠层的光照

图 7-108　不同树形树冠内膛和外围的光照

图 7-109　不同树形树冠内不同方向的光照

由图 7-110 和图 7-111 对比可知，开心形和自然圆头形树冠内相同区域温度差异显著，自然圆头形树冠内温度的平均值为 30.89℃，而自然圆头形温度的平均值为 30.01℃，平均相差 0.88℃，其中以南方向上层外围差值最大，可达 1.01℃；垂直方向上，开心形树冠内不同冠层温度的平均值均显著高于自然圆头形（图 7-112），其中，以上层差值较大，差值为0.95℃；水平方向上，开心形树冠内膛和外围温度的平均值均显著高于自然圆头形（图7-113），且内膛和外围的差值相同，均为0.89℃。同一冠层上，开心形树冠内不同方向温度的平均值均显著高于自然圆头形（图7-114），其中，以北方向差值最大，可达0.91℃。

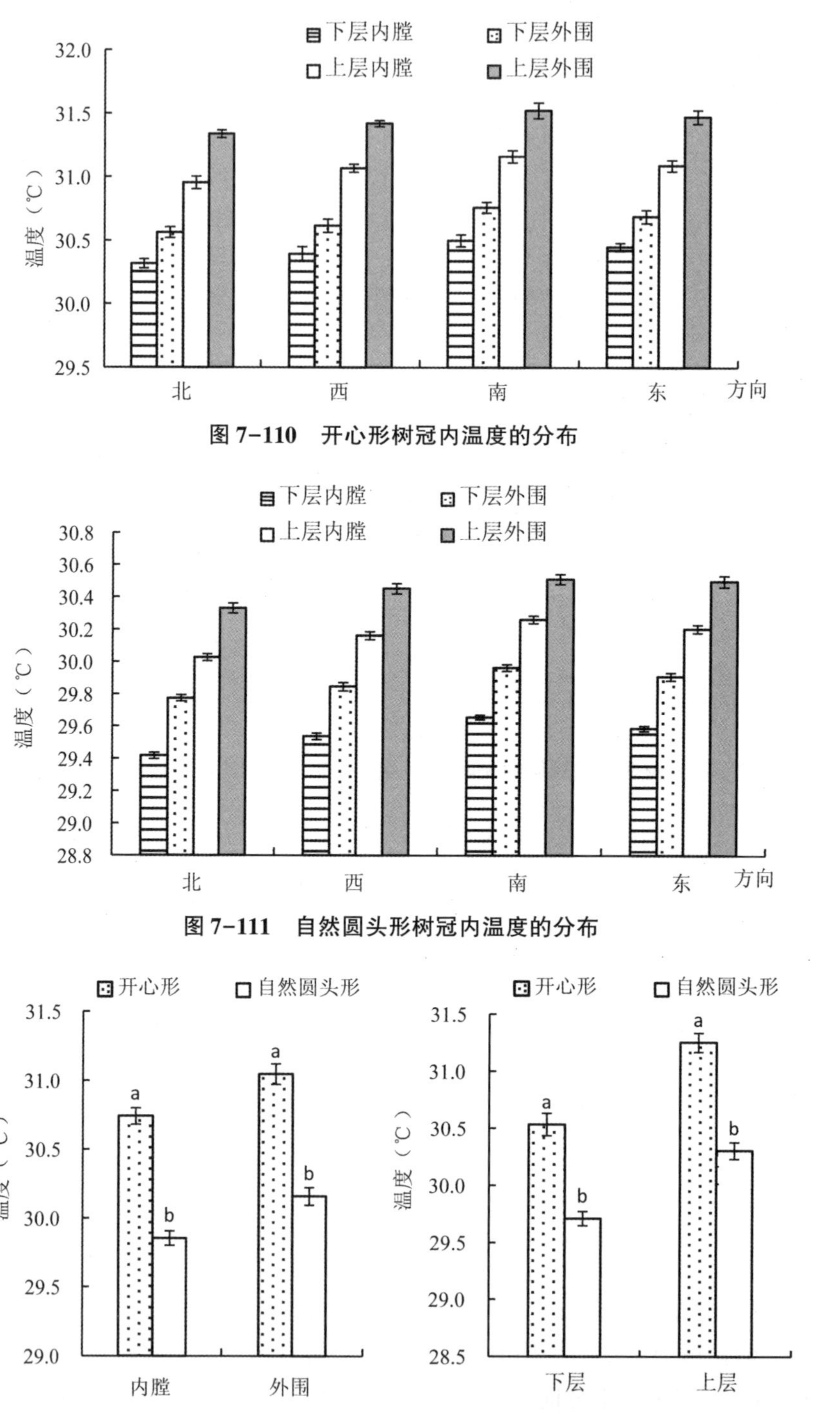

图7-110　开心形树冠内温度的分布

图7-111　自然圆头形树冠内温度的分布

图7-112　不同树形不同冠层的温度

图7-113　不同树形树冠内膛和外围的温度

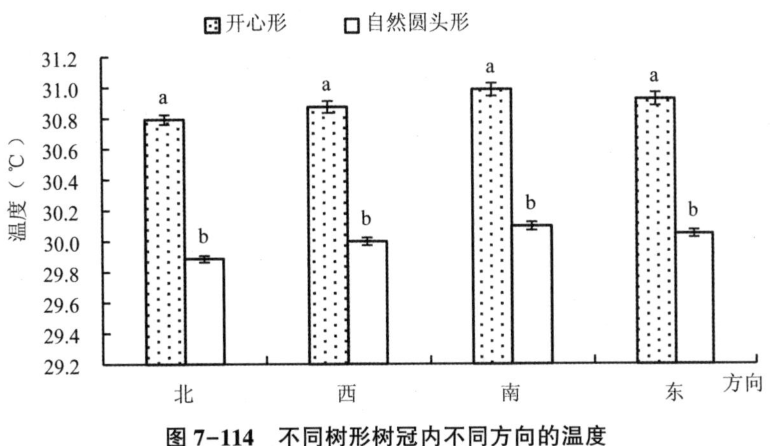

图 7-114　不同树形树冠内不同方向的温度

开心形和自然圆头形树冠内不同区域湿度的分布如图 7-115 至图 7-116 所示，开心形树冠内相同区域的湿度显著低于自然圆头形，开心形树冠内不同区域的平均湿度为 53. 12%，而自然圆头形树冠内的平均值湿度为 55. 89%，平均差值为 2. 77%，其中以西方

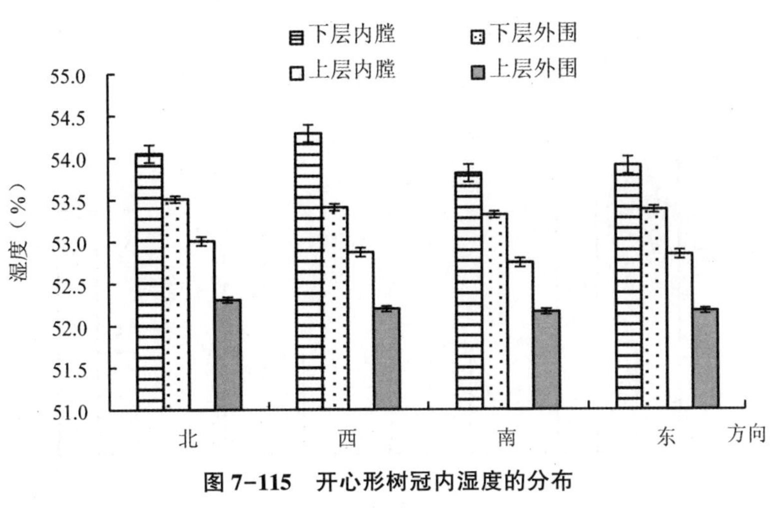

图 7-115　开心形树冠内湿度的分布

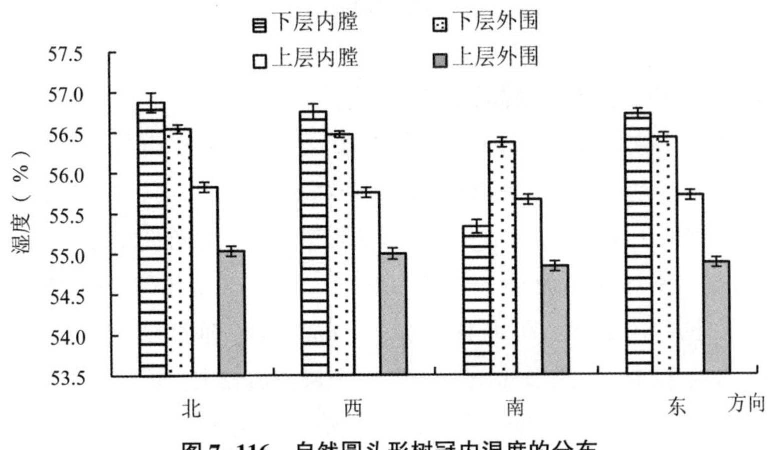

图 7-116　自然圆头形树冠内湿度的分布

向下层外围差值最大，可达 3. 07%；垂直方向上，开心形不同冠层湿度的平均值均显著低于对照（图 7-117），上层差值最大，可达 2. 80%；水平方向上，开心形树冠内膛和外围湿度的平均值均显著低于对照（图 7-118），外围差值最大，差值为 2. 89%；同一冠层上，开心形树冠内不同方向湿度的平均值均显著低于对照（图 7-119），东方向差值最大，可达 2. 86%。因此，开心形树形可使树冠内湿度降低。

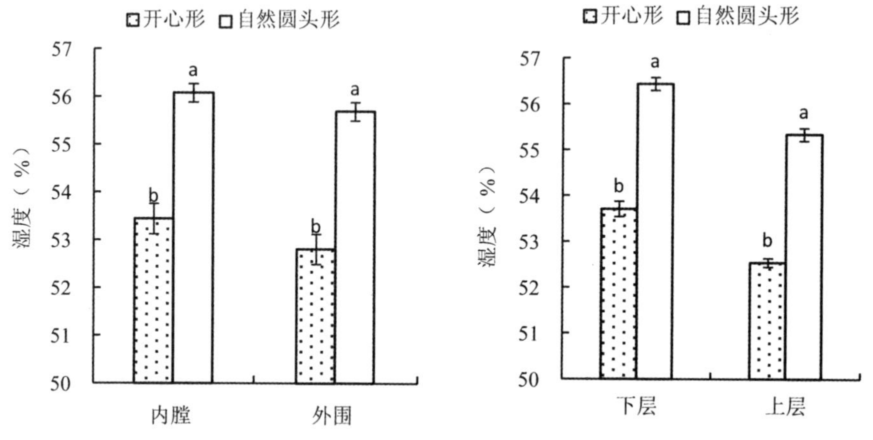

图 7-117　不同树形不同冠层的湿度　　图 7-118　不同树形树冠内膛和外围的湿度

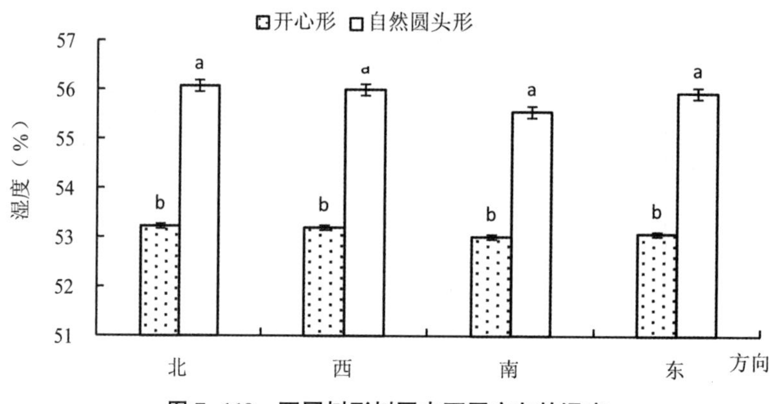

图 7-119　不同树形树冠内不同方向的湿度

（三）10 月树形对油茶叶幕微气候的影响

由图 7-120 和图 7-121 可知，开心形和自然圆头形树冠内光照的分布不同，下层内膛差异显著，开心形不同方向下层内膛平均光照高于 400μmol/(m^2 · s)，而自然圆头形不同方向下层内膛的平均光照低于 400μmol/(m^2 · s)，圆头形树冠内平均光照为 1291. 20μmol/(m^2 · s)，而自然圆头形树冠内平均光照为 930. 41μmol/(m^2 · s)，平均相差 360. 79μmol/(m^2 · s)，其中以东方向上层外围差值最大，可达 459. 01μmol/(m^2 · s)；垂直方向上，圆头形不同冠层光照的平均值均显著高于自然圆头形（图 7-122），上层差值较大，可达 414. 80μmol/(m^2 · s)；水平方向上，开心形树冠内膛和外围光照的平均值均显著高于自然圆头形（图 7-123），外围差值较大，可达 446. 97μmol/(m^2 · s)；同一冠层上，开心形树冠内不同方向光照的平均值均显著高于自然圆头形（图 7-124），西方向差值最大，可达 375.17μmol/(m²·s)。

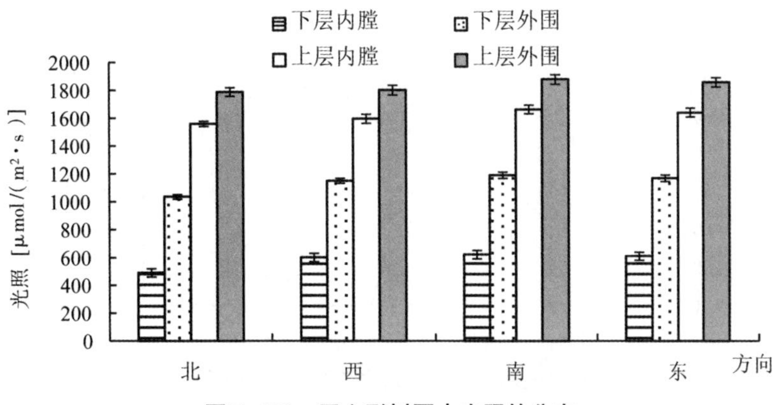

图 7-120　开心形树冠内光照的分布

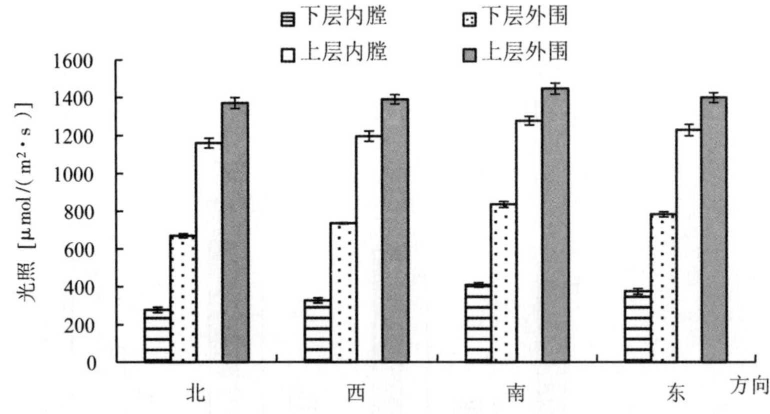

图 7-121　圆头形树冠内光照的分布

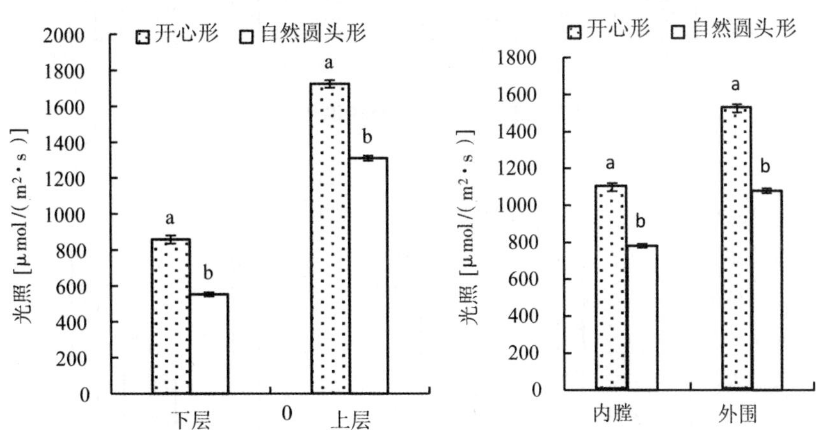

图 7-122　不同树形不同冠层的光照　　图 7-123　不同树形树冠内膛和外围的光照

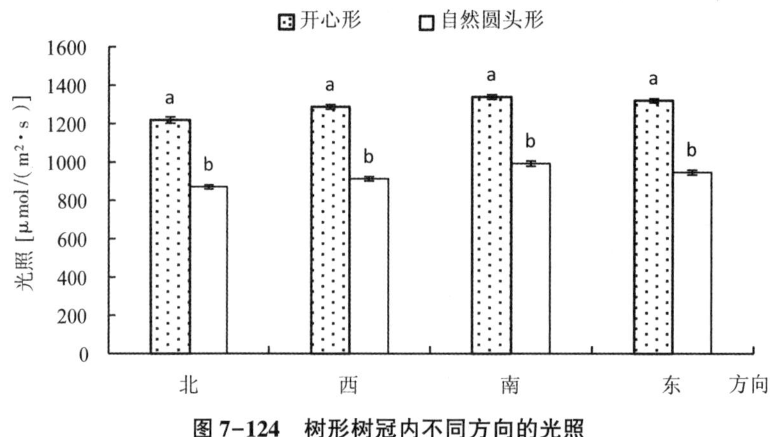

图 7-124　树形树冠内不同方向的光照

由图 7-125 和图 7-126 对比可知，开心形和自然圆头形树冠内相同区域温度差异显著，自然圆头形树冠内温度的平均值为 30.88℃，而自然圆头形温度的平均值为 29.77℃，平均相差 1.11℃，其中以北方向上层内膛差值最大，可达 1.24℃；垂直方向上，开心形树冠内不同冠层温度的平均值均显著高于自然圆头形（图 7-127），其中，以下层差值较

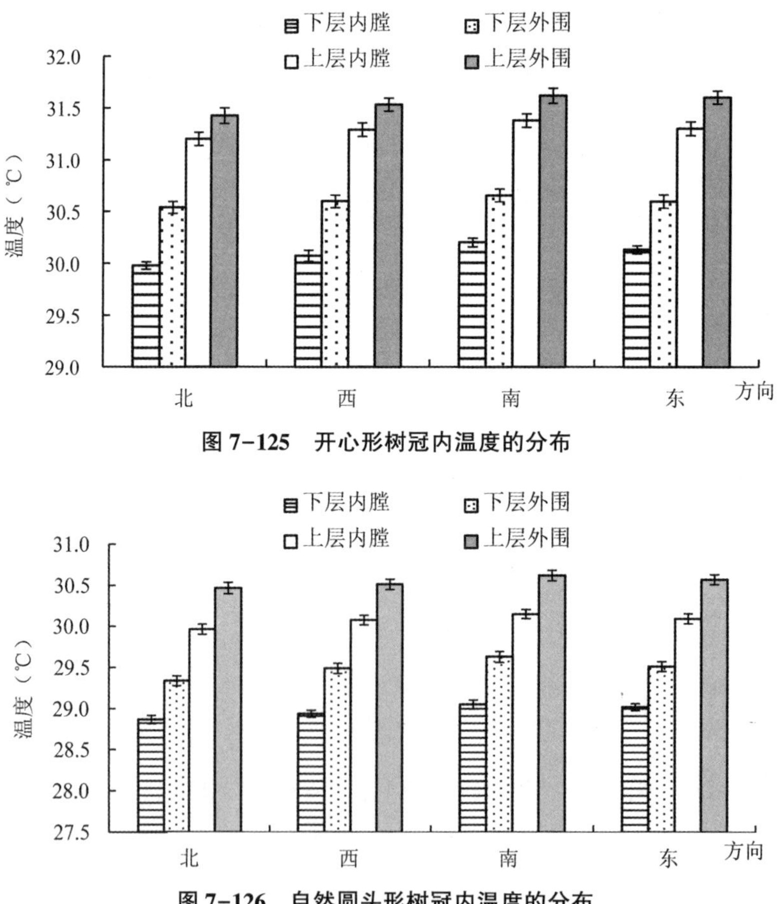

图 7-125　开心形树冠内温度的分布

图 7-126　自然圆头形树冠内温度的分布

大，差值为 1. 11℃；水平方向上，开心形树冠内膛和外围温度的平均值均显著高于自然圆头形（图 7-128），内膛差值较大，可达 1. 17℃；同一冠层上，开心形树冠内不同方向温度的平均值均显著高于自然圆头形（图 7-129），其中，以西方向差值最大，可达 1. 12℃。

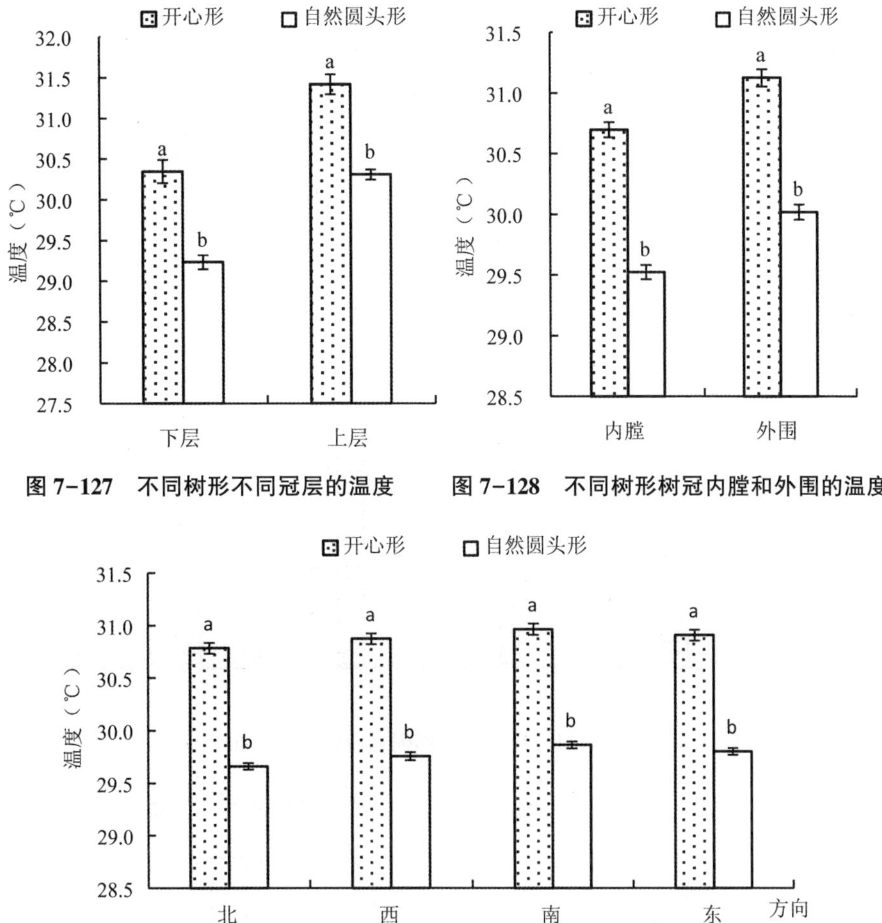

图 7-127　不同树形不同冠层的温度

图 7-128　不同树形树冠内膛和外围的温度

图 7-129　不同树形树冠内不同方向的温度

开心形和自然圆头形树冠内不同区域湿度的分布如图 7-130 至图 7-131 所示，开心形树冠内相同区域的湿度显著低于自然圆头形，开心形树冠内不同区域的平均湿度为 42. 91%，而自然圆头形树冠内的平均值湿度为 45. 33%，平均差值为 2. 42%，其中以西方向下层内膛差值最大，可达 2. 58%；垂直方向上，开心形不同冠层湿度的平均值均显著低于对照（图 7-132），下层差值较大，可达 2. 43%；水平方向上，开心形树冠内膛和外围湿度的平均值均显著低于对照（图 7-133），内膛差值最大，差值为 2. 49%；同一冠层上，开心形树冠内不同方向湿度的平均值均显著低于对照（图 7-134），东方向差值最大，可达 2. 46%。

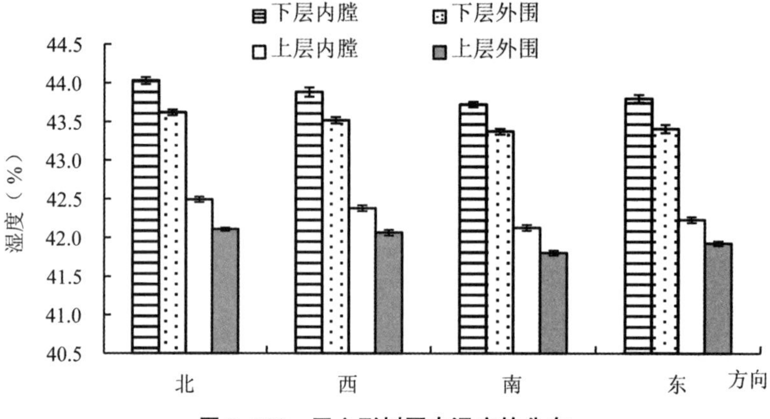

图 7-130 开心形树冠内湿度的分布

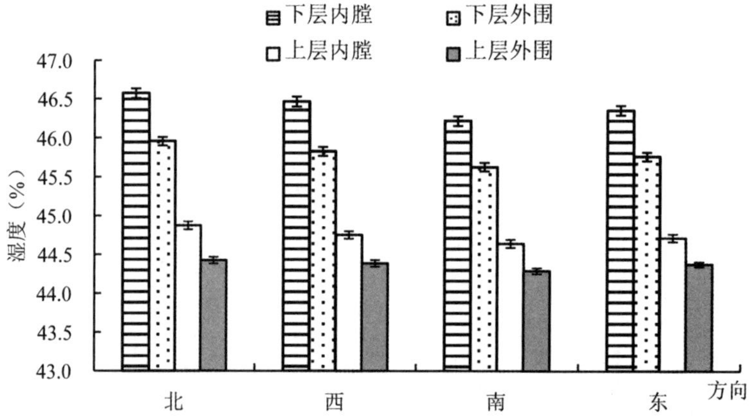

图 7-131 自然圆头形树冠内湿度的分布

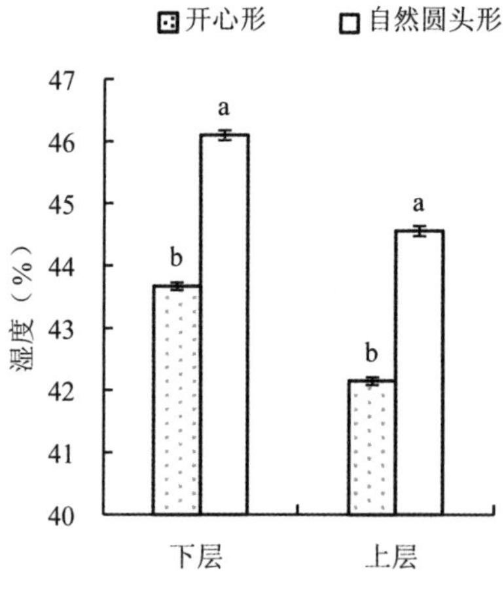

图 7-132 不同树形不同冠层的湿度

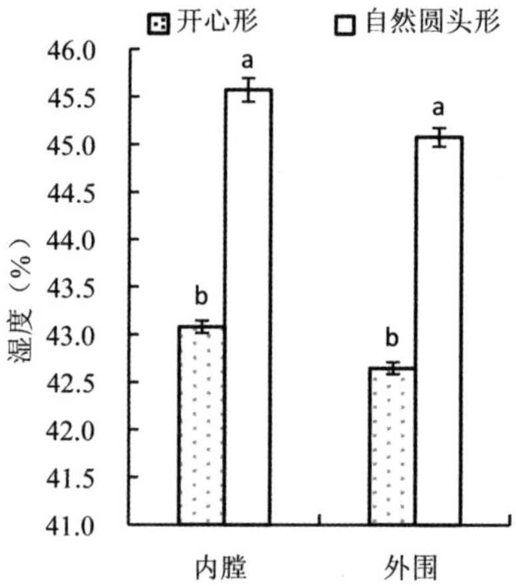

图 7-133 不同树形树冠内膛和外围的温度

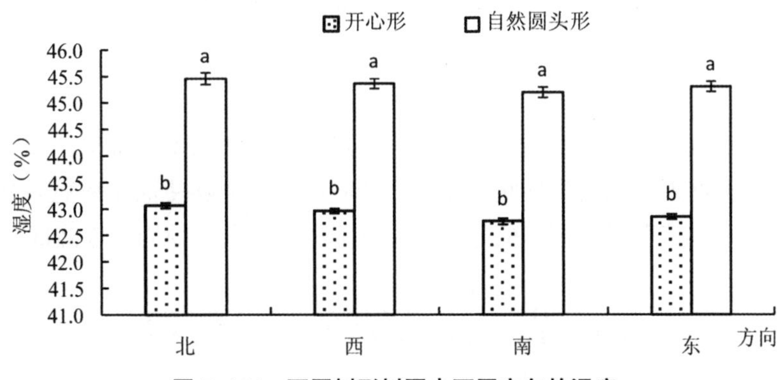

图 7-134　不同树形树冠内不同方向的湿度

二、树形调控对油茶果实产量与品质的影响

由表 7-53 可知，垂直方向上，开心形可以增加果实产量，但是与自然圆头形差异不显著，开心形树形对下层的影响要高于上层，开心形可以极显著地提高果实的干出籽率、干出仁率、出油率和鲜果含油率，从而可以显著地改善下层油茶的果实质量性状，而上层开心形树形可以显著提高鲜出籽率和出油率，而对鲜果含油率的提高不显著。而由表 7-54 可知，水平方向上，不同树形对产量的提高不显著，不同树形均可显著提高果实的鲜出籽率，而且可以极显著地提高内膛和外围的出油率和鲜果含油率，其中开心形内膛的鲜出籽率相比于自然圆头形可增加 41. 59%。因此，开心形对产量的提高不显著，但是可以显著地影响果实的出油率和鲜果含油率，从而显著地提高果实的质量性状（杨少燕，2016；Wen Y 等，2018）。

表 7-53　不同树形果实产量性状在垂直方向的差异

树冠高度（m）	树形	产量（g/m）	鲜出籽率（%）	干出籽率（%）	干出仁率（%）	种仁出油率（%）	鲜果含油率（%）
0. 5~1. 0	开心形	646. 125aA	50. 231aA	45. 538aA	48. 915aA	29. 909aA	6. 683aA
	自然圆头形	575. 083aA	47. 831aA	41. 203bB	42. 850bB	19. 140bB	3. 443bB
1. 0~1. 5	开心形	1126. 771aA	57. 757aA	47. 410aA	51. 700aA	31. 344aA	7. 700aA
	自然圆头形	1072. 188aA	53. 815bA	47. 501aA	50. 521aA	29. 420bB	7. 069aA

注：同列数据后小写字母不同表示差异显著（$P<0.05$），大写字母表示差异极显著（$P<0.01$），下同。

表 7-54　不同树形果实产量性状在水平方向的差异

树冠宽度（m）	树形	产量（g/m）	鲜出籽率（%）	干出籽率（%）	干出仁率（%）	种仁出油率（%）	鲜果含油率（%）
0~0. 5	开心形	771. 396aA	52. 428aA	45. 485aA	49. 143aA	30. 242aA	6. 788aA
	自然圆头形	703. 479aA	49. 085bA	41. 725bB	45. 148bB	23. 747bB	4. 794bB
0. 5~1. 0	开心形	1003. 762aA	55. 428aA	47. 531aA	51. 591aA	30. 979aA	7. 617aA
	自然圆头形	943. 792aA	52. 561bA	46. 980aA	48. 224bA	24. 813bB	5. 719bB

经过合理修剪的油茶植株，树形合理，枝条配置适宜，从属分明，通风、透光良好，

花蕾大，结果均匀，落果率降低，立体结果，进而提高产果量和出油率。合理的树形能够保证油茶生长过程中各个部位获得均匀的光照、温度和水分，从而实现更好的生长、发育和结果。

总体上，相比圆头形树形，油茶开心形树形对果实的出油率和鲜果含油率的影响更显著，能够显著地提高果实的质量性状。此外，开心形树形能够使油茶树冠内光照、温度分布更均匀，下层和内膛可得到更多的光照，而且能够使油茶树冠内湿度降低。

第四节 油茶结实调控管理

油茶根源调控、叶幕调控、树形调控的中心思想都是为了提高油茶的结实能力，因为根系、叶片、树形都是油茶结实能力的重要构成要素。本节则着重介绍油茶结实能力的调控管理，即油茶结果习性和结果枝组的调控管理。

一、油茶结果习性

油茶 1 年生长枝条分为 4 类，枝长小于 7.4cm 的枝条属于短枝，在 7.5~13cm 属于中枝，枝长在 13~20.3cm 范围内的属于长枝，而枝长超过 20.3cm 的枝条属于徒长枝，各类枝结实情况见图 7-135、图 7-136。

由图 7-135 可以看出，适宜结果的枝条长度应在 6~18cm 之间（即中长枝），油茶花芽一般发生在当年生的春梢上，夏梢花芽很少。细弱的春梢仅梢顶有少数花芽，粗壮的春梢，不仅顶端花芽密集，中下部的芽位通常也有 1~2 个花芽。油茶顶部所发育的花芽大而饱满，往下依次递减，主梢花芽比侧枝花芽饱满。细弱枝和徒长枝为消耗型库，因此修剪时应该剪除过密细弱枝。而由图 7-136 可以看出，适宜结果的枝条基部直径应在 2~4mm 之间，所以为了培养更多结果枝，修剪时应培养这些范围的枝条。

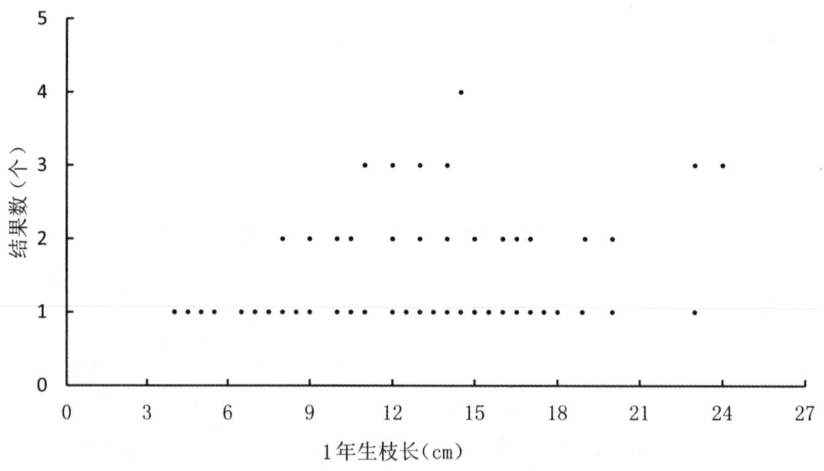

图 7-135 结果枝长和结果数

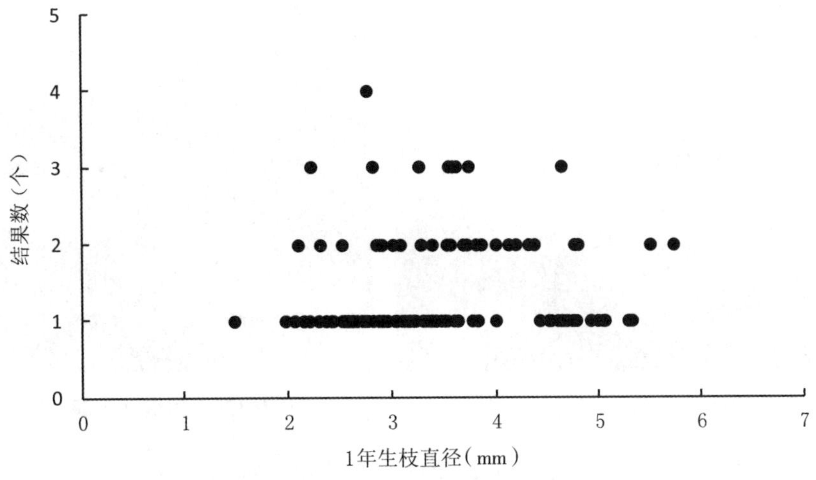

图 7-136　结果枝粗和结果数

油茶花芽分化的始期是春梢停止生长后的 5 月中旬至 6 月上旬，但油茶的花芽分化正好与果实发育期重叠，油茶的生活习性是树体养分首先满足果实生长发育的需要。因此，油茶花芽分化时，源库竞争激烈。油茶结果过多，营养消耗过大，花芽小且不饱满，春梢发育也受到影响。营养生长过旺时，新梢不能停止生长，亦影响花芽分化所需养分的积累。如果不进行合理更新修剪枝条容易衰老，常发生落果和大小年现象，而且结果部位逐年外移现象非常严重，继而造成油茶树内堂枝营养的浪费，使油茶的产量降低。

二、油茶修剪反应

修剪是源库调控最常用的方式，油茶枝条在采用甩放（图 7-137）、短截（图 7-138）、回缩（图 7-139）3 种不同方式修剪后，对 1 年生枝长度、粗度及数量的影响均不同。

图 7-137　甩放（王森，2010）

由图 7-140 和表 7-55 可知，经过甩放处理后，1 年生枝的长度范围为 2～25cm，主要集中于 7～12cm 的范围，其基部直径范围为 0.99～3.32mm，主要集中于 1.32～2.25mm 的范围，枝条数量平均为 4.54。由图 7-141 和表 7-55 可知，经过短截修剪后，1 年生枝的范围为 3.5～24cm，主要集中于 6～20cm 的范围，其基部的直径范围为 1.26～3.11mm 的范围，枝条数量平均为 2.3。由图 7-142 和表 7-55 可知，经过回缩修剪后，1 年生枝的范围为 4～65cm，主要集中于 5～44cm 的范围，其基部的直径范围为 1.11～4.60mm 的范围，枝条数量平均为 2.08。3 种修剪方式相比，其相关系数（R2）的大小顺序为：短截（0.8222）>回缩（0.815）>甩

图 7-138 短截（王森，2010）

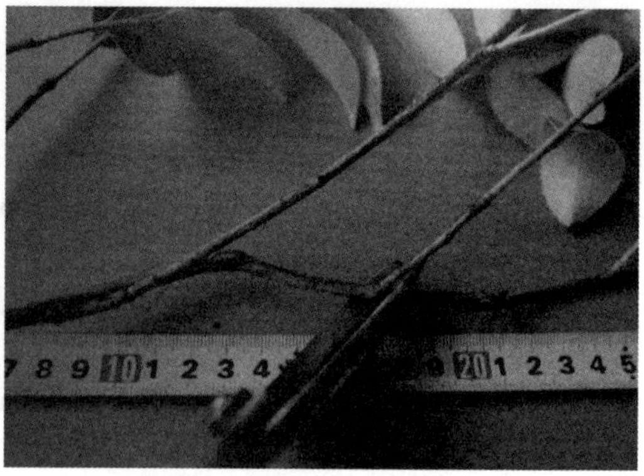

图 7-139 回缩（王森，2010）

放（0.691），说明短截修剪后，1 年生长的枝长与枝粗呈现最显著的正相关线性关系，而由结果习性调查的分析可知，短截处理后可产生更多的结果枝，且相比于甩放处理，短截处理后 1 年生枝的数量较少，因此较不易郁闭。

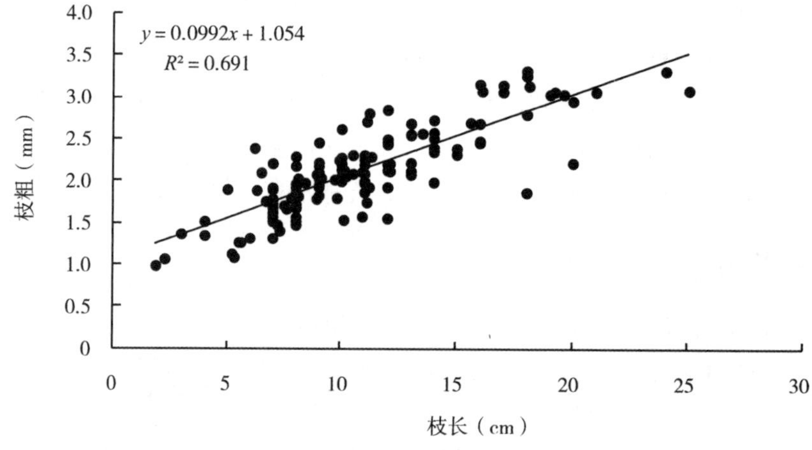

图 7-140 甩放处理

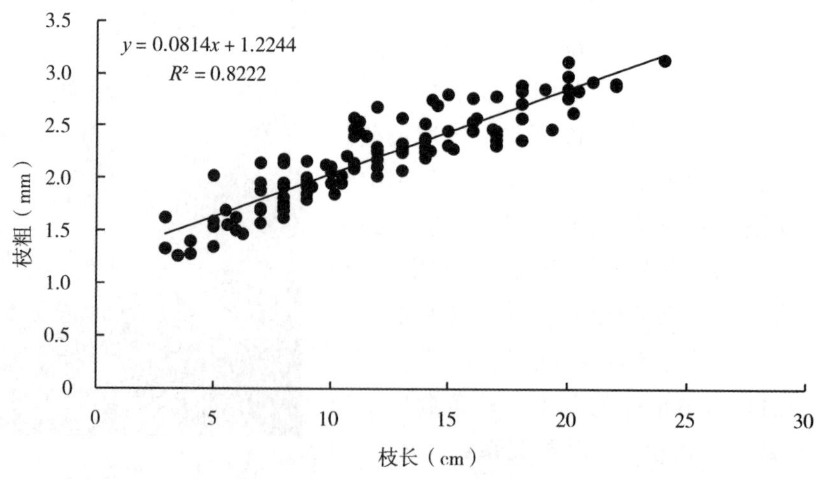

图 7-141 短截处理

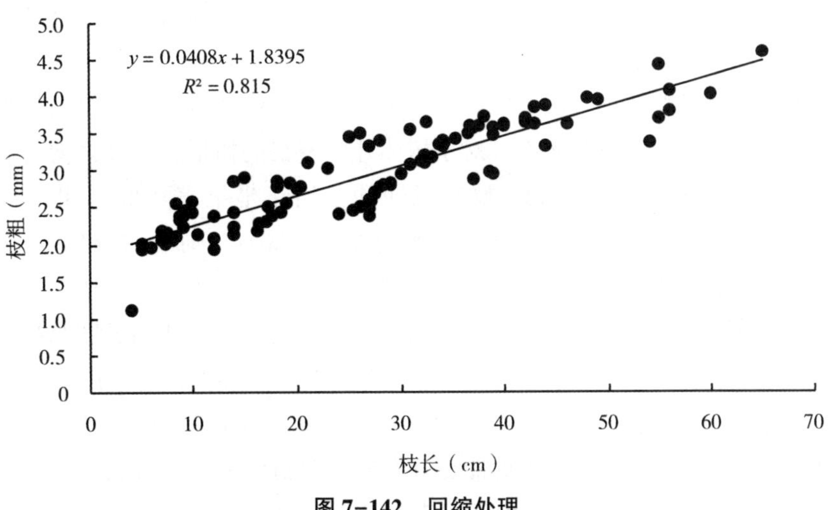

图 7-142 回缩处理

表 7-55 不同修剪方式对 1 年生枝条数量的影响

修剪方式	均值	1%水平显著性
甩放	4. 54	A
短截	2. 3	B
回缩	2. 08	B

对比 3 种修剪方式（甩放、短截和回缩）对 1 年生枝长、枝粗和枝条数量的影响后，发现短截修剪不仅可以产生较多的结果枝，同时还可以减少 1 年生枝的数量，可以较好的维持树形。由于油茶春梢中上部花芽质量较好，因此油茶结果枝组宜采用一长一短的双枝更新方式。

三、油茶整形与修剪

不同树形所引起的树冠结构、冠层光照、有效光合的分布不同，而这些对于果实的生长结果具有非常重要的意义，通过油茶不同树形光照分布及光合作用差异分析，发现开心形树形可以改善树体内膛通风透光条件，能够为树体立体多层次多部位结果奠定良好的基础。通过对油茶树体的整形修剪，使冠层内光照分布更均匀。研究表明开心形树形能够很好地保证树体均匀的接受光照，故油茶树体可整形为开心形，从而可提高油茶果实产量和品质。

实践经验证明，经过合理修剪的油茶植株，树形合理，枝条配置适宜，从属分明，通风、透光良好，花蕾大，结果均匀，落果率降低，立体结果，进而提高产果量和出油率。经过合理修剪的油茶对衰老枝进行了更新，对密生枝和过多的结果枝酌量疏剪，每年留有一定数量的生长枝和结果枝，能起到调节生长和结果作用，从而有效地避免大小年现象，实现产果量稳定。经过合理修剪，整个油茶树体通风透光良好，同时剪去病、虫枝，减少病、虫害侵害，显著增强油茶抗逆性。合理修剪的油茶树高低和大小适度，工作便利，功效高，同时树体康健，繁枝剪去，肥料吸收力增强，并集中供应有用的枝叶花果，能够节省肥料，进而降低生产成本，不同程度的修剪对油茶产量均有促进作用。油茶树体修剪对油茶成林果实主要经济性状具有重要的影响，中度和重度修剪可以适当提高鲜果出籽率并使油茶果实增大。结合增产情况来看，对于树体开张茂密的树形，中度修剪有利，而对直立茂密的树形则以重度修剪较有利。修剪虽使油茶当年坐果率降低（相比于对照降低4.5%），但保果率却大幅度提高（相比于对照增加28.1%），因此，最终的产量能得到提高（相比于对照增加0.28kg/株）。油茶幼林的修剪试验结果表明：修剪处理对春梢的抽生长度具有显著的影响，修剪明显影响了春梢的生长，但对全年新梢长度及粗度，以及次年的花芽数均没有产生明显影响，修剪和春梢的生长具有明显的促进作用。

修剪可改良树体结构，影响树冠的光截获能力（Willaume M et al，2004），提高了叶面积指数和叶幕层，增强了树势；修剪能更好发挥土壤施肥效果，有利于林地管理，减轻病虫危害，提高茶油产量，油茶成林修剪增产效果显著（汪为民，2005），而且冬季修剪后，春梢的长度、粗度、叶片数和有效芽数均显著高于对照，初春修剪除春梢的粗度外，其他各指标与对照的差异不显著，因此，冬季修剪对春梢生长的效果优于初春修剪（杨正华等，2012）。利用逐步回归分析法和通径分析法研究油茶无性系的成年林树体结构与产量的关系，结果表明：冠幅、树高、枝下高和骨干枝数4个油茶树体结构因子对产量有显著性影响，其中骨干枝数与油茶单株产量的关系最密切，说明在保证一定树高的生长条件下，增加冠幅，促进培养骨干枝数的数量，降低枝下高，是提高油茶产量的关键技术措施（潘华平等，2011）。

陈永忠等针对目前油茶生产没有可行适宜的修剪技术这一问题，提出了不同树形不同程度修剪的技术措施（陈永忠等，2011）。郝娟对油茶幼树进行整形修剪试验，不同树形生长特性和光合生理指标差异显著，开心形表现最好（郝娟，2011）。何志祥通过对油茶简化修剪后光合特性进行分析研究发现，修剪可在一定程度上提高油茶光合性能（何志祥等，2012）。申巍分别对幼龄油茶及老龄油茶进行施肥和修剪，研究这两种田间管理方式对油茶生长以及结实特性的影响，研究结果表明，秋梢中度修剪（1/2）对树高和冠幅的增加具有显著的促进作用，试验所选3种冠形中圆头形修剪效果明显好于其他两种冠形，修剪强度和修剪部位对油茶冠幅生长有明显促进作用，在一定的范围内，修剪强度增大有助于油茶光合速率的提高（申巍，2011），但是油茶的整形修剪要注意整形的时期、修剪剪口的方向和角度等细节问题，以避免错误的整形修剪给树体带来的有害影响（孙勇，2015）。

第五节　油茶花果平衡源库调控管理

一、油茶授粉技术

异花才能授粉，10月中旬开始开花，11月为盛花期，12月下旬开花基本结束，少数延至翌年2月开放。一天中开花时间一般在9：00~14：00时；而以11：00~13：00时最盛，因为这时气温较高，有利于花朵开放，传粉和授精。一朵花从蕾裂到花开，历时6~8d。油茶花期长，在正常情况下，花后10d开始落花，高峰在花后30d内。早、中花类开花时气温高，花期集中，坐果率高，落花也集中；晚花类相反，花期长，坐果率低，落花分散。3~10月为落果期，前期落果主要为受精不良、胚珠发育停滞；8~10月为后期落果高峰期，落果数可占总落果量的50%，对产量影响极大，主要是病害引起。

油茶授粉受精受天气和授粉媒介的双重影响，天气不良既影响花粉管萌发，又影响传粉昆虫活动。

在天气晴暖的情况下，无论人工辅助授粉或自然授粉坐果率都比较高，前者平均坐果率达67.55%~83.05%，后者为41.47%~57.60%。人工辅助授粉坐果率普遍高于自然授粉坐果率，而且在花期后期或授粉天气不良的情况下，帮助传粉的昆虫主要有地蜂、大分舌蜂、中华蜜蜂、小花蜂、黄条细腰蜂、果蝇、肉蝇、麻蝇和蛱蝶等。使用农药或除草剂及全垦整地对授粉蜂筑巢和活动影响很大。

油茶是虫媒花，影响油茶花期因子有遗传因子和气候因子，前者决定花期类型，如早、中、晚花类型，性状稳定；气候因子主要是9月平均气温油茶花期早迟，进而影响授粉条件和次年产量。油茶自花不孕，辅助授粉坐果率普遍高于自然授粉，随着花期推迟两者差距越大，说明开花授粉受花期气候和授粉媒介双重影响。单株间花粉活力和交配亲和力存在差异。

从花的习性可看出，要提高结果率，前提就是提高授粉率，要注意授粉树配置和授粉昆虫保护。

二、疏花疏果

油茶叶芽形成花芽的潜在能力与枝条本身的发育有直接的关系。油茶花芽一般发生在当年生的春梢上，夏梢花芽很少。细弱的春梢仅梢顶有少数花芽，粗壮的春梢，不仅顶端花芽密集，中下部的芽位通常也有1~2个花芽。油茶顶部所发育的花芽大而饱满，往下依次递减，主梢花芽比侧枝花芽饱满。油茶花芽分化开始于春梢停止生长后的5月中旬至6月上旬，但油茶的花芽分化正好与果实发育期重叠，油茶的生活习性是树体养分首先满足果实生长发育的需要。由于结果过多，导致养分不足，花芽生长发育受到影响而脱落，每年8月，花蕾脱落严重，占落蕾总量的10%左右。油茶开花结果具有“抱籽怀胎”、“秋花秋实”的特点，一年到头果实不断，对养分的需求较大。油茶结果过多，营养消耗过大，花芽小且不饱满，春梢发育也受到影响，油茶第1年的春梢为第2年结实枝条，经营管理粗放，营养不足，势必导致春梢生长发育不良，第2年结果少，产量低。3~4月，是油茶抽发春梢的旺盛季节，如结实过多，消耗的养分也多，由于树体的养分优先供应幼果生长需要，这样春梢生长受到限制，不仅数量少，抽出的春梢又短又弱，特别是林龄老，水肥条件差的油茶林，更加明显。到6~7月花芽分化时期，如果果实结得过多，又会影响花芽分化，造成花芽不多，有时虽分化一些花芽，但到茶果长油阶段，因为养分优先满足果实生长发育，花芽生长发育受到影响而早落，严重的还会影响植株生长，叶片枯黄，造成大量落叶，同样又影响第2年春梢的抽生和第3年的结实。因此，逐渐形成头年大年，第 2 年小年，第 3 年平年的 3 年 1 周期，或 2 年 1 周期的大小年现象。

因此，必须通过疏花疏果，调整源库关系，使树体内营养在分配上比较合理，这是保证树体花芽分化和消除“大小年”的基础和关键（表 7–56）。

表 7–56 油茶结果量对春梢生长的影响

项目	枝数（个）	果数（个）			合计发梢数（个）	每枝发梢数（个）	枝均长（cm）
		原有	疏	留			
疏果	20	63	33	30	36	1.8	6.7
不疏果	34	105	0	105	38	1.1	6.0

三、油茶保花保果技术

在油茶树中，开花的数目远远大于成熟果实的数目。这是由于从花芽分化到果实成熟的过程中每一时期，即花蕾期、开花期、幼果期和成熟期，都可能受到内、外部各项因素的影响，以致产生落蕾、落花和落果等现象。近几年来，研究观察数据表明，油茶落蕾一般为 5%~10%，落花 28%~45%，落果达 22%~40%，严重的地区高达 80%以上，甚至有的全株失收。落蕾、落花、落果的原因是十分复杂的，它不仅与品种、授粉、树龄、气候、土壤及栽培技术、抚育管理有着密切关系，而且也与病虫危害有关系。油茶有两次严重的落果期，一次是 3 月下旬至 5 月上旬的生理落果，另一次就是 6~7 月的病虫害引起落果。

炭疽病是我国油茶上的一种重要病害，严重影响果实产量。油茶炭疽病在长江流域以南各省的大面积油茶种植区，特别是在我国油茶中心分布区的湖南、江西和广西等省区发生普遍，引起严重落蕾、落花、落果、枝梢枯死，甚至整株衰亡，造成重大经济损失。各省（区）每年因该病造成油茶籽减产 10%~30%，重病区 40%~50%。晚期病果虽可采收，但种子含油量仅为健康种子的一半，甚至更低。及时补充油茶树体所需营养，施用赤霉素、云苔素内酯等改善营养分配，有效的预防油茶炭疽病的发生和蔓延，可以大大减少落花落果率，提高油茶的抗逆能力，大幅度提高单株产量，增加茶籽含油量，改善品质。

油茶树保花保果具体可采取以下措施：

（1）春保梢。可通过短剪修剪，施肥等措施培养旺盛树势，促发健壮春梢。

（2）夏保果。落果的原因在于养分供应不足，如在落花落果前合理使用植物生长调节剂，能有效减少落果。在春夏之间喷射 2%的过磷酸钙，或 10ppm 的赤霉素，或 20~50ppm 的萘乙酸，能减少 3%~14%的生理落果。

（3）秋保叶。叶片通过光合作用制造碳水化合物，供应树体所需养分。要防止油茶叶片的不正常脱落，须采取综合技术措施，使树体养分充足，水分平衡，叶色浓绿，生机旺盛。

（4）冬保花。在花期喷施微量元素硼、锌和植物激素“920”，对提高坐果率有较大帮助；也可采用速效的磷酸二氢钾 800~1000 倍液叶面喷施，效果比较好，也是油茶树最常用的保花保果方法。

参考文献

曹永庆，王开良，林萍，等. 2011.‘长林4号’油茶树冠不同部位的果实性状差异［J］. 亚热带植物科学，40（4）：46-49.

曹永庆，姚小华，王开良，等. 2014. 不同树形油茶无性系发枝及光合特性研究［J］. 林业科学研究，27（3）：367-373.

曹志华，程义明，沈万芳，等. 2013. 气候、林分和管理因素对油茶炭疽病发生的影响［J］. 湖北农业科学，52（24）：6040-6043.

陈隆升，陈永忠，彭邵锋. 2010. 油茶光合特性研究进展与高光效育种前景［J］. 湖南林业科技，37（3）：33-39.

陈永忠，杨小胡，王湘南，等. 2007. 油茶树体培养修剪试验［J］. 经济林研究，25（2），37-41.

陈永忠，陈隆升，孙建一，等. 2011. 油茶修剪技术［J］. 湖南林业科技，38（6）：91-94.

陈永忠. 2008. 油茶优良种质资源［M］. 北京：中国林业出版社.

代劲松，曹林，王婧琦，等. 2014. 中国亚热带地区油茶温度适宜性及其变化趋势［J］. 中南林业科技大学学报，34（2）：20-25.

段伟华，袁德义，高超，等. 2013. 普通油茶不同树体结构与光能利用的关系［J］. 林业科学研究，26（1）：117-122.

高立旦，何志华，柏明娥，等. 2011. 油茶成龄低产林种群的产量结构与改造对策研究［J］. 浙江林业科技，31（6），35-38.

郝娟. 2011. 整形对油茶幼树的生长特性和光合生理的影响［D］. 南昌：江西农业大学.

何方，何柏. 2003. 油茶栽培分布与立地分类的研究［J］. 林业科学，38（5）：64-72.

何志祥，孙颖，雷小林，等. 2012. 油茶简化修剪光合特性研究［J］. 中国农学通报，28（16）：111-116.

何应会. 2010. 油茶优良无性系果实油脂转化期光合特性的研究［D］. 长沙：中南林业科技大学.

胡冬南，游美红，袁生贵，等. 2005. 不同配方施肥对幼龄油茶的影响［J］. 西北林学院学报，20（1）：94~97.

胡玉玲，姚小华，任东华，等. 2015. 主要环境因素对油茶成华的影响［J］. 热带亚热带植物学报，23（2）：211-217.

胡玉玲，胡东南，袁生贵，等. 2010.“园丰素”对油茶生物量及光合作用的初步研究［J］. 江西农业大学学报，32（4）：767-772.

黄开顺，陈国臣，李开祥，等. 2010. 油茶优树果实产量性状和品质性状的差异性及相关性研究［J］. 39（4）：广西林业科学，177-183，188.

孔文娟，刘学录，姚小华，等. 2013. 4个油茶物种的光合特性研究［J］. 西南大学学报（自然科学版），35（1）：16-22.

蒋元华，廖玉芳. 2015. 油茶气象影响指标研究综述［J］. 中国农学通报，31（28）：177-183.

雷治国，黄永芳，何会蓉. 2003. 油茶及其种质资源研究进展［J］. 经济林研究，21（4）：123-125.

李大明，刘厚培. 1990. 外界生态因子对油茶品质影响的研究［J］. 林业科学，28（5），387-395.

李建安，何志祥，孙颖，等. 2010. 油茶林分光合特性的研究［J］. 中南林业科技大学学报，30（10）：56-61.

刘安运. 2015. 油茶低产林成因及改造措施［J］. 安徽农学通报，21（20），84-86.

刘喻娟，张应中，丁晓纲，等. 2011. 广东省油茶低产林原因分析及改造技术措施浅探［J］. 广东林业科技，27（6），67-73.
陆家城. 2014. 油茶地产林成因及改造对策［J］. 南方农业，8（6），77-79.
马力，陈永忠. 2009. 茶油的功能特性分析［J］. 中国农学通报，25（08）：82-84.
马力，钟海雁，陈永忠，等. 2014. 油茶果采后处理对油茶籽内在品质的影响研究［J］. 中国粮油学报，29（12）：73-76.
马锦林，张日清，叶航，等. 2012. 6个油茶物种的光合特性［J］. 30（4）：73-76，90.
潘华平，刘君昂，周国英. 2011. 油茶树体结构与产量关系的研究［J］. 江西农业大学学报，33（1），57-62.
乔迺妮，吴超广，樊红科，等. 2013. 常德丘陵地区湘林22号油茶生长及果实经济性状与气象因子的关系［J］. 西北林学院学报，28（5）：120-123.
申巍. 2011. 修剪施肥对油茶生长结实特性影响研究［D］. 重庆：西南大学.
孙勇，幸伟年，黄建建. 2015. 油茶树体整形修剪错误方法及对树体的影响［J］. 南方林业科学，43（2）：20-23.
王军荣，徐辉. 2013. 整形修剪技术在油茶丰产栽培中的应用［J］. 福建热作科技，38（3）：57-58.
王瑞，陈永忠，杨小胡，等. 2007. 油茶光合作用及其影响因素研究进展［J］. 经济林研究，25（2）：77-83.
王瑞，陈永忠，陈隆升，等. 2013. 油茶叶片SPAD值与叶绿素含量的相关性分析［J］. 中南林业科技大学学报，33（2）：77-80.
汪为民. 2005. 油茶成林修剪生理效应初探［J］. 科研科普，（6）：30.
肖青，李纪元，李锦明，等. 2008. 不同强度修剪对幼龄期油茶无性系生长及结实的影响［J］. 江西林业科技，（2），7-9.
杨正华，陈永忠，彭邵峰，等. 2012. 修剪对油茶春梢生长的影响［J］. 湖南林业科技，39（39），33-36.
袁军，石斌，吴泽龙，等. 2015. 不同库源关系对油茶光合作用及果实品质的影响［J］. 植物生理学，51（8）：1287-1292.
钟飞霞，王瑞辉，廖文婷，等. 2015. 高温少雨期环境因子对油茶果径正长的影响［J］. 经济林研究，33（1）：50-55.
王森、钟秋平. 2010. 油茶整形修剪［M］. 北京：中国林业出版社.
杨少燕. 2016. 基于叶幕微气侯分析的油茶整形修剪技术研究［D］. 北京：北京林业大学.
Fan X，Mattheis J P. 1999. Impact of 1-methylcyclopropene and methy jasmonate on apple volatile production［J］. Journal of Agricultural and Food Chemistry，47：2847-2853.
Floer J A. 1989. Environmental and physiological regulation of Photosynthesis in fruit crops［J］. Horticultural Rev，11：112-139.
Grove M D，Spencer G F，Rohwedder W K，et al. 1979. A unique plant growth promoting steroid from Brassica napus pollen［J］. Nature，281：216-217.
Jackson J E. 1980. Light interception and utilization by orchard systems. Horticultural Review［J］，2：207-267.
Patricia S，Wagenmakers O，Callesen. 1995. Light distribution in apple orchard systems in relation to production and fruit quality［J］. Journal of Hortichural Science，70（6）：935-948.
Yue Wen，Shu chai Su，Lv yi Ma，et al. Effects of canopy microclimate on fruit yield and quality of Camellia oleifera［J］. Scientia Horticultuae 2018，（235），132-141.
Yue Wen，Yun qi Zhang，Shu chai Su，et al. Effects of Tree Shape on the Microclimate and Fruit，Quality Parameters of Camelliaoleifera Abel［J］. Forests 2019，10，563；doi：10.3390/f10070563.

第八章 生态因子与油茶源库调控

我国南方最典型的土壤类型是红壤，总面积约 218 万 km^2，占全国耕地面积的 28%。由于亚洲季风的影响，该区域拥有丰富的水热资源，生产潜力很大，粮食产量约占全国总产量的 50%，同时，又是我国经济林果产业的最重要生产基地（赵其国，2002；张桃林，1999）；其主要地貌特征是丘陵岗地区的缓坡地带，区域水热资源丰沛，为我国自然生产潜力最高的地区，但由于时空分布不均，易产生气候性干旱危害，常造成经济林果业产量的降低与品质的下降（黄晚华等，2010；陈正法等，2002）。

湖南、江西等油茶主产区长江流域降水多集中在雨季（3～6 月），一般占全年的 60%～70%，而 7～9 月降水量少，一般只占全年总降水量的 20%左右；而广西、云南等油茶产区受冬、夏季风的交替影响，4～9 月为雨季，其降水量占全年降水量的 70%～85%，10 月至翌年 3 月为干季，降水量仅占年降水量的 15%～30%。此外，南方红壤地区油茶林地，土壤贫瘠，有机质含量低，酸度大，活性铁、铝含量高，加上近年来农药和化肥的大量使用，造成土壤中氮、磷、钾平衡失调。因此，水分与养分成为该区油茶生长的重要限制因子。

在本章中，侧重阐述主要气候因子（如水分、光照等）、养分因子等生态因素对油茶生长与产量的影响及其相应的源库调控技术。

第一节 气候因子与油茶源库调控

一、主要气候因子对油茶产量的影响

（一）不同物候期气象因子与产量的相关性

研究表明，油茶不同生长时期对各种主要气候因子的响应具有显著差异。从湖南省油茶各物候期气象因子与产量的相关系数（表 8-1）可知，气象因子主要对油茶的花芽成熟期、开花期、果实第一次膨大期和果实膨大高峰期影响较大；其中花芽成熟期的平均气温和日照时数与油茶产量呈显著负相关，而降水量和降水日数与油茶产量呈显著正相关；开

花期的平均气温和日照时数与产量呈显著正相关，而降水日数与油茶产量呈显著负相关；果实第一次膨大期的平均气温和日照时数与油茶产量呈显著负相关，而降水日数与油茶产量呈显著正相关；果实膨大高峰期的降水日数与油茶产量呈显著正相关（彭嘉栋等，2016）。

表 8-1 湖南省油茶各物候期气象因子与标准化产量的相关系数

各物候期气象因子	相关系数	各物候期气象因子	相关系数
花芽分化前期平均气温	-0.0258	花芽分化前期降水量	-0.1989
花芽分化前期降水日数	-0.0692	花芽分化前期日照时数	0.1350
花芽现形期平均气温	-0.0554	花芽现形期降水量	0.0993
花芽现形期降水日数	-0.1075	花芽现形期日照时数	0.0890
花芽成熟期平均气温	-0.3552*	花芽成熟期降水量	0.3515
花芽成熟期降水日数	0.3046*	花芽成熟期日照时数	-0.5192**
开花期平均气温	0.5236**	开花期降水量	-0.2286
开花期降水日数	-0.5127**	开花期日照时数	0.3820**
果实第一次膨大期平均气温	-0.2960*	果实第一次膨大期降水量	-0.2545
果实第一次膨大期降水日数	0.4712**	果实第一次膨大期日照时数	-0.3548*
果实膨高大峰期平均气温	-0.0751	果实膨大高峰期降水量	0.0090
果实膨大高峰期降水日数	0.3623*	果实膨大高峰期日照时数	-0.1784
油脂转化和积累高峰期平均气温	-0.1775	油脂转化和积累高峰期降水量	-0.2217
油脂转化和积累高峰期降水日数	-0.2901	油脂转化和积累高峰期日照时数	0.1674

注：**、*分别表示相关系数通过了 0.01 和 0.05 显著性水平检验。

（二）不同物候期影响油茶产量的主要气象因子

为了进一步研究探索对油茶产量影响最主要的气候因子，经过对湖南省油茶各物候期气象因子与油茶产量进行主成分分析后，共提取了 7 个主成分，累积方差贡献率为 80.5%。表 8-2 为湖南省油茶各物候期气象因子与油茶产量的主成分分析结果，由表可知，气象因子载荷绝对值≥0.5 主要分布在第一主成分和第二主成分。

第一主成分表明气象因子对油茶产量的影响主要发生在油茶花芽分化前期、开花期、果实第一次膨大期和果实膨大高峰期，其中油茶花芽分化前期的降水量和降水日数载荷值为正值，说明降水量和降水日数与油茶产量变化趋势相反（第一主成分油茶产量载荷值为负值）；日照时数载荷值为负值，说明日照时数与油茶产量变化趋势一致；油茶开花期的降水量和降水日数载荷值为正值，与油茶产量变化趋势相反，日照时数载荷值为负值，与油茶产量变化趋势一致；油茶果实第一次膨大期的降水日数载荷值为负值，与油茶产量变化趋势一致，平均气温的载荷值为正值，与油茶产量变化趋势相反；油茶果实膨大高峰期的降水量和降水日数载荷值为负值，与油茶产量变化趋势一致，平均气温和日照时数载荷值为正值，与油茶产量变化趋势相反。

第二主成分表明气象因子的影响主要发生在油茶花芽现形期、花芽成熟期及油脂转化和积累高峰期，其中油茶花芽现形期的降水量载荷值为负值，说明降水量与油茶产量变化趋势一致（第二主成分油茶产量载荷值为负值），平均气温和日照时数载荷值为正值，表明平均气温和日照时数与油茶产量变化趋势相反；油茶花芽成熟期的降水量和降水日数载荷值为负值，与油茶产量变化趋势一致，平均气温和日照时数载荷值为正值，与油茶产量变化趋势相反；油茶油脂转化和积累高峰期的平均气温及日照时数载荷值为正值，与油茶产量变化趋势相反（彭嘉栋等，2016）。

表 8-2 湖南省油茶各物候期气象因子与油茶产量的前 7 个主成分及因子载荷

因子	模态						
	1	2	3	4	5	6	7
花芽分化前期平均气温	0.1599	0.0104	0.8092*	−0.3413	0.1143	0.0376	0.2563
花芽分化前期降水量	0.6502*	−0.1190	−0.3558	0.2694	−0.1084	0.3459	0.3098
花芽分化前期降水日数	0.5107*	−0.3170	−0.2960	0.3165	−0.4011	0.1765	0.0419
花芽分化前期日照时数	−0.6138*	0.2979	0.2733	−0.3737	0.4235	−0.0435	−0.0919
花芽现形期平均气温	0.0477	0.6614*	0.5718*	−0.0197	−0.3457	0.1784	0.0914
花芽现形期降水量	−0.0687	−0.5223*	−0.2471	0.2962	0.2555	−0.3451	0.3404
花芽现形期降水日数	0.6329*	−0.4603	−0.0096	0.2446	0.2350	−0.1102	0.0710
花芽现形期日照时数	−0.4992	0.5998*	−0.0022	−0.1308	−0.0107	0.3268	0.1576
花芽成熟期平均气温	0.0152	0.6917*	−0.2224	0.1510	−0.4746	−0.3043	0.0895
花芽成熟期降水量	−0.0678	−0.6310*	0.1947	0.0412	0.1579	0.3895	−0.0293
花芽成熟期降水日数	−0.1556	−0.7860*	0.1334	0.1625	0.0633	0.1511	0.1830
花芽成熟期日照时数	0.3112	0.8156*	−0.3893	0.0030	0.0418	0.0510	−0.0862
开花期平均气温	−0.2293	−0.4877	0.6463*	0.1961	−0.3194	0.0445	−0.0923
开花期降水量	0.6070*	−0.0544	0.0461	0.4529	0.0691	−0.0068	0.0891
开花期降水日数	0.7851*	0.0182	−0.2106	−0.2993	0.1022	−0.0395	0.1334
开花期日照时数	−0.7564*	0.1371	−0.0431	0.3604	0.1666	−0.0009	−0.2610
果实第一次膨大期平均气温	0.7903*	0.2026	0.3516	−0.1081	−0.1868	0.1784	−0.1090
果实第一次膨大期降水量	−0.0664	0.6276*	0.3164	−0.2776	0.2606	0.0006	0.3390
果实第一次膨大期降水日数	−0.7435*	−0.1982	0.3626	−0.1032	−0.2532	−0.0625	0.2352
果实第一次膨大期日照时数	0.4255	0.6096*	−0.3394	−0.0877	0.1559	0.4276	−0.1386
果实膨高大峰期平均气温	0.5020*	0.0285	0.7506*	0.1617	0.0170	−0.1018	0.1258
果实膨大高峰期降水量	−0.5088*	0.3458	−0.3614	0.1658	0.0118	0.0489	0.4388
果实膨大高峰期降水日数	−0.7125*	−0.1275	−0.3126	−0.1181	−0.1364	0.3370	0.3459
果实膨大高峰期日照时数	0.6253*	0.1671	0.3693	0.2855	0.4857	0.1681	0.0717
油脂转化和积累高峰期平均气温	0.2294	0.6856*	0.5150*	0.3291	−0.1630	−0.1003	0.0111
油脂转化和积累高峰期降水量	0.2199	−0.3050	−0.0744	−0.6677*	0.0578	0.0905	−0.0605
油脂转化和积累高峰期降水日数	0.3241	−0.2781	−0.2294	−0.6643*	−0.1479	0.0008	0.0155
油脂转化和积累高峰期日照时数	−0.3585	0.5750*	−0.0934	0.5615*	0.2929	0.0696	−0.0325
油茶产量	−0.5035*	−0.3421	0.2481	0.3018	−0.0676	0.3860	−0.2093

注：* 表示载荷绝对值≥0.5。

（三）气候条件对油茶含油率的影响

在普通油茶适宜的分布区域内，温度低有利于油脂合成，油脂形成的后期昼夜温差大，种子出油率高，水分直接参与碳水同化作用，水分供应充足，同化作用活跃，有利于脂肪酶的活动，促进油脂形成，如广西三江、龙胜一带温度较低，降水量较多，相对湿度较大，油茶种仁含油率达 54.89%～56.09%，而荔浦和三门江，温度居中，降水量较少，相对湿度较小，油茶种仁含油率仅 49.95%。

二、光因子对油茶生长和果实品质的影响

光因子是一个十分复杂而重要的生态因子，包括光强、光质和光照长度。光因子的变化对生物有着深刻的影响，光强对植物细胞的增长和分化、体积的增长和重量的增加均有重要作用，同时对果实的成熟和品质的影响也有良好作用。光可以促进组织和器官的分化，制约器官的生长发育速度，使植物各器官和组织保持发育上的正常比例。

在源库关系的研究中，光合作用是研究热点之一，近年来，油茶的光合特性方面也受到广大油茶科技工作者的重视。通过对油茶叶片的光合特性进行研究，发现油茶 2 年生叶片是光合作用的主要功能叶（佘祥威等，1980；梁根桃等，1988），而且用秋水仙素、硫代硫酸银、三十烷醇、硫酸铵、完全营养液分别处理油茶小苗，不仅能改变叶片的叶绿素含量，降低了油茶苗最大净光合速率和光饱和点，还可以起到延缓衰老、提高叶绿素含量，加强光合的作用（李铁柱等，2008；梁根桃等，1987），而用亚硫酸氢钠可以明显抑制叶片的光呼吸，提高光合速率，增加经济产量（胡哲森，2001）。

在油茶林的日常管护中，密植和疏植之间的净光合速率差异显著，疏植光合效率高于密植（何一明等，2008），通过施肥处理能提高油茶的水分利用率和气孔导度，促进净光合速率（赵中华等，2007）。在此基础上，通过对光因子的调控，相关课题组也筛选出耐高温、耐强光、耐弱光的品种，比如在对长林 3 个优良无性系的光合特性研究中发现，‘长林 4 号’更适合在高温干旱和强光照射环境下进行光合作用（黄义松等，2007），叶航等（2012）筛选出耐弱光的品种‘岑软 3 号’等。

三、水分因子对油茶生长和产量的影响

树体体内 50%左右为水分，水分在树木生理发育占有重要的地位。只有在水的参与下，树木的生理活动才能正常进行，经济林木在其萌芽、新梢生长、花芽分化、开花、果实发育、秋季根系生长及相对休眠期等年周期发育过程，水分起着至关重要的作用（彭方仁等，2006）。在油茶抽梢、展叶、开花、坐果、果实膨大和花芽分化的整个生长发育过程中，水分有着不可替代的重要作用。水分过多或过少均会对油茶产生严重的危害（图 8-1～8-3）。因此，寻求科学的抗旱减灾技术、提高水分利用效率，有效保障与显著提升产量在经济林产业发展与生产实际中都将具有十分重要的意义。

图 8-1 受水分胁迫的油茶幼苗和受害症状（周招娣，2015）

图 8-2 干旱导致油茶果实发育不良

（一）水分对油茶苗生长的影响

水分是植物生长的重要条件，植物缺水会直接影响生长，植物的株高、叶片数、地径、叶面积等形态指标值均随着土壤或栽培基质的含水率增加而增加，且呈正相关（高方胜等，2005；刘海涛等，2006）。

对于油茶主产区，其生长特别是苗期的造林成活率仍然存在季节的选择问题。大量的油茶水分生理研究表明，油茶容器苗失水程度在0%~30%之间时，叶片含水量数值不降反升，从60.3%上升到73.3%；当失水程度达到31%~70%之间时，叶片含水量开始逐步下降，从73.3%降至30.3%，叶片过氧化氢酶和过氧化物酶活性随着失水程度的增加先降后升、最后失活，且在失水40%时，其活性达到最高峰，随后逐步下降，而苗木过氧化氢酶和过氧化物酶活性等生理指标在失水20%时处于一个最佳状态（胡娟娟，2012）。叶片在失水程度0%~30%、根和茎在失水程度0%~25%的条件下电阻值呈下降趋势，而叶片失水程度在30%以上、根和茎的失水程度在25%以上时电阻值呈上升趋势，苗木的失水程度控制在30%以内，可以保证油茶容器苗的成活率（曹志华等，2011）。另一方面，通过施加保水剂，对油茶生长、造林成活率和病害的发生均可产生明显的影响，在罗惠文等（2012）的研究中，施入保水剂后，圃地育苗的平均苗高比对照提高2~4cm、平均地径提高0.3~0.4cm、造林成活率比对照提高6%~7%，感染病害的指数较对照下降3.4%~5.4%，李荣喜等（2012）研究6种保水剂对油茶造林的保存率可提高20%~40%，总叶绿素含量可提高32.8%~71.8%，显著提高油茶生长量。众所周知，油茶林地的水分管理水平对油茶生长的影响至关重要，目前的主要措施就是灌水和保水，而覆盖稻草是最经济的保水措施（张慧等，2012）。

图8-3 夏秋干旱导致大量落果

（二）水分对油茶产量与果实品质的影响

油茶属于耐旱植物，但水分缺失对其果形指数和含油率仍会产生一定的影响，尤其是7~10月是油茶果实生长和油脂合成的关键时期，此期油茶树对土壤水分敏感，民间流传“七月干球、八月干油”的农谚，也形象地说明了水分对油茶果实的重要性。在果实发育的过程中，对水分的需求也是巨大的，充足的水分对果实自身的发育有促进作用，可以说在油茶的生殖生理阶段，水分对开花结实具有重要作用。

在对油茶产量与气象条件关系分析的研究中，韦宏江等（2012）研究了凌云县油茶产量与气象条件的相关性发现，油茶花期期间降雨天数和降雨量对次年油茶产量的影响非常显著，降雨时间过长、雨量过大会降低油茶坐果率从而致使产量降低，而降雨过少，则会引起油茶生理上的干旱，还会导致严重的落花落果，最终也会影响产量。一个比较明显的例子就是 1997 年在油茶盛花期降水量为 208.0mm，降水时长为 18d，1998 年油茶产量为 122 万 kg，属于小年，2004 年油茶盛花期雨量为 18.4mm，降水时长为 10d，2005 年油茶产量为 362 万 kg，属于大年，因此气候条件对油茶产量的影响很大，不同气候条件，会导致油茶的产量出现大幅波动。

油茶主产区年降雨量 1400mm 左右，降雨集中在 3~6 月，7~10 月降雨量偏少，易发生季节性干旱现象，由于干旱造成果实发育不良、大量落果，大量减产的事例屡见不鲜。因此，特别是在旱季，适当的灌溉补水，维持土壤轻度干旱胁迫（土壤含水量为田间持水量的 80%~90%），土壤水分能够满足油茶生长的需要，同时土壤的通气性好，既能保证果实的生长，也有利于油脂的合成，有利于提高油茶果实产量及产油量（钟飞霞等，2015）。

徐猛（2014）在 6~9 月期间对挂果期油茶林进行不同水分梯度的施水处理研究也验证了夏秋期间适量的水分灌溉，可提高油茶果实产量及产油量这一结论。徐猛（2014）发现各水分梯度下油茶单株产量和产油量大小顺序为：20kg/株>30kg/株>10kg/株>40kg/株>0kg/株，以总水量 20kg/株水分梯度下单株产量和产油量均值达到最大，分别为 3542.66g/株、533.15g/株，水分继续增加后，油茶单株产量和产油量反而减小（图 8-4 和图 8-5）。果实干出籽率、干出仁率、种仁含油率以及鲜果含油率，同样以总施水量为 20kg/株的处理最佳，油茶果实果径以总灌水量为 30kg/株最佳，水分继续增加后反而受抑制。

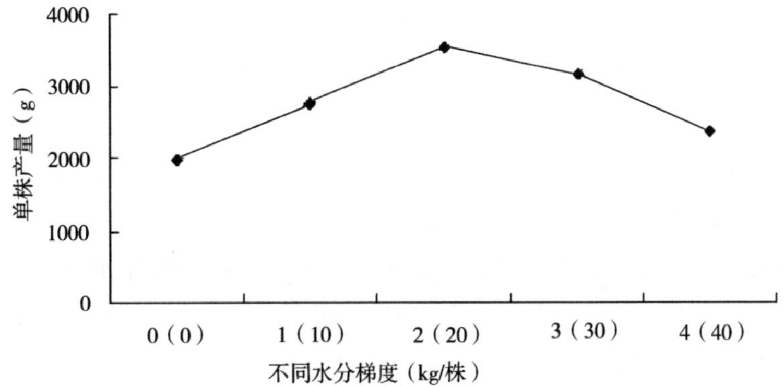

图 8-4　不同水分梯度油茶单株产量（徐猛，2014）

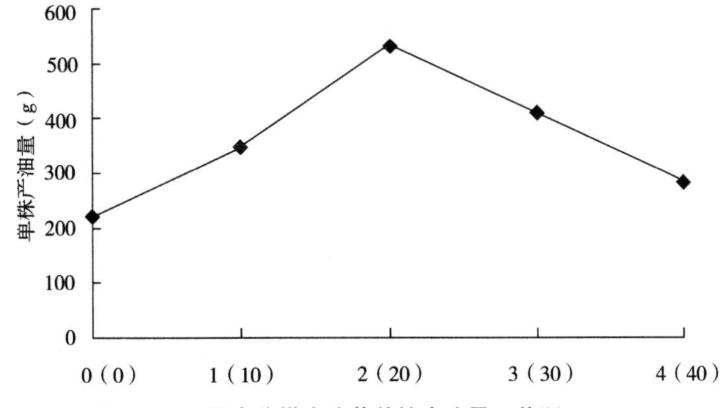

图 8-5　不同水分梯度油茶单株产油量（徐猛，2014）

（三）不同水分调控技术对油茶林生长及产量的影响

我国南方季节性干旱发生频率高、强度大，干旱与炎热同步，蒸散量大；气候、土壤、生物和管理因素的综合作用是季节性干旱发生的重要原因（陈正法等，2002）。南方丘陵区自然降雨时空分布不均，蒸发强度大带来的高温多雨、高度风化使得该区黏质红壤的黏粒含量达40%~60%，其持水性强，但有效水含量低；表土结构容易破坏结壳而形成高容重（1.3t/m^3）以上）和低孔隙度（<50%）的状态；因此，水的渗入性较差，强度降雨在红壤地区每年仅有40%左右的降水被土壤接纳，大量的水肥流失（谢小立等，2002）。

地面覆盖、土壤垦复、立体种植与间种的农作物等为南方农林业抗旱与保持肥力的常用措施（陈正法等，2002）。由于南方丘陵旱地多、地形地貌复杂，许多保水抗旱的农艺措施如深耕、滴灌等因操作实施困难而未能在山地农业生产中发挥优势作用。南方果园使用较多的保水措施主要为地膜、秸秆覆盖与土壤垦复。地膜具有透光率高、保水性强和质轻耐久的特性，能起到显著增温保水作用（Howard et al.，1998）；秸秆能增加土壤水分与养分含量，改善土壤结构和物理性质（王磊，2012），在农业生产中能起到抗旱减灾、增产增收作用。

油茶主要栽植于南方低丘岗地，该区季节（夏秋）干旱频发，红壤黏重板结，土壤养分含量低，结构不协调，通气透水性差；春夏多雨，不当抚育经营易带来水土流失，土层变薄，土地生产力下降。这些均影响了油茶幼林的生长与成林的产量（王玉娟等，2012）。近年来对覆盖、灌溉等措施在夏秋干旱期的油茶林（盛果期）上的研究与应用有效减少了干旱对油茶林造成的危害。

1. 不同水分调控技术对油茶林土壤理化性质的影响

油茶林地夏季覆膜与覆草后的土壤0~40cm日均容积含水量分别为29.70%、27.53%，均比CK（25.52%）的高，全日变异系数分别为2.47%、7.87%，低于CK（8.79%），增强了土壤水分的稳定性；夏秋季林地采取灌溉A、灌溉B、覆膜、覆草措施后0~40cm土层的平均容积含水量分别比CK提高了16.3%、15.8%、13.3%与11.2%（图8-6）。

培蔸、灌溉、覆膜、覆草措施均能提高土壤0~40cm层的有机质、全氮、全磷、速效氮、速效钾与速效磷的含量，尤其在提高0~20cm层土壤的全氮含量效果显著；覆草能最大程度增加土壤有机质、速效磷及锌、钙、铜元素的含量，且土壤20~40cm层有机质、全磷与速效磷含量高于0~20cm层；覆膜能提供土壤0~20cm层有机质、全磷、速效磷及铁、镁、钙元素含量，尤其是显著促进油茶林地锌、钙元素的含量；培蔸明显有利于土壤0~20cm层的速效氮、速效钾及铁、镁、钙元素含量的增长。灌溉可提高土壤中全钾、速效氮、铁、锰元素含量，尤其是土壤0~20cm土层有机质、全钾、速效氮含量；但也促进铜、锌、镁与钙元素含量的流失，尤其是减少土壤20~40cm层的有机质与锌含量。

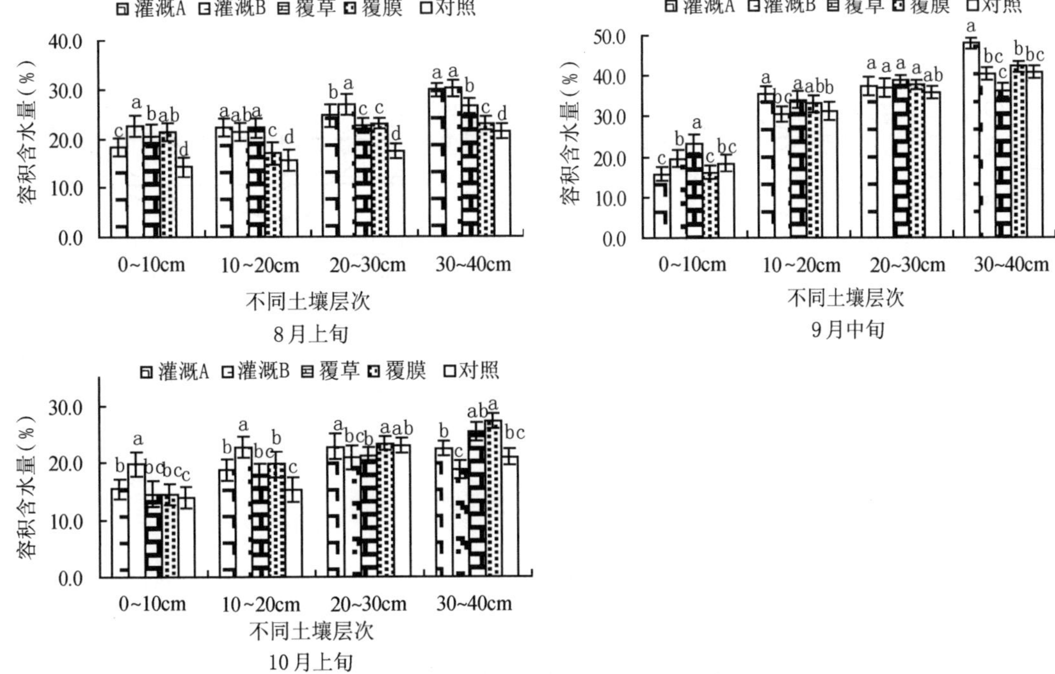

图 8-6　油茶林地干旱期不同抗旱措施下 0~40cm 土壤层水分含量（左继林，2014）

2. 不同水分调控技术对油茶果实生长与光合特性的影响

高产油茶‘赣 68’‘赣 83-4’‘赣 84-8’‘赣 71’‘赣永 5’‘赣 8’与‘赣兴 48’无性系在灌溉、覆膜、覆草措施下，7 月不同生长阶段的平均果径与果高生长量均大于 CK；不同措施下的果径与果高生长速度为灌溉 A>覆膜>灌溉 B>覆草，且各措施下的果形指数差异显著，灌溉能促进果形指数增大，果形圆满（图 8-7）。

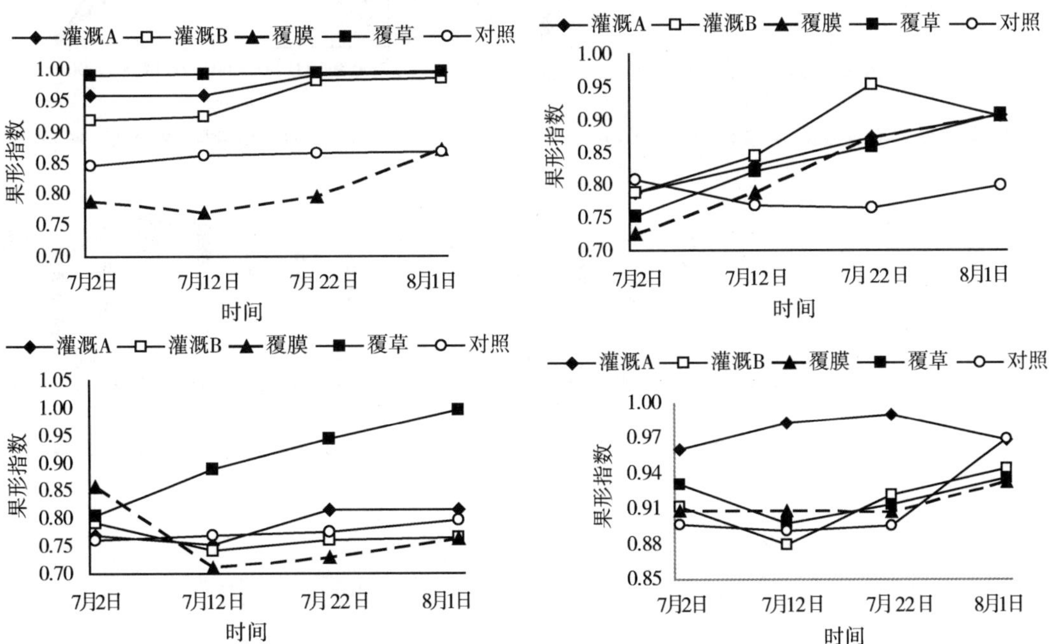

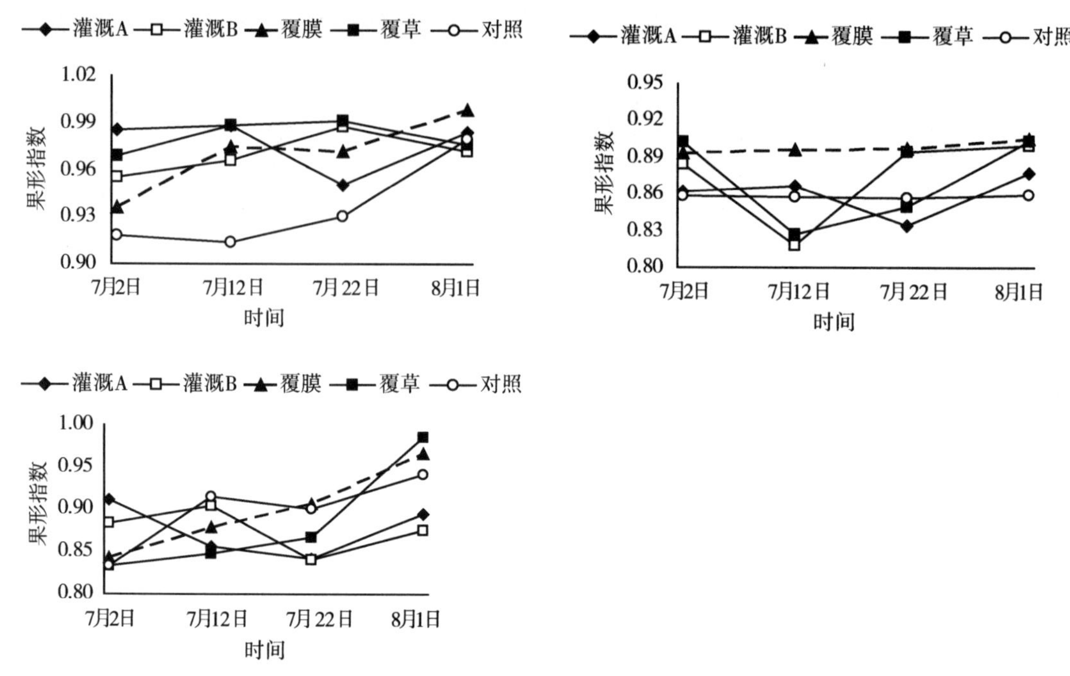

图 8-7 油茶 7 个无性系在不同水分管理措施下果形指数变化（左继林，2014）

油茶无性系‘赣 84-8’与‘赣 71’的平均 Pn、WUE、Gs 与 SPAD 等生理指标在灌溉、覆膜与覆草措施下均有不同程度的增加。加大灌溉量是提高油茶夏旱期光合生产力的最有效措施（图 8-8）。

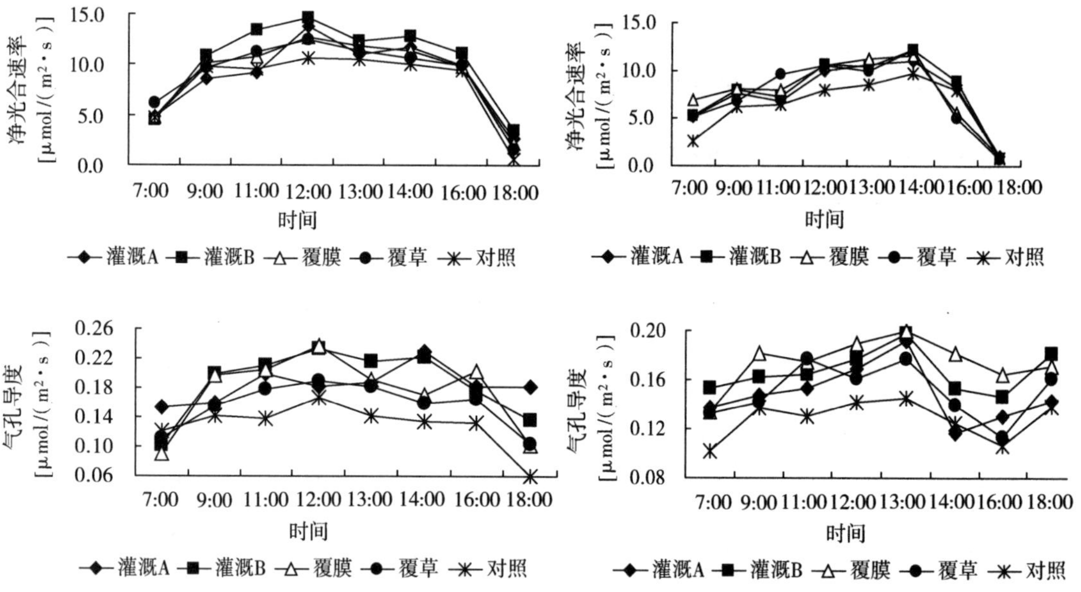

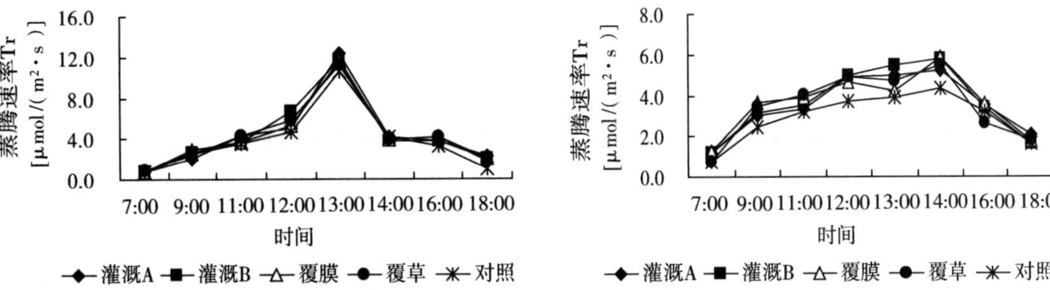

图 8-8 两个油茶无性系夏旱期在不同管理措施的净光合速率、气孔导度与蒸腾速率日变化（左继林，2014）

3. 不同水分调控技术对油茶经济性状与产量的影响

夏秋旱期高产油茶林地采取灌溉、覆膜、覆草、培蔸抗旱措施后，油茶高产无性系平均单果重比 CK 增长 25.1%、10.9%、10.8%与 7.1%；鲜出籽率增加了 17.9%、10.5%、9.2%与 10%；干籽含油率提高 29.9%、30.6%、18.5%与 15.7%；覆膜与覆草下油茶株产量分别比 CK 增加 53.6%、86.1%，冠幅产量比 CK 分别提高了 32.0%、75.0%（表 8-3）。短期效果覆膜措施好，长期覆草措施优于覆膜，采用隶属函数综合评价各抗旱措施的效果：灌溉>培蔸>覆膜>覆草>CK>持续干旱。

表 8-3 油茶不同管理措施效果隶属度的综合评价

处理	冠幅面积（m^2）	树高（m）	产量（kg）	每平方米产量（kg/m^2）	单果重 t（g）	鲜出籽率（%）	干籽含油率（%）	隶属值	位次
灌溉	2.880	1.900	5.000	1.736	13.05	53.193	30.585	0.732	1
	3.060	2.600	4.950	1.618	16.232	57.308	26.805		
覆膜	2.340	1.800	4.000	1.709	13.183	51.912	28.12	0.504	3
	2.340	1.800	4.000	1.709	13.139	56.822	20.177		
	3.240	2.200	4.350	1.343	12.58	45.530	23.488		
培蔸	4.620	2.400	5.250	1.136	13.931	53.427	28.732	0.667	2
	4.620	2.400	5.250	1.136	13.923	55.963	24.842		
	1.960	2.100	4.150	2.117	11.079	45.905	27.687		
覆草	3.570	2.200	3.750	1.050	11.501	51.253	27.345	0.491	4
	2.880	2.400	3.250	1.128	11.226	55.900	23.155		
	3.060	2.200	3.250	1.062	10.189	47.453	25.618		
干旱	2.720	1.900	0.750	0.276	11.802	48.172	22.568	0.212	6
	3.400	2.300	2.000	0.588	12.374	45.373	16.258		
	2.400	1.700	1.450	0.604	10.93	43.422	18.798		
对照	4.800	1.800	1.900	0.396	12.286	49.757	24.215	0.388	5
	3.780	2.400	3.750	0.992	13.759	46.647	19.473		
	2.850	2.100	1.900	0.667	11.546	44.197	20.952		

（左继林，2014）

四、水分条件与普通油茶生长发育的关系

土壤水分含量越多，油茶种子和果皮含水率越高。在 5 种土壤水分处理下（表 8-4），无干旱胁迫的种子含水率最高，比严重胁迫的高 10.8%。植物的根部从土壤中不断吸收水分，并运输到植物各个部分，以满足其正常生命活动的需要。生命活动较旺盛的部分，其水分含量都较多（钟飞霞等，2015）。

土壤水分干旱胁迫有利于提高油茶果实中干物质及油脂的合成率，在 5 种土壤水分处理下（表 8-4），重度胁迫的鲜籽出干籽率、干籽出仁率、干仁出油率均高，无干旱胁迫的均最低，一定程度的土壤水分亏缺有助于提高油茶果实干物质的合成率（钟飞霞等，2015）。

表 8-4　不同水分胁迫处理下油茶样树主要经济指标的观测及方差分析结果

主要经济指标	无干旱胁迫	轻度干旱胁迫	中度干旱胁迫	重度干旱胁迫	自然状态
种子含水率（%）	56.7±2.1	53.6±2.1	51.0±1.5	50.6±1.7	51.1±2.3
果皮含水率（%）	74.3±2.3	73.5±2.4	72.8±3.1	71.1±3.2	72.2±3.1
鲜出籽率（%）	43.4±1.8	41.7±1.5	38.8±1.4	38.5±1.8	34.2±1.6
鲜籽出干籽率（%）	43.3±1.7	46.4±1.8	49.0±1.8	49.4±2.1	48.9±2.2
干出籽率（%）	18.7±0.9	19.3±0.7	19.0±0.8	15.7±0.4	18.8±0.7
干籽出仁率（%）	59.7±2.2	67.8±2.8	68.4±3.1	71.5±3.3	64.7±2.8
干仁出油率（%）	42.6±1.8	49.6±2.2	49.1±1.9	53.3±2.3	54.1±2.7
鲜果含油率（%）	6.38±0.31	6.59±0.28	6.51±0.31	4.79±0.21	6.45±0.31
单果质量（g）	15.40±0.74	17.29±0.65	15.02±0.55	12.47±0.46	13.43±0.61
单果含油量（g）	0.80±0.01	1.14±0.03	0.96±0.02	0.74±0.01	0.89±0.03

（钟飞霞等，2015）

轻度干旱胁迫的干出籽率、鲜果含油率、单果质量、单果含油量均最高，重度胁迫的均最低，无干旱胁迫的均为中等。油茶是较耐旱的树种，在轻度干旱胁迫条件下，土壤水分能够满足油茶生长的需要，同时土壤的通气性好，既能保证果实的生长，也有利于油脂的合成；在重度干旱胁迫下，其干物质的合成率最高，但严重缺水抑制了果实的生长，干物质的积累最少，油脂合成量偏低；中度干旱胁迫的结果与重度干旱胁迫的相似，而其油脂合成量比重度干旱胁迫的略高；在土壤无干旱胁迫条件下，土壤水分充沛，油茶植株徒长，而不利于其果实油脂的合成。可见，保持土壤轻度干旱胁迫，有利于油茶果实的高产（钟飞霞等，2015）。

油茶主产区长江流域的降雨多集中在雨季（3~6 月），而 7~10 月的降雨量少，此期是油茶主产区最容易发生干旱的时期。近 30 年的气象数据显示，干旱发生的频率为 67%左右，即三年两旱，随着全球变暖趋势的发展，发生干旱的几率越来越大，极端干旱现象也会增多。7~10 月是油茶果实生长和油脂合成的重要时期，土壤水分亏缺对油茶的高产稳产构成了严重威胁。本试验结果表明，土壤水分对油茶单果质量、单果含油量的影响都很大，在 5 种梯度的土壤水分胁迫下，各处理的单果质量间相差 27.9%，单果含油量间相

差 35.1%，可见，适度浇灌，保持土壤轻度干旱，油茶产果量可提高 28%左右，其产油量可提高 35%左右（钟飞霞等，2015）。

2013 年湖南遇上了夏秋连旱，试验土壤的含水量与中度胁迫的相近。试验结果显示，2013 年 7~10 月的降水量只有 188mm，自然状态的油茶单果质量为 13.43g；2014 年 7~10 月降水量 283mm，高于 2013 年同期降水量的 33.6%，2014 年处于自然状态的单果质量为 16.69g，比 2013 年的高 19.5%，这进一步说明了土壤水分对油茶产量具有至关重要的影响。因此，一定要改变“南方不缺水，油茶很耐旱”的错误观点，在油茶基地建设过程中要充分考虑灌溉排水的问题，对于具备灌溉条件的油茶林，应该适量浇水，保持土壤含水量在 80%~90%间，对不具备灌溉条件的油茶林，也应根据当地的降水量和土壤水分承载力，确定合适的经营密度，采取林地覆盖或林农间作等手段加强林地的水分管理（钟飞霞等，2015）。

五、地形及土壤因子对油茶生长发育的影响

地形的变化构成不同的坡向、坡度和坡位，引起土壤和小气候的差异，从而对油茶的生长发育产生不同的影响。阳坡光照时间长，树体矮，冠幅小，新梢短，油茶林的营养生长受到强光照的抑制；阴坡光照条件差，相对湿度大，土壤水分多，腐殖质含量高，营养生长旺盛。坡度的变化直接关系到土壤的养分和土层深度的差异。坡度平缓的成土母质多为坡积物，一般土层深厚，土壤的有机质含量和石砾含量也高，透气性能良好的土壤，有利于根系伸展发育。坡度大，土壤易受侵蚀，养分易于流失，故土层浅薄，肥力也低。在同一坡向的山地油茶林，由于上下位置高度的不同，其生态环境也不相同。从上坡到下坡光照强度、风力逐渐减小，土层逐渐增厚，土壤水分和肥力逐步增加。这些微气候和土壤条件变化的综合结果，对油茶生长发育和产量也产生相应的影响。

自然因子的综合作用是影响茶油生长发育的重要生态条件，而人为作用也不可忽视。改善生态条件，提高油茶产量的重要技术措施，如林地垦复，合理间作施肥，调整密度等，都能有效地改善油茶林地的通风、光照和土壤理化性状，促进油茶速生丰产。

第二节　养分因子与油茶源库调控

与所有植物一样，油茶的养分主要来源于叶片光合作用积累的同化物，其次是通过根系吸收的各种水、有机物和矿物成分等。前面已讨论过光合作用对油茶源库调控的影响，因此本章则针对油茶根系这个“源”，对土壤中各种营养元素的特点及其对油茶产量这个“库”的影响，同时探讨为提高油茶产量和经济收益的源库调控技术。

土壤是陆地生态系统的基础，是具有决定性意义的生命支持系统，其组成部分有矿物质、有机质、土壤水分和土壤空气，具有肥力是土壤最为显著的特性。土壤是生物进化的过渡环境，土壤中既有空气，又有水分，正好成为生物进化过程中的过渡环境，为植物生活提供了空间、水分和必需的矿质元素。根据土壤质地可把土壤划分为砂土、壤土和黏土三大类。砂土的砂粒含量在 50%以上，土壤疏松、保水保肥性差、通气透水性强；壤土质

地较均匀，粗粉粒含量高，通气透水、保水保肥性能都较好，抗旱能力强，适宜生物生长；黏土的组成颗粒以细黏土为主，质地黏重，保水保肥能力较强，通气透水性差。一般来说，土壤的质地与结构会影响土壤的物理化学性质，从而进一步影响土壤中生物的活动。

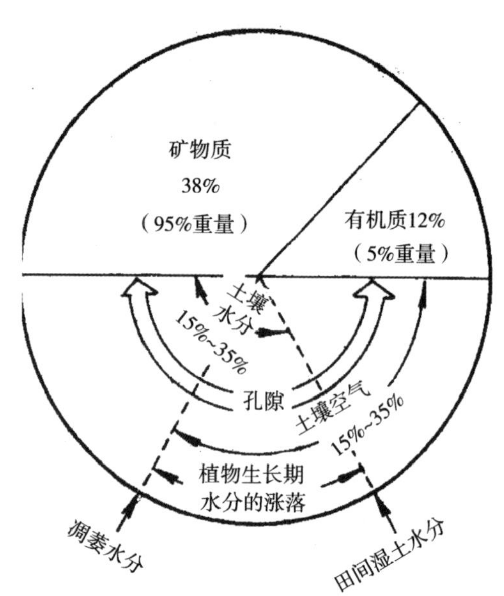

图 8-9　土壤组成成分
（容积百分比）（引自熊毅，1977）

在油茶的生长发育过程中，树高、地径和冠幅等因子可以直观地反映出油茶的生长状况（刘应珍等，2009）。合理的施肥技术则是促进油茶生长、提高油茶产量和品质的重要措施。我国从 20 世纪 60 年代起已开展了油茶施肥试验研究。郭传州等（1994）在油茶产区永兴县选定一块不同立地类型的油茶林标准地，通过 1 年的连续采样，测定土壤和枝叶内磷、钾、铜、锰、锌、铁、镁等元素的含量，分析了它们 1 年中的变化情况。周良骝等（1999）研究表明，多种营养元素与茶株的叶绿素含量、H_2O_2酶的活性、成果率和产量以及叶绿素含量存在显著回归关系。潘晓杰和侯红波（2002）研究表明，不同土壤类型的油茶叶片营养元素不同，其中钾、钙、镁、锰、磷、硼均存在显著差异。大量的施肥试验结果表明，科学合理施肥能够促进油茶生长，提高油茶产量（黄崇熙等，1996；胡冬南，2005；汪洪丽等，2007；陈永忠等，2007；钟剑飞等，2009；陈隆升等，2011）。陈世清等（2000）对不同经营措施的油茶林中油茶各器官鲜重、林木层生物量及其垂直分配、油茶各器官相对生长关系及油茶净光合经济指数进行了研究，认为实行“保土、保水、保肥”措施，为油茶林生长创造了较好的生长条件，水土肥摄入量增多，促进了新叶、新梢、花芽数量的增加，总生物量及各器官生物量的分配都相应高于其他类型。付达夫和王永安（2004）研究了不同经营措施的油茶林中各器官生物量分配、地上部分各器官的生长关系及垂直结构，结果发现实施“三保”措施可提高油茶植株生物总量，“三保”地油茶林果实生产率最高。

养分分配是森林生态系统养分循环最重要的参数之一，自 20 世纪 60 年代以来，我国已开展对森林生物量和养分分配的研究。何方等（1996）探讨不同发育期油茶林生物量和养分分配规律，结果表明，从幼龄期到盛果期油茶林生物量逐步积累，不同发育期油茶林钠、磷、钾、钙、镁等元素吸收量、存留量、归还量及输出量不同。目前制约油茶产业发展的瓶颈主要是产量低和经济效益差，而产量低与管理粗放、良种缺乏分不开（袁军，2010）。广西林科院土壤肥料研究所以油茶幼苗、幼林、成熟林为研究对象，系统且有针对性地开展了油茶幼苗、幼林和成熟林的生物量积累和养分分配规律研究，了解油茶各龄期养分需求，为科学施肥及提高产量打下基础。

一、油茶苗期源库营养元素的分配规律

为进一步了解油茶苗期不同器官的生物量积累及营养元素分布情况，广西林科院土壤肥料研究所课题组对150株油茶苗期的各种生长性状指标、生物量及营养元素含量进行测定，发现油茶苗期各单株生物量均以地上部分占绝对优势，其中叶片生物量积累最高；不同苗高分级的苗木株数及其生物量近似于正态分布，其中14.00~15.90cm的苗高分级的株数和生物量百分比最高，分别为38.67%和34.19%。在油茶根、茎、叶中均以N含量最高，其次是钾和钙，铜和硼含量最低；钠、锰含量以叶片最高，磷、钾及铜、锌、镁、硼含量均以根部最高。方差分析结果表明，钠、钾、镁、铜、锰和硼元素含量在根、茎、叶中的差异达到显著水平。油茶苗期叶片生物量积累最高，单株生物量随幼苗的生长而明显增加；不同器官对各营养元素的吸收存在显著差异。

（一）油茶苗期生物量分配

从表8-5可知，油茶半年生幼苗苗高8.3~24.6cm，叶片数为5.0~17.0片，根数为5.0~39.0条，苗高/根系长比为1.8：1，侧根较多；各单株生物量均以地上部分占绝对优势，鲜重和干重分别占全株的77.38%和82.15%，其中叶片生物量积累最高，为56.60%；不同器官生物量大小排列依次为叶>茎>根。

表8-5　油茶苗期生物性状表现

项目	苗高 (cm)	地径 (cm)	叶片数 (张)	根长 (cm)	根数 (条)	根 (g)		茎 (g)		叶 (g)	
						鲜重	干重	鲜重	干重	鲜重	干重
平均值	15.9	2.2	8.5	8.8	15.5	0.74	0.14	0.68	0.21	1.86	0.45
最小值	8.3	1.2	5.0	4.0	5.0	0.20	0.08	0.10	0.10	0.60	0.10
最大值	24.6	3.1	17.0	17.5	39.0	2.00	0.40	1.70	0.50	5.30	1.20
地上、地下部分鲜重比例（%）						22.62			77.38		
生物量百分比（%）						17.85		25.55			56.60

（唐健等，2011）

从表8-6可以看出，根据苗高分级，供试油茶各器官生物量分配规律表现为：不同苗高分级的苗木株数及其生物量近似于正态分布，其中苗高分级14.00~15.90cm的株数百分比最高，达38.67%，而其生物量百分比也最高，达到34.19%；在16.00~17.90cm苗高范围内，其株数百分比和生物量百分比大致相当，分别为24.67%和24.54%；在苗高18.00~19.90cm和大于20.00cm的两个分级中，生物量百分比明显高于株数百分比，说明单株生物量随幼苗的生长而明显增加。

表8-6　油茶苗期苗高及各器官生物量积累情况

苗高分级 (cm)	平均苗高 (cm)	平均地径 (cm)	株数	株数百分比 (%)	根	茎	叶	生物量百分比 (%)
					干重 (g)			
<12.00	10.60	1.85	4	2.67	0.14	0.16	0.39	2.33
12.00~13.90	13.22	2.11	24	16.00	0.12	0.16	0.36	12.65

（续）

苗高分级 (cm)	平均苗高 (cm)	平均地径 (cm)	株数	株数百分比 (%)	根	茎	叶	生物量百分比 (%)
					干重（g）			
14. 00～15. 90	14. 96	2. 21	58	38. 67	0. 12	0. 19	0. 40	34. 19
16. 00～17. 90	16. 80	2. 21	37	24. 67	0. 14	0. 20	0. 46	24. 54
18. 00～19. 90	18. 93	2. 38	16	10. 67	0. 20	0. 27	0. 57	13. 81
>20. 00	21. 50	2. 53	11	7. 32	0. 24	0. 34	0. 77	12. 40

（唐健等，2011）

（二）油茶营养元素分配规律

在油茶幼苗的生长过程中，其不同组织器官的生理生态活动会相应发生变化，对营养元素的需求也存在差异，因而养分元素浓度也明显不同（刘广路等，2010）。从图 8-10～8-12 可知，大量元素氮贮量最高的是叶片，其次是根部，茎中氮含量较少，仅为叶片的 51. 96%；磷和钾在根部的含量最高。油茶苗期大量元素总含量表现为氮>钾>磷，且磷含量远远低于氮含量，说明油茶苗期对磷的需求量较小。钙和镁含量均表现为叶>根>茎。油茶生长对铜、锌、铁、锰、硼的需求量较少，除锰含量在叶片中最高外，铜、锌、铁、硼含量均以根部最高。从营养元素在油茶各器官组织的分布情况来看，均以氮含量最高，其次是钾和钙，最低为硼和铜。

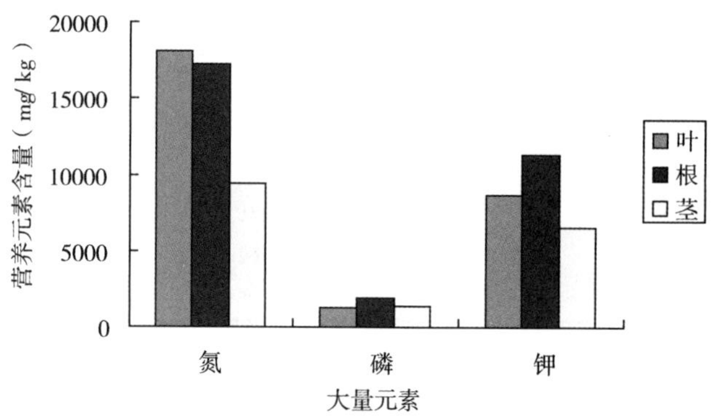

图 8-10　大量元素在油茶根茎叶中的分布（唐健等，2011）

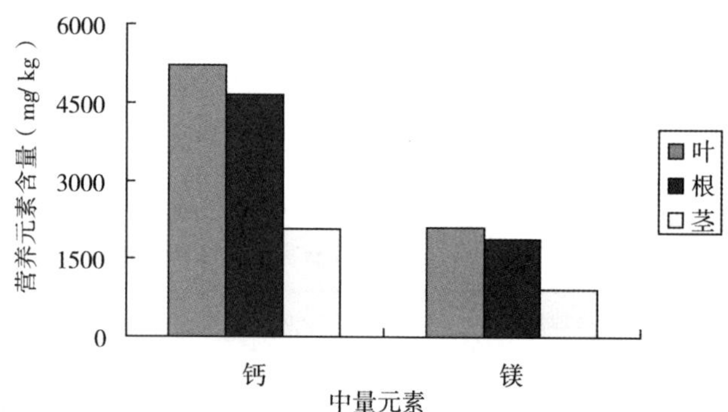

图 8-11　中量元素在油茶根茎叶中的分布（唐健等，2011）

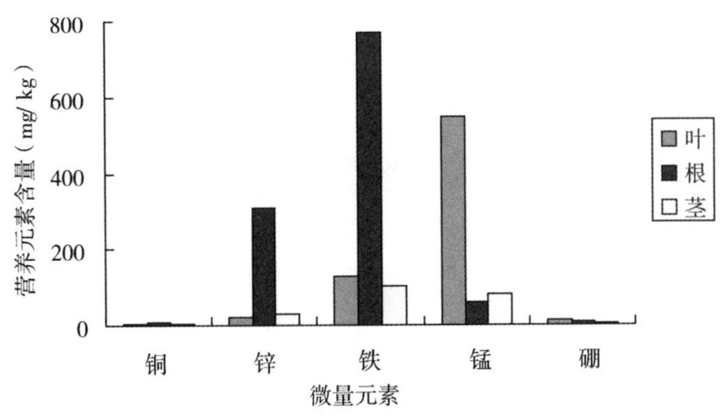

图 8–12　微量元素在油茶根茎叶中的分布（唐健等，2011）

何方等（1996）研究指出，油茶不同发育期，根、枝的营养元素含量均较低，果、叶、花中营养元素含量均较高。通过对油茶不同组织器官的营养元素含量进行方差分析，结果表明（表 8–7），油茶苗期根、茎、叶中的营养元素含量差异显著，说明苗期油茶苗木不同营养器官对氮、磷、钾、钙、镁等元素的需求和固持能力不同。其中，氮、钾、镁、铜、锰和硼元素含量在根、茎、叶中的差异达到显著水平，磷、锌和铁含量在茎与叶中的差异不显著，钙含量在根和叶中的差异不显著。

表 8–7　油茶苗期不同组织器官营养元素含量方差分析

器官	氮 (g/kg)	磷 (g/kg)	钾 (g/kg)	铜 (g/kg)	镁 (mg/kg)	铁 (mg/kg)	锰 (mg/kg)	铜 (mg/kg)	锌 (mg/kg)	硼 (mg/kg)
根	17. 28b	1. 8683a	11. 2850a	4647. 8a	1895. 00b	7. 42a	308. 00a	769. 1a	59. 58c	9. 67b
茎	9. 39c	1. 3928b	6. 5900c	2061. 8b	917. 83c	5. 33b	30. 83b	104. 5b	79. 75b	5. 69c
叶	18. 07	1. 2880b	8. 6518b	5208. 0a	2097. 50a	3. 92c	22. 38b	129. 1b	549. 00a	12. 92a

（唐健等，2011）

油茶地上部分和地下部分是相互依存、相互抑制的，根系的生长可以促进地上部分的生长，但根系生长过旺也会抑制地上部分的生物量。黄华锋和张运山（1993）研究结果也表明油茶根系的生长可以促进地上部分的生长。上述研究结果表明，随着根系的生长，苗高也呈增高的趋势，但生物量百分比却呈正态分布。由于氮元素是蛋白质的主要组成元素，而蛋白质在植物的生长发育和细胞的成型中起重要的作用。王会利等（2010）对油茶不同无性系叶片营养元素吸收情况进行研究，发现叶片营养元素中氮含量最高。油茶苗期大量元素总含量为氮>钾>磷，根、茎、叶中均以氮含量最高。

二、油茶幼林源库营养元素的分配规律

在对油茶幼苗营养元素分配规律研究的基础上，广西林科院土壤肥料研究所以长势较好的 5 年生油茶林为调查对象，测定其树干、树枝、树叶、主根和侧根的营养元素含量，分析营养元素吸收及分配特征，发现油茶各器官营养元素含量的排列顺序大致为氮>钾、钙>镁>磷>铁、锰>锌>硼>铜，油茶不同器官营养元素总含量的排列顺序：树叶>侧根>树

枝>主根>树干。油茶树体营养元素贮藏总量为 14.65 g/株，其中，氮、钾、钙的贮存量最高，其次是磷、镁、铁、锰，铜、锌、硼最低。油茶各器官营养元素贮存量的顺序排列：树叶>树干>主根>树枝>侧根。油茶树体氮、钾、钙元素的吸收和累积量最高，营养元素的分配与各器官的生物量不成比例关系，树叶和树干营养元素贮存量最高。

（一）不同器官营养元素含量分析

油茶幼林各器官氮、磷、钾含量变化范围分别为 3.27~11.42g/kg、0.45~0.73g/kg 和 3.27~5.82g/kg，平均含量分别为 7.22g/kg、0.61g/kg 和 4.51g/kg。从图 8-13 可以看出，各器官营养元素含量变化规律均为氮>钾>磷。油茶中幼林各器官氮、磷、钾含量差异比较大，其中树叶的氮、磷、钾含量最高，树干的氮、磷、钾含量最低。

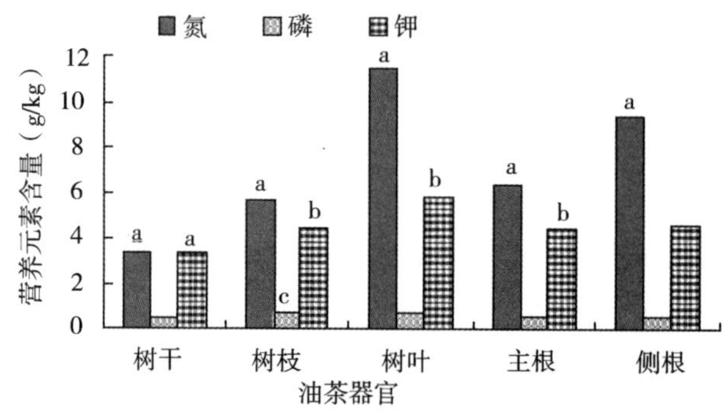

图 8-13 氮、磷和钾元素在油茶各器官的分布（曹继钊等，2012）

注：同一器官上不同字母表示同一器官不同营养元素含量差异显著（磷<0.05）

油茶幼林各器官钙、镁含量变化范围分别为 1.43~0.82g/kg 和 0.62~1.45g/kg，平均含量分别为 3.63g/kg 和 0.96g/kg。从图 8-14 可以看出，除侧根镁元素含量（1.45g/kg）略大于钙元素（1.43g/kg）外，其他各器官营养元素含量变化规律均为钙>镁。油茶幼林各器官钙和镁含量差异显著（除侧根外）。各器官钙含量从高到低依次为树叶、树枝、树干、主根、侧根，镁含量从高到低依次为侧根、树叶、树枝和主根、树干。

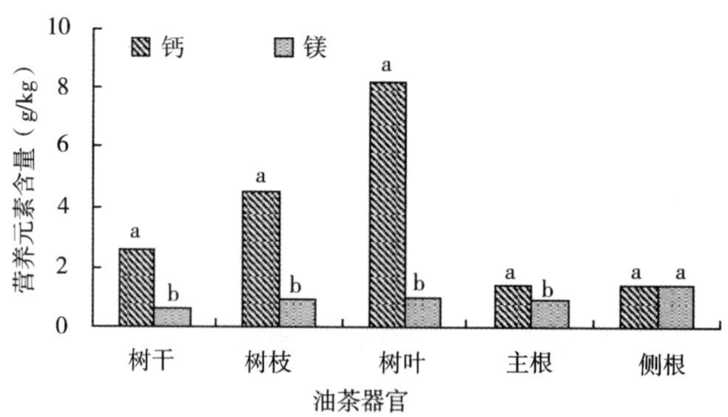

图 8-14 钙和镁元素在油茶各器官的分布（曹继钊等，2012）

注：同一器官上不同字母表示同一器官不同营养元素含量差异显著（$P<0.05$）

油茶幼林各器官铁和锰元素含量变化范围分别为 53.50~1056.00mg/kg 和 214.50~2469.50mg/kg，平均含量分别为 368.07mg/kg 和 886.67mg/kg。从图 8-15 可以看出，树干、树枝和树叶锰含量显著高于铁，主根和侧根铁、锰含量变化规律则相反。油茶各器官铁和锰元素含量差异较大，各器官铁含量从高到低依次为侧根、主根、树枝、树干、树叶，锰含量从高到低依次为树叶、树枝、树干、侧根、主根。

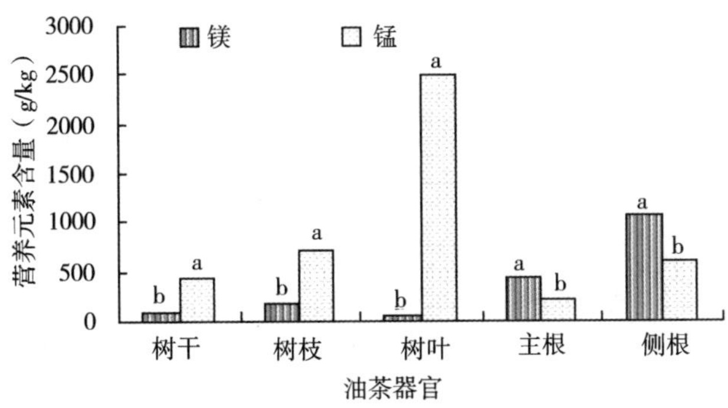

图 8-15　铁和锰元素在油茶各器官的分布（曹继钊等，2012）

注：同一器官上不同字母表示同一器官不同营养元素含量差异显著（$P<0.05$）

油茶幼林各器官铜、锌和硼含量变化范围分别为 2.92~5.00、8.42~108.17mg/kg 和 9.11~23.14mg/kg，平均含量分别为 4.00、36.45 和 13.06mg/kg。从图 8-16 可以看出，除叶片外，各器官营养元素含量由多到少变化规律均为：锌>硼>铜。油茶各器官铜、锌和硼含量差异较大，铜含量从高到低依次为侧根、树叶、树干、主根，锌含量从高到低依次为主根、树干、树枝、侧根、树叶，硼含量从高到低依次为树叶、侧根、树枝、树干、主根。

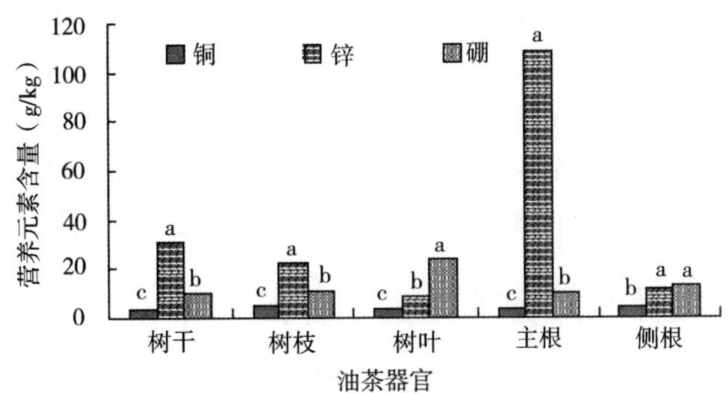

图 8-16　铜、锌和硼元素在油茶各器官的分布（曹继钊等，2012）

注：同一器官上不同字母表示同一器官不同营养元素含量差异显著（$P<0.05$）

（二）营养元素累积与分配

从表 8-8 中可看出，油茶幼林树体营养元素总含量为 14.65g/株，氮、钾、钙含量最高，分别占营养元素贮藏总量的 37.54%、25.51%、21.75%，其次是磷、镁、铁、锰，占营养元素总含量的 1.42%~5.00%，铜、锌、硼最低，占营养元素总量的 0.02%~0.24%。

油茶幼林树体生物总量为865.89g/株，各器官生物量占植株总生物量比例从大到小依次为树干（35.01%）、主根（22.16%）、树叶（19.65%）、树枝（16.90%）、侧根（6.27%），不同器官营养元素总含量从高到低依次为树叶（29.75g/kg）、侧根（19.02g/kg）、树枝（17.11g/kg）、主根（14.55g/kg）、树干（10.76g/kg）。树干的生物量为植株总生物量的35.01%，其营养元素含量占植株营养元素总含量的22.27%，树叶的生物量为植株总生物量的19.65%，但其营养元素含量却占植株营养元素总含量的34.53%。由此可见，营养元素的分配与各器官的生物量不成比例关系。

表8-8 油茶各器官生物量及其营养元素累积与分配规律 g/株

器官	生物量	营养元素										
		氮	磷	钾	钙	镁	铁	锰	铜	锌	硼	合计
树干	303.17	0.99	0.14	0.99	0.78	0.19	28.60	134.50	1.11	9.42	5.01	3.26
树枝	146.37	0.84	0.10	0.65	0.66	0.13	29.23	104.43	0.73	3.29	1.55	2.50
树叶	170.11	1.94	0.12	0.99	1.40	0.17	9.10	420.08	0.64	1.43	3.94	5.05
主根	191.92	1.23	0.11	0.86	0.27	0.16	83.83	41.17	0.56	20.76	1.75	2.79
侧根	54.33	0.51	0.03	0.25	0.08	0.08	57.37	32.17	0.25	0.66	0.68	1.03
合计	865.89	5.50	0.51	3.74	3.19	0.73	208.13	732.35	3.29	35.56	10.93	14.65

（曹继钊等，2012）

由于油茶各器官的结构和功能不同，其营养元素含量差异很大。树叶作为同化器官，生长周期短，是有机物质合成的场所，也是代谢最活跃的器官，因此需要较多的营养元素来满足其生长和代谢的需要。树干则以木质为主，其生理功能最弱，大多数养分已被消耗或转移。因此一般情况下，叶片营养元素含量最高，树干最低。潘晓杰和侯红波（2002）对油茶叶片的各营养元素（磷、钾、钙、镁、铁、锰、锌、铜、硼）进行调查，结果显示，油茶叶片中钙的含量最高，其次是锰、镁 和钾，最低的是铜。

在对油茶幼林各器官营养元素含量变化规律的研究中发现，各元素含量从高到低大致为氮>钾、钙>镁>磷>铁 、锰>锌>硼>铜，这与王会利等（2010）对油茶不同无性系叶片营养元素的测定结果以及前文中油茶幼苗叶片营养元素含量的变化规律大致相同。

三、油茶成熟林源库营养元素的分配规律

为系统的了解油茶各龄期器官营养元素的分配规律，广西林科院土壤肥料研究所在前文中对油茶幼苗、幼林各器官营养元素分配规律的研究基础上，进一步对油茶成熟林各器官的营养元素分配规律进行了探索（宋贤冲等，2014）。课题组选择油茶成熟林样方中具有代表性的调查样株，用标准木的方法测定样株不同器官的生长性状指标、生物量及营养元素含量。油茶成熟林树高、冠幅生物性状指标呈正态分布，生物量以地上部分占绝对优势。不同器官营养元素均以全氮含量最高，其次为全钾和全磷，铜和硼含量最低。方差分析结果表明，除了全磷和铜外，其余元素含量在地上和地下部分不同器官间的差异均达显著水平（$P<0.05$）。油茶成熟林不同器官对各营养元素的吸收分配存在差异，地上部分生

物量大于地下部分并侧重于生殖生长；油茶成熟林对氮和钾需求量大，在施肥时应加大氮和钾的添加量，防止因缺素造成低产。

（一）油茶成熟林不同器官生物量积累

由表 8-9 可知，油茶成熟林不同器官生物量鲜重大小排列依次为主根>树干>树枝>果>树叶>侧根>花；干重与鲜重大小排列顺序不同，依次为树枝>主根>果>树干>树叶>侧根>花。地上部分生物量积累占绝对优势，其鲜重（24.63kg）和干重（11.01kg）分别占全株的 70.01%和 72.29%。地下部分主根的鲜重比例最大，占全株鲜重的 25.50%；地上部分树枝的干重比例最大，为全株干重的 26.92%。表明地上部分的树枝和地下部分的主根为油茶成熟林生物量积累的主要部位。地上部分生物量明显高于地下部分，花和果的生物量干重百分比为全部生物量的 18.38%，生殖器官的生物量占全部生物量的 1/5，表明油茶生长重心由营养生长向生殖生长转变。树枝生物量高于树干，表明油茶成熟林枝繁叶茂。

表 8-9　油茶成熟林油茶不同器官生物量分配情况　　g/株

项目	树干	树枝	树叶	花	果	主根	侧根
平均鲜重（kg）	8.04	7.75	3.35	0.35	5.14	8.97	1.58
平均干重（kg）	2.30	4.10	1.81	0.18	2.62	3.65	0.57
生物量鲜重百分比（%）	22.85	22.03	9.52	0.99	14.61	25.50	4.49
生物量干重百分比（%）	15.10	26.92	11.88	1.18	17.20	23.97	3.74

（宋贤冲等，2014）

（二）油茶成熟林油茶不同器官营养元素分配规律

植物在不同生长阶段其不同组织器官对营养元素的吸收和利用差异明显，造成不同器官的养分含量明显不同（刘广路等，2010）。从图 8-17 可知，油茶成熟林不同器官大量元素含量表现为全氮>全钾>全磷，且全磷含量远低于全氮含量，表明油茶成熟林对全磷的需

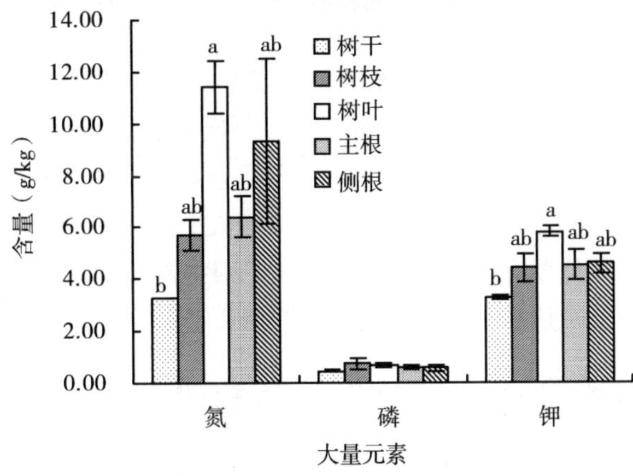

图 8-17　大量元素在油茶成熟林不同器官的分布（宋贤冲等，2014）

注：同一器官上不同字母表示同一器官不同营养元素含量差异显著（$P<0.05$）

求量较少。中量元素在不同器官的分配是钙含量高于镁含量，树叶中钙含量最高，而侧根中镁含量最高，地上部分钙含量普遍高于地下部分（图 8-18），表明油茶成熟林叶片对钙的需求量较大，根部对镁的需求量较大。不同器官的微量元素除锰和铁较高外，其余元素含量均较低（图 8-19），表明铁和锰是油茶成熟林生长不可或缺的两种微量元素。

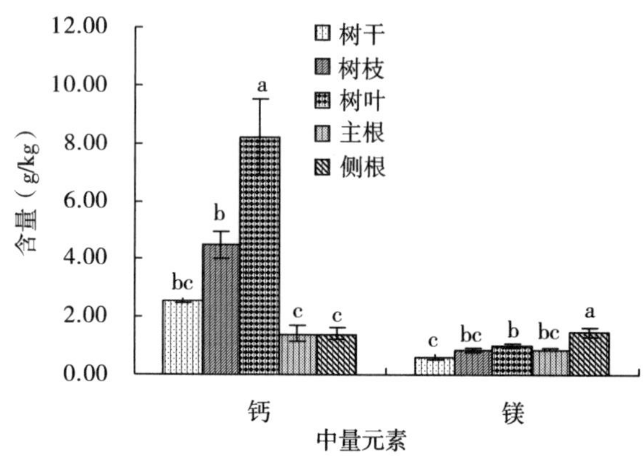

图 8-18　中量元素在油茶成熟林不同器官的分布（宋贤冲等，2014）

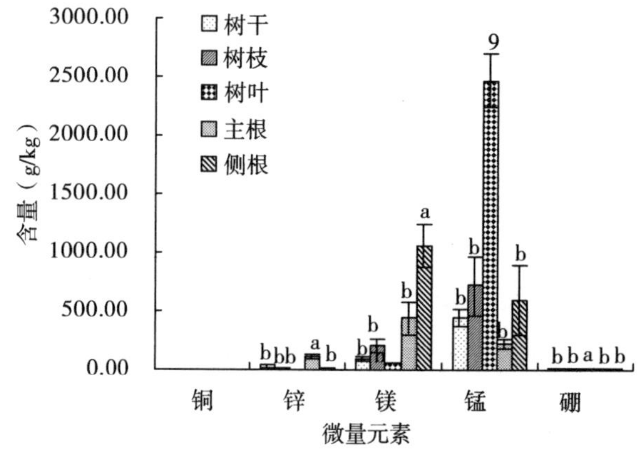

图 8-19　微量元素在油茶成熟林不同器官的分布（宋贤冲等，2014）

叶片中全氮、全钾和钙含量高于其他器官，方差分析结果表明，叶片中全氮、全钾含量与树干全氮、钾含量差异达显著水平（P<0.05，下同），叶片钙含量与其他器官钙含量差异显著，全磷含量在不同器官中差异不明显；地上部分磷含量高于地下部分，差异显著，而地下部分镁含量高于地上部分，差异显著（图 8-17 和图 8-18）。叶片中铜含量差异不明显；主根中锌含量最高，与其他器官锌含量差异显著；侧根中铁含量最高，与其他器官铁含量差异显著；叶片中锰和硼含量最高，分别与其他器官锰含量、硼含量差异显著（图 8-19）。

四、养分因子对源库调控的影响与利用

不同养分条件下，植物表现出不同的功能性状。在养分丰富的立地上，快速生长的物种往往具有高比叶面积（SLA）、高组织养分含量（尤其是氮）、低组织密度和细胞壁含量、低养分吸收速率及低叶片寿命等。而在养分贫瘠的立地上，物种可通过延长叶寿命及

较高的养分再吸收效率以降低养分的损失。油茶树体的生物性状可以反映树体的生长状况和营养水平，树高、冠幅和根深等树体结构因子可能是造成油茶单株产量出现差异的主要影响因子（唐健等，2013）。在对油茶成熟林的生物性状分布情况进行测定，发现油茶成熟林树高、冠幅、胸径和根深等性状均呈正态分布（谢鹏等，2009）。

一般来说，植物要有效地利用养分，主要可以从营养生态机理的 5 个方面来实现，即体内的合理分布，提高营养效率，增加营养转移，实现合理的养分周转速率及提高从环境获取养分的效率。因此，了解植物在养分获取、分配及限制养分损失方面的功能性状则显得尤为重要。通常，比叶面积（SLA）与单位重量的叶氮含量呈正相关关系。因此，具有高氮含量（Nmass）的叶片，其比叶面积（SLA）也较大，从而体现出较快的相对生长速率。这说明具有较高比叶面积（SLA）的树种，其叶内二氧化碳扩散阻力较小，投资在光合器官中的氮较多，光合器官同化二氧化碳的速率也明显高于比叶面积较低的树种。利用这一理论，在前期研究的基础上，可以继续深化研究，将土壤因子与源叶性状相结合，以此探寻土壤因子与叶性状的相关联系，从而筛选出有利于提高比叶面积（SLA）、提高叶片氮含量和源叶光合能力的土壤条件，进而提高源叶向库器官的转化能力，达到源、库、流的协调和平衡。

五、施肥对源库的影响

油茶秋花秋实、抱籽怀胎，一年到头花果不断，对养分需求巨大。广西区植物研究所测定，一般油茶每生产 100kg 枝叶，需从土壤中吸收的主要营养素有氮 0.9kg、磷 0.22kg、钾 0.28kg；而每生产 100kg 茶果，需从土壤中吸收氮 1.11kg、磷 0.85kg、钾 3.43kg。生产上常因养分不足，导致树体生长缓慢、叶片发黄甚至大量落叶、果实发育不良（图 8-20），出现明显大小年等不良现象，严重制约着油茶产量与品质的提高。随着油茶经营理念的更新，油茶的经营从过去的“露水财”式粗放经营到高效益经营管理，施肥是促进油茶生长、提高产量必需的手段之一。

图 8-20　养分不足导致叶片发黄、大量落叶的油茶林

（一）肥料配方对油茶生长与产量的影响

凡是施在土壤中或植物体上，能够供给植物养分和改善土壤性质的物质，都叫肥料。按肥料的性质将肥料分为无机肥、有机肥和微生物肥料。其中，无机肥一般又分氮肥、磷肥、钾肥和微量元素肥料等。

所有油茶施肥方面的研究均认为合理的施肥配比在促进油茶生长的同时，亦能显著提高油茶产量，但以平衡施肥的效果最好，即施肥要使植物的营养生长与生殖生长处于相对平衡，才能获得最大的经济效益。许多研究均表明氮、磷、钾之间具有一定的配合效应，且远高于各自单因素的累加效应。申巍等（2008）也曾通过试验证明复合肥和有机肥同时施用对油茶树结实特性的影响要显著大于单一施用复合肥。王华等（2014）研究发现施肥（复合肥、油茶专用肥、生物有机肥）可提高油茶林地土壤营养元素氮的含量，并能显著提高土壤中微生物的数量、微生物的生物作用及油茶产量；与复合肥相比，生物有机肥和油茶专用肥，施用效果更好。詹寿东（2017）研究发现在施肥过程中，适量加施氮磷钾肥可促进油茶幼林营养生长（地径、树高、抽梢）和花芽分化。因此，在生产中应根据油茶的营养需求和土壤养分的供应状况，同时配合施用氮、磷、钾，以达到经济施肥的目的。

在肥料的配比及用量上，由于试验地土壤状况、油茶不同品种及不同林龄的需肥特性等的差异，得出的研究结果也明显不同。胡冬南（2005）等认为氮磷钾（2：1：1.3）和氮磷钾（1：1：2.6）两种配方对幼龄油茶的生长较好。陈永忠（2007）等通过试验得出了油茶成林和优良无性系新造幼林较合理的施肥配比，其中成林为：施肥总量（200kg/hm^2）+微量元素肥（锌 10g/株）+施肥频率（连续 3 年施肥）+施肥配比（5：1：5）；无性系新造林为：间年施肥、每年施肥量为 N：P_2O_5：K_2O 为 2：1：2。唐光旭等（1998）则认为氮、磷、钾的配比为 1：2：2（单株施肥量 0.75kg）的产量最高，效果最好。潘晓杰等（2003）认为在油茶幼林中每株施氮肥 250g，磷肥 1000g，钾肥 125g，硼肥 20g，锌肥 2g 效果最好。汪洪丽等（2007）认为每株施氮 0.31kg、磷 0.88kg、钾 0.24kg 效果最佳。

我国油茶主要种植区的南方丘陵红壤一般氮、磷、钾的供应不足，有效态钙、镁的含量也少，硼、钼也很贫乏。油茶生长发育不仅需要 N、P、K 等大量元素，而且中量、微量元素营养对于其生长发育也是必不可少的。因此，在补充氮、磷、钾等大量元素的同时，适量补充硼、钼、锌、硒等微量元素，对提高坐果率和促进果实生长也具有显著效果（谭晓风等，2010；高超等，2012；许淑娴，2016）。

从养分平衡的角度来看，植物的生长取决于其内部养分的适宜含量和比例，只有在养分最适强度和最佳平衡条件下，才能获得最高生长量或产量。因此应该大力开展研究施全肥（即全面均衡施肥）并在生产上积极推广。

（二）养分调控时期对油茶生长与产量的影响

对于施肥时期，区分两个具体的概念是有益的。一个是根据季节不同提出的“施肥时间”的概念，如“春季施肥”和“秋季施肥”，这是一个微观的概念，可能更适于苗圃施肥或指某个龄阶林分的施肥。普遍认为有效的施肥季节为林木生长旺盛期，即春季和初夏，此时更有利于根系吸收养分。另一个是，根据林木生长发育阶段性区分的“施肥时期”的概念，如幼苗期施肥、幼林施肥、中龄林施肥和近熟林施肥等，是一个连续的概念，认清它可能更适于林木整个生长时期的营养管理。林木在生长发育阶段中，对养分的需求强度大小是浑然不同的。

确定正确合理的施肥时期不但能提高油茶的产量，而且还能节约成本，获得最好的经济效益。刘欲晓（2001）等认为油茶施肥次数以年施两次，即花芽分化期和开花授粉期各施一次为好。陈永忠（2007）等认为对油茶优良无性系成林和幼林连续 3 年施肥对油茶产量有明显的促进作用。申巍等（2008）认为冬、夏两季有机肥和复合肥混施效果较好，冬季施用有机肥 5.0kg/株，夏季施用复合肥 0.5kg/株，对油茶春梢的生长及油茶产量的促进作用最为明显。涛生等（1990）发现，在茶果采收后到春梢萌芽前半个月施肥的油茶，春梢数量和长度比春末夏初施肥的增加 20%左右。油茶春梢老熟开始花芽分化，是主要的结果枝，早春施肥，促发健壮春梢，尤为重要，是减少油茶结果大小年现象的主要措施之一。

此外，施肥时间与肥效也有密切关系，氮磷复合肥为水溶性速效肥，在春末夏初施用可提高当年花芽数和种仁含油量，而氮磷钾三元复合肥是以钙镁磷肥为主的构溶性磷肥，较为缓效，在土壤中需经转它才能被植物吸收利用，因此，应适当早施。

参考文献

曹继钊，唐健，何应会，等. 2012. 油茶苗期不同器官对各营养元素的吸收及养分间分配规律［J］. 经济林研究，30（4）：32-35.

曹志华，胡娟娟，束庆龙，等. 2011. 水分胁迫对油茶容器苗生理特性及成活率的影响［J］. 经济林研究，29（4）：60-64.

陈隆升，陈永忠，王瑞，等. 2011. 磷胁迫对不同油茶优良无性系 Apase 活性的影响［J］. 中国农学通报，27（31）：58-63.

陈正法，张茜茜. 2002. 我国南方红壤区季节性干旱及对林果业的影响［J］. 农业环境保护，21（3）：241-244.

陈世清，陈彰评，黄筱玲，等. 2000. 卟啉环上的亲核取代研究：2-（2′、5′-二羟基苯基）-5，10，15，20-四苯基卟啉的合成［C］// 全国有机合成学术会议.

陈永忠，王湘南，彭邵锋，等. 2007. 植物生长调节剂对油茶果实含油率的影响［J］. 中南林业科技大学学报，27（1）：25-29.

谌小勇，彭元英，郭照光，等. 1996. 油茶林分生物量及生产力的研究［J］. 经济林研究，（1）：4-6.

戴明宏，赵久然，杨国航，等. 2011. 不同生态区和不同品种玉米的源库关系及碳氮代谢［J］. 中国农业科学，44（8）：1585-1595.

高方胜，徐坤，徐立功，等. 2005. 土壤水分对番茄生长发育及产量品质的影响［J］. 西北农业学报，14（4）：69-72.

高超，袁德义，袁军，等. 2012. 花期喷施营养元素及生长调节物质对油茶坐果率的影响［J］. 江西农业大学学报，34（3）：0505-0510.

葛菁，庞磊，李叶云，等. 2013. 茶树可溶性糖含量的 HPLC-ELSD 检测及其与茶树抗寒性的相关分析

[J]. 安徽农业大学学报, 40 (3): 470-473.
郭传州, 陈建华, 周强, 等. 1994. 油茶林地和树体内营养元素变化研究 [J]. 湖南林业科技, (2): 13-18.
何方, 张才学. 1996. 油茶林生物量与养分生物循环的研究 [J]. 林业科学, 32 (5): 403-410.
何方. 1996. 我国发展木本油料生产的若干问题 [J]. 经济林研究, (s2): 140-154.
何方, 何柏. 2002. 油茶栽培分布与立地分类的研究 [J]. 林业科学, 38 (5) : 64-73.
何小燕. 2012. 弱光胁迫对油茶幼林光合特性和生长的影响 [D]. 长沙: 中南林业科技大学.
何一明, 吕芳德. 2008. 不同密度条件下油茶光合作用的研究 [J]. 现代农业科学, (3): 25-27.
胡冬南, 游美红, 袁生贵, 等. 2005. 不同配方施肥对幼龄油茶的影响 [J]. 西北林学院学报, 20 (1): 94-97.
胡娟娟, 曹志华, 束庆龙, 等. 2012. 失水程度及基质重对油茶容器苗生长和生理特性的影响 [J]. 安徽农业大学学报, 39 (2): 243-246.
胡娟娟, 束庆龙, 曹志华, 等. 2012. 安徽省不同生态类型区油茶良种枝叶化学成分研究 [J]. 西北农林科技大学学报: 自然科学版, 40 (6): 175-180.
胡娟娟. 2012. 水分对油茶生长及生理生化特性的影响 [D]. 合肥: 安徽农业大学.
胡哲森, 时忠杰, 许长钦. 2001. 亚硫酸氢钠对油茶光合机构的生理效应研究 [J]. 林业科学, 37 (z1): 68-71.
黄崇熙, 张津平. 1996. 油茶施肥模式对产量的影响及效益选择 [J]. 经济林研究, (2): 25-26.
黄华锋, 张运山. 1993. 油茶根系生长状况及其对地上部分影响 [J]. 湖北林业科技, (1): 33-37.
黄义松, 牛德奎, 赵中华, 等. 2007. 3 个油茶优良无性系光合作用及生理特性研究 [J]. 江西农业大学学报, 29 (2): 209-214.
霍佩佩, 李小燕, 林萍, 等. 2012. 干旱胁迫对油茶优良无性系渗透调节物质和叶片水分状况的影响 [J]. 内蒙古农业大学学报 (自然科学版), 33 (4): 54-58.
金争平. 2011. 沙棘生态建设新资源——生态经济型和经济型沙棘优良品系 [J]. 水资源开发与管理, 09 (2).
李铁柱, 包梅荣, 乌云塔娜. 2008. 油茶秋水仙素诱导苗光合作用变异研究 [J]. 内蒙古农业大学学报 (自然科学版), 29 (4).
李荣喜, 胡红莲, 黄永芳, 等. 2012. 6 种保水剂对油茶生长和光合特性的影响 [J]. 经济林研究, 30 (4): 47-51.
梁根桃, 阮建云, 章晶晶. 1987. 硫代硫酸银等四种试剂对油茶光合性能影响的初步研究 [J]. 经济林研究, (1).
梁根桃, 杨成区, 张吉祥, 等. 1988. 油茶叶片某些光合性能的研究 [J]. 浙江林业科技, (1).
刘广路, 范少辉, 官凤英, 等. 2010. 不同年龄毛竹营养器官主要养分元素分布及与土壤环境的关系 [J]. 林业科学研究, 23 (2): 252-258.
刘孟雨. 1997. 小麦的库源关系对水分利用效率的影响 [J]. 中国生态农业学报, 5 (3): 33-36.
刘应珍, 邹天才, 郭嫚, 等. 2009. 不同配方施肥对油茶生长发育及其生理特性的影响 [J]. 贵州科学, 27 (2): 61-66.
潘晓杰, 侯红波. 2002. 不同土壤类型的油茶树体营养元素分析 [J]. 湖南林业科技, 29 (2): 73-75.
潘晓杰, 侯红波, 廖芳, 等. 2003. 配方施肥对油茶中幼林营养生长的影响 [J]. 中南林学院学报, 23 (2) : 82-84.
申巍, 杨水平, 姚小华, 等. 2008. 施肥对油茶生长和结实特性的影响林业科学研究 [J]. 21 (2) .

盛大海，刘元英，李广宇. 2009. 水稻源库关系研究进展与应用［J］. 东北农业大学学报，40（5）：117-122.

施晓云. 2013. 不同品种油茶林氮磷钾养分分配规律的研究［D］. 南昌：江西农业大学.

舒娴. 2016. 硒在油茶林中的吸收积累及对土壤酶活性的影响［D］. 长沙：中南林业科技大学.

宋贤冲，唐健，覃其云，等. 2014. 油茶成熟林生物量积累及营养分配规律［J］. 南方农业学报，45（2）：255-258.

粟本文. 1991. 茶树抗寒性研究概况［J］. 茶叶科学技术，(4)：27-29.

孙治强，张强，张惠梅. 2005. 低温弱光对番茄叶绿素含量变化的影响［J］. 华北农学报，20（1）：82-85.

谭晓风，袁德义，袁军，等. 2010. 维生素 C 及植物生长调节物质对油茶花粉萌发率的影响［J］. 浙江林学院学报，27（6）：941-944.

唐光旭，林小凡. 1989. 油茶的生长，产量和生物量与海拔高相关关系的研究［J］. 经济林研究，（1）：97-101.

唐光旭，张永生，唐丽湘，等. 1998. 油茶栽培肥力配比的试验研究［J］. 经济林研究，16 (4) ：20-22.

唐健，李娜，欧阳洁英，等. 2011. 油茶苗期生物量积累及营养分配规律研究［J］. 南方农业学报，42（8)：964-967.

唐健，宋贤冲，曹继钊，等. 2013. 不同产量油茶林树体结构及生物量分配差异［J］. 湖北农业科学，52（12)：2848-2850.

唐瑶. 2005. 油菜花后源库关系研究［D］. 扬州：扬州大学.

屠乃美，官春云. 2001. 油菜库器官分化发育期剪叶对源库关系的影响［J］. 湖南农业大学学报（自科版），27（4)：258-263.

汪洪丽，郭晓敏，赵中华，等. 2007. 油茶生长量、产量与平衡施肥的研究［J］. 江西林业科技，（6)：73-75.

王华，牛德奎，胡冬南，等. 2014. 不同肥料对油茶林土壤氮素含量、微生物群落及其功能的影响［J］. 植物营养与肥料学报，20（6)：1468-1476.

王会利，陈国臣，曹继钊，等. 2010. 油茶不同无性系叶片营养元素吸收情况评价［J］. 广西林业科学，39（2)：64-68.

王会利，唐玉贵，韦娇媚. 2010. 低效林改造对土壤理化性质及水源涵养功能的影响［J］. 中国水土保持科学，8（5)：72-78.

王永安. 2004. GPIT 技术产品—那氏 778 诱导剂［J］. 西北园艺，(10)：40.

王瑞辉，钟飞霞，廖文婷，等. 2014. 土壤水分对油茶果实生长的影响［J］. 林业科学，50（12)：40-45.

王玉娟，陈永忠，王瑞，等. 2012. 稻草覆盖对油茶幼林土壤理化性质及油茶生长的影响［J］. 浙江农林大学学报，29（6)：811-816.

韦宏江，刘树平，黄美依，等. 2012. 凌云县油茶产量与气象条件关系分析［J］. 安徽农业科学，40（33)：16295-16296.

夏莹莹，谢少义，江泽鹏，等. 2017. 不同林龄油茶林总糖含量变化规律［J］. 广西林业科学，46（3)：237-242.

谢鹏，谭晓风，袁军，等. 2009. 普通油茶优良单株产量与主要性状的主成分分析［J］. 湖南林业科技，36（2)：16-18.

谢小立，王凯荣. 2002. 红壤坡地雨水产流及其土壤流失的垫面反应［J］. 水土保持学报，16（4）：37-40.

熊毅. 1977. 土壤的组成分及其相互作用［J］. 土壤，(4)：38-43.

杨浪. 2013. 施用钾肥对油茶营养生长、结实影响研究［D］. 南昌：江西农业大学.

杨长桃，詹石安. 1998. 影响早籼穗重的主要因素与库，源，流结构关系浅析［J］. 福建农业科技，(1)：3-4.

叶航，廖建勇，杨丹，等. 2012. 利用光合特性初步筛选耐弱光油茶品种［J］. 广西林业科学，41（4）：323-326.

袁军. 2010. 普通油茶营养诊断及施肥研究［D］. 长沙：中南林业科技大学.

詹寿东. 2017. 油茶器官养分动态及土壤养分对施肥的响应［D］. 长沙：中南林业科技大学.

张慧，申双和，温学发，等. 2012. 陆地生态系统碳水通量贡献区评价综述［J］. 生态学报，32（23）：7622-7633.

张卫星，章秀福，廖西元，等. 2013. 粳稻南移种植的生产力与生态适应性研究（摘要）［J］. 中国稻米，19（4）：139-140.

赵中华，郭晓敏，李发凯，等. 2007. 不同施肥处理对油茶光合生理特性的影响［J］. 江西农业大学学报，29（4）：576-581.

左继林. 2014. 油茶高产无性系对干旱胁迫及抗旱措施的响应［D］. 南京：南京林业大学.

钟飞霞，王瑞辉，廖文婷，等. 2015. 高温少雨期环境因子对油茶果径生长的影响［J］. 经济林研究，(1)：50-55.

钟剑飞，郭晓敏，刘苑秋，等. 2009. 油茶平衡施肥经济效益研究［J］. 林业科技通讯，(9)：3-6.

朱亚静. 2003. 库源比对桃叶片光合作用及碳水化合物代谢的影响［D］. 北京：中国农业大学.

庄瑞林. 2008. 中国油茶（第 2 版）［M］. 北京：中国林业出版社.

Walters M B，Reich P B. 1999. Low - light carbon balance and shade tolerance in the seedlings of woody plants：do winter deciduous and broad - leaved evergreen species differ?［J］. New Phytologist，143（1）：143-154.

第九章

植物生长调节剂与油茶源库调控

第一节 植物生长调节剂对油茶光合作用的影响

随着对植物内源激素的研究，从植物体内发现了五大类植物激素，分别是生长素（IAA）、赤霉素（GA）、细胞分裂素（CTK）、脱落酸（ABA）和乙烯（ETH），人们也在不断地用人工合成的方法制成一些具有植物激素活性的类似物应用于农业的生产中，这就是植物生长调节剂。植物生长调节剂与内源激素相比，其生理效应针对性、目的性更强，可以显著的调节植物的营养生长和生殖生长。根据植物生长调节剂在农业生产中所发挥的作用可以把植物生长调节剂分为五大类，分别是：植物生长促进剂（赤霉素、萘乙酸、生长素和芸苔素内酯等）、植物生长抑制剂（青鲜素、整形素、增甘膦）、植物生长延缓剂（多效唑、烯效唑和比久等）、保鲜剂、抗旱剂。前3种在油茶上应用较为广泛。

植物生长促进剂能够促进植物细胞分裂、分化和延长生长，它们能促进植物营养器官的生长和生殖器官的发育。这是植物生长调节剂种类最多、应用最为广泛的一类；植物生长抑制剂主要是抑制生长素的合成，可抑制茎顶端分生组织细胞的核酸和蛋白质的生物合成，使细胞分裂慢，植株矮小。同时，生长抑制剂也抑制顶端分生组织细胞的伸长和分化，影响当时生长和分化的侧枝、叶片和生殖器官。因此，破坏顶端优势后，侧枝数增加，叶片变小，生殖器官的发育也受到影响；植物生长延缓剂主要抑制赤霉素的生物合成，抑制植物顶端分生组织的生长，使细胞伸长变慢，节间缩短而不减少细胞数目和节间数目，植株变矮，但不影响叶片的发育和叶片数，一般也不影响花的发育，外施赤霉素通常可逆转其效应。

光合作用是油茶生长发育的基础，在油茶的生长发育过程中起着重要的作用。叶绿素、净光合速率和叶绿素荧光是光合作用的主要指标。叶绿素是与光合作用有关的最重要的色素，从光中吸收能量，然后将二氧化碳转化为碳水化合物。光合速率反映植物有机物的积累。叶绿素荧光作为光合作用的探针，几乎光合作用中所有的化学变化都可以通过叶绿素荧光来反映。

一、对叶绿素含量的影响

油茶叶片叶绿素含量与油茶叶片光合机能大小密切相关，其消长规律是反映油茶叶片生理活性变化的重要指标之一，而油茶光合作用的能力可以直接或间接地影响油茶自身的生长发育，最终会对其果实品质和产量产生影响。在一定范围内，叶绿素含量越多，其光合能力越强。在油茶不同生长发育阶段，喷施不同浓度的植物生长调节剂对其叶片叶绿素含量的影响不同。对 20 年生油茶植株叶片在新梢生长发育前期喷施比久（B-9）（黄文道，2003），喷施浓度分别为 1000mg/L、1500mg/L、2000mg/L、2500mg/L，发现其叶片叶绿素含量分别比对照提高 6.7%、13.3%、37.8%、31.1%（表 9-1）；在 32 年生霜降籽油茶新梢生长发育期喷施不同浓度的烯效唑（S-3307）（李培庆等，1998），显著增加了油茶叶片叶绿素含量，在 250mg/L、500mg/L 和 1000mg/L 处理下，油茶叶片中叶绿素含量分别比对照增加 25.6%、40.1%和 42.3%（表 9-2）；杨少燕等（2016）在油茶油脂转换期对湘林系列盛果期高产油茶喷施不同浓度的芸苔素内酯，喷施 1 周后，喷施浓度为 0.04mg/L，0.06mg/L，0.08mg/L 的处理组均可以显著提高叶绿素的含量，而以喷施浓度为 0.04mg/L 的处理提高最多，相比于对照各类叶绿素提高均在 30%以上。喷施 1 个月后，喷施不同浓度的芸苔素内酯仍均可提高油茶叶绿素的含量，却以喷施浓度为 0.08mg/L 的处理效果最好，相比于对照各类叶绿素均提高 40%以上，这说明不同浓度的芸苔素内酯对油茶叶片叶绿素的影响会随着喷施后时间的变化而发生变化（表 9-3、9-4）。

表 9-1　比久（B-9）处理后油茶叶片叶绿素含量的变化

浓度（mg/L）	总叶绿素含量（mg/g）FW
1000	0.48
1500	0.51
2000	0.62
2500	0.59
对照	0.45

注：Fw 为样品鲜重。下同。

表 9-2　烯效唑（S-3307）处理后油茶叶片叶绿素含量的变化

浓度（mg/L）	总叶绿素含量（mg/g）FW
0（对照）	1.37
250	1.72
比对照（%）	+25.6
500	1.92
比对照（%）	+40.1
1000	1.95
比对照（%）	+42.3

表 9-3　喷施芸苔素内酯（BRs）1 周后油茶叶片叶绿素含量的变化

浓度（mg/L）	叶绿素 a（mg/g）	叶绿素 b（mg/g）	总叶绿素（mg/g）
0	1.00±0.05c	0.10±0.01c	1.10±0.04c
0.04	1.35±0.01a	0.15±0.00a	1.50±0.05a
0.06	1.12±0.01b	0.12±0.01b	1.24±0.06b
0.08	1.10±0.01b	0.11±0.00bc	1.21±0.07b
0.10	1.01±0.02c	0.11±0.02bc	1.12±0.08c

注：a、b、c 为差异显著性分析，不同小写字母表示差异显著（$P \leq 0.05$）。下同。

表 9-4　喷施芸苔素内酯（BRs）1 个月后油茶叶片叶绿素含量的变化

浓度（mg/L）	叶绿素 a（mg/g）	叶绿素 b（mg/g）	总叶绿素（mg/g）
0	0.8±0.02c	0.24±0.00c	1.04±0.02c
0.04	0.82±0.02c	0.26±0.01bc	1.08±0.03c
0.06	0.99±0.01b	0.28±0.00b	1.27±0.01b
0.08	1.21±0.07a	0.35±0.02a	1.56±0.09a
0.10	1.04±0.04b	0.29±0.04b	1.33±0.08b

此外，喷施植物生长调节剂的时间同样影响油茶叶片叶绿素含量。胡玉玲等（2011）在 2010 年 3 月、4 月、6 月和 8 月对 8 年生的 3 种不同系号长林品种（‘长林 166 号’‘长林 53 号’‘长林 27 号’）的油茶进行不同浓度（0.67mg/L、0.50mg/L、0.33mg/L、0.25mg/L、0.20mg/L）“园丰素”（有效成分为芸苔素内酯）喷施，分别在同年的 4 月、8 月和 10 月进行叶绿素的测定（图 9-1~9-3），从图 9-1 可以看出，‘长林 166 号’和‘长林 53 号’品系经 4 月不同浓度“园丰素”处理后，叶片叶绿素含量都比对照高，表现为叶绿度（SPAD 值）测量值高，其中‘长林 166 号’在“园丰素”中芸苔素内酯浓度 0.25mg/L 时最高；‘长林 53 号’在“园丰素”中芸苔素内酯浓度 0.33mg/L 时最高；‘长林 27 号’的曲线较平，喷施“园丰素”对其叶片叶绿素含量影响不大。而图 9-2 显示，喷施“园丰素”对 8 月叶片叶绿素的形成没有促进作用，其中‘长林 53 号’和‘长林 27 号’还表现为抑制作用，这一方面可能是 4 月、6 月和 8 月喷施过多造成的，另一方面的原因可能与当年 8 月天气干旱有关。图 9-3 中 10 月下旬测定的叶绿度与 4 月表现的规律基本相同，不同的是‘长林 27 号’在芸苔素内酯浓度达 0.33mg/L 时叶绿素相对含量最高。

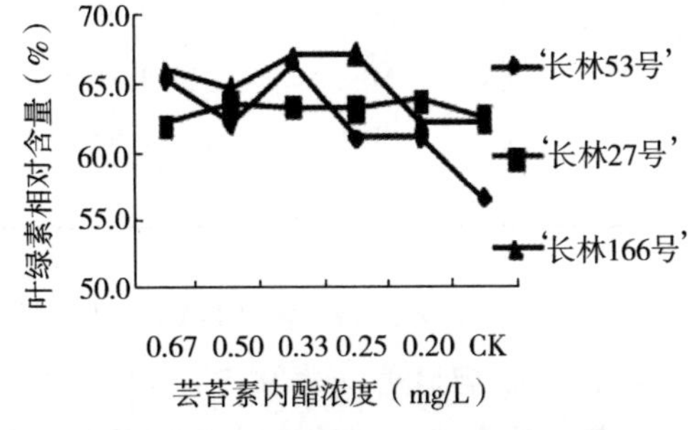

图 9-1　4 月油茶叶片 SPAD 值变化

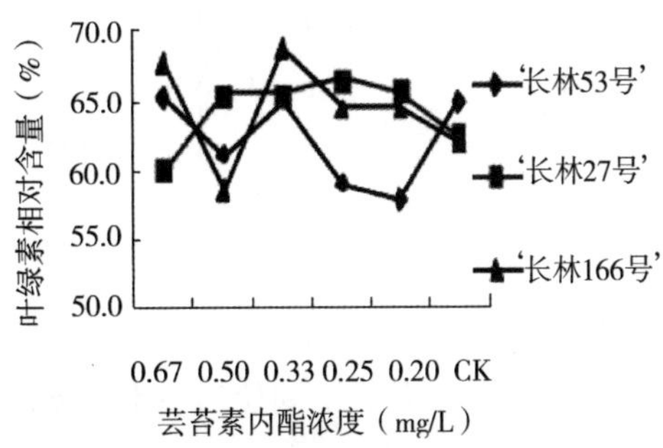

图 9-2　8 月油茶叶片 SPAD 值变化

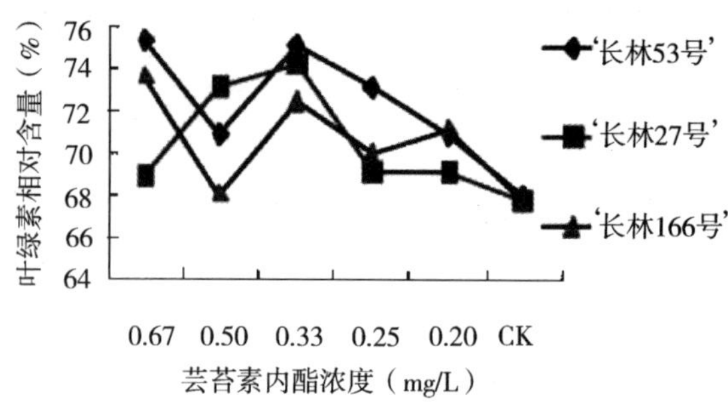

图 9-3 10 月油茶叶片 SPAD 值变化

不仅单独喷施某一种植物生长调节剂会对油茶叶片叶绿素含量产生影响，而且，不同植物生长调节剂间的交互作用同样会影响油茶叶片叶绿素含量的高低。例如，在油茶果实发育关键期，对林龄为 5 年生的长林系列 53 号品系油茶分别喷施不同浓度的生长素（IAA）、赤霉素（GA）、细胞分裂素（CTK）（胡玉玲等，2013），因素处理水平见表9-5，发现 IAA 是影响叶片 SPAD 值的关键因子，并且在 5 月和 9 月施 10mg/L IAA+0.1mg/L GA、0.1mg/LCTK 和 0.001mg/L BRs，叶片 SPAD 值最高，由于 SPAD 值与叶绿素含量存在极显著的相关性，即叶绿素含量最高（表 9-6）。这也表明在油茶不同的生长期对激素水平要求也是有差异的。

表 9-5 不同植物生长调节剂处理的因素和水平

因素	水平处理（mg/L）		
	1	2	3
A（生长素）	10	1	0.1
B（赤霉素）	10	1	0.1
C（细胞分裂素）	10	1	0.1
D（芸苔素内酯）	0.1	0.01	0.001
E（喷施月）	5 月+8 月	5 月+9 月	5 月+10 月

表 9-6 不同植物生长调节剂处理下油茶叶片 SPAD 值的变化

列号	叶片 SPAD 值	列号	叶片 SPAD 值	列号	叶片 SPAD 值
A-IAA	3.88	B-GA	2.67	AB	2.85
C-CTK	1.35	AC	1.29	BC	1.28
ABC	2.54	D-BRs	1.15	AD	1.71
BD	2.08	E-时间	0.87	CD	3.50
空列	2.46				

在油茶花芽生理分化期对湘林系列盛果期油茶单株进行外源赤霉素（GA）的喷施，喷施时间为 4h，对其不同位置（1 和 6）叶片叶绿素含量影响显著（表 9-7）。不同浓度的赤霉素显著增加第 1 叶和第 6 叶的叶绿素 a 和叶绿素 b 的含量，对第 1 叶的叶绿素 a 和

叶绿素 b 影响效果如下：100mg/L>300mg/L>200mg/L> 对照；对第 6 叶的叶绿素 a 和叶绿素 b 影响效果如下：100mg/L>200mg/L>对照>300mg/L。100mg/L 赤霉素处理下，第 1 叶中叶绿素 a、叶绿素 b 和总叶绿素含量分别比对照增加了 94. 39%、120. 00%和 100. 00%，第 6 叶中叶绿素 a、叶绿素 b 和总叶绿素含量分别比对照增加了 107. 11%、118. 92%和 110. 18%。外源赤霉素导致叶绿素含量的增加，一方面可能是由于其增加了叶绿体的数量和大小；另一方面，外源赤霉素还促进了光合色素含量的增加，而类胡萝卜素是主要的光合色素之一，即类胡萝卜素的含量在赤霉素处理下也有所增加。大量的类胡萝卜素可以有效地防止叶绿素降解，所以，在赤霉素处理下，油茶叶片叶绿素的含量相比于对照显著的增加。此外，在相同处理下，第 1 叶中叶绿素 a、叶绿素 b 和总叶绿素含量始终高于第 6 叶，这可能是由于不同位置的油茶叶片叶龄不同所造成叶绿素含量的差异。

表 9-7　赤霉素（GA）处理下不同位置（1 和 6）油茶叶片叶绿素含量的变化

处理浓度（mg/L）	叶位	叶绿素 a（mg/g · FW）	叶绿素 b（mg/g · FW）	总叶绿素（mg/g · FW）
100	1	0. 208±0. 012d	0. 088±0. 005c	0. 296±0. 017c
	6	0. 437±0. 019a	0. 162±0. 007a	0. 599±0. 026a
200	1	0. 124±0. 010g	0. 049±0. 002g	0. 173±0. 012g
	6	0. 256±0. 011b	0. 091±0. 005b	0. 347±0. 016b
300	1	0. 180±0. 009f	0. 070±0. 003f	0. 250±0. 012f
	6	0. 198±0. 012e	0. 065±0. 004e	0. 263±0. 016e
对照	1	0. 107±0. 001h	0. 040±0. 003h	0. 147±0. 004h
	6	0. 211±0. 011c	0. 074±0. 005d	0. 285±0. 016d

注：不同小写字母表示差异显著（$P \leq 0.05$）。

二、对光合速率的影响

植物在光合作用中吸收二氧化碳的能力称为光合速率，又叫做净光合强度或二氧化碳净同化率。一般来说，光合速率越高，植物在光合作用中吸收的二氧化碳越多，制造的碳水化合物就越多，产量越高。对 20 年生油茶植株叶片在新梢生长发育前期喷施比久（B-9）（黄文道，2013），喷施浓度分别为 1000mg/L、1500mg/L、2000mg/L、2500mg/L，发现其叶片光合速率的变化趋势与叶绿素含量变化相同，即各处理明显增强了叶片的光合速率，且分别比对照增加了 0. 03mg/（dm^2 · h）、0. 08mg/（dm^2 · h）、0. 07mg/（dm^2 · h）、0. 05mg/（dm^2 · h），说明比久处理可以增强油茶叶片的光合作用能力，促使油茶叶片制造更多的有机物，为油茶的生长发育提供了良好的物质基础。对 8 年生的‘长林 53 号’的油茶进行不同浓度（0. 67mg/L、0. 50mg/L、0. 33mg/L、0. 25mg/L、0. 20mg/L）“园丰素”（有效成分为芸苔素内酯）的喷施（胡玉玲等，2010），发现油茶和其他很多喜光性植物一样，有明显的“午休”现象（图 9-4），12：00 光合速率较低。适量喷施“园丰素”后，“午休”现象变得不明显，参试的 5 种浓度水平中，以“园丰素”中芸苔素内酯

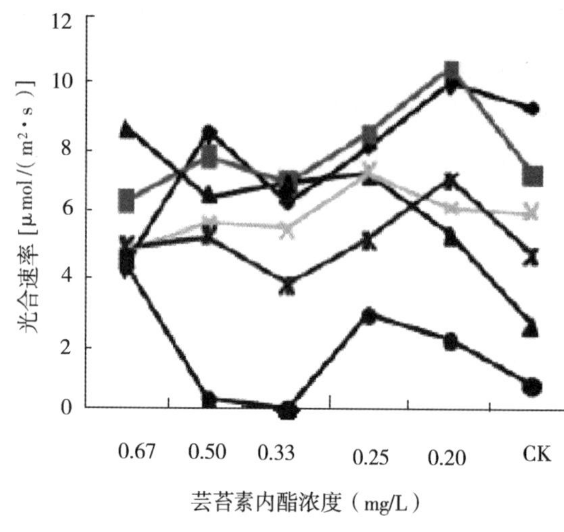

图 9-4　'长林 53 号'光合速率的变化

浓度 0.33mg/L 效果较好。适宜浓度的"园丰素"可以提高油茶的光合速率，但当浓度过量时会抑制油茶的光合速率。在湘林系列高产油茶油脂转换期喷施不同浓度的芸苔素内酯（杨少燕等，2016），分别测定喷施芸苔素内酯 1 周后（图 9-5）和 1 个月后光合日动态曲线的变化（图 9-6），处理组的光合日动态变化与对照变化趋势基本一致，都呈宽大的单峰型，但各点的光合速率（Pn）值均高于对照，尤其是浓度为 0.04mg/L、0.06mg/L、0.08mg/L 的处理组，3 条曲线各时间点 Pn 值很接近，其中以喷施浓度为 0.04mg/L 的处理正午时净光合速率值最大，相比于对照提高 52.63%。这是由于在一定范围内，叶绿素含量越多，其光合能力越强，光合日动态曲线上各点的净光合速率也最高，因此，喷施初期低浓度的处理组各个时间点的净光合速率值显著高于对照。喷施芸苔素内酯 1 个月后，虽然处理组的光合日动态曲线与对照趋势基本一致，而且处理组各点的 Pn 值仍高于对照，但是此时处理组（包括对照）光合日动态曲线已明显低于喷施芸苔素内酯 1 周后的光合日动态 Pn 值，而以喷施浓度为 0.08mg/L 的处理 Pn 峰值最高，相比于对照提高 22.66%。此时，各曲线的峰值处于 14：00，而不是喷施芸苔素内酯 1 周后的 12：00，可能是因为 9 月下午一两点时温度过高，油茶出现"午休"现象，光合效率下降所致。

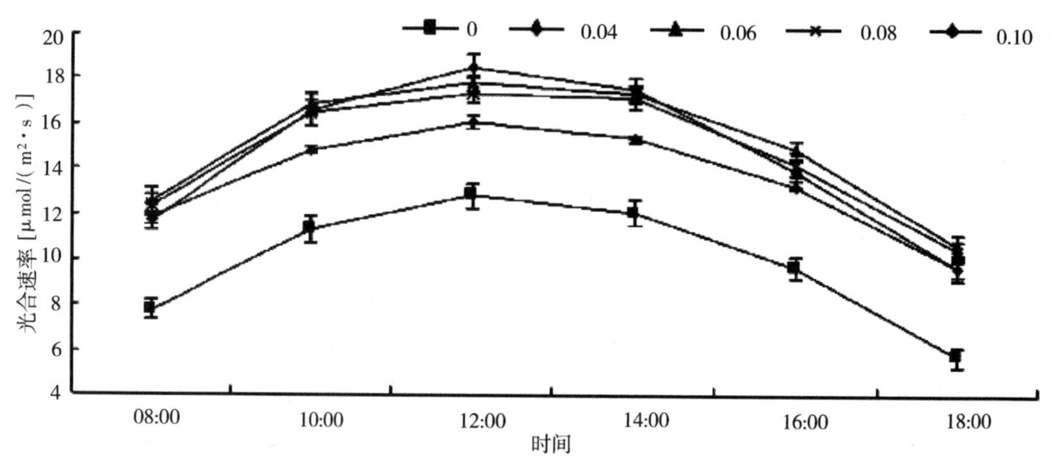

图 9-5　喷施芸苔素内酯 1 周后光合作用日动态曲线

在油茶花芽生理分化期对湘林系列盛果期油茶单株进行外源赤霉素（GA）的喷施，喷施 4h 后，不同位置叶片光合作用变化结果与叶绿素的变化趋势（表 9-7）较为一致（表 9-8），100mg/L 和 200mg/L 赤霉素相比与对照显著提高了 1 叶和 6 叶的光合速率，而

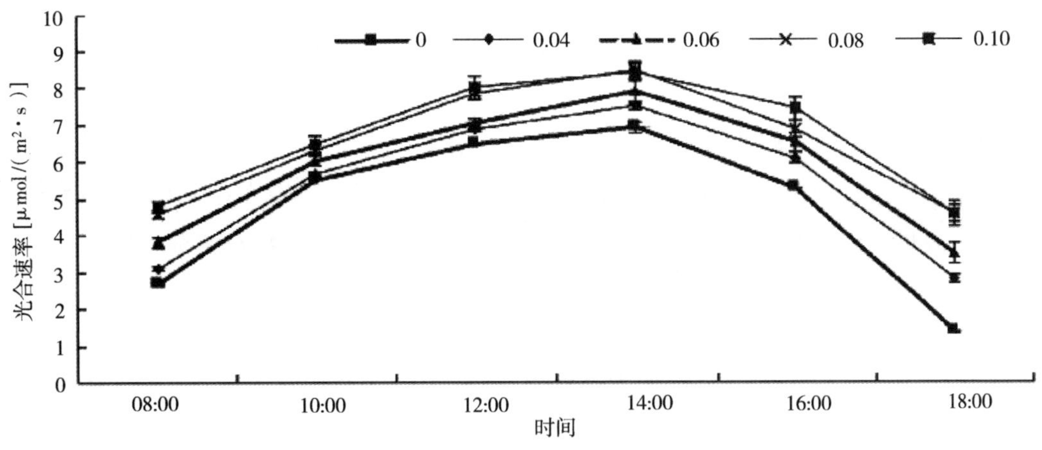

图 9-6　喷施芸苔素内酯 1 个月后光合作用日动态曲线

300mg/L 的赤霉素虽然显著提高了 1 叶的光合速率，而 6 叶的光合速率相比于对照却显著下降。100mg/L 处理下，1 叶和 6 叶的光合速率分别为对照的 0.596 倍和 0.449 倍。可能由于外源赤霉素不仅可以增加植物叶面积，也可以通过增加叶片有效光照面积来提高光合速率。而且，外源赤霉素也可能促进了植物体内储存的 HCO_3^-脱水，为核酮糖-1，5-二磷酸羧化酶（Rubisco）提供了更多的 CO_2，从而加快了叶片的光合作用，导致光合速率的提高。

表 9-8　赤霉素（GA）处理下不同位置（1 和 6）油茶叶片光合速率的变化

处理浓度（mg/L）	叶位	光合速率［umol/（m²·s）］	处理浓度（mg/L）	叶位	光合速率［umol/（m²·s）］
100	1	1.345±0.229e	200	1	0.989±0.119g
	6	5.083±0.432a		6	4.122±0.365b
300	1	1.132±0.113f	对照	1	0.843±0.110h
	6	3.047±0.309d		6	3.508±0.328c

注：不同小写字母表示差异显著（$P≤0.05$）。

三、对叶绿素荧光的影响

在油茶花芽生理分化期对湘林系列盛果期油茶单株进行外源赤霉素（GA）的喷施，喷施 4h 后，各赤霉素处理对第 1 叶的 Fv/Fm 影响效果如下（表 9-9）：100mg/L>300mg/L>对照，但 200mg/L 赤霉素处理与对照差异不显著。各赤霉素处理对第 6 叶的 Fv/Fm、ΦPSⅡ和 ETR 影响效果如下：100mg/L>200mg/L>对照>300mg/L。各处理对第 1 叶中的 ΦPSⅡ和 ETR 的影响趋势一致，表现为：100mg/L>200mg/L>300mg/L>对照。此外，第 1 叶和第 6 叶在相同处理条件下，叶绿素荧光参数差异显著。例如，对照的第 6 叶中的 ΦPSⅡ和 ETR 分别是第 1 叶的 1.22 和 1.28 倍，但 Fv/Fm 却比第 1 叶下降了 1.22%。Fv/Fm反映叶片 PSⅡ原初光能转换效率和最大光化学效率，是光化学反应状况的一个重要参数，代表了 PSⅡ光化学效率的变化。赤霉素处理下，Fv/Fm 上升，表示光合作用器官（叶片）的光合活性被激发，叶片 PSⅡ原初光能转换效率增大，且 PSⅡ利用光的能力增加，反之；ΦPSⅡ 表示实际光化学效率，代表线性电子传递的量子效率，常用来反映电子在 PSⅡ和 PSⅠ间传递情况。不同浓度赤霉素处理下，Pn，ETR 和 Fv/Fm 上升，说明其可获得较高的光能利用率，增大 PSⅡ反应中心的开放程度，提高光合色素把光能转化为化学能的效率，促使油茶叶片捕获的光能更有效地利用于光合作用，从而保证光合作用的高效进行。

表 9-9 赤霉素（GA）处理下不同位置（1 和 6）油茶叶片叶绿素荧光参数的变化

处理浓度（mg/L）	叶位	Fv/Fm	ΦPSⅡ	ETR
100	1	0.837±0.021b	0.065±0.003b	38.167±2.131d
	6	0.843±0.032a	0.071±0.003a	43.627±4.322a
200	1	0.819±0.028d	0.053±0.002e	33.865±1.123f
	6	0.815±0.025e	0.066±0.002b	41.792±3.967b
300	1	0.828±0.032c	0.060±0.002c	34.243±2.322e
	6	0.804±0.025g	0.050±0.001f	34.236±2.655e
对照	1	0.820±0.026d	0.046 ±0.001g	32.106±1.976g
	6	0.810±0.036f	0.056±0.002d	40.981±1.899c

注：不同小写字母表示差异显著（$P \leq 0.05$）。

第二节 植物生长调节剂对油茶同化物运输与分配的影响

一、对标记叶中^{13}C同化物在叶和芽中的分布变化的影响

自然界大气中的二氧化碳为^{12}C，通常情况下，植物叶片光合作用产生的碳水化合物中的碳元素主要为^{12}C，所以，运用^{13}C同位素示踪法模拟大气中$^{12}CO_2$环境，可以准确地追踪光合作用所固定的碳的转移和分布情况。在油茶花芽生理分化期对湘林系列盛果期油茶单株进行外源赤霉素（GA）的喷施，喷施 4h 后，对第 1 片叶和第 6 片叶分别进行^{13}C标记，标记 4h 后取样，^{13}C含量分析结果见表 9-10，结果表明，除 300mg/L 赤霉素处理（相

表 9-10 赤霉素（GA）处理下不同位置（1 和 6）油茶叶和芽^{13}C含量的变化

位置		处理浓度（mg/L）			
		100	200	300	对照
叶	1	59.93d	126.63b	114.25c	141.65a
	6	76.66d	93.84c	137.76a	126.54b
芽	1	0.0478a	0.0265c	0.0385b	0.0161d
	6	0.0372a	0.0231b	0.0123d	0.0149c

注：不同小写字母表示差异显著（$P \leq 0.05$）。

比于对照，第 6 叶中^{13}C的含量显著增加）外，各浓度赤霉素处理均显著降低了第 1 叶和第 6 叶中^{13}C的含量，对^{13}C含量的影响效果如下：对照>200mg/L>300mg/L>100mg/L

（第 1 叶）；300mg/L>对照>200mg/L> 100mg/L（第 6 叶）。而相应位置芽中的^{13}C含量却显著地增加，其变化趋势与相应位置叶片^{13}C含量的变化趋势正好相反，即 100mg/L>300mg/L>200mg/L>对照（第 1 芽）；100mg/L>200mg/L>对照> 300mg/L（第 6 芽）。

二、对各器官中可溶性糖和淀粉含量变化的影响

在油茶花芽生理分化期对湘林系列盛果期油茶单株进行外源赤霉素（GA）的喷施，喷施 4h 后，不同位置叶片可溶性糖含量（表 9-11）和淀粉含量（表 9-12）的变化结果如下：赤霉素处理下，第 1 片和第 6 片叶的可溶性糖含量的变化趋势同^{13}C含量的变化趋势（表 9-10）相一致。碳水化合物是植物进行光合作用的主要产物，是植物生命代谢和形态建成的重要物质。光合作用产生的主要碳水化合物是可溶性糖和淀粉，可溶性糖主要包括蔗糖和还原糖，还原糖是合成蔗糖的最初前体物质，蔗糖是植物叶片中碳水化合物的主要运输形式，而淀粉则是维持植物正常代谢所必需的储能物质。外源赤霉素处理下，叶片中淀粉含量下降，而相应位置芽的可溶性糖和淀粉含量均上升，说明了外源赤霉素处理加快了相应位置叶片向相应位置芽中进行光合产物的运输，即叶片（源）光合作用制造的同化物更多的运输到芽（库）；另一方面，也有可能是因为外源赤霉素促进叶片中淀粉酶活性的提高，加快淀粉的降解，造成叶片中淀粉含量下降。然而，300mg/L 赤霉素显著增加了第 6 叶的淀粉和可溶性糖含量，却降低了 6 芽中的淀粉和可溶性糖含量，与 300mg/L 赤霉素处理下第 1 叶中的淀粉和可溶性糖含量的变化趋势相反，这可能是由于相比于 100mg/L 和 200mg/L 的赤霉素浓度，300mg/L 赤霉素浓度过高，而且，第 1 叶和第 6 叶的叶片位置不同，以上两方面的因素共同作用可能导致了在 300mg/L 赤霉素处理下，显著抑

表 9-11　赤霉素（GA）处理下不同位置（1 和 6）油茶叶和芽可溶性糖含量的变化

位置		处理浓度（mg/L）			
		100	200	300	对照
叶	1	20.05d	36.72b	27.65c	43.79a
	6	36.98d	49.32c	81.7a	71.95b
芽	1	11.61a	7.69c	9.65b	5.67d
	6	6.74a	5.19b	2.34d	4.94c

注：不同小写字母表示差异显著（$P \leq 0.05$）。

表 9-12　赤霉素（GA）处理下不同位置（1 和 6）油茶叶和芽淀粉含量的变化

位置		处理浓度（mg/L）			
		100	200	300	对照
叶	1	21.93d	49.79b	37.39c	69.31a
	6	9.41d	10.54c	35.94a	21.18b
芽	6	18.13a	8.15c	15.24b	5.43d
	1	8.31a	6.52b	3.44d	5.55c

制了叶片向芽进行光合产物的运输，同时，也可能加快了叶片淀粉酶的分解。相同处理下，第 1 芽中可溶性糖和淀粉含量始终明显大于第 6 芽，这可能由于第 6 芽离果实近，第 6 片叶的光合产物不仅向邻近的芽运输，也向果实运输，与同化物运输分配原则中的就近运输原则相符。

第三节　植物生长调节剂对油茶花芽分化的影响

油茶的花芽分化是指油茶枝条上的芽从叶芽状态转化为花芽状态的过程。花芽分化作为油茶发育年循环中的重要物候期，花芽分化情况的好坏，直接影响到油茶的产量和果实品质。

一、对花芽分化发育进程的影响

在 2010 年 5 月、8 月、9 月、10 月分别对林龄为 5a 的长林系列 53 号品系喷施 4 次（胡玉玲等，2010），采用 L_{27}（3^{13}）正交试验设计，分别喷施不同浓度的生长素（IAA）、赤霉素（GA）、细胞分裂素（CTK）和芸苔素内酯（BRs），发现在 5 月和 10 月喷施 10mg/L IAA、10mg/L GA、10mg/L CTK 和 0.001mg/L BRs，‘长林 53 号’油茶最早开花。

二、对花芽外部形态的影响

在湘林系列 10 年生高产系列油茶的花芽生理分化期，分别对油茶单株喷施不同浓度的赤霉素和多效唑（温玥等，2015），发现不同浓度的赤霉素和多效唑对油茶花芽外部形态的影响显著（表 9-13 和表 9-14），效果如下：赤霉素 300mg/L 时，促进油茶花芽伸长效果最好，与对照处理相比增长 11.43%，油茶花芽宽度、厚度和体积、质量相比于对照，分别增加 6.7%、7.7%、23.1%和 9.1%；喷施 1500mg/L 的多效唑，对油茶花芽饱满度的促进作用最好，花芽长、宽、厚、体积、重量分别比对照增加 9.96%、14.08%、12.60%、34.86%、13.37%。

表 9-13　赤霉素（GA）处理对油茶花芽饱满度的影响

赤霉素（mg/L）	长（mm）	宽（mm）	厚（mm）	体积（mm^3）	重量（g）
100	13.73b	7.94b	7.75b	90.05b	1.95b
200	13.22c	7.96b	7.56b	88.10b	1.99b
300	14.14a	8.25a	7.84a	98.33a	2.04a
对照（CK）	12.69d	7.73c	7.28c	79.91c	1.87b

表 9-14　多效唑（PP_{333}）处理对油茶花芽饱满度的影响

质量浓度（mg/L）	长（mm）	宽（mm）	厚（mm）	体积（mm^3）	重量（g）
500	17.79a	9.79b	9.28b	91.94b	1.89b
1000	17.84a	9.86b	9.19b	98.33b	1.87b
1500	17.78a	10.37a	9.83a	100.47a	1.95a
对照（CK）	16.17b	9.09c	8.73c	74.50c	1.72c

三、对花芽分化率的影响

单独喷施不同浓度的植物生长调节剂，对油茶花芽分化率的影响不同。在4月中下旬春梢停止生长至5月上中旬的油茶生理分化期，对2~3年生的油茶喷施不同浓度的6-BA和赤霉素（陈国臣等，2014），处理水平见表9-15，发现赤霉素浓度为1500mg/L时可促进花芽分化；1500mg/L的6-BA可以显著促进花芽的分化，而浓度为500mg/L时有抑制花芽分化的作用（图9-7）。陈显等（2013）研究发现，浓度为25mg/L和50mg/L的赤霉素，促进油茶成花，使得油茶的花芽分化率有所提高；而100mg/L和150mg/L处理抑制了油茶成花，降低了油茶的花芽分化率。对3年生‘岑软3号’优良无性系的油茶植株在其花芽分化期喷施2000mg/L细胞分裂素或1000mg/L乙烯利（赵海鹄等，2009），比对照枝条花芽数高出40%，可显著促进花芽分化（表9-16）。在油茶花芽分化期喷不同浓度赤霉素和尿素的组合（左继林等，2016），发现赤霉素浓度100mg/L配合1.0%尿素可以显著地抑制花芽数量，从而降低了油茶花芽分化率。不同浓度的烯效唑显著提高了油茶的花芽分化率（李培庆等，1998），250mg/L、500mg/L、1000mg/L处理下，当年的花芽分化率比对照分别增加了5.1%、14.1%和11.5%。

表9-15　赤霉素和6-BA处理的因素和水平

处理		浓度（mg/L）
赤霉素	C1	500
	C2	1000
	C3	1500
	C4	2000
6-BA	C1	500
	C2	1000
	C3	1500
	C4	2000

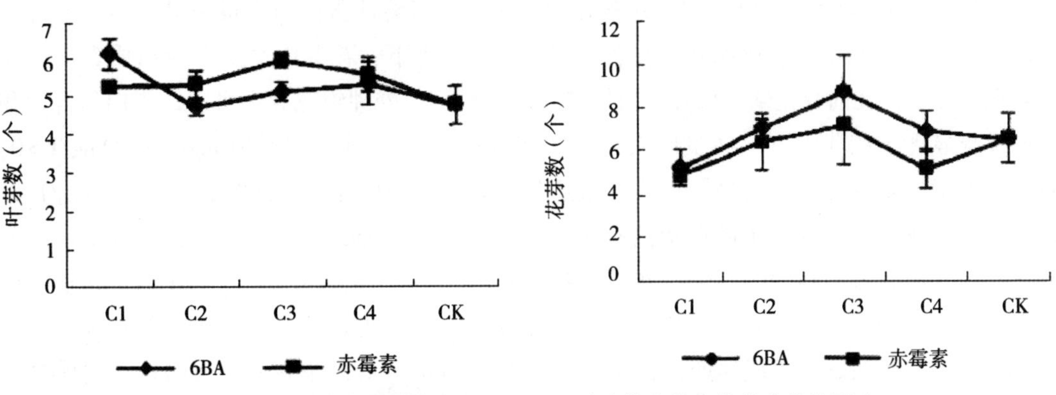

图9-7　不同浓度赤霉素和6-BA处理对叶芽分化和花芽分化的影响

表 9-16 不同植物生长调节剂处理对油茶花芽数量的影响

处理	水平	Ⅰ	Ⅱ	Ⅲ	平均
多效唑（mg/L）	500	41	32	33	33.5c
	1000	38	46	40	41.3bc
细胞分裂素（mg/L）	1000	42	38	33	37.7c
	2000	49	51	59	53.0a
乙烯利（mg/L）	1000	43	54	45	47.3ab
	2000	28	37	33	32.7c
对照		32	33	36	33.7c

前人不仅研究了外源植物生长调节剂对油茶单株的花芽分化率的影响，还对油茶不同类型枝条花芽分化率的影响进行了研究。温玥等（2015）分别研究了不同浓度赤霉素和多效唑处理对不同类型油茶春梢花芽分化率和单株花芽分化率的影响。结果表明，外源喷施多效唑不会影响油茶短枝、中枝、徒长枝的花芽率，但是，在不同浓度的多效唑处理下，油茶单株的花芽分化率有了显著的提高，各质量浓度促进油茶花芽化率的作用大小依次为：1500mg/L（31.90%）、1000mg/L（31.87%）、500mg/L（27.90%）。而且，1500mg/L多效唑使得油茶单株的花芽总数显著增多，相比对照增加 59.38%；300mg/L 和 200mg/L 赤霉素显著增加长枝的花芽分化率，分别达到 0.44 和 0.41，比对照分别增加 34.9%和 23.4%。另外，不同浓度赤霉素均显著促进油茶单株的花芽分化率，300mg/L 赤霉素促进油茶单株花芽分化的作用效果最大，单株花芽分化率达到 0.38。

四、对花芽营养物质的影响

以湘林系列高产油茶良种为试材，于花芽生理分化前期，对其进行不同浓度赤霉素（0、100mg/L、200mg/L 和 300mg/L）的喷施。自激素喷施的当天起，分别在前分化期（Ⅰ）、萼片形成期（Ⅱ）、花瓣形成期（Ⅲ）、雌雄蕊形成期（Ⅳ）、子房与花药形成期（Ⅴ）和雌雄蕊成熟期（Ⅵ）采集花芽，进行营养物质和激素含量的测定。

从图 9-8 可以看出，对照和赤霉素处理组花芽中可溶性蛋白质含量都呈现出先上升后下降的趋势。除雌雄蕊形成期外，在各浓度赤霉素处理下，花芽中可溶性蛋白质含量均高于对照，而且，在前分化期、萼片形成期和花瓣形成期，处理组花芽中可溶性蛋白质含量和对照差异显著，花芽中可溶性蛋白质含量的高低顺序为：300mg/L>200mg/L>100mg/L>0，且在花瓣形成期花芽中可溶性蛋白质含量达到最大，在 100mg/L、200mg/L 和 300mg/L 赤霉素浓度处理下，花芽内可溶性蛋白质含量分别达到 9.68mg/g、9.57mg/g 和 11.29mg/g，同比对照分别增加了 14.92%、13.57%和 34.03%。在子房与花药形成期，各浓度赤霉素处理显著增加了花芽中可溶性蛋白质含量，且蛋白质含量高低顺序为：300mg/L>100mg/L>200mg/L>0。而在雌雄蕊成熟期，仅 300mg/L 和 100mg/L 处理下花芽中可溶性蛋白质含量显著高于对照，分别比对照增加了 13.92%和 6.25%，而 200mg/L 赤霉素处理下花芽中可溶性蛋白质含量与对照差异不显著。可以看出，在整个花芽分化期，300mg/L 赤霉素处理

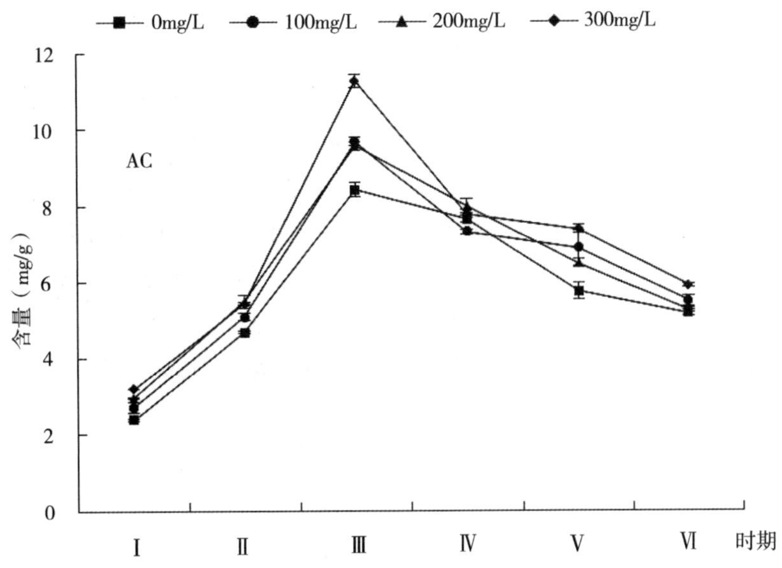

图 9-8　赤霉素对油茶不同花芽分化期花芽可溶性蛋白质含量的影响

可以最为显著的提高花芽可溶性蛋白质含量。

从图 9-9 可以看出，对照和赤霉素处理组油茶花芽可溶性糖含量的总变化趋势基本相似，即随着花芽分化的进行，整体呈现出“M”趋势。外源喷施 200mg/L 和 300mg/L 赤霉素显著增加了油茶整个花芽分化期间花芽可溶性蛋白的含量，在花瓣形成期相比于对照增加幅度最大，分别为对照的 149. 38%和 174. 37%，且在雌雄蕊成熟期相比于对照增加幅度最小，仅为对照的 105. 23%和 109. 35%。虽然 100mg/L 赤霉素也可显著促进萼片形成期、花瓣形成期、子房与花药形成期和雌雄蕊成熟期油茶花芽可溶性蛋白质含量，但却显著抑制了前分化期和雌雄蕊形成期花芽内可溶性蛋白含量，同比对照分别降低了 11. 68%和 7. 19%。

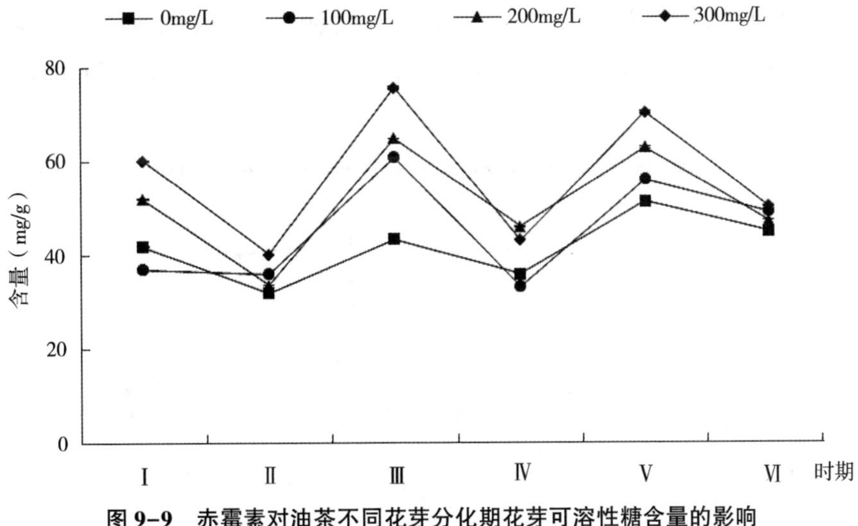

图 9-9　赤霉素对油茶不同花芽分化期花芽可溶性糖含量的影响

五、对花芽激素含量的影响

由图 9-10 可以看出，在整个花芽分化期间，对照和赤霉素处理组油茶花芽内源赤霉素含量的变化趋势基本一致，都呈现出先升高后降低的过程。正常条件下，花芽中内源赤霉素含量在子房与花芽形成期达到最大值，而外施赤霉素处理后，提前了花芽内源赤霉素含量达到峰值的时间。除子房与花药形成期外，外施 100mg/L 和 200mg/L 赤霉素均显著促进了其余各花芽分化期间花芽内源赤霉素含量的增加，且以雌雄蕊形成期的增加幅度最大，相比于对照分别增加了 46. 28%和 51. 30%，而 300mg/L 显著促进了整个花芽分化期间花芽内源赤霉素含量的增加，相比于对照增加幅度最高为 75. 78%（萼片形成期），最低为 2. 74%（子房与花药形成期）。

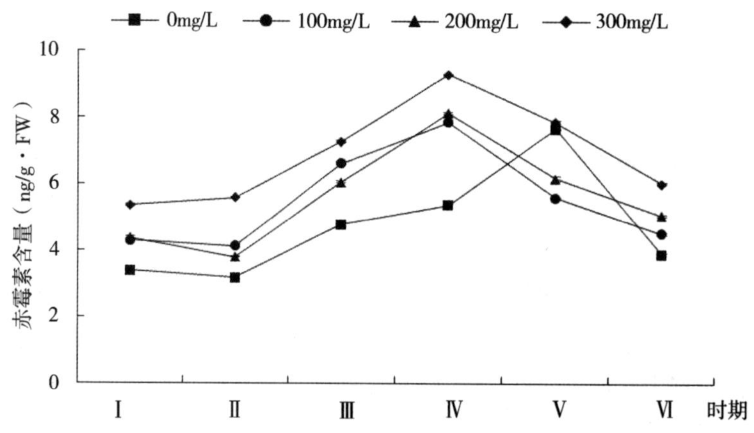

图 9-10 赤霉素对油茶不同花芽分化期花芽内源赤霉素含量的影响

由图 9-11 所示，随着花芽分化的进行，油茶花芽生长素含量呈现出“下降-上升-下降”的变化趋势。外施赤霉素促进了油茶整个花芽分化期花芽内源生长素含量的增加，以前分化期作用效果最为显著，100mg/L、200mg/L 和 300mg/L 赤霉素处理下，花芽生长素含量分别达到 33. 58ng/g、36. 09ng/g 和 40. 89ng/g，比对照分别增加了 21. 80%、30. 91%和 48. 31%。

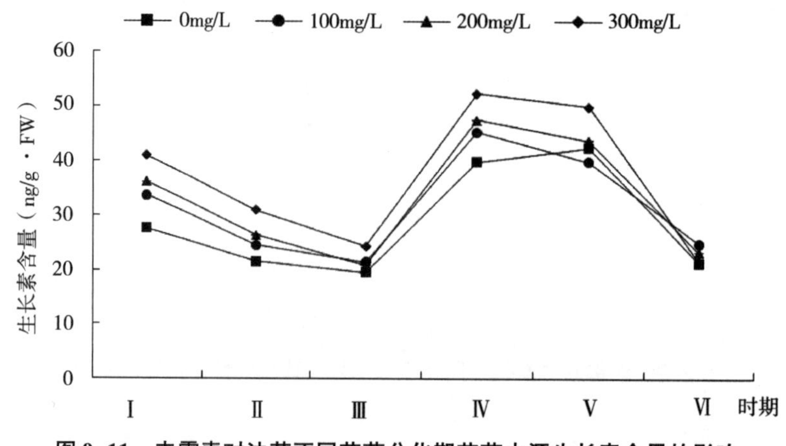

图 9-11 赤霉素对油茶不同花芽分化期花芽内源生长素含量的影响

如图 9-12 所示，油茶正常发育情况下，花芽内玉米素呈现出“下降-增加-下降”的变化趋势，而在外源赤霉素处理下，除雌雄配子体成熟期外，显著抑制了其他各花芽分化期花芽玉米素含量，以 300mg/L 的抑制作用最为明显，在花瓣形成期，相比于对照降低了 51.72%。而在雌雄配子体成熟期，100mg/L、200mg/L 和 300mg/L 赤霉素作用下，花芽内玉米素含量相比于对照分别增加了 20.17%、50.35%和 53.74%。

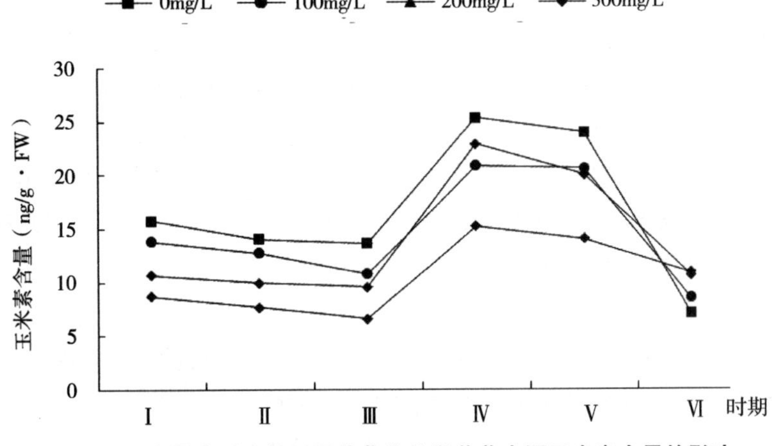

图 9-12　赤霉素对油茶不同花芽分化期花芽内源玉米素含量的影响

如图 9-13 所示，随着油茶花芽的分化，花芽内脱落酸含量呈现出“升高-下降-升高”的变化趋势。200mg/L 和 300mg/L 赤霉素处理下，对油茶花芽玉米素含量的影响作用一致，仅促进了雌雄配子体成熟期花芽内脱落酸含量的增加，而抑制了其他花芽分化期脱落酸的含量，相比于对照分别增加了 11.32%和 11.78%，而 100mg/L 赤霉素浓度作用下，显著促进了花瓣形成期、子房与花药形成期和雌雄蕊成熟期的脱落酸含量，比分别对照增加了 9.77%、10.69%和 9.02%。

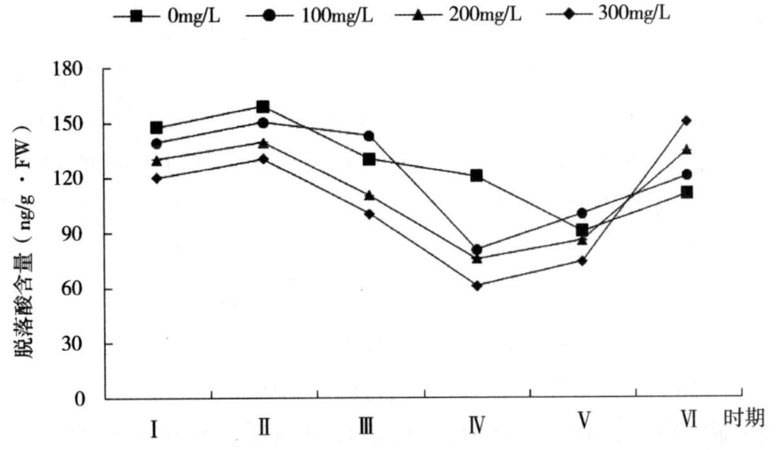

图 9-13　赤霉素对油茶不同花芽分化期花芽内源脱落酸含量的影响

第四节　植物生长调节剂对油茶果实产量和品质的影响

一、对果实外观的影响

以湘林系列高产油茶良种为试材（温玥等，2015），于油茶花芽生理分化期，分别对其叶面喷施不同浓度的赤霉素和多效唑，并对油茶的果实外观品质进行了调查，发现在不同质量浓度处理下，果实纵径方面，除100mg/L和200mg/L赤霉素之间差异不显著，其他各处理之间差异均显著，各处理均使果实的纵径伸长，作用效果大小依次为：300mg/L>100mg/L>200mg/L。300mg/L赤霉素处理下果实纵径达到33.35mm，比对照纵径增加18.9%。果实横径方面，除300mg/L赤霉素与100mg/L赤霉素之间差异不显著，其他两两处理之间差异显著，各处理促进果实横径伸长的作用效果由大到小依次为300mg/L>100mg/L>200mg/L。300mg/L赤霉素处理下果实横径达到33.28mm，比对照横径增加16.7%；不同浓度的多效唑对油茶单果纵径没有显著影响，而在果实横径方面，1500mg/L多效唑显著抑制了横径的生长，果实横径缩小到28.79mm，比对照减小5.67%。

二、对果实和叶片营养物质和激素含量的影响

胡玉玲等（2011）在2010年5、8、9、10月分别对林龄为5a的‘长林53号’品系喷施4次，采用 L_{27}（3^{13}）正交试验设计，分别喷施不同浓度的生长素（IAA）、赤霉素（GA）、细胞分裂素（CTK）和芸苔素内酯（BRs），发现在5月和10月喷施1mg/L IAA、1mg/L GA、10mg/L CTK和0.01mg/L BRs，叶片含磷量最高；5月和9月喷施1mg/L IAA、1mg/LGA、10mg/L CTK和0.1mg/LBRs，叶片含氮量最高；叶片钾含量及产量最佳组合为5月和10月喷施0.1mg/L IAA、10mg/L GA、1mg/L CTK和0.01mg/L BRs；对20a油茶植株在新梢生长发育前期进行叶面喷施B-9（黄文道，2003），喷施浓度为1000mg/L、1500mg/L、2000mg/L、2500mg/L，发现叶片的蛋白质含量分别比对照增加了7mg/g·Fw、18mg/g·Fw、21mg/g·Fw、17mg/g·Fw；陈显等研究发现，叶片可溶性糖含量变化与赤霉素处理浓度有关，赤霉素25mg/L和50mg/L处理后，叶片可溶性糖含量在花芽分化前期迅速上升，花芽分化后期呈现下降趋势。赤霉素100mg/L和150mg/L处理下，可溶性糖含量一直呈现缓慢上升趋势。叶片可溶性蛋白含量变化整体表现为先降低后上升的趋势。在花芽分化整个时期25mg/L和50mg/L赤霉素处理组可溶性蛋白含量均要低于25mg/L和50mg/L赤霉素处理；李培庆等（1998）研究了不同浓度烯效唑对油茶叶片中可溶性糖含量和可溶性蛋白质含量的影响，其表现为：250mg/L和500mg/L处理与对照相比较，可溶性糖分别增加10.4%和20.1%，可溶性蛋白质分别增加5.5%和23.4%。但在1000mg/L处理下，两类物质却分别降低3.8%和4.7%。这说明不同浓度的烯效唑对油茶叶片中可溶性糖和可溶性蛋白含量的影响不同，即较低浓度的烯效唑会促进可溶性糖和可溶性蛋白含量的增加，而高浓度则会对可溶性糖和可溶性蛋白产生抑制作用。

三、对果实经济指标和经济效益的影响

在油茶不同生长发育时期喷施不同的植物生长调节剂，对油茶果实经济指标的影响不一。

1. 油茶花芽分化期

温玥等（2015）在油茶花芽生理分化期进行不同质量浓度赤霉素和多效唑处理，对油茶当年果实纵径、横径、单果果仁质量、单果果皮质量、单质量、种子质量、出仁率等品质指标影响显著，而对出油率并没有影响。质量浓度为 300mg/L 的赤霉素果实纵径、横径、果实质量、种子质量、单果果仁质量、出仁率分别达到 33.35mm、33.28mm、20.06g、10.20g、9.10g、45.4%，比对照分别增加 18.9%、16.7%、60.5%、62.9%、70.7%、6.4%；而不同质量浓度多效唑处理对油茶当年果实横径、单果果仁重、单果果皮重、单果重、出仁率等品质指标影响显著，而对果实纵径、种子重和出油率并没有影响。质量浓度为 1000mg/L 的多效唑处理使单果果仁重和出仁率比对照分别增加 7.70%、9.17%。

2. 油茶花期

刘洪愕等（1988）在红花油茶花蕾期喷施 500mg/L 磷酸二氢钾+20mg/L 萘乙酸+40mg/L 硼砂+0.1mg/L 三十烷醉，结果表明比对照增产约 30%；赵海鹄等（2009）研究发现，对 3 年生‘岑软 3 号’优良无性系的油茶植株，在盛花期采用 200mg/L 防落素+0.5%尿素或 500mg/ L 细胞分裂素处理可较大幅度地增加花朵的授粉受精率，促进坐果，坐果率分别高于对照 61.6%和 58%；在普通油茶花蕾期、初花期和盛花期喷施萘乙酸（高本年等，1981），其最终平均坐果率高于对照 8.8%，尤以初花期喷冠效果好于花蕾期，盛花期喷冠，效果极为明显。而喷施 2，4-D 使得最终坐果率降低，但若于初花期喷冠，能提高坐果 9%（浓度为 100mg/L 时能提高坐果达 23.2%）；油茶花期喷施赤霉素 920，其坐果率以喷施 100mg/L 浓度为最佳，比对照可提高坐果率 73.4%，但在油茶花喷射 2~3 次 100mg/L 浓度的又比只在盛花期喷一次的要提高 10%~15%（潘德森，1986）；高超等（2012）在油茶盛花期喷施 1.0mg/L2，4-D 坐果率为 27.4%，较对照净增 7.1%，增幅为 263.1%（张彦雄等，2014）。

3. 果实生长及油脂合成期

陈永忠等（2007）在油茶油脂转换期，喷施不同浓度的植物生长调节剂，发现不同生长调节剂对油茶鲜果含油率的影响差异很大，B-9、GA 和乙烯利等 3 种生长调节剂对油茶鲜果含油量的提高有明显的促进作用，比对照增加 22.4%、16.2%和 11.2%，喷施生长调节剂后，还可使油茶鲜果含油量的快速积累提前到 9 月上旬；叶面喷施 GA 和 B-9 可以促进油茶种仁含油量提高 42.6%和 40.4%，比对照增 18.0% 和 11.9%；喷施稀土和 NAA 对提高种仁含油率有反作用；油茶鲜果出籽率在 8 月中旬到 10 月下旬期间，呈现马鞍形增长的趋势，但喷施生长调节剂对其作用不明显；油茶果实后熟期以不同生长调节剂处理，对茶果出油率和出干籽率提高有促进作用，喷施赤霉素加萘乙酸（GA+NAA）和只喷

施赤霉素（GA）的处理出油率最高达 6.01% 和 5.95% ，分别比对照增加 22.1% 和 20.9%；杨少燕等（2016）发现在油茶油脂转化期喷施浓度为 0.08mg/L 的芸苔素内酯，对油茶当年果实性状的影响效果最好，且油茶果实应于 10 月下旬进行采摘，此时可获得较大的经济效益。

不仅在油茶一个生长发育期喷施植物生长调节剂会对油茶果实经济性状产生影响，在油茶不同生长发育时期分别喷施植物生长调节剂，也会对油茶产量有促进作用。何美林等（2014）用 ABT6 号植物生长调节剂在油茶盛花期和果实膨大期进行叶面喷施，并用不同浓度进行对比试验。从试验结果看，施用 10~20mg/L ABT6 号植物生长调节剂能使油茶坐果率提高 9.4%~37.0%，减少落果 1%~1.9%，亩产茶果增加 15~134kg，对油茶增产增收有显著的效果。喷施 10~20mg/L 浓度 ABT6 号植物生长调节剂，亩增产值为14.40~129.60 元之间，以浓度 20mg/L 为最佳。

综上所述，以外源激素为主的化学调控是一种实用的、低投入、高产出的林业技术，在很多包括油料植物在内的作物上被推广应用。通过正确使用植物生长调节剂可以提高油茶树体的养分积累和果实的产量、品质，从而获得较高的经济收益，但当浓度过量时也可能会抑制油茶的生长。此外，植物生长调节剂只在一定程度上调节植物的生长发育，不能代替肥水，但又与肥水有着密切的关系，只有在足够的肥水供应条件下才能发挥其效果。因此，油茶养分管理中运用植物生长调节剂必须结合油茶林地的管理水平、立地环境、气候条件、林龄、树体结构及生长阶段选择相应的植物生长调节剂和合理的浓度。

参考文献

陈国臣，曾雯珺，金颐熙，等. 2014. 6BA 和赤霉素对油茶穗条生长发育及内源激素的影响［J］. 广西林业科学，43（1）：5-9.

陈显. 2013. 外源赤霉素对油茶成花调控机理的研究［D］. 长沙：中南林业科技大学.

陈永忠，彭邵锋，王湘南，等. 2007. 油茶高产栽培系列技术研究——配方施肥试验［J］. 林业科学研究，20（5）：650-655.

高本年，许德钰. 1981. 应用微量元素和生长素喷布油茶树冠对其座果影响的研究［J］. 林业科技通讯，（8）.

高超，袁德义，袁军，等. 2012. 花期喷施营养元素及生长调节物质对油茶坐果率的影响［J］. 江西农业大学学报，34（3）：505-510.

何美林，王春先，肖铁城，等. 2004. 植物生长调节剂 ABT6 号在油茶保花保果上的试验［J］. 湖南林业科技，31（3）：29-30.

胡玉玲，胡冬南，王伟峰，等. 2011. 不同激素对油茶关键生长过程的调节机制初步研究［J］. 浙江林业科技，31（2）：32-37.

胡玉玲，胡冬南，袁生贵，等. 2010.“园丰素”对油茶生物量及光合影响的初步研究［J］. 江西农业大学学报，32（4）：768-772.

胡玉玲，胡冬南，袁生贵，等. 2010. 施肥和芸苔素内酯对油茶无性系生长指标及产量的影响［J］. 中南林业科技大学学报，30（12）：16-22.

胡玉玲，姚小华. 2013. 普通油茶成花过程转录组测序及成花转变关键因素分析［C］// 中国林学会林木遗传育种分会全国林木遗传育种学术大会.

胡玉玲. 2011. 植物生长调节剂及水肥对油茶生长的影响研究［D］. 南昌：江西农业大学.

黄文道. 2003. B-9 对油茶生长发育的影响［J］. 森林与环境学报，23（3）：277-279.

李培庆，龙伯央，宋永庆. 1998. S-3307 对油茶营养生长和开花结实的影响［J］. 林业科学研究，11（5）：551-555.

刘洪谔，曾玉亮，徐柏明. 1988. 红花油茶增产技术的研究［J］. 浙江农林大学学报，（3）.

潘德森. 1986. 油茶花期喷射赤霉素等对提高油茶座果率的试验［J］. 湖北林业科技，（3）.

温玥. 2019. 外施赤霉素和多效唑对油茶花芽形成和果实品质的影响［D］. 北京：北京林业大学.

温玥，苏淑钗，马履一，等. 2015. 赤霉素处理对油茶花芽形成和果实品质的影响［J］. 浙江农林大学学报，32（6）：861-867.

温玥，苏淑钗，马履一，等. 2015. 赤霉素处理对油茶花芽形成和果实品质的影响［J］. 浙江农林大学学报，32（6）：861-867.

杨少燕，苏淑钗，马履一，等. 2016. 芸苔素内酯对油茶光合作用及果实性状的影响［J］. 江西农业大学学报，38（2）：319-326.

张彦雄，李丹，许杰，等. 2014. 贵州西部 2 种特色油茶物种的经济性状及其脂肪酸组成［J］. 西部林业科学，（5）：13-18.

赵海鹄，张乃燕，王东雪，等. 2009. 几种植物生长调节剂对油茶花期授粉率的影响［J］. 广西林业科学，38（1）：55-57.

左继林，周文才，龚春，等. 2016. 新造油茶林应用微肥与激素控花促冠试验［J］. 南方林业科学，2016，44（4）：20-22.

Wen Y，Su S C，Ma L Y，et al. 2018. Effects of gibberellic acid on photosynthesis and endogenous hormones of Camellia oleifera Abel. in 1st and 6th leaves［J］. Journal of Forest Research，23：309-317.

附表 主要专业词汇对照

中文	英文（拉丁文）	中文	英文（拉丁文）
		第一章	
源	Source	库	Sink
叶面积指数	Leaf area index	叶鞘	Leaf sheath
光合速率	Photosynthetic rate	表观量子效率	Apparent quantum efficiency
叶绿素	Chlorophyll	光补偿点	Light compensation point
羧化效率	Carboxylation efficiency	光饱和现象	Light saturation
光饱和点	Light saturation point	光系统Ⅱ	Photosystem Ⅱ complex
集光色素（捕光色素）	Light-harvesting pigment	核酮糖-1，5-二磷酸羧化酶/加氧酶	Ribulose bisphosphate carboxylase oxygenase
气孔导度	Stomatal conductance	烟酰胺腺嘌呤二核苷酸磷酸（还原型辅酶Ⅱ）	Nicotinamide adenine dinucleotide phosphate
芸苔素内酯	Brassinolide	磷酸丙糖	Triose phosphate
质外体	Apoplast	共质体（质体）	Plastid
棉子糖	Raffinose	水苏糖	Stachyose tetrahydrate
毛蕊花糖	Verbascose	山梨醇	Sorbitol
幼龄阶段	Childhood stage	胚芽期	Germinal period
幼苗期	Seedling stage	幼年期	Juvenile stage
成年阶段	Adult stage	生长结果期	Growth and fruiting period
盛果期	Full bearing period	衰老阶段	Aging stage
年发育周期	Annual development cycle	新梢物候期	Phenological period of shoots
花芽物候期	Phenological period of flower bud	前分化期	Predifferentiation stage
萼片形成期	Sepal formation period	花瓣形成期	Petal formation stage
雌雄蕊形成期	Pistil and stamen formation stage	子房与花药形成期	Ovary and anther formation stage
雌雄蕊成熟期	Maturity of pistil and stamen	果实物候期	Phenological period of fruit
幼果形成期	Juvenile fruit formation stage	果实生长期	Fruit growth period
油脂转化积累期	Accumulation period of oil conversion	果熟期	Fruit ripening stage
生态特性	Ecological characteristics	水平分布	Horizontal distribution
垂直分布	Vertical distribution	气候因子	Climatic factors
根尖	Root tip	根冠	Root cap
生长点	Growing point	伸长区	Elongation zone
成熟区	Mature zone	主根	Taproot
一级侧根	First lateral root	侧根	Lateral root
多轴根	Multiple axle root	吸收根	Absorbing root

（续）

中文	英文（拉丁文）	中文	英文（拉丁文）
自花不孕	Self sterility	同花授粉	Self-pollination
异花授粉	Cross-pollination	人工辅助授粉	Artificial assisted pollination
自然授粉	Natural pollination	立地条件	Site conditions
单果质量	Single fruit quality	果径	Fruit diameter
果高	Fruit height	果形指数	Fruit shape index
果皮厚度	Peel thickness	鲜籽数	Fresh seed number
鲜籽质量	Fresh seed quality	鲜出籽率	Seed yield of fresh fruit
千克籽数	Seed number pre kilogram	脂肪酸	Fatty acid
游离氨基酸	Free amino acid	净光合速率最大值	Maximum net photosynthetic rate
红皮糙果茶	*Camellia crapnelliana*	攸县油茶	*Camellia yuhsienensis*
广宁红花油茶	*Camellia semiserrata*	南山茶	*Camellia semiserrata*
普通油茶	*Camellia oleifera*	小果油茶	*Camellia meiocarpa*
越南油茶	*Camellia vietnamensis*	浙江红花油茶	*Camellia chekiangoleosa*
腾冲红花油茶	*Camellia reticulata*	宛田红花油茶	*Camellia polyodonta*
短柱茶	*Camellia brevistyla*	茶梨	*Anneslea fragrans*
博白大果油茶	*Camellia gigantocarpa*	白花南山茶	*Camellia semiserrata* var. *albiflora*
南荣油茶	*Camellia nanyongensis*	苍梧红花油茶	*Camellia polyodonta*
香花油茶	*Camellia osmantha*	威宁短柱油茶	*Camellia weiningensis*
高州油茶	*Camellia gauchowensis*	茶梅	*Camellia sasanqua*
冬红短柱茶	*Camellia hiemalis*	樱花短柱茶	*Camellia maliflora*
钝叶短柱茶	*Camellia obtusifolia*	琉球短柱茶	*Camellia miyagii*
褐枝短柱茶	*Camellia phaeoclada*	小果短柱茶	*Camellia confusa*
陕西短柱茶	*Camellia shensiensis*	芳香短柱茶	*Camellia odorata*
狭叶油茶	*Camellia lanceoleosa*	西南山茶	*Camellia pitardii*
溆浦大花红山茶	*Camellia grandiflora*	粉红短柱茶	*Camellia puniceiflora*
大姚短柱茶	*Camellia tenii*	细叶短柱茶	*Camellia microphylla*
长瓣短柱茶	*Camellia grijsii*	落瓣短柱茶	*Camellia kissi* var. *kissi*
窄叶短柱茶	*Camellia fluviatilis*		
第二章			
表皮	Epidermis	叶肉	Mesophyll
叶脉	Vein	表皮细胞	Epidermal cells
腺点	Glandular point	气孔	Stoma
栅栏组织	Palisade tissue	海绵组织	Spongy tissue
厚角细胞	Collenchyma cell	维管束	Vascular bundle
维管束鞘	Bundle sheath	木质部	Xylem
韧皮部	Phloem	形成层	Cambium
石细胞	Sclereid	春梢	Spring shoots

（续）

中文	英文（拉丁文）	中文	英文（拉丁文）
叶原基	Leaf primordium	顶端分生组织	Apical meristem
叶序	Phyllotaxy	液泡	Vacuole
叶轴	Leaf axis	叶长	Leaf length
叶宽	Leaf width	叶面积	Leaf area
蛋白质	Protein	核酸	Nucleic acid
蒸腾作用	Transpiration	光合作用	Photosynthesis
叶绿体	Chloroplast	质体	Plastid
叶绿体膜	Chloroplast membrane	类囊体	Thylakoid
基质	Stroma	基粒类囊体	Grana lamellae
基质类囊体	Stroma thylakoid membranes	间质片层	Lamella
光反应	Photoreaction	暗反应	Dark reaction
捕光色素	Light-harvesting	叶绿素	Chlorophyll
类胡萝卜素	Carotenoids	叶黄素	Xanthophyll
细胞色素	Cytochrome	铁氧还原蛋白	Ferredoxin
黄素蛋白	Flavin protein	醌	Quinone
还原型辅酶Ⅱ	NADPH	三磷酸腺苷	ATP
光合磷酸化	Photophosphorylation	腺苷二磷酸	ADP
非环式光合磷酸化	Non-cyclic photophosphorylation	环式光合磷酸化	Cyclic photophosphorylation
蒸腾速率	Transpiration rate	蒸腾系数	Transpiration coefficient
蒸腾效率	Transpiration efficiency	叶面蒸腾	Transpiration
非光合器官皮孔蒸腾	Pittonal transpiration in non-photosynthetic organs	角质蒸腾	Cuticular transpiration
气孔蒸腾	Stomatal transpiration	生物因素	Biological factors
环境因素	Environmental factor	饱和差	Saturation difference
根叶比	Root leaf ratio	气孔导度	Stomatal conductance
气孔调节	Stomatal regulation	保卫细胞	Guard cell
叶龄	Leaf age	叶片结构	Leaf structure
叶位	Leaf position	生长素	Auxin
赤霉素	Gibberellin	细胞分裂素	Cytokinin
脱落酸	Abscisic acid	乙烯	Ethylene
矿质营养	Mineral nutrition	树体结构	Tree structure
林相结构	Forest form	整形修剪	Shaping and pruning
疏植	Scanty plant density	密植	Close planting
第三章			
蔗糖合成酶	Sucrose synthase，SS	蔗糖磷酸合酶	Sucrose phosphate synthase，SPS
酸性转化酶	Acid invertase，AI	细胞壁酸性转化酶	Cell wall acid invertase

（续）

中文	英文（拉丁文）	中文	英文（拉丁文）
乙酰-辅酶 A	Acetoacetyl CoA	乙酰-辅酶 A 羧化酶	Acetyl CoA carboxylase, ACC
丙二酸单酰-辅酶 A	Malonyl-CoA	硬脂酰-ACP 脱饱和酶	Stearoyl-ACP desaturase, SAD
油酸脱氢酶	Fatty acid desaturase, FAD	乙酰 CoA 转乙酰基酶	Acetyl CoA acetyltransferase
油酸脱饱和酶	FAD	三酰甘油	Triacylglycerol, TAG
甘油-3-磷酸酰基转移酶	Glycerol-3-phosphateacyl transferase, GPAT	溶血磷脂酸酰基转移酶	Lysophosphatidic acid acyltransferase, LPAAT
酰基辅酶 A	Acyl-CoA	磷脂酸磷酸酶	Phosphatidate phosphatase, PAP
二酰甘油	Diacylglycerol, DAG	二酰甘油酰基转移酶	Diacylglycerol acyltransferase, DGAT
磷脂酰胆碱	Phosphatidylcholine, PC	磷酸甘油脱氢酶	GPDH
第四章			
蔗糖转运蛋白	SUTs	己糖转运蛋白	HXTs
共质体	Symplast	质外体	Apoplast
第五章			
反馈抑制	Feedback inhibition	蔗糖合成酶	Sucrose synthase
维管束	Vascular bundle	果聚糖	Fructosan
果糖	Fructose	淀粉	Amylum
棕榈酸（软脂酸）	Palmitic acid	硬脂酸	Stearic acid
油酸	Oleic acid	亚油酸	Linoleic acid
亚麻酸	α-Linolenic acid		
第六章			
高光效育种	High photosyntheticefficiency breeding	高光效株型	High photosynthetic plant type
油脂合成	Synthesis of lipid	花芽分化	Floral bud differentiation
光照强度	Light intensity	内膛	Inner bore
始花期	Beginning of flowering period	油脂转化	Oil transformation
喜光树种	Heliphilous species	光响应曲线	Light response curve
光补偿点	Light compensation point	光饱和点	Light saturation point
光合作用	Photosynthesis	净光合速率	Net photosynthetic rate
出籽率	Produced seed ratio	含油率	Oil content
出仁率	Kernel percent	棕榈酸	Palmitic acid
饱和脂肪酸	Saturated fatty acid	油酸	Oleic acid
亚油酸	Linoleic acid	亚麻酸	Linolenic acid
不饱和脂肪酸	Unsaturated fatty acid		

（续）

中文	英文（拉丁文）	中文	英文（拉丁文）
第七章			
源库调控	Source-sink regulation	叶幕微气候	Canopy microclimate
冠层	Canopy	自然圆头形	Natural roundhead shape
开心形	Open center	花芽	Flower bud
结果枝	Bearing branch	甩放	Extending pruning
短截	Cutting back	回缩	Retraction
授粉	Pollination	疏花疏果	Thinning flower and fruit
保花保果	Increasing set of fruit		
第八章			
过氧化氢酶	Catalase	过氧化物酶	Peroxidase
电阻值	Resistance value	成活率	Survivalrate
降雨量	Rainfall	土壤含水量	Soil moisture content
容重	Bulk density	孔隙度	Porosity
秋水仙素	Colchicine	硫代硫酸银	Silver thiosulfate
三十烷醇	Melissyl alcohol	硫酸铵	Ammonium sulphate
完全营养液	Complete nutrient solution	亚硫酸氢钠	Sodium bisulfite
正态分布	Normal distribution		
第九章			
植物生长延缓剂	Plant growth retardant	多效唑	Paclobutrazol
烯效唑	Uniconazole	比久	Daminozide
保鲜剂	Antistaling agent	抗旱剂	Drought resistant agent
叶绿素荧光	Chlorophyll fluorescence	烯效唑	
核酮糖-1，5-二磷酸羧化酶	Rubisco	PSII 原初光能转化效率	Fv/Fm
PSⅡ运行效率	ΦPSⅡ	电子传递率	ETR
PSⅡ光系统Ⅱ		PSⅠ光系统Ⅰ	
碳 12	^{12}C	碳 13	^{13}C
淀粉酶	Amylase	短枝	Short branches
中枝	Middle branch	徒长枝	Elongated shoot

后 记

油茶具有显著的经济效益、生态效益和社会效益，在国家粮油安全、生态安全和乡村振兴战略中占重要位置。发展油茶产业一直是我国经济建设的要务。

油茶良种选育与高效栽培应用是油茶产业建设的重要基础和条件，是油茶产业建设的第一要务，更是油茶科学技术创新的首选。长期以来，我国油茶科研人员围绕油茶良种选育与高效栽培进行了艰苦卓绝地研究与探讨，取得了不少重大成果，引领和驱动了油茶产业不断向前发展。

为了进一步拓展油茶育种与栽培的新路径、新方法，加速油茶产业高效发展，我们开展了“油茶高含油种质创制与源库调控技术研究”，依托这个项目进行油茶源库理论和调控技术创新。《油茶源库理论与应用》即为该创新项目的重要成果，可为油茶良种选育和高效栽培提供新的理论和技术支撑。

具体来说，油茶源库理论不仅在油茶高效栽培和高光效育种、杂交育种、无性系育种上具有直接的指导作用，同时还在油茶诱变育种、细胞工程育种、分子技术育种和基因工程育种上具有重要的参考作用。如油茶诱变育种，用于诱变的材料均为油茶源库器官或组织，对这些器官或组织，根据其源库特性和特点进行不同的诱变调控，可以获得有育种价值的材料；又如油茶基因工程育种，功能基因的挖掘、目的基因的分离都是在油茶源库材料（器官或组织）中进行的，换言之，油茶源库材料是油茶基因工程育种的基因来源，源库材料选择利用是否恰当精准，将直接影响到基因工程育种的效果。因此可以说，油茶源库是一个树木育种与栽培的基础性理论，具有巨大的应用空间。

从实践中来，再指导和作用于实践，这是理论形成和作用的基本过程。毫无疑问，任何理论都需要通过长期研究与应用的实践来不断丰富、完善和发展。前行在油茶科学研究新的征途上，我们将初心不改、决心不变、力度不减、速度不降，砥砺前行，不断丰富、完善和发展油茶源库理论，使这一理论能够更好地为现代油茶产业建设服务。

编　者

2019 年春于长沙

彩图1 普通油茶挂果枝

彩图2 小果油茶林

彩图3 越南油茶林

彩图4 广宁红花油茶花枝

彩图5 博白大果油茶林

彩图6　宛田红花油茶

彩图7　香花油茶植株

南山茶

攸县油茶

浙江红花油茶

红皮糙果茶

普通油茶

越南油茶

彩图8　油茶叶片的基本形态

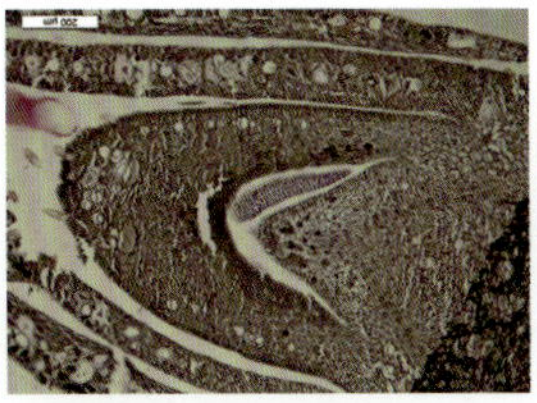

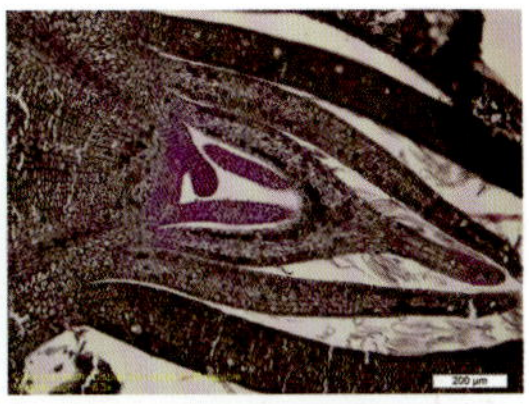

1-a前分化期 1-b前分化期 2-a萼片形成期 2-b萼片形成期

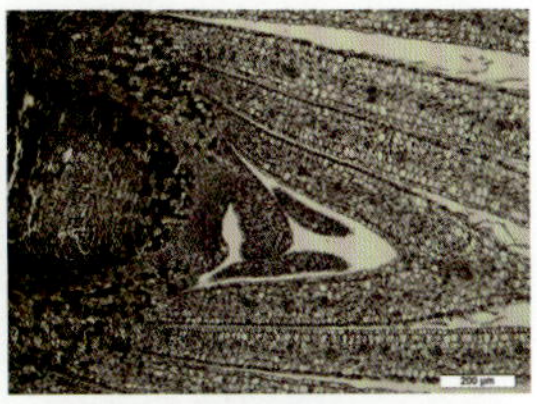

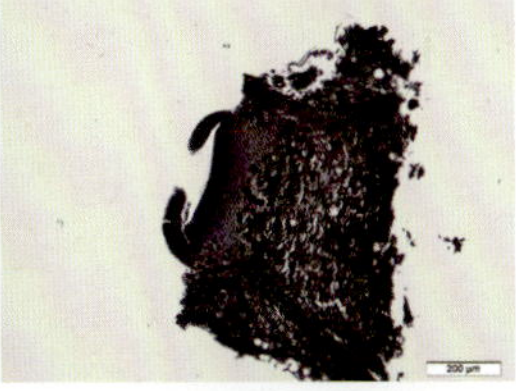

3-a花瓣形成期 3-b花瓣形成期 4-a雌雄蕊形成期 4-b雌雄蕊形成期

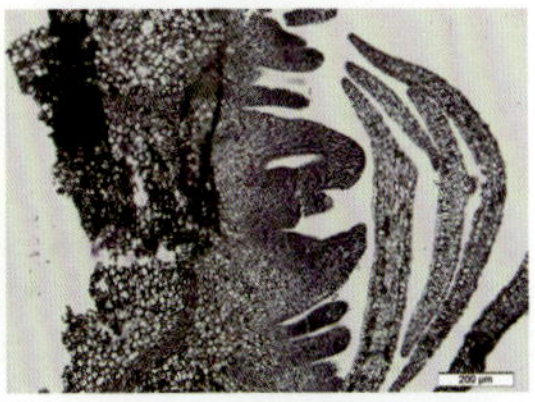

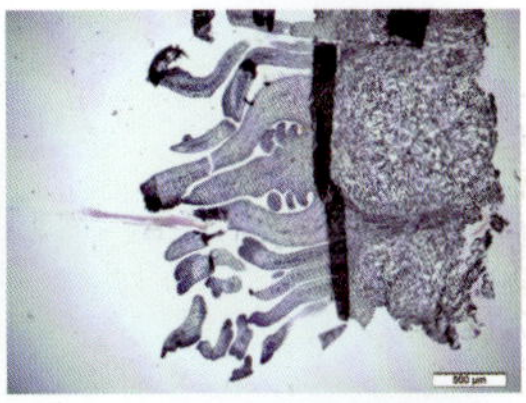

5-a雌雄蕊形成期 5-b雌雄蕊形成期 6-a子房花药形成期 6-b子房花药形成期

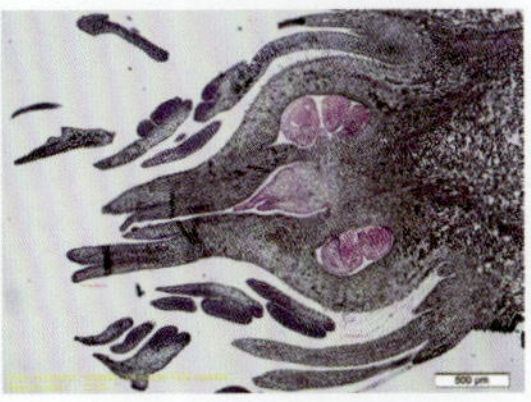

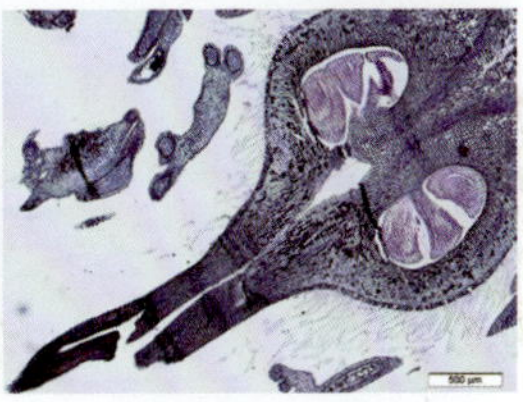

7-a雌雄蕊成熟期 7-b雌雄蕊成熟期 8-a雌雄蕊成熟期 8-b雌雄蕊成熟期

彩图9 油茶花芽分化外观形态及对应内部解剖结构图

彩图10 挂果过大油茶植株(基本无花芽)

彩图11 合理挂果量的油茶植株(花、果数量均衡)

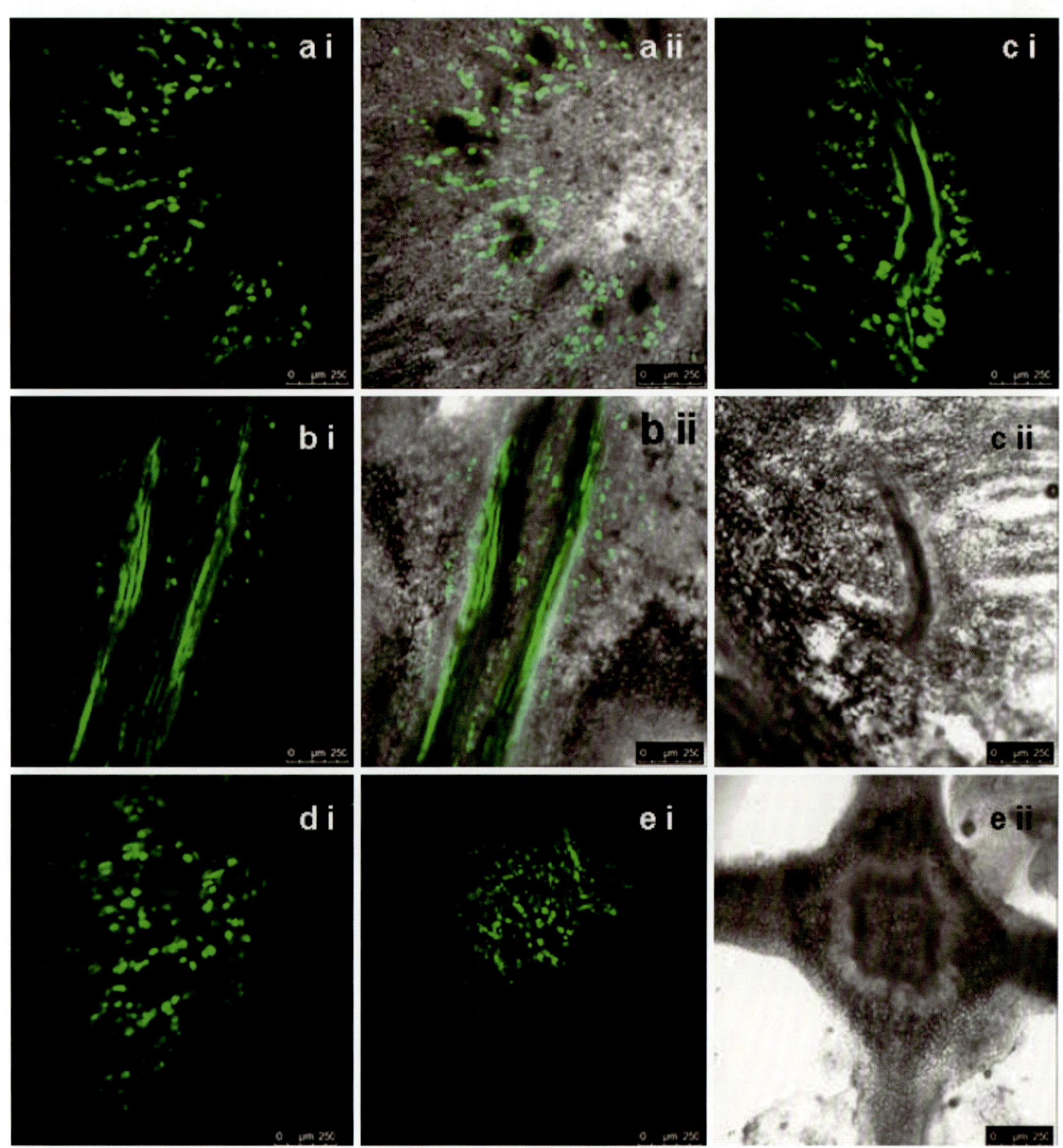

彩图12 油茶‘湘林78号’果实发育早期CF在果实内卸载荧光版图

CFDA在果柄引入韧皮部，处理48h后，取果实进行徒手切片后观察，这组图片为果实发育早期的图片。a i、b i、c i、d i、e i为油茶果实发育早期荧光图。荧光明显的卸出到周围薄壁细胞中。c ii、e ii为对应c i、e i在明场下的透射图。a ii是对应a i的叠加图。CF从韧皮部扩散到周围薄壁细胞。（王小艺，2012）

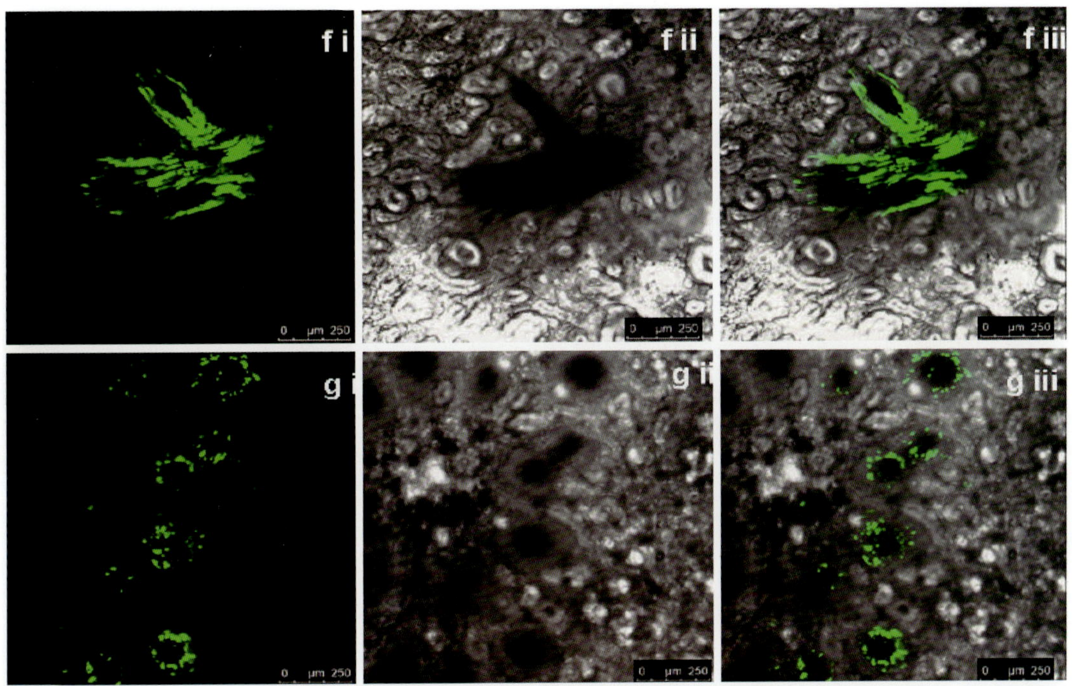

彩图13 油茶‘湘林78号’果实发育中期CF 在果实内的卸载荧光版图

CFDA 在果柄引入韧皮部，处理48h 后，取果实进行徒手切片后观察，这组图片为果实发育中期的图片。f i、g i 为油茶果实发育中期的荧光图。荧光主要限制在维管束内，并没有卸出到周围薄壁细胞。f ii、g ii 为对应f i、g i 在明场下的透视图，f iii、g iii 为对应f i、g i 的叠加图。（王小艺，2012）

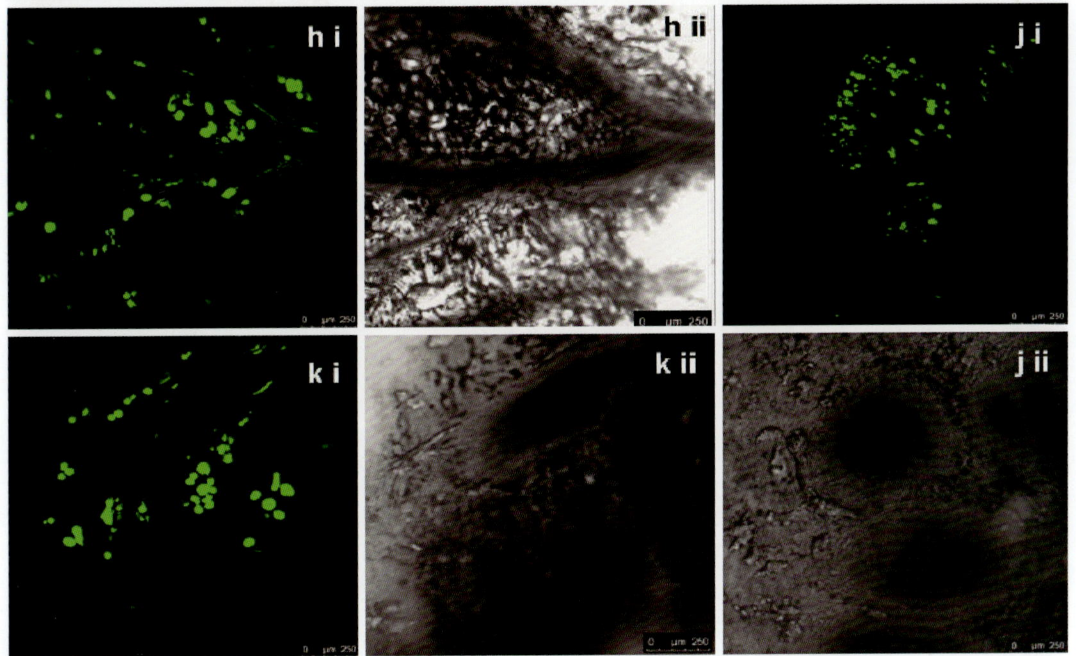

彩图14 油茶‘湘林78号’果实发育后期CF 在果实内的卸载荧光版图

CFDA 在果柄引入韧皮部，处理48h 后，取果实进行徒手切片后观察，这组图片为果实发育后期的图片。h i、j i、k i 为油茶果实发育后期的荧光图。荧光明显的卸出到周围薄壁细胞中。h ii、j ii、k ii 是对应h i、j i、k i 在明场下的透射图。（王小艺，2012）

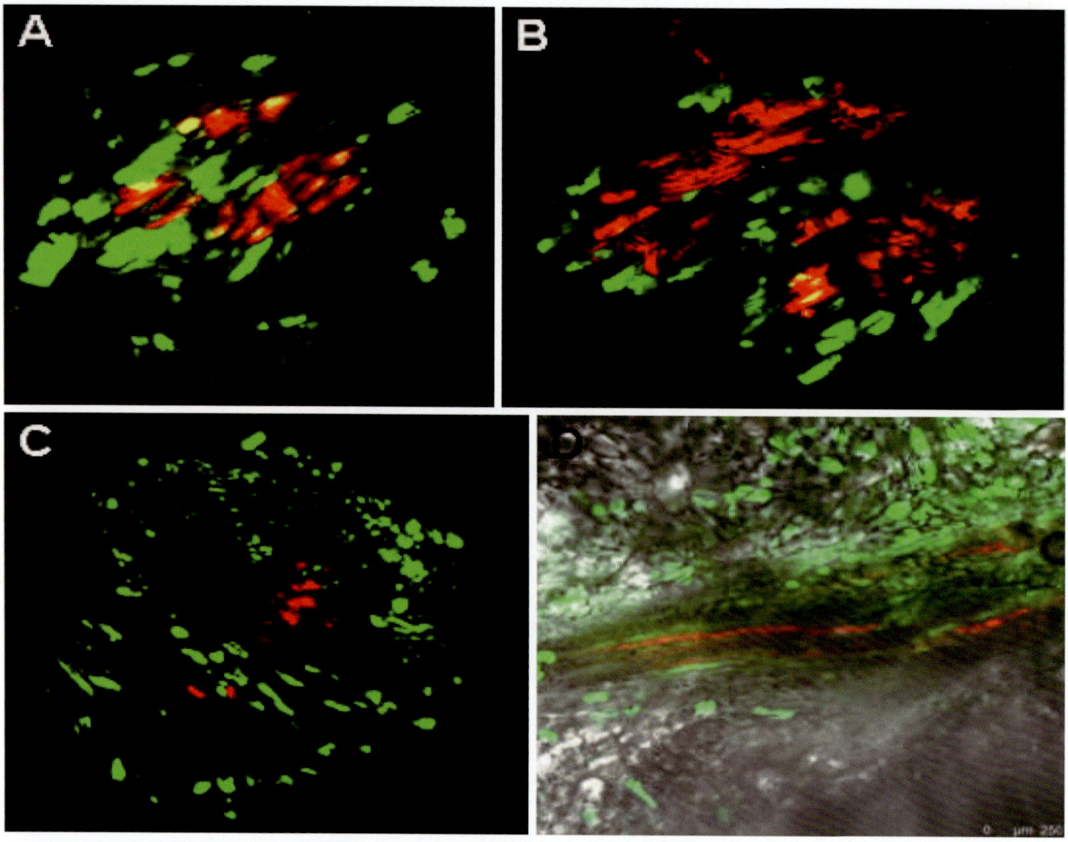

彩图15 用Texas-Red 标记果实维管束木质部

CFDA从果柄引入韧皮部48h后，利用Texas-Red 荧光探针通过果柄木质部引入果实以区分韧皮部和木质部，红色部分为果实维管束中的木质部，绿色部分为果实维管束中的韧皮部。A、B 果实发育中期果肉组织不同部位维管束横切，示意Texas-red 和CF 荧光分布图；C 果实基部维管束细脉横切；D 果实发育后期果肉组织主脉维管束纵切，示意荧光已经卸出到薄壁组织。（王小艺，2012）

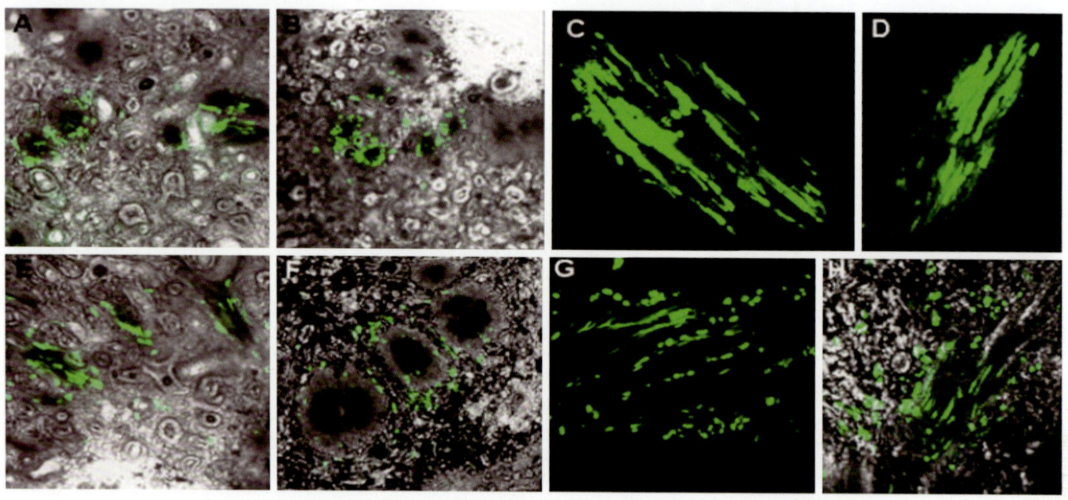

彩图16 油茶‘湘林78号’果实内卸载“共质-质外-共质”两次转变荧光版图

第一个转变期5月23号，卸出量下降，ABCD分别为果肉不同部位维管束横切或纵切显示，卸出量下降，卸载路径开始由共质体转变为质外体；8月23号第二个转变期，开始由质外体向共质体的转变。EGH为果肉组织纵切，示意CF开始卸出；F为果肉组织横切。（王小艺，2012）

普通无性系对照

‘湘林69号’

‘湘林67号’

彩图17　无磷处理90d后油茶表型特征变化

彩图18　衡东大桃示范林

彩图19　‘湘5号’鲜果含油率7.06%，产油量552kg/hm^2

彩图20　‘湘林97号’鲜果含油率10.86%，产油量901.50kg/hm^2

彩图21 ‘赣无2号’鲜果含油率8.1%，产油量735kg/hm^2

彩图22 油茶开心形树形

彩图23 油茶自然圆头形树形

彩图24 干旱导致油茶果实发育不良

彩图25 油茶林气象因子监测

彩图26 养分不足导致叶片发黄、大量落叶的油茶林

彩图27 油茶果实生长发育规律

彩图28 油茶花果同期

彩图29 油茶花

彩图30 油茶“抱子怀胎”

彩图31　油茶高产良种示范（1）

彩图32　油茶高产良种示范（2）

彩图33　油茶高产良种示范林

彩图34　油茶林间种玉竹

彩图35　油茶林农复合经营

彩图36　油茶林下养鸡

彩图37　油茶林药间作

彩图38　油茶林间种菊花

彩图39　油茶林生态经营

彩图40　无人机喷施叶面肥

彩图41　遥控履带旋耕机垦覆

彩图42　油茶林滴灌与加膜保墒

彩图43　油茶林人工抚育

彩图44　油茶果采摘

彩图45　观察油茶花芽分化情况

彩图46　叶幕微气候测量

彩图47　油茶光合测定

彩图48　油茶林测产

彩图49　油茶修剪技术培训

彩图50　油茶生物学特性调查

彩图51　油茶林喷施叶面肥试验

彩图52　油茶杂交授粉

彩图53　油茶果鲜果剥壳

彩图54　晒油茶果

撞击压榨

将茶饼装到榨膛

榨出茶油（原油）

彩图55　传统木榨工艺

全不锈钢冷榨车间

无尘包装生产车间

彩图56　现代生产工艺

彩图57　常宁西岭镇油茶特色小镇

彩图58　油茶生态庄园

彩图59　油茶花节

彩图60　油茶旅游文化节

彩图61　油茶林养蜂

彩图62　茶花粉

彩图63　茶花蜜

彩图64　茶油（品牌产品）

彩图65　茶油保健品

FACIAL CARE
SHENNONGGUO
纯净茶萃
洁颜粉
SCALP CARE
SHENNONGGUO
纯净茶萃
洗发原液
BODY WASH
SHENNONGGUO
纯净茶萃
沐浴露
青茶萃
青茶萃
洗发水
青茶萃
洗洁剂
A&B
爱安宝
Angel and Baby
Camellia
Camellia Oil
茶果油
青彩
山茶护发素
CAMELLIA HAIR CONDITIONER
深度滋养
净含量:30ml
青彩
山茶洗发水
CAMELLIA SHAMPOO
控油养发
净含量:30ml
青彩
山茶沐浴液
清爽柔滑
净含量:30ml
青茶萃
QINGCHACUI
茶滋
调剂杯
净含量:5克

彩图66　油茶副产品